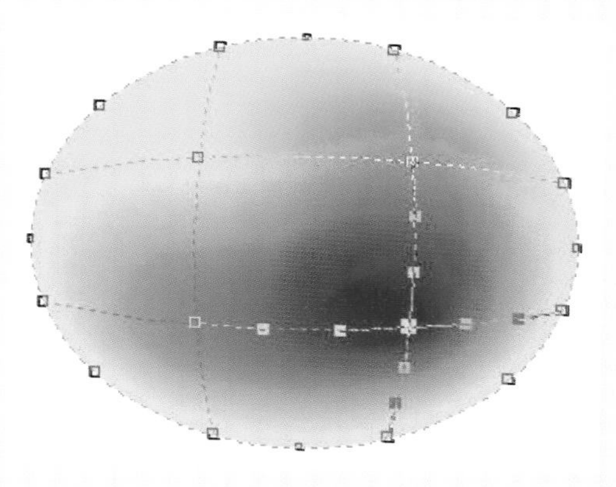

颜色填充(图1.22)

七彩肥皂泡(图1.24)

协会标志(图2.77)

校园安保标志(图2.78)

名片正面(图3.79)

Wang Yi

Secretary of Shanghai chamber of Jilin Province

Office: NO.1881 Changchun Renmin Street .
Room 1901 Changji hotel .
Post Code: 130000
Tel:(0431) 88000001
Fax:(0431)88000002
Mobile Phone: 13600000003
E-mail: shanghshuiyou@163.com

名片背面(图3.101)

装饰图案一（图4.125）

装饰图案二(图4.126)

宣传卡外封(图5.79)

宣传卡内页(图5.116)

宣传卡成品(图5.127)

音乐厅（宣传卡用图）

小提琴（宣传卡用图）

萨克斯（宣传卡用图）

婚礼请柬外封(图5.128)

婚礼请柬内页(图5.129)

单筒望远镜(图6.141)

腕表一(图7.261)

腕表二(图7.268)

置于背景环境下的腕表(图7.268)

鼠标(图8.219)

轿车外观(图8.218)

全国高等院校工业设计专业系列规划教材

CorelDRAW X5 经典案例教程解析

杜秋磊 编 著

内 容 简 介

CorelDRAW 是目前最流行的矢量绘图软件之一，不仅在平面设计领域一直占据着主导地位，近年来，在产品造型设计方面也扮演着重要的角色。本书通过对案例的解析，由浅入深地从平面设计相关领域到产品设计相关领域进行了细致的讲解，介绍了利用 CorelDRAW X5 软件制作实际案例的方法及技巧。本书结构合理、针对性强，有利于读者快速提高设计能力和利用 CorelDRAW X5 软件制作案例的水平。

本书内容丰富，书中所涉及案例的操作由浅入深、由易到难，能使零起点的读者从案例操作中快速掌握 CorelDRAW X5 软件的相关知识，并通过课后的“上机实战”有效地巩固和强化对该软件的使用技术。此外，本书还提供了相关操作的所有素材和 CorelDRAW 格式的源文件。

本书可以作为高等院校相关专业的教材，也可以作为设计领域的培训教材或广大从事平面设计、工业设计等的设计人员的参考用书。

图书在版编目(CIP)数据

CorelDRAW X5 经典案例教程解析/杜秋磊编著. —北京：北京大学出版社，2013.1

(全国高等院校工业设计专业系列规划教材)

ISBN 978-7-301-21950-8

Ⅰ. ①C… Ⅱ. ①杜… Ⅲ. ①图形软件—高等学校—教材 Ⅳ. ①TP391.41

中国版本图书馆 CIP 数据核字(2013)第 007425 号

书　　名：CorelDRAW X5 经典案例教程解析

著作责任者：杜秋磊　编著

策 划 编 辑：童君鑫

责 任 编 辑：童君鑫　黄红珍

标 准 书 号：ISBN 978-7-301-21950-8/TH・0329

出 版 发 行：北京大学出版社

地　　址：北京市海淀区成府路 205 号　100871

网　　址：http://www.pup.cn　　新浪官方微博：@北京大学出版社

电 子 信 箱：pup_6@163.com

电　　话：邮购部 62752015　发行部 62750672　编辑部 62750667　出版部 62754962

印　刷　者：北京富生印刷厂

经　销　者：新华书店

787 毫米×1092 毫米　16 开本　17.5 印张　彩插 2　410 千字

2013 年 1 月第 1 版　　2013 年 1 月第 1 次印刷

定　　价：40.00 元

前　言

CorelDRAW 是目前最流行的矢量绘图软件之一，其功能强大，广泛应用于平面设计、印刷设计、产品造型设计等领域，对人们的工作和生活有着巨大的影响。尤其是在产品造型设计方面，它较之三维建模软件出产品效果图快，已经被很多产品设计师认同并应用。

本书没有采用枯燥的以介绍工具、介绍菜单为主的传统模式编写，而是从经典案例的制作中，让读者熟悉软件、学习软件、掌握软件。此外，本书采用直白的语言进行讲解，并采用独特的标注形式和相关说明，让读者一目了然。

本书的每一章都是从本章案例所涉及的工具介绍开始，然后是案例解析，最后是上机实战，使理论基础与实践相结合，并注重实际应用。具体内容如下：

第 1 章　CorelDRAW X5 入门：主要介绍软件的一些基本操作及新版本的一些工具或新增之处。

第 2 章　标志设计：主要介绍绘制标志的工具、方法、技巧和操作步骤。

第 3 章　名片设计：主要介绍绘制名片的工具、方法、技巧和操作步骤。

第 4 章　装饰图案：主要介绍绘制装饰图案的工具、方法、技巧和操作步骤。

第 5 章　宣传卡设计：主要介绍绘制宣传卡的工具、方法、技巧和操作步骤。

第 6 章　产品外观设计：主要介绍绘制产品外观的工具、方法、技巧和操作步骤。

第 7 章　腕表设计：主要介绍绘制腕表的工具、方法、技巧和操作步骤。

第 8 章　汽车造型及外观设计：主要介绍绘制汽车造型及外观的工具、方法、技巧和操作步骤。

对于初学者而言，要想快速地掌握这门软件技术，需要将一本书的案例全部细心地制作 2～3 遍，并通过实战练习反复思考、推敲，这样才能学会并灵活掌握软件的使用。本书建议总学时为 60，上述各章的学时分配如下：

各　章	第 1 章	第 2 章	第 3 章	第 4 章	第 5 章	第 6 章	第 7 章	第 8 章
学时分配	4	4	4	6	8	10	12	12

请读者注意：

1. 每一章的工具介绍部分，如果本章案例操作中用到的工具在前几章里介绍过，则本章的工具介绍部分不再重复讲述。

2. 每一章的上机实战，都是为巩固本章所学的知识而精心安排的，希望读者认真完成。

由于作者水平有限，不足之处在所难免，恳请读者朋友们批评指正。

编　者

2012 年 9 月

目 录

第1章 CorelDRAW X5入门

教学要求：

- 熟悉 CorelDRAW X5 的工作界面。
- 熟练掌握新建文件的各项设置。
- 2-Point Line 工具和 B-Spline 工具是新增工具，掌握它们的用法，不要与【手绘】工具和【贝塞尔】工具混淆。
- 熟练掌握【网状填充】工具的用法。

教学难点：

- 【网状填充】工具的用法。

建议学时：

- 总计学时：4 学时。
- 理论学时：2 学时。
- 实践学时：2 学时。

相关说明

本书步骤中提到的“单击”均指“鼠标左键单击”，如有右键单击的操作，步骤中会特殊说明。

1.1 CorelDRAW X5的启动与退出

1.1.1 CorelDRAW X5 的启动

（1）单击屏幕左下角【开始】按钮，依次执行【所有程序】|【CorelDRAW Graphics Suite X5】命令，单击【CorelDRAW X5】按钮即可。

（2）双击桌面上的 CorelDRAW X5 快捷图标即可。

1.1.2 CorelDRAW X5 的退出

（1）单击 CorelDRAW 标题栏右上角的☒按钮。

（2）执行【菜单栏】|【文件】|【退出】命令，此命令的快捷键是【Alt】+【F9】组合键。

（3）单击标题栏左上角的图标，在弹出的下拉菜单中选择【关闭】选项。

1.2 CorelDRAW X5 界面介绍

1.2.1 启动界面

当启动 CorelDRAW X5 软件时，首先看到的是浮动于桌面上的软件启动界面，如图 1.1 所示。单击【Quick Start】标签，进入【Quick Start】快速启动界面，如图 1.2 所示。

图 1.1

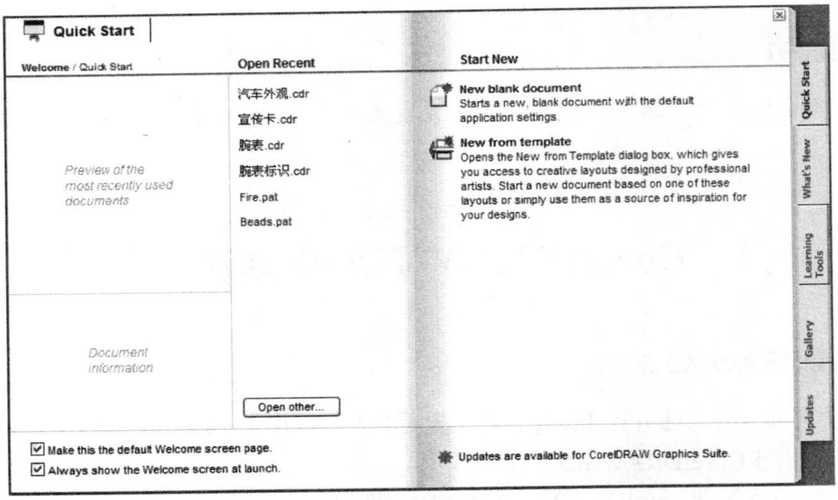

图 1.2

在 Quick Start 界面可以快速完成常见任务，如打开以前编辑的文件、新建文件及从模板启动文件。单击右侧的标签，可以分别了解 CorelDRAW X5 新增功能、学习工具的用法、欣赏图库、获得最新的产品更新等。

1.2.2 工作界面

CorelDRAW X5 的工作界面如图 1.3 所示，包括标题栏、菜单栏、标准工具栏、属性栏、绘图页面、工具箱、调色板、泊坞窗、导航器、状态栏、横向标尺、纵向标尺。

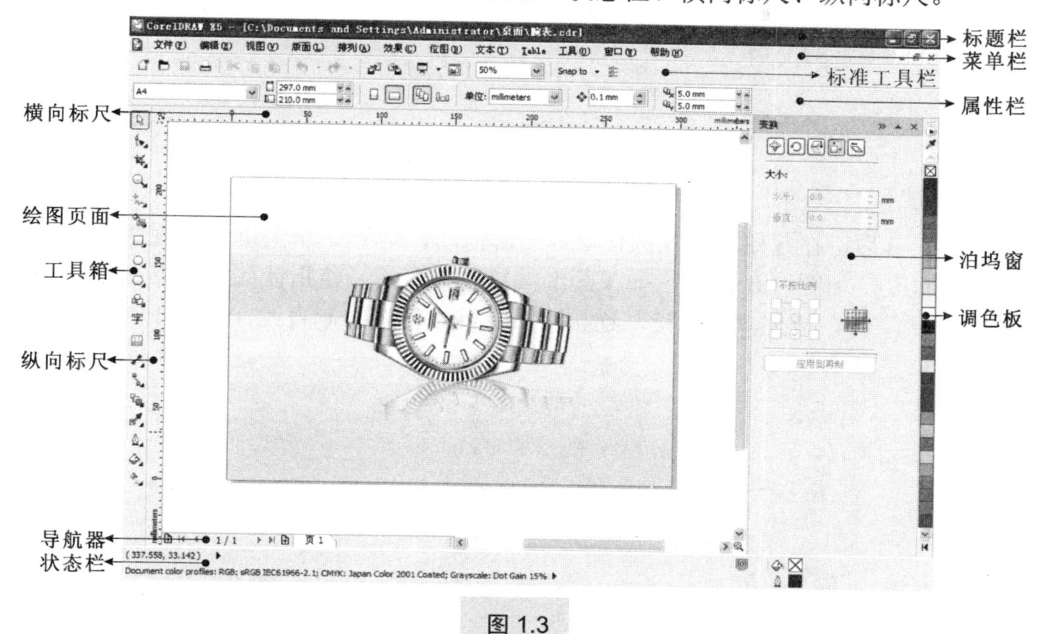

图 1.3

1.3 CorelDRAW X5 部分新功能介绍

1.3.1 文件的新建

新版本 CorelDRAW X5 与以往版本相比较，在新建文件时的设置更为详细，如图 1.4 所示。图中的各项设置包括：【Name】(文件名称)，【Preset destination】(预设)，【Size】(页面尺寸)，【Width】(页面宽度)，【Height】(页面高度)，【Primary color mode】(色彩模式)，【Rendering resolution】(渲染像素)，【Preview mode】(预览模式)。

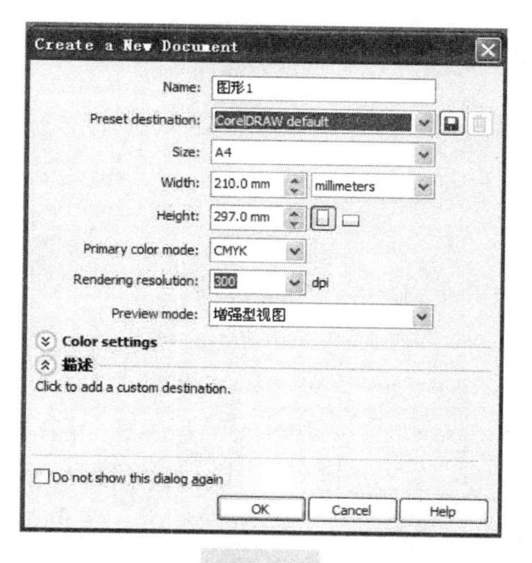

图 1.4

1.3.2 【2-Point Line】工具

【2-Point Line】工具位于工具箱上数第 5 个工具组中（图 1.5），用于创建直线，或以直线为主的封闭图形。

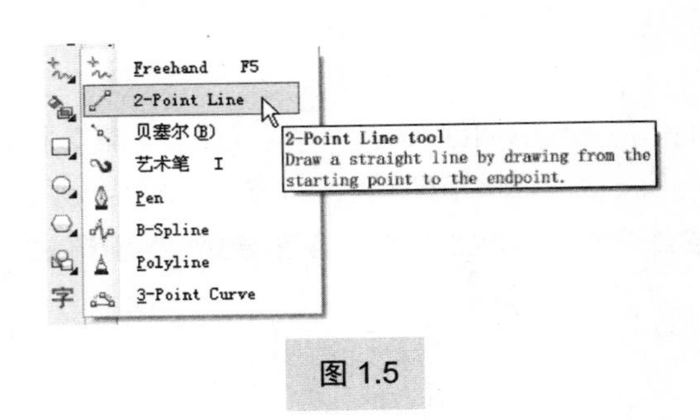

图 1.5

1. 创建直线

选择该工具后，在起始点位置按住鼠标左键拖动，至第 2 个关键点位置释放鼠标，即可创建一条直线，如图 1.6 所示。如果想继续绘制该直线，将指针放在结束的节点上，当指针变成“↙⌐”时，按住鼠标左键，连接该节点继续往下绘制直线，如图 1.7 所示。

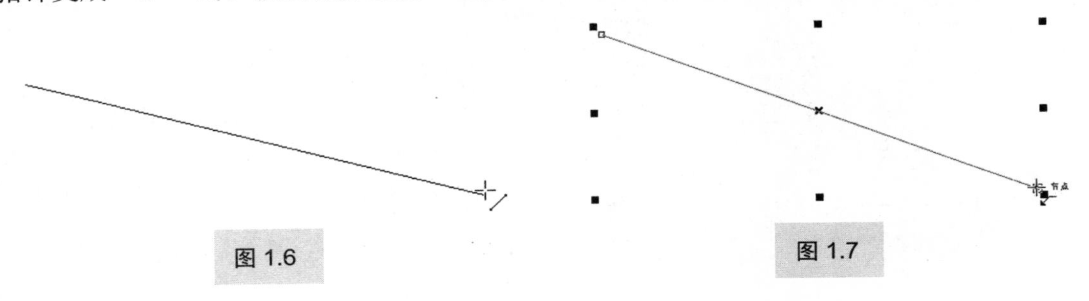

图 1.6　　图 1.7

2. 创建以直线为主的封闭图形

创建直线后，只需要将指针放回起始点节点上，当指针变成“↙⌐”时，释放鼠标，即可将图形封闭，从而创建以直线为主的封闭图形，如图 1.8 所示。

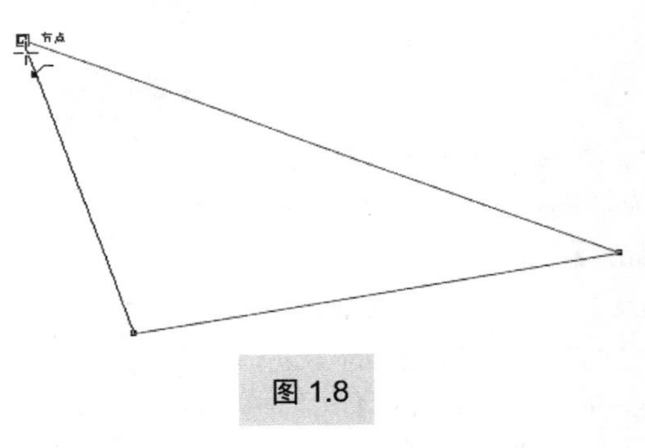

图 1.8

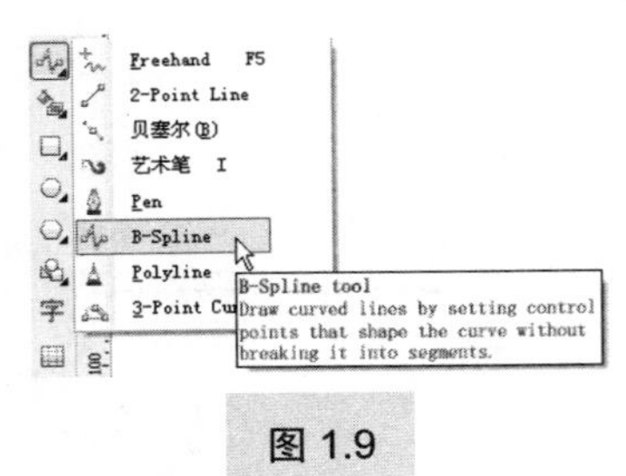

图 1.9

1.3.3 【B-Spline】工具

【B-Spline】工具位于工具箱上数第 5 个工具组下（图 1.9），用于创建以自由曲线为主的封闭图形。

创建方法：

选择该工具后，单击定位起始点，在第 2 个关键点上再次单击，同时在两个控制点之间出现一条自由曲线，继续单击定位第 3 个关键点，由控制点创建出的自由曲线效果如图

1.10 所示。往下可根据造型需要依次单击创建新的关键点，直到将指针放回起始点节点上，当指针变成“↙”时释放鼠标，即可创建以自由曲线为主的封闭图形，如图 1.11 所示。

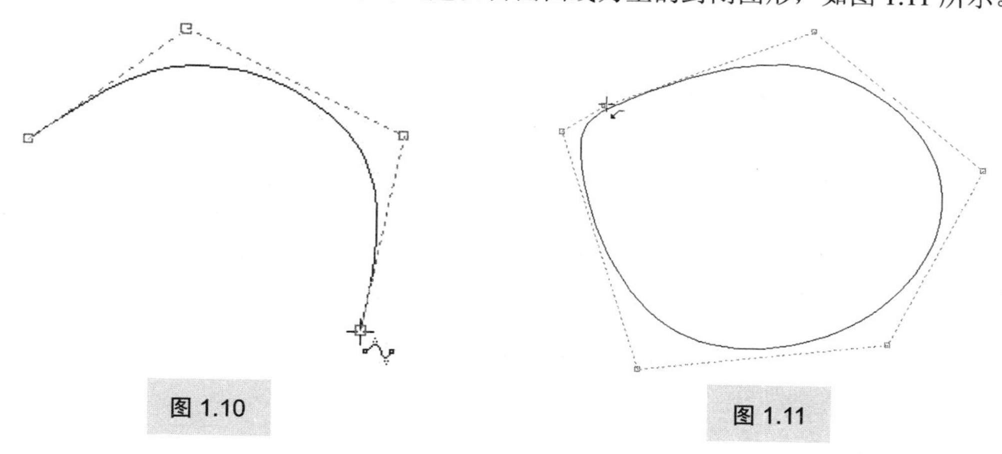

图 1.10　　图 1.11

1.3.4　【矩形】工具

【矩形】工具□位于工具箱上数第 7 个位置，用于创建矩形、正方形及倒角矩形。

1. 创建矩形

选择该工具后，在页面中按住鼠标左键拖动，可绘制一个任意比例的矩形，如图 1.12 所示。

2. 创建正方形

选择该工具后，按住【Ctrl】键，同时在页面中按住鼠标左键拖动，可以绘制一个正方形，如图 1.13 所示。

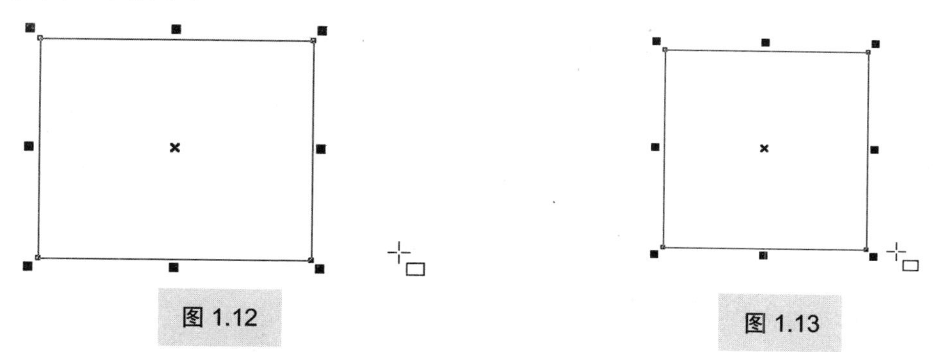

图 1.12　　图 1.13

3. 创建倒角矩形

在新版本 CorelDRAW X5 中，该工具将后台泊坞窗里的功能提取到了前台属性栏中，在制作对象的内圆角、外圆角和平角效果时，变得更为快捷。

创建矩形之后，分别单击属性栏上的外圆角、内圆角、平角按钮，并在按钮后面的【边角圆滑度】文本框中分别输入倒角的数值，即可对矩形的顶角做不同的形状设置，如图 1.14 所示。

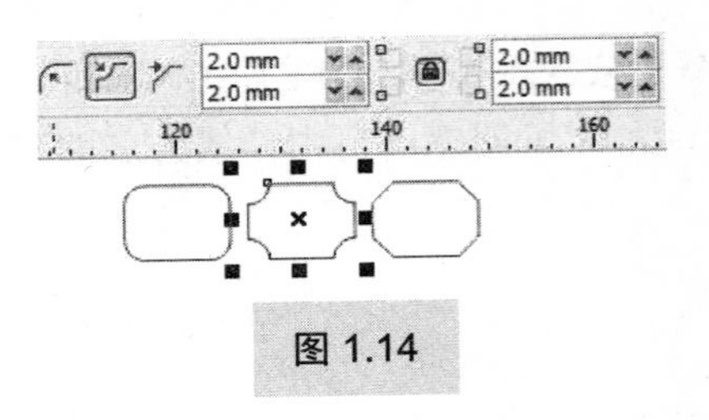

图 1.14

【全部圆角】按钮位于属性栏中【边角圆滑度】左右两文本框中间。单击此按钮，在【边角圆滑度】中任何一文本框中输入倒角数值时，矩形的4个顶角都以输入的数值为准同时倒角，如图1.15所示；此按钮呈浮动状态，输入一个倒角数值时，矩形顶角只针对与其相对应的一栏进行倒角，如图1.16所示。

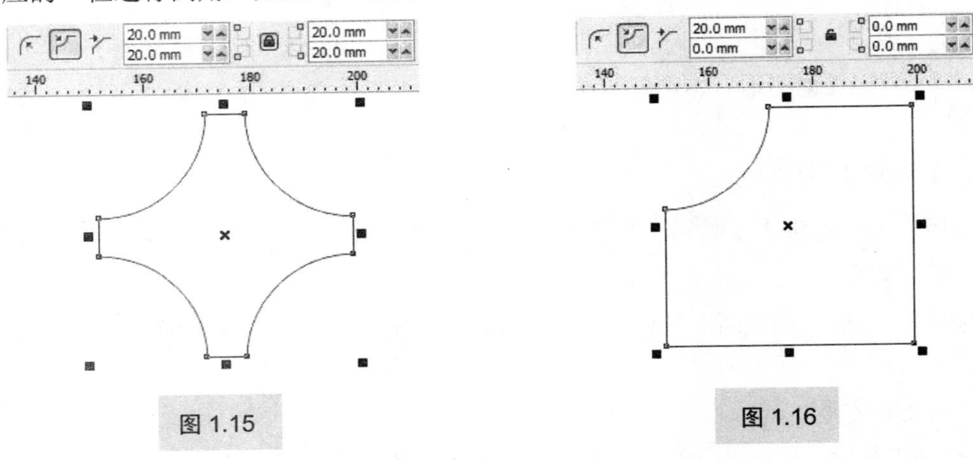

图 1.15

图 1.16

1.3.5 【滴管】工具

【滴管】工具位于工具箱下数第4个位置，用于对图形、图像的颜色值进行取样。

操作方法：

将【滴管】工具放置在图像上面，在滴管右下角会自动显示当前图像的颜色信息值，如图1.17所示。单击取样后，会自动切换到【填充】工具对目标对象进行颜色填充，如图1.18所示。

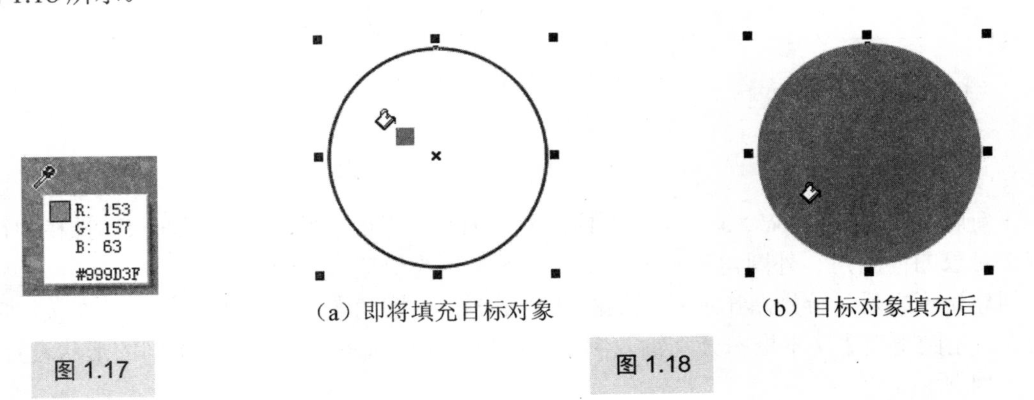

（a）即将填充目标对象

（b）目标对象填充后

图 1.17

图 1.18

属性栏中的 3 个按钮，从左至右依次是：取样 1 个像素点的颜色值；取样 4 个像素点颜色的平均值；取样 25 个像素点颜色的平均值。单击【Add To Palette】按钮，可以将取样的颜色保存到调色板中，位于调色板最后面，如图 1.19 所示。

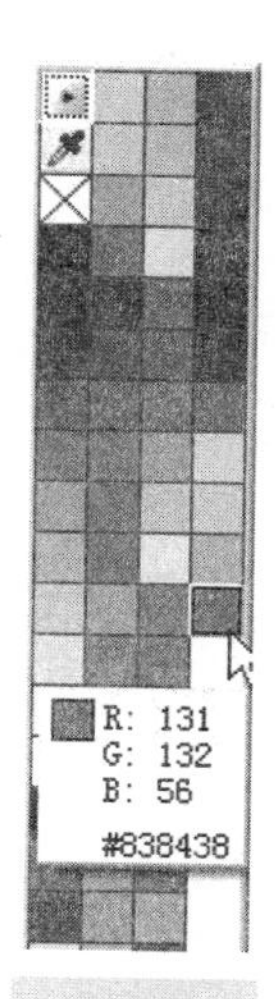

图 1.19

1.3.6 【网状填充】工具

【网状填充】工具位于工具箱最底端工具组下，用于填充图形的颜色，可以创建出变化丰富的渐变填充效果。与以往版本比较，该工具新增了【透明度设置】选项，在网状填充颜色的同时，可以对颜色进行透明度的设置，显示所选节点区域颜色下层的对象。

操作方法：

不选中任何图形对象，单击【网状填充】工具按钮，在属性栏中设置【网格大小】，如图 1.20 所示。单击选中图形对象，如图 1.21 所示。单击选中或者按住鼠标左键拖动框选某个节点，在调色板中单击选择一个颜色，填充节点周围的颜色，效果如图 1.22 所示。可以看出颜色的过渡是非常均匀的。

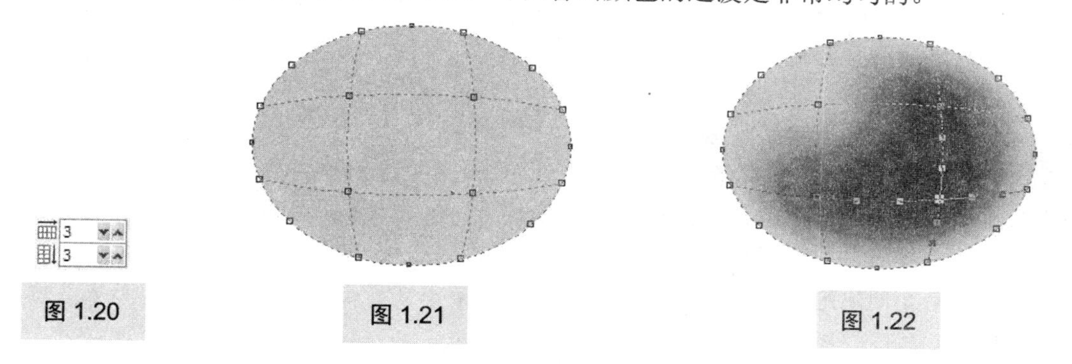

图 1.20　图 1.21　图 1.22

单击选中或者框选某个节点，在属性栏中，设置【透明度】为 50，效果如图 1.23 所示。在此为了看出半透明的效果，绘制了一个矩形放在椭圆的下层。

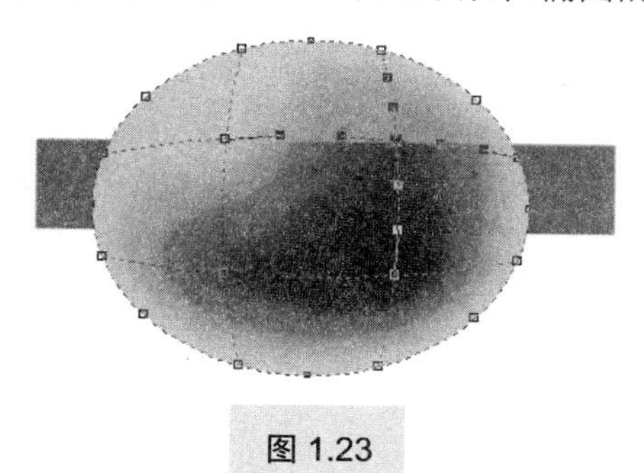
图 1.23

1.4 上机实战

使用【网状填充】工具绘制如图 1.24 所示的七彩肥皂泡。

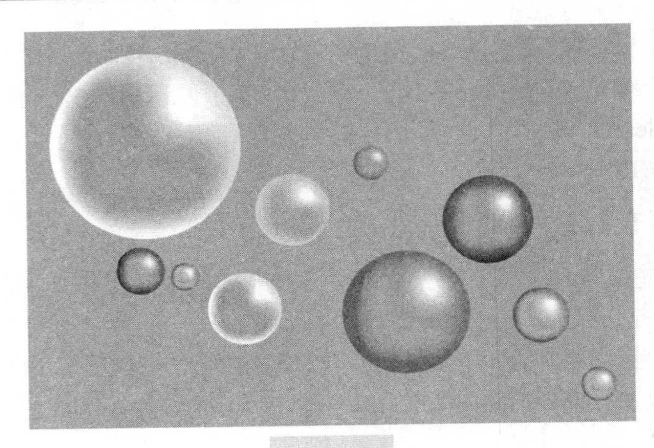

图 1.24

操作提示

肥皂泡是一个轮廓较为清晰，内部通透的圆球体，而且表面有一个高光点。

（1）新建一个空白文件。

（2）用【矩形】工具绘制一个灰色背景。

（3）用【椭圆】工具绘制圆形。

（4）用【网状填充】工具填充颜色并设置透明度。框选圆形轮廓上的节点，填充颜色；再框选圆形内部节点，调整属性栏中透明度参数为 100，使圆形内部的颜色全透明；高光处的节点填充白色，透明度为 0。

（5）移动复制泡泡，用【网状填充】工具框选节点重新进行颜色的填充，形成其他颜色的肥皂泡。

（6）调整肥皂泡的大小。

第2章 标志设计

教学要求：

- 熟练掌握【手绘】工具和【贝塞尔】工具的用法，并能区分二者的用法。
- 熟练掌握【形状】工具的几种用法。
- 熟练掌握【变换】命令下的【大小】【比例】【旋转】命令的用法。
- 熟练掌握使文本适合路径的用法。

教学难点：

- 【贝塞尔】工具结合【形状】工具修整轮廓的用法。
- 使文本适合路径的用法。

建议学时：

- 总计学时：4 学时。
- 理论学时：2 学时。
- 实践学时：2 学时。

2.1 设计工具及其用法

本章案例设计主要用到的工具有【贝塞尔】工具、【手绘】工具、【椭圆】工具、【形状】工具、【填充】工具、【文本】工具等。下面介绍工具的用法。

相关说明

在每一章案例详解的前面都会有本章案例设计的“设计工具及其用法”详解，在以后章节的这部分内容中，前面所讲过的工具不再重复详解，请读者参考前面的章节。

2.1.1 【挑选】工具

【挑选】工具位于工具箱上数第 1 个位置，用于移动对象、缩放对象、旋转对象。

1. 移动对象

选择该工具后，单击选中对象（对象周围显示 8 个黑色正方形控制点为选中状态），在对象中间“×”位置上，当指针变成“✥”时，按住左键将其拖动至目标位置（目标位置的对象有蓝色轮廓预示），松开左键即可移动对象。移动过程如图 2.1 所示。

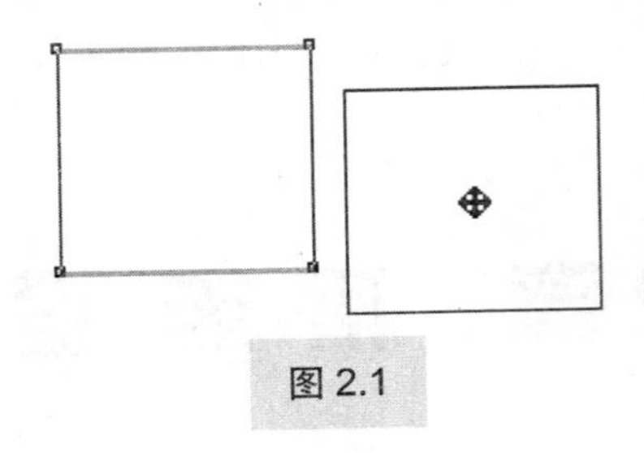

图 2.1

2. 缩放对象

选择该工具后，单击选中对象，在对象周围 8 个黑色正方形控制点的任意一点上，当指针变成“↕”、“↔”或“⤡”时，按住左键拖动至目标大小（目标大小的对象有蓝色轮廓预示），松开左键即可缩放对象。纵向缩放、横向缩放、整体缩放过程分别如图 2.2～图 2.4 所示。

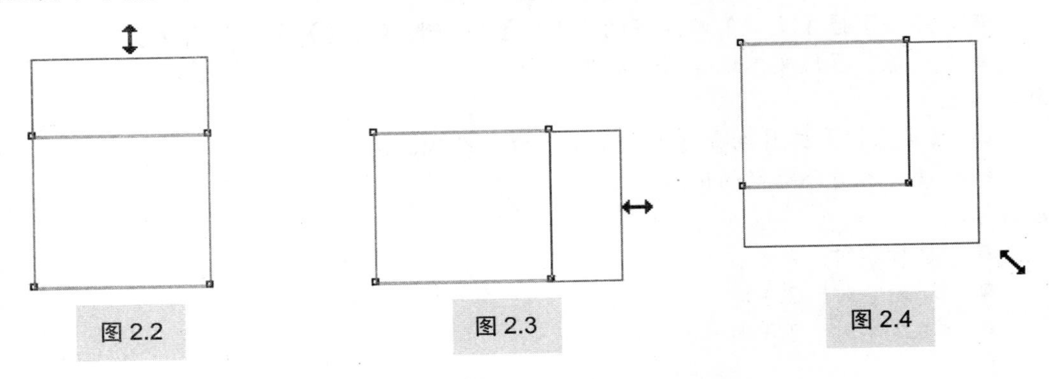

图 2.2　　图 2.3　　图 2.4

3. 旋转对象

选择该工具后，单击选中对象，再次单击对象，则中心处变成“⊙”（此处为旋转中心）时，对象 4 个顶点的控制点变成“↻”，按住左键拖动任意一个顶角，对象则沿着旋转中心旋转（旋转目标的对象有蓝色轮廓预示），旋转至目标角度，松开左键即可旋转对象。旋转过程如图 2.5 所示。

其中旋转中心的位置可以移动，将指针放于旋转中心上，当指针变成“+”时，按住左键拖动旋转中心至目标位置即可，此时再进行旋转，图形则按照新的旋转中心旋转，如图 2.6 所示。

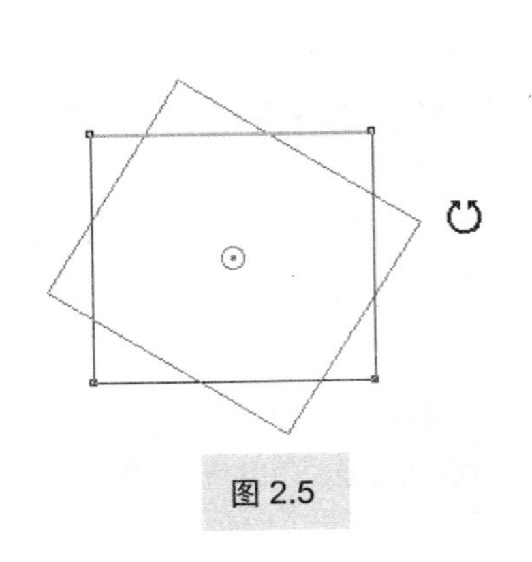

图 2.5

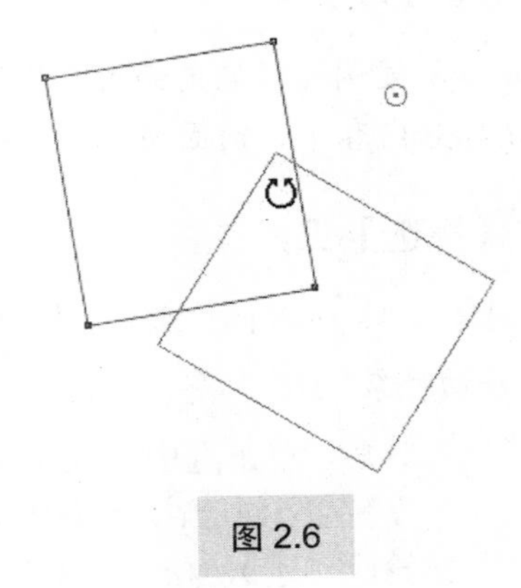

图 2.6

2.1.2 【贝塞尔】工具

【贝塞尔】工具位于工具箱上数第 5 个工具组下（图 2.7），用于创建曲线，或以曲线为主的封闭图形。

1. 创建曲线

选择该工具后，单击定位起始点，在第 2 个关键点上按住左键拖动，创建一条平滑曲线，同时生成一个平滑节点，该节点两侧有控制曲线曲度的句柄，如图 2.8 所示；如果在第 2 个关键点上单击，则创建一条直线，同时生成一个尖角节点。

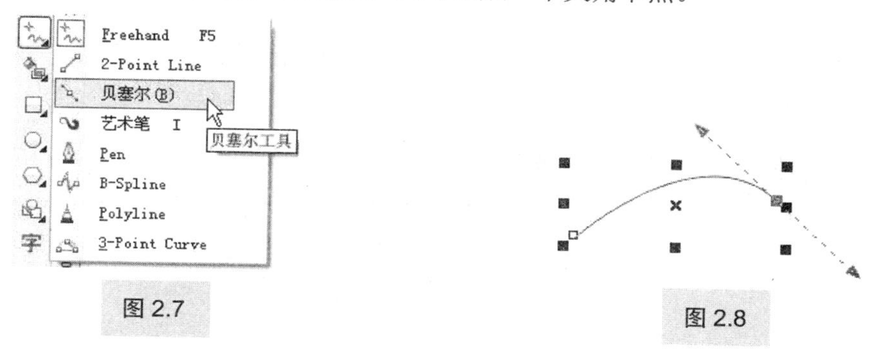

图 2.7　　图 2.8

2. 创建以曲线为主的封闭图形

在创建曲线时，只需要将指针放回起始点的节点上，当指针变成“↙”时，单击或拖动鼠标，即可将图形封闭，从而创建以曲线为主的封闭图形，如图 2.9 所示。

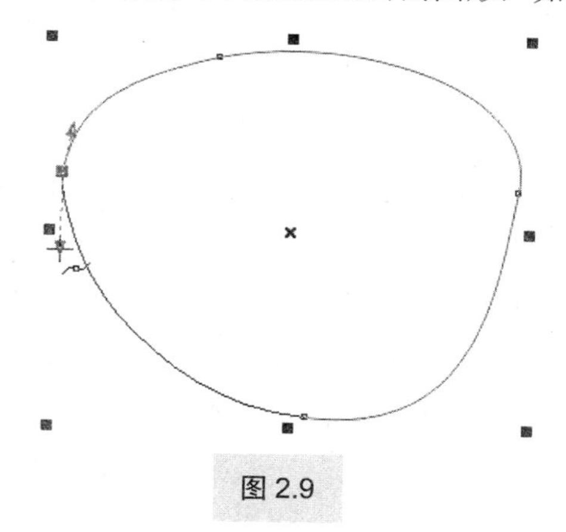

图 2.9

2.1.3 【手绘】工具

【手绘】工具位于工具箱上数第 5 个位置，用于创建直线，或以直线为主的封闭图形。

1. 创建直线

选择该工具后，单击定位起始点，在第 2 个关键点上再次单击，即可创建一条直线，如图 2.10 所示。如果想继续绘制该直线，将指针放在第 2 个节点上，当指针变成“↙”时，单击鼠标，连接该节点继续往下绘制直线。如果想一直连接绘制直线图形，在节点处双击即可，如图 2.11 所示。

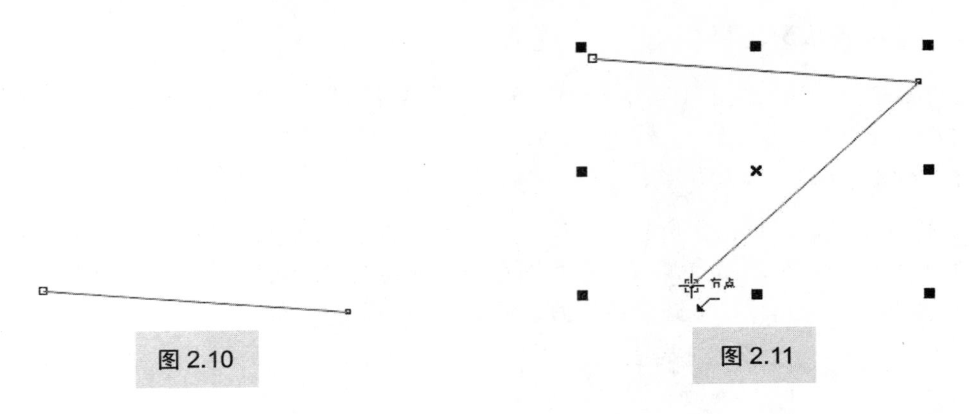

图 2.10　　图 2.11

2. 创建以直线为主的封闭图形

创建直线时候，只需要将指针放回起始点节点上，当指针变成“↙”时，单击鼠标，即可将图形封闭，从而创建以直线为主的封闭图形，如图 2.12 所示。

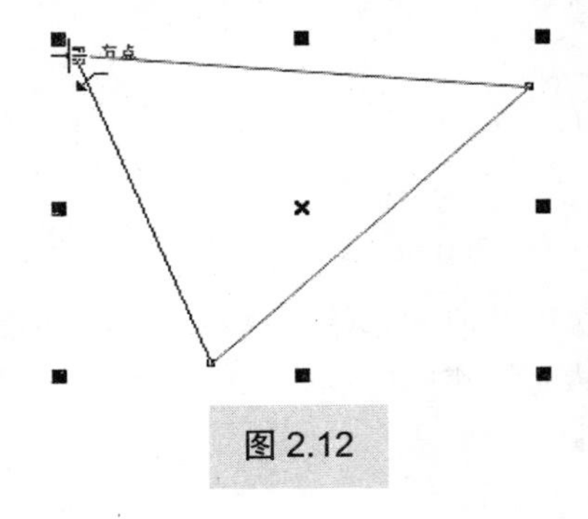

图 2.12

2.1.4 【椭圆形】工具

【椭圆形】工具位于工具箱上数第 8 个位置，用于创建椭圆形、正圆形、饼形和弧形。

1. 创建椭圆形

选择该工具后，在页面中按住鼠标左键拖动，可绘制一个任意比例的椭圆形，如图 2.13 所示。

2. 创建正圆形

按住【Ctrl】键，同时按住鼠标左键拖动，可以绘制一个正圆形，如图 2.14 所示。

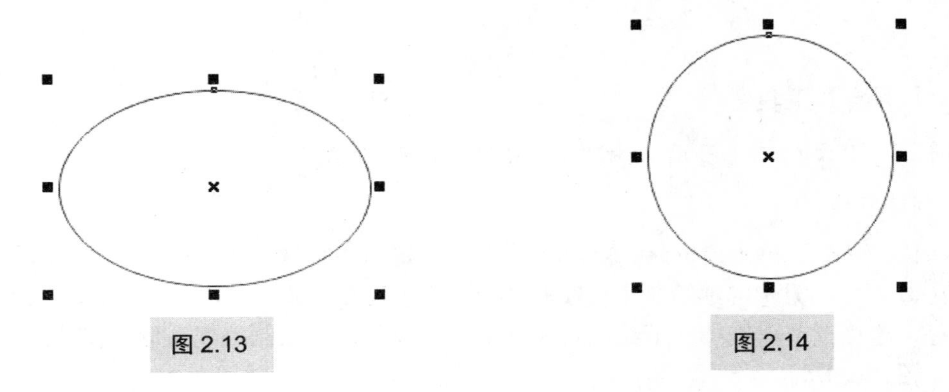

图 2.13　　图 2.14

3. 创建饼形、弧形

单击选中绘制好的圆形或椭圆形，在属性栏中，默认情况下是【圆形】按钮被按下，可以单击【饼形】按钮或【弧形】按钮，对所绘制的圆形进行饼形或弧形的设置，如图 2.15 所示。利用工具箱中的【形状】工具，在对象的轮廓节点上按住鼠标左键拖动，即可以对象的轮廓为轨迹做饼形或弧形的轮廓变化，如图 2.16 所示。

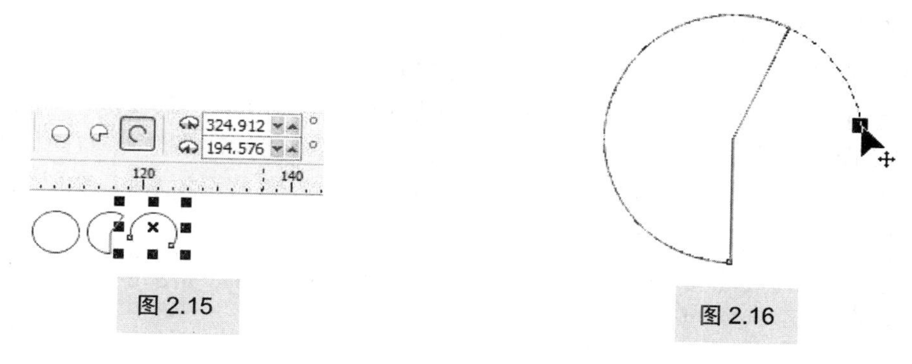

图 2.15

图 2.16

2.1.5 【形状】工具

【形状】工具位于工具箱上数第 2 个位置，用于添加或删除节点、调整节点位置及属性、调整对象的轮廓、调整文字的间距及行距。

1. 删除或添加节点

1）删除节点

在已有的节点上双击鼠标左键，即可删除该节点。

2）添加节点

在线的轮廓没有节点的位置上双击鼠标左键，即可添加一个新节点。

2. 调整节点位置及属性

1）调整节点位置

单击选中一个节点，在该节点上按住鼠标左键拖动至目标位置松开，即可调整该节点的位置。

2）调整节点属性

选择该工具后，选中某个节点，在属性栏中，以下 7 个按钮从左向右依次是：

（1）连接两个节点：使两个分开的节点连接合并为一个节点。

（2）分割曲线：将一个闭合的节点打散，成为两个节点，同时如果是封闭的图形则被打散为不闭合状态，从而填充不了图形内部颜色。

（3）转换曲线为直线：可以将节点一侧的曲线转换为直线。

（4）转换直线为曲线：可以将节点一侧的直线转换为曲线。

（5）使节点成为尖突：可以将平滑的节点生成尖角的节点，该节点两侧的句柄可以单独进行调节。

（6）平滑节点：可以将尖角的节点生成圆滑的节点，该节点两侧的句柄同时变换线的曲度，并可以单独伸缩长短。

（7）生成对称节点：可以将尖角或平滑的节点生成既对称又圆滑的节点，该节点两侧的句柄同时变换线的曲度，并同时伸缩相同的长度。

3. 调整对象的轮廓

在调整节点位置及属性的同时，线的轮廓随之发生变化。

4. 调整文字的间距及行距

使用工具箱中的【文本】工具字，在页面中间单击，当光标开始闪烁时，输入文字。单击【形状】工具按钮，将指针放在文字左下角的“≑”上，当其变成“+”时，按住左键向上或向下拖动，即可调整文字行距，如图 2.17 所示；将指针放在文字右下角的“⫼”上，当其变成“+”时，按住左键向右或向左拖动，即可调整文字的间距，如图 2.18 所示。

图 2.17　　图 2.18

2.1.6 【填充】工具

【填充】工具位于工具箱下数第 2 个位置，用于均匀填充对象内部颜色。

单击选中要填充的对象，选择【填充】工具中的【颜色】子工具，如图 2.19 所示。在打开的【均匀填充】对话框中，可以分别设置 C、M、Y、K 的色彩数值，如图 2.20 所示，设置完毕后单击【OK】按钮确定，即可为对象均匀填充内部颜色。

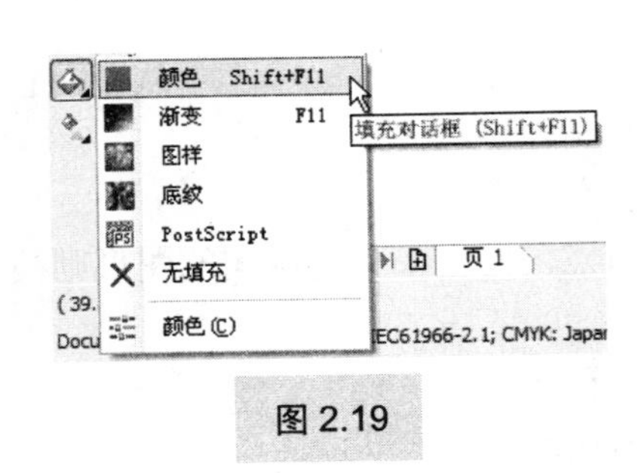

图 2.19

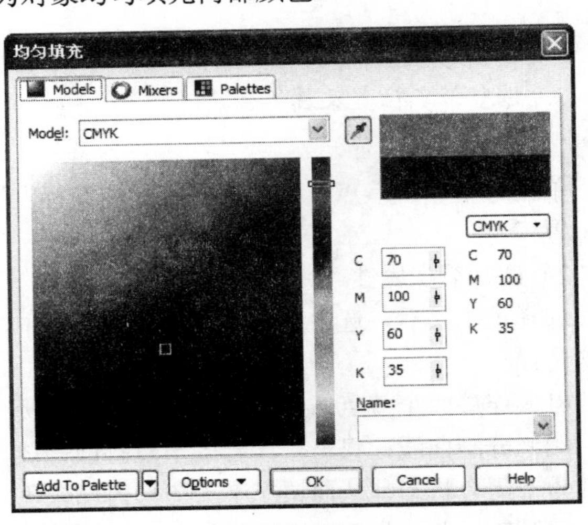

图 2.20

2.1.7 【文本】工具

【文本】工具字位于工具箱中间位置，用于输入文本及段落文本。

1. 输入文本

选择该工具后，在绘图窗口中单击，当光标开始闪烁时，输入文本内容即可。输入完毕后继续用文本工具从文本右侧开始按住鼠标左键向左拖动，选中所有文本，如图 2.21 所示。在属性栏中设置文本的属性，如字体、字号、粗体、斜体、下划线、对齐方式等属性，如图 2.22 所示。如果想输入两行文本，可以在第一行末尾按【Enter】键换行继续输入即可。

图 2.21　　图 2.22

2. 输入段落文本

在绘图窗口中按住鼠标左键，拖动出一个段落文本的文本框，如图 2.23 所示。当文本框内光标开始闪烁时，输入文本内容即可，如图 2.24 所示。

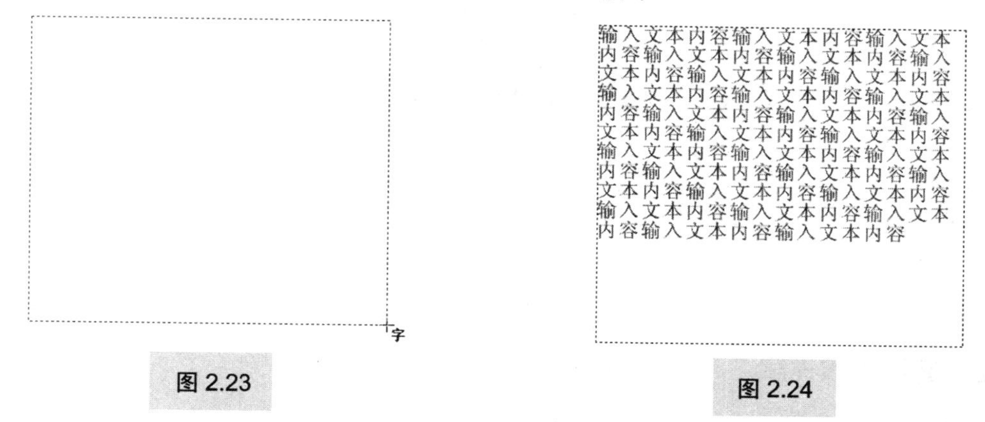

图 2.23　　图 2.24

输入完毕后继续使用【文本】工具从文本末端开始按住鼠标左键向最前面的文本拖动，选中所有文本，如图 2.25 所示，在属性栏中设置文本的属性。

如果文本框中输入的文本很多，没有完全显示出来，则文本框呈现红色，文本框下面中间的方块中出现“▼”，如图 2.26 所示。此时只需将鼠标放置于此“▼”上，按住左键向下拖动，即可将文本框中的文字显示出来。显示所有文本后，文本框恢复到正常状态，“▼”消失。

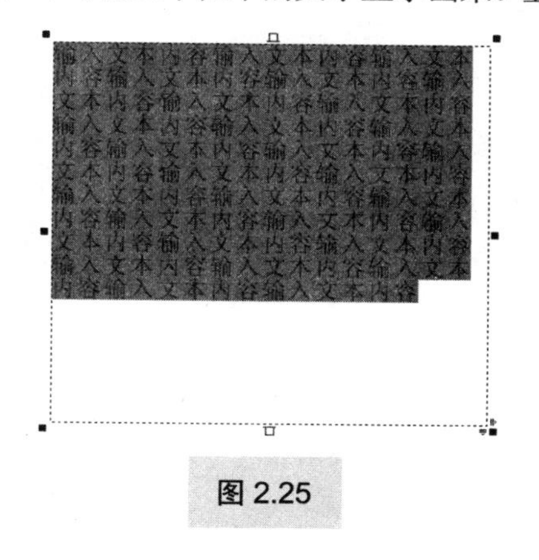

图 2.25

图 2.26

2.2 案例详解

本节以吉林省上海商会标志设计为例，介绍标志的设计步骤，案例效果图及其具体设计步骤如下。

2.2.1 案例效果图

吉林省上海商会标志设计效果图如图 2.27 所示。

图 2.27

2.2.2 案例步骤详解

（1）打开 CorelDRAW X5 软件，在【WELCOME】（欢迎）窗口中，单击右侧【Quick Start】（快速启动）标签，如图 2.28 所示。

图 2.28

（2）在【Quick Start】（快速启动）窗口中，选择【New blank document】（新建空白文件）选项，如图 2.29 所示。

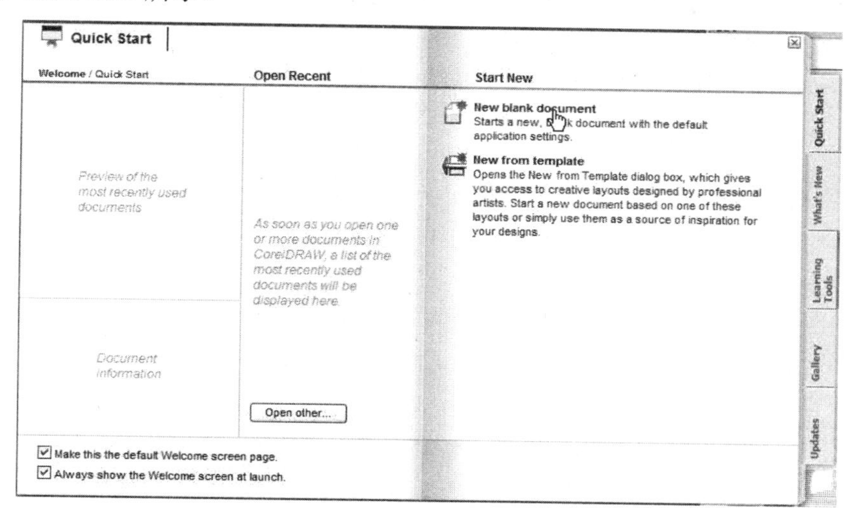

图 2.29

（3）在打开的【Create a New Document】（创建一个新文件）对话框中，依次设置 Name（文件名称），【Preset destination】（预设），【Size】（页面尺寸），【Width】（页面宽度），【Height】（页面高度），【Primary color mode】（色彩模式），【Rendering resolution】（渲染像素），【Preview mode】（预览模式）。具体设置如图 2.30 所示，单击【OK】按钮，创建一个空白文件。

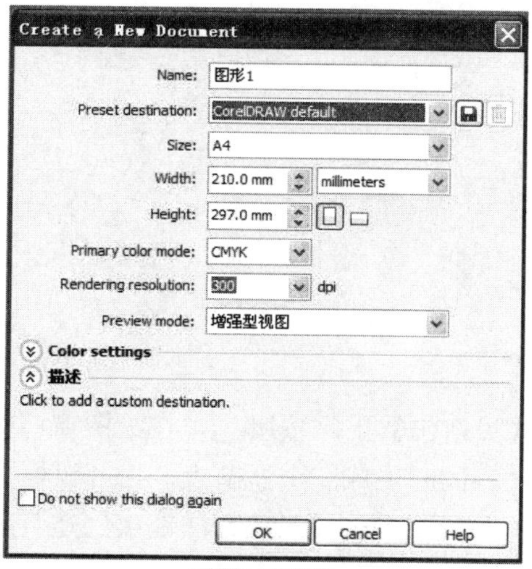

图 2.30

（4）单击工具箱中的【椭圆形】工具按钮，按住【Ctrl】键，在页面中间按住鼠标左键拖动，绘制一个正圆形。

（5）执行【菜单栏】|【窗口】|【泊坞窗】|【变换】|【大小】命令，此命令的快捷键

是【Alt】+【F10】组合键。在窗口右侧打开的【变换】对话框中进行如图 2.31 所示的设置，设置完毕，单击【应用到再制】按钮，效果如图 2.32 所示。

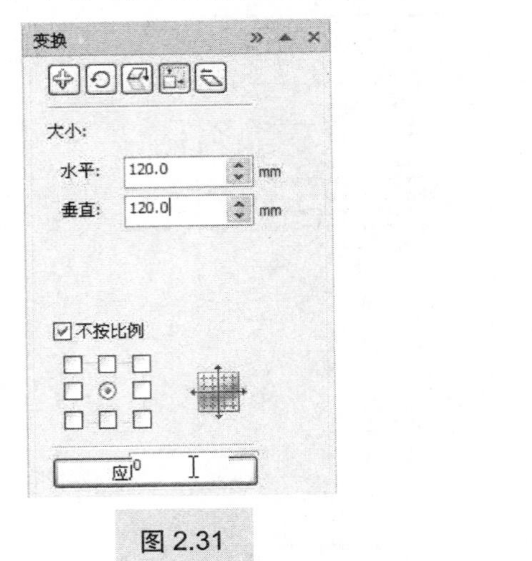

图 2.31

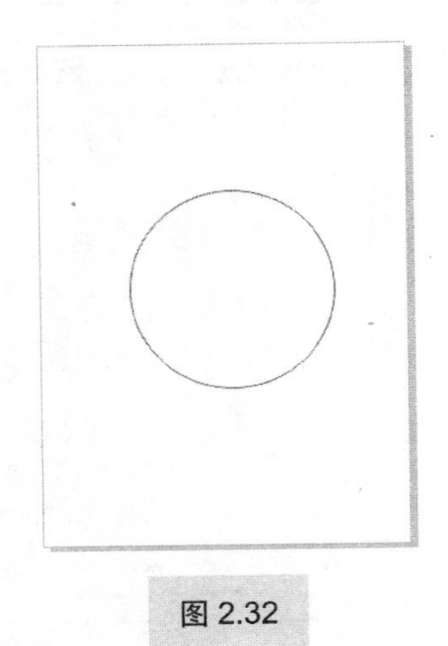

图 2.32

（6）继续执行【变换】|【大小】命令，【变换】对话框的设置如图 2.33 所示。设置完毕，单击【应用到再制】按钮，效果如图 2.34 所示。

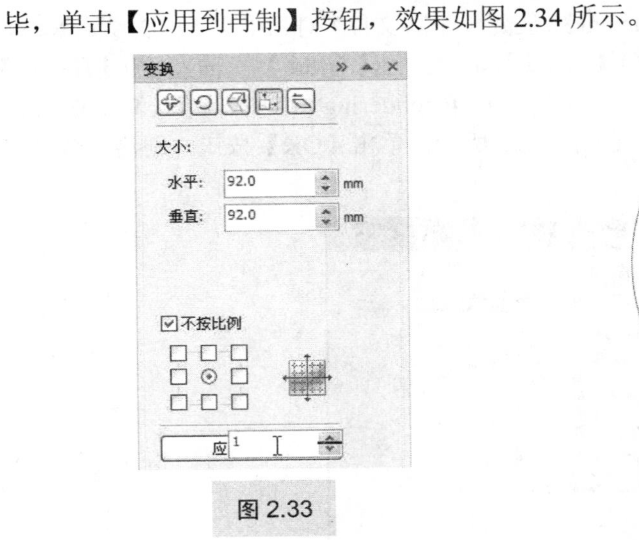

图 2.33

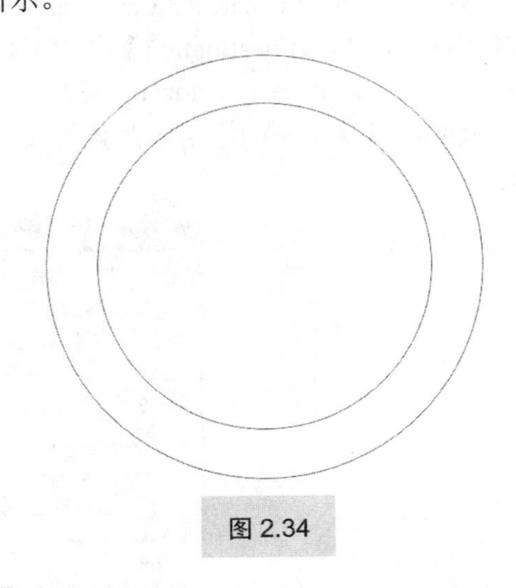

图 2.34

（7）单击工具箱中的【贝塞尔】工具按钮，在绘图窗口中单击定位起始点，在第 2 个关键点位置按住左键拖动，同时生成一个新节点，松开鼠标，再在下一个关键点位置按住左键拖动，同时又生成一个新节点。按照此方法依次创建节点，绘制出一条曲线。此条曲线共有 4 个节点，形状如图 2.35 所示。

（8）单击工具箱中的【形状】工具按钮。单击选中曲线上的一个节点，按住鼠标左键拖动至合适位置，松开鼠标，再在该节点两侧的句柄上按住鼠标左键拖动，调节曲线的曲度。其他 3 个节点调节方法同上。曲线调节的效果如图 2.36 所示。

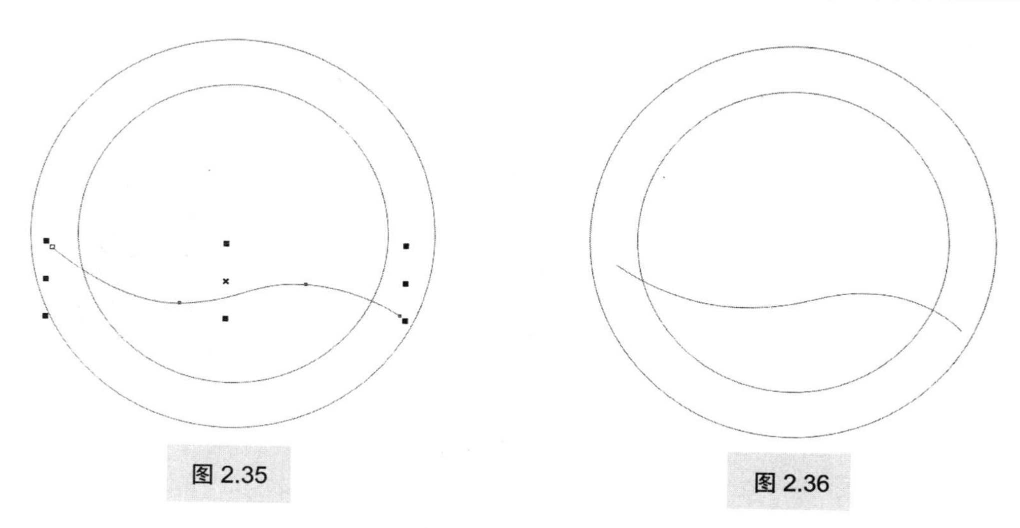

图 2.35　　图 2.36

（9）单击工具箱中的【挑选】工具按钮。单击选中曲线，在属性栏中设置【轮廓宽度】，如图 2.37 所示，曲线效果如图 2.38 所示。

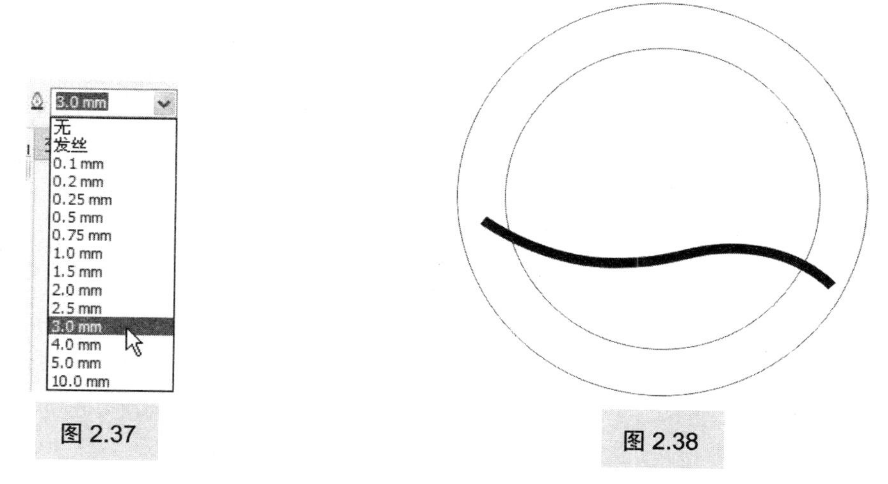

图 2.37　　图 2.38

（10）确定曲线被选中，执行【菜单栏】|【排列】|【将轮廓转换为对象】命令，此命令的快捷键是【Ctrl】+【Shift】+【Q】组合键。

操作提示

【将轮廓转换为对象】命令，可以将具有一定宽度的“轮廓线”转换成一个与其形状相同的封闭对象。

（11）继续使用【挑选】工具，单击选中转换后的曲线，按住【Shift】键，再次单击选中与曲线相交的小圆，使两个对象都被选中。

（12）在属性栏中单击【后减前】按钮，修剪后的效果如图 2.39 所示。

（13）确定修剪后的图形被选中，执行【菜单栏】|【排列】|【拆分】命令，此命令的快捷键是【Ctrl】+【K】组合键，将修剪后的一个图形对象拆分成上下两个图形对象。

（14）在页面空白处单击，取消对象的选择，再单击拆分后上面的图形，在页面右侧边的调色板中，单击【青色】色块，然后右键单击调色板上方的☒按钮，填充效果如图 2.40 所示。

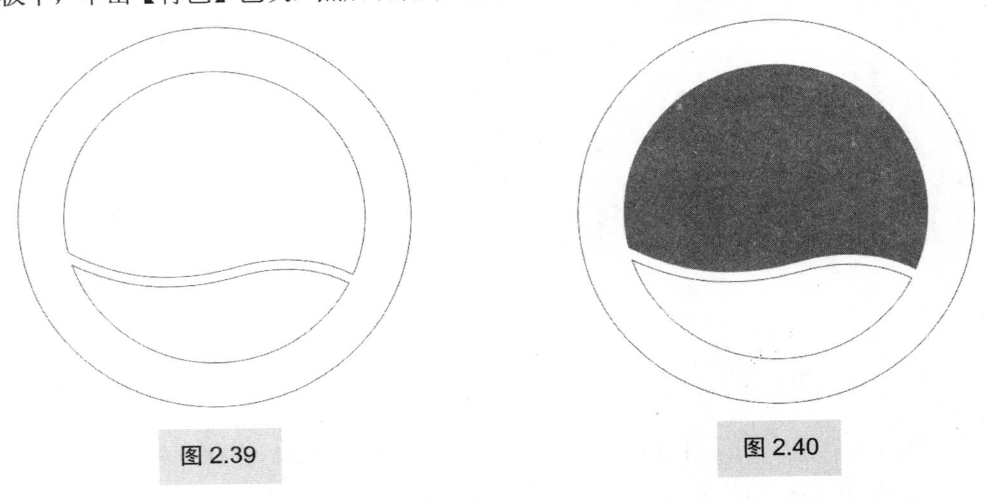

图 2.39　　图 2.40

操作提示

为对象填充颜色：

除了在前面工具用法中讲到的用【填充】工具来为封闭图形均匀填色外，也可以在页面右侧边的调色板中，在相应色块上单击，填充封闭图形的内部颜色；右键单击，则填充的是图形的轮廓色。

（15）单击拆分后下面的图形，在页面右侧边的调色板中，单击【30%黑色】色块，然后右键单击调色板上方的☒按钮，填充效果如图 2.41 所示。

（16）单击工具箱中的【贝塞尔】工具按钮，在图 2.42 所示位置单击定位起始点，在第 2 个关键点上按住左键拖动，松开鼠标，创建一个节点。依次创建节点，回到起始点，当指针变成“↙”时单击，绘制出一个封闭的月牙图形，形状如图 2.42 所示，该封闭图形有 6 个节点。

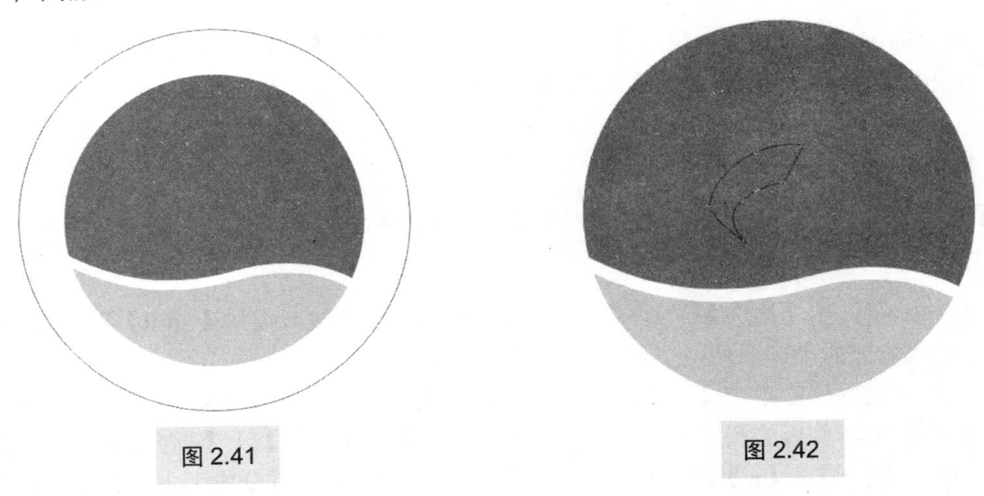

图 2.41　　图 2.42

（17）单击工具箱中的【形状】工具按钮。单击选中封闭图形上的一个节点，按住鼠标左键拖动至合适位置，释放鼠标，再在该节点两侧的句柄上按住鼠标左键拖动，调节曲线的曲度。其他几个节点调节方法同上。调节的效果如图 2.43 所示。

（18）单击工具箱中的【挑选】工具按钮。单击选中月牙图形，在页面右侧边的调色板中，单击【白色】色块，然后右键单击调色板上方的☒按钮，填充效果如图 2.44 所示。

（19）按照步骤（16）～（18）的做法，再绘制一个大的封闭月牙图形，该图形的位置及效果如图 2 45 所示。

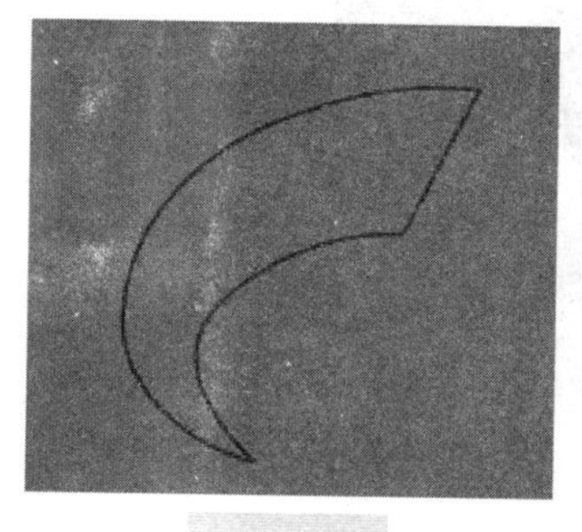

图 2.43

图 2.44

图 2.45

（20）单击工具箱中的【挑选】工具按钮，单击选中白色大月牙图形，按住【Shift】键，单击选中白色小月牙图形，使两个对象都被选中。

（21）执行【菜单栏】|【窗口】|【泊坞窗】|【变换】|【比例】命令，此命令的快捷键是【Alt】+【F9】组合键。在窗口右侧打开的【变换】对话框中进行如图 2.46 所示的设置，单击、两个按钮，设置完毕，单击【应用到再制】按钮。

（22）在镜像复制的图形中间的“×”位置按住鼠标左键拖动，将图形拖动至如图 2.47 所示的位置。

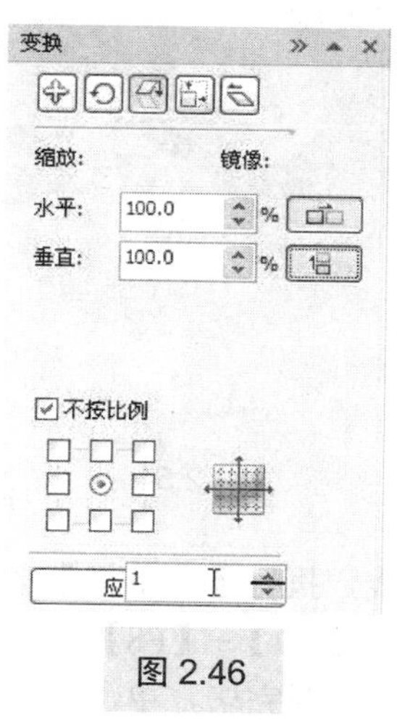

图 2.46

图 2.47

（23）单击工具箱中的【挑选】工具按钮，按住【Shift】键，依次单击选中 4 个白色月牙图形，单击属性栏中的【群组】按钮，将 4 个对象暂时组成一个整体。

（24）确定群组后的整体图形被选中，按住【Shift】键，单击选中本案例开始绘制的大圆形，单击属性栏中的【对齐与分布】按钮，弹出【对齐与分布】对话框，对话框设置如图 2.48 所示，设置完毕单击【Apply】按钮应用设置，然后单击【关闭】按钮关闭对话框。

（25）单击工具箱中的【手绘】工具按钮，在图 2.49 所示的位置单击定位起始点，按住【Ctrl】键，在第 2 个关键点上单击，创建一个节点，绘制如图 2.49 所示的水平线。

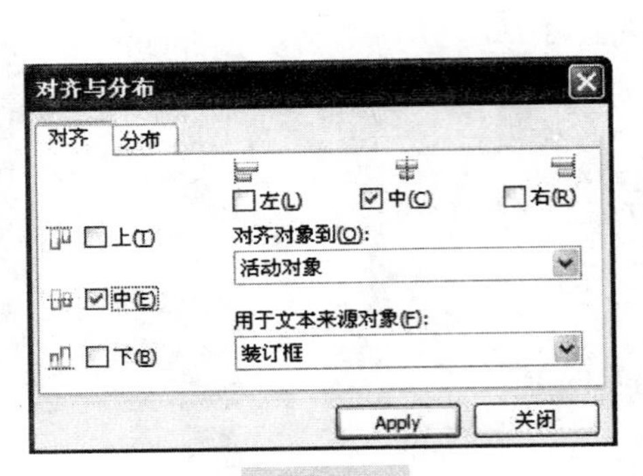

图 2.48

图 2.49

（26）单击工具箱中的【挑选】工具按钮，单击选中该水平线，在属性栏中设置【轮廓宽度】，如图 2.50 所示，并在页面右侧边的调色板中右键单击【白色】色块，效果如图 2.51 所示。

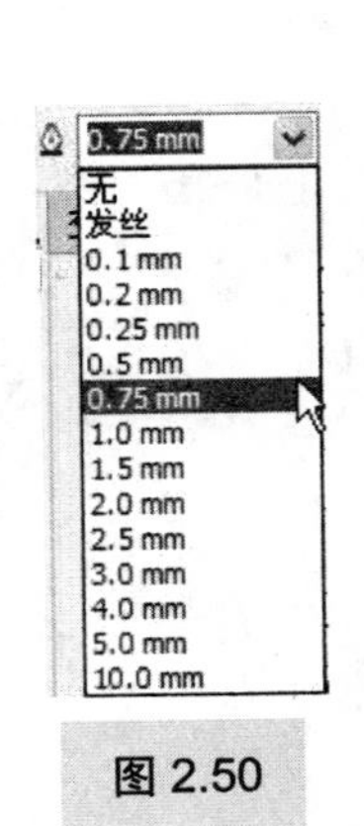

图 2.50

图 2.51

（27）继续使用【挑选】工具，单击选中白色水平线，执行【菜单栏】|【窗口】|【泊坞窗】|【变换】|【旋转】命令，此命令的快捷键是【Alt】+【F8】组合键。在窗口右侧打开的【变换】对话框中进行如图 2.52 所示的设置，设置完毕，单击【应用到再制】按钮（注：图 2.52 所示的“中心：水平、垂直”两项数值不用按照图中进行设置，根据读者所绘制直线的位置参数默认即可）。旋转复制后的效果如图 2.53 所示。

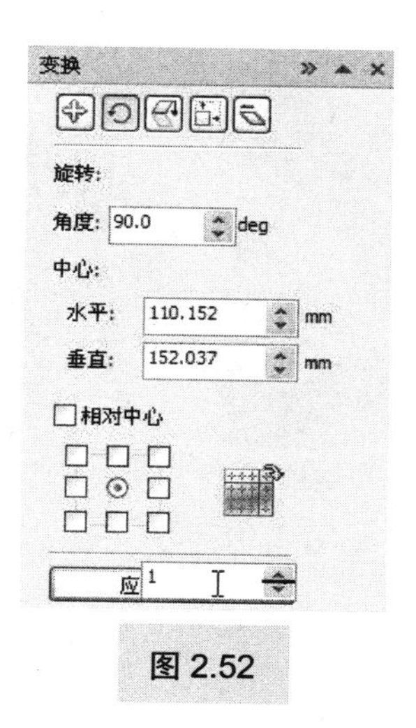

图 2.52

图 2.53

（28）单击选中白色垂直线，在垂直线下端中间的控制点处（中间的黑色方块），按住左键向上拖动，缩短垂直线的长度至蓝色、灰色图形中间白色曲线处，效果如图 2.54 所示。

（29）使用工具箱中的【贝塞尔】工具，结合【形状】工具，绘制如图 2.55 所示的曲线。

图 2.54

图 2.55

（30）单击工具箱中的【挑选】工具按钮，单击选中步骤（29）中所绘曲线，在属性栏中设置【轮廓宽度】如图 2.56 所示，并在页面右侧边的调色板中右键单击【白色】色块，曲线效果如图 2.57 所示。

（31）单击选中白色曲线，执行【菜单栏】|【窗口】|【泊坞窗】|【变换】|【比例】命令，此命令的快捷键是【Alt】+【F9】组合键。在窗口右侧打开的【变换】对话框中进行如图 2.58 所示的设置。单击按钮，设置完毕，单击【应用到再制】按钮，效果如图 2.59 所示。

（32）单击工具箱中的【文本】工具按钮，在页面中间单击，当光标开始闪烁时，输入文字“SHANGHAI CHAMBER OF COMMERCE OF JILIN PRO”，在属性栏中设置字体和字体大小，如图 2.60 所示。

图 2.56

图 2.57

图 2.58

图 2.59

图 2.60

（33）单击工具箱中的【挑选】工具按钮，单击选中文本，执行【菜单栏】|【文本】|【使文本适合路径】，当鼠标变成“➝字”时，将指针放于本案例开始绘制的最大圆形上，当变成如图 2.61 所示的效果时释放鼠标，效果如图 2.62 所示。

图 2.61

图 2.62

（34）单击工具箱中的【形状】工具按钮，将光标放在文本的右下角的“”上，按住鼠标左键向左拖动，缩小文本的字间距，并在页面右侧边的调色板中单击【80%黑色】色块，效果如图 2.63 所示。

（35）单击工具箱中的【文本】工具按钮，在页面中间单击，当光标开始闪烁时，输入文字“吉林省上海商会”，在属性栏中设置字体和字体大小，如图 2.64 所示。

图 2.63

图 2.64

（36）单击工具箱中的【挑选】工具按钮，选中文本，执行【菜单栏】|【文本】|【使文本适合路径】命令，当指针变成“”时，将指针放于最大的圆形上，当变成如图 2.65 所示的效果时释放鼠标，效果如图 2.66 所示。

图 2.65

图 2.66

（37）选中步骤（35）中输入的文本，在属性栏中，分别单击两个按钮各一次，将文本镜像，效果如图 2.67 所示。

（38）在文本中间的“×”处，按住鼠标左键向下拖动，位置如图 2.68 所示。

图 2.67　　图 2.68

（39）单击工具箱中的【形状】工具按钮，将光标放在文本的右下角的“ ”上，按住鼠标左键向右拖动，加大文本的字间距，效果如图 2.69 所示。

（40）单击工具箱中的【多边形】工具下的子工具“星形”工具按钮，在属性栏中设置【星形的边数】为 5。按住【Ctrl】键，同时在页面中间按住鼠标左键拖动，绘制一个五角星形，并拖动到如图 2.70 所示的位置。

图 2.69　　图 2.70

（41）单击工具箱中的【挑选】工具按钮，确定五角星被选中，在页面右侧边的调色板中单击【青色】色块，然后右键单击调色板上方的⊠按钮，效果如图 2.71 所示。

（42）确定五角星被选中，在属性栏中，设置【旋转角度】为 45°，效果如图 2.72 所示。

图 2.71

图 2.72

（43）确定五角星被选中，执行【菜单栏】|【窗口】|【泊坞窗】|【变换】|【比例】命令，此命令的快捷键是【Alt】+【F9】组合键。在窗口右侧打开的【变换】对话框中进行如图 2.73 所示的设置。单击[按钮图标]按钮，设置完毕，单击【应用到再制】按钮，效果如图 2.74 所示。

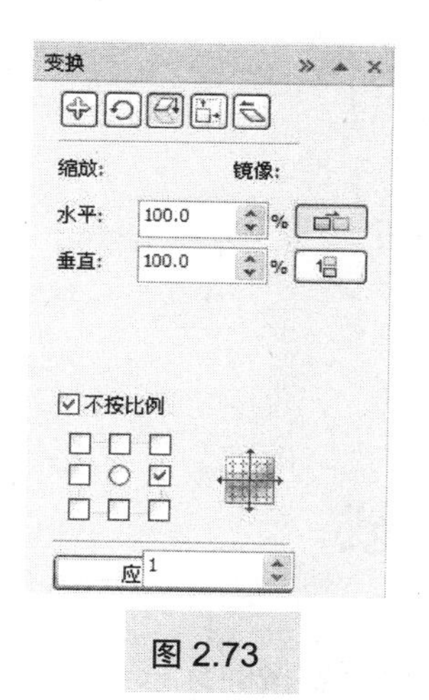

图 2.73

图 2.74

（44）按住【Ctrl】键，在复制后的五角星中间的“×”上按住鼠标左键向右拖动，效果如图 2.75 所示。

操作提示

配合【Ctrl】键移动对象，可以使对象保持固定方向移动，如水平、15°、30°、45°等固定方向。

（45）单击选中本案例最开始绘制的大圆形，在属性栏中设置【轮廓宽度】，如图 2.76 所示，并在页面右侧边的调色板中右键单击【80%黑色】色块，效果如图 2.77 所示。

图 2.75

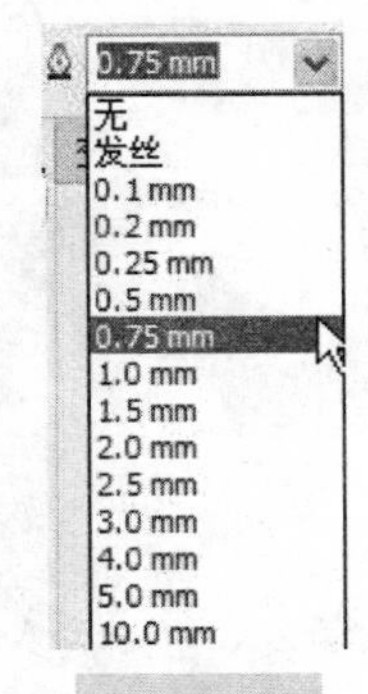

图 2.76

至此，本案例绘制完毕，最终效果如图 2.77 所示。

图 2.77

2.3 上机实战

利用本章及以前所学的知识，制作如图 2.78 所示的校园安保的标志。

图 2.78

操作提示

此标志大部分图形是左右对称的，制作出左半边，镜像复制右半边可以提高效率，而且左右对称的效果非常好，符合标志设计严谨的原则。

（1）新建一个空白文件。

（2）用【贝塞尔】工具结合【形状】工具绘制左半边（包括轮廓的多边形、书籍截面、五角星后面的白色图形、“安保”后面的蓝色图形、叶片）。

（3）用【椭圆】工具绘制半圆形。

（4）用【多边形】工具组中的【星形】工具绘制五角星，绘制时按住【Ctrl】键，绘制的是正五角星。

（5）五角星内部的灰色图形部分，用【手绘】工具捕捉节点绘制三角形。

第3章 名片设计

教学要求：

- 熟练掌握导入图形图像的方法。
- 熟练掌握【变换】命令下的【位置】命令的用法。
- 熟练掌握【图框精确剪裁内部】命令的用法。

教学难点：

- 【图框精确剪裁内部】命令的用法。

建议学时：

- 总计学时：4学时。
- 理论学时：2学时。
- 实践学时：2学时。

3.1 设计工具及其用法

本章案例设计主要用到的工具有【矩形】工具、【文本】工具、【渐变填充】工具等。下面主要介绍【渐变填充】工具的用法。

【渐变填充】工具■位于工具箱下数第2个工具组下，用于渐变填充对象内部颜色。

单击选中要填充的对象，选择【填充】工具组中的【渐变】子工具，工具位置如图3.1所示。

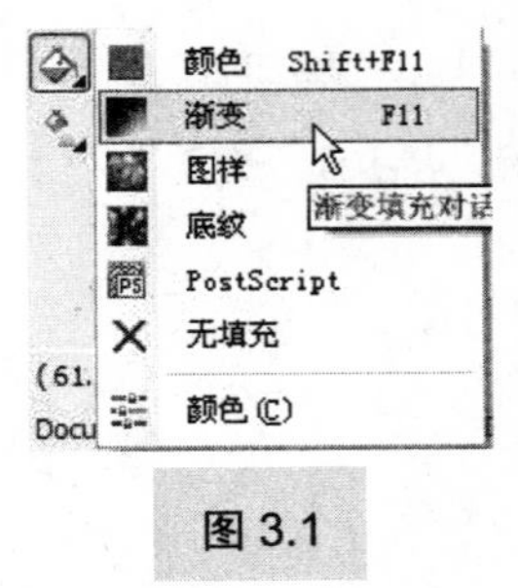

图3.1

打开【渐变填充】对话框，其中的各项设置如图3.2所示。

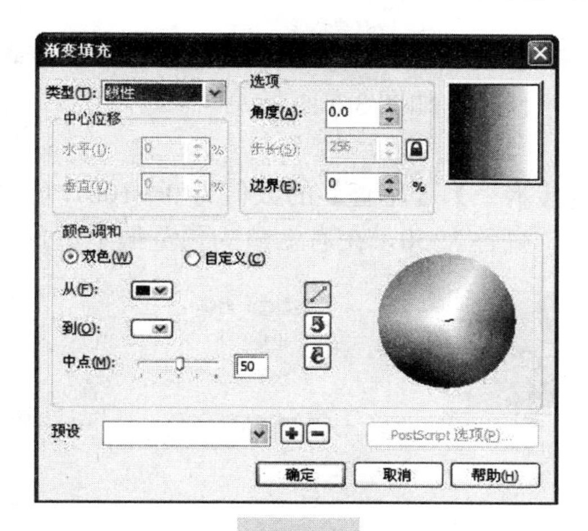

图 3.2

1. 类型

类型选项下有 4 种颜色渐变的方式，分别是线性、射线、圆锥、方角。根据不同的渐变方式，【中心位移】、【选项】两个设置会随之变化，颜色渐变的效果可以在对话框右上角的预览框中预览到。

1）线性渐变

【中心位移】各项设置为灰色，处于不可编辑状态。

【选项】设置中，【角度】的数值为 0°～360°，可以使渐变颜色的角度发生变化。例如，输入 30°，在右上角的预览框中可预览，如图 3.3 所示。

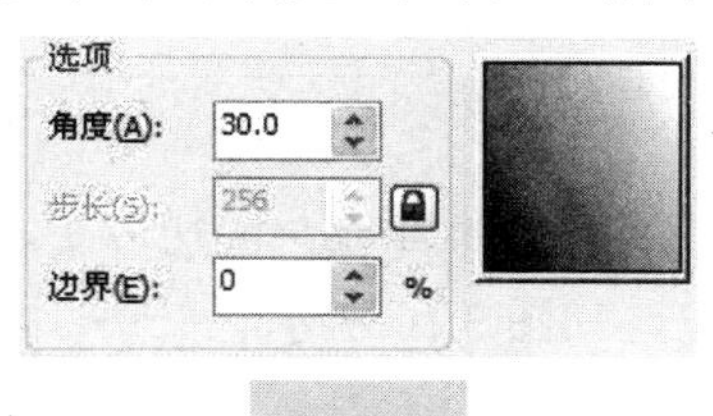

图 3.3

【步长】通常为灰色不可编辑状态，单击其右侧的锁按钮，锁环打开，该项则处于可编辑状态。【步长】的数值默认为 256，可调节数值为 2～999。步长值越大，渐变颜色越多，调和越柔和，如输入步长值为 700，在右上角的预览框中可预览，如图 3.4 所示；步长值越小，渐变颜色越少，调和越生硬，如输入步长值为 10，在右上角的预览框中可预览，如图 3.5 所示。

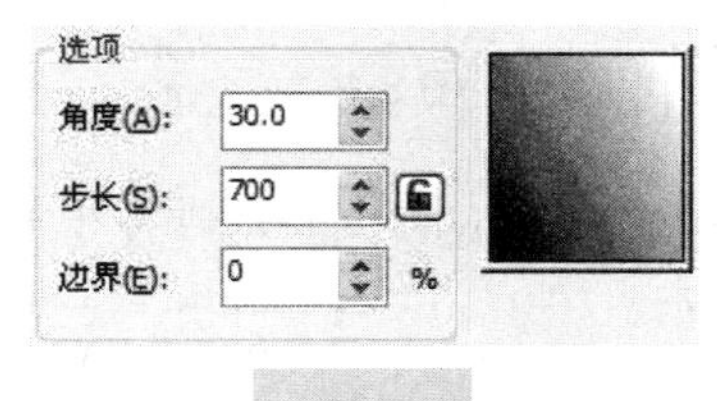

图 3.4

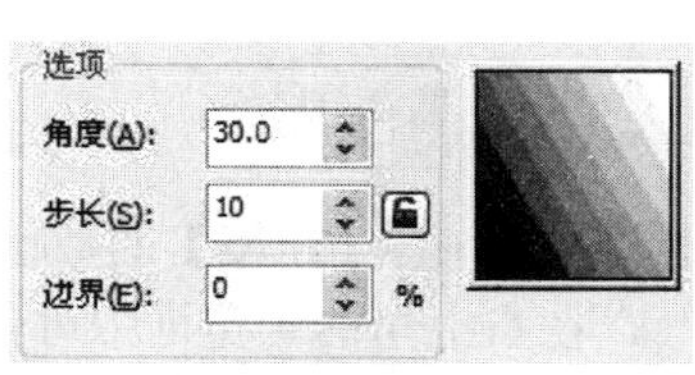

图 3.5

【边界】的数值为0～49，可以调节渐变颜色的边界柔和、清晰程度，如输入边界值为40，在右上角的预览框中可预览，如图3.6所示。

2）射线渐变

【中心位移】设置中，【水平】、【垂直】的数值为0～100，可调节中心点的水平、垂直偏移位置，如输入水平、垂直各为50，在右上角的预览框中可预览，如图3.7所示。

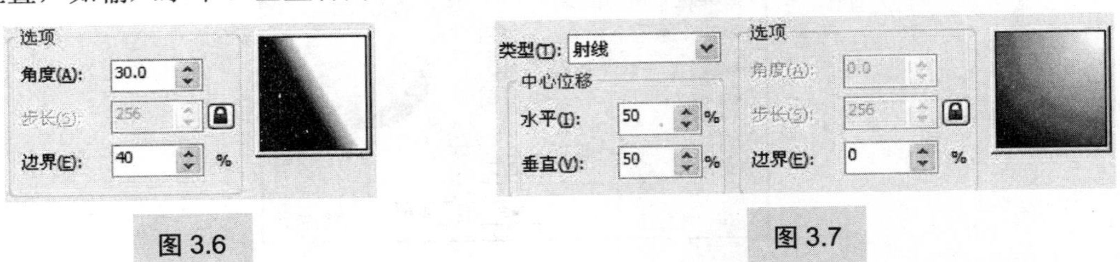

图3.6　　图3.7

【选项】设置中，【角度】为灰色处于不可编辑状态。【步长】通常为灰色不可编辑状态，单击其右侧的锁按钮，锁环打开，该项则处于可编辑状态。【步长】的数值默认为256，可调节数值为2～999。步长值越大，渐变颜色越多，调和越柔和，如输入步长值为700，在右上角的预览框中可预览，如图3.8所示；步长值越小，渐变颜色越少，调和越生硬，如输入步长值为10，在右上角的预览框中可预览，如图3.9所示。

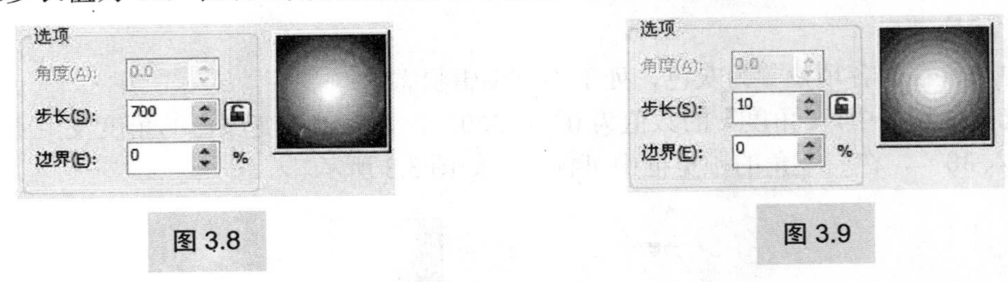

图3.8　　图3.9

【边界】的数值为0～49，可以调节渐变颜色的边界柔和、清晰程度，如输入边界值为40，在右上角的预览框中可预览，如图3.10所示。

3）圆锥渐变

【中心位移】设置中，【水平】、【垂直】的数值为0～100，可调节中心的水平、垂直偏移位置，如输入水平为40、垂直为30，在右上角的预览框中可预览，如图3.11所示。

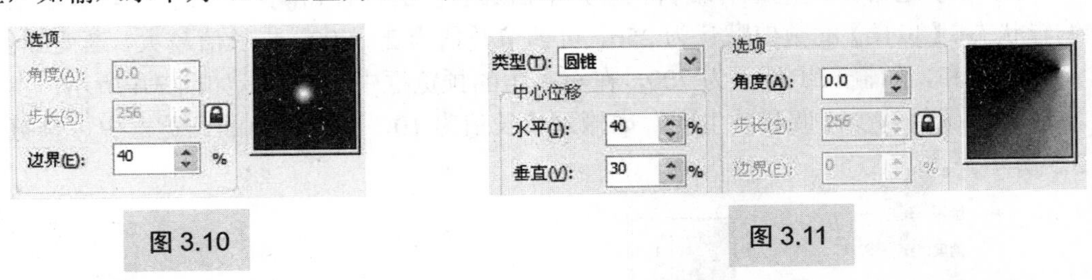

图3.10　　图3.11

【选项】设置中，【角度】的数值为0°～360°，可以使渐变颜色的角度发生变化，如输入30°，在右上角的预览框中可预览，如图3.12所示。

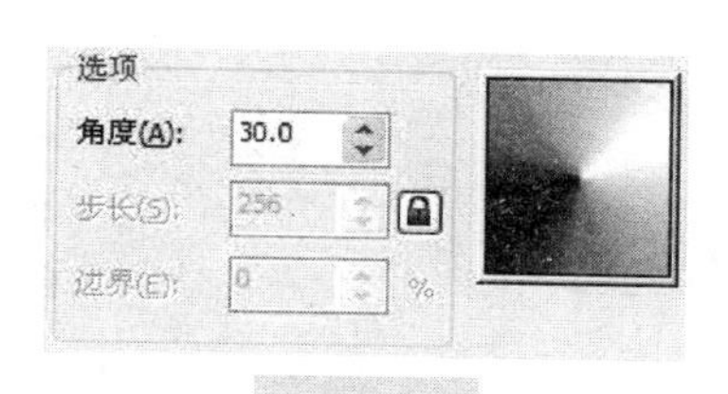

图 3.12

【步长】通常为灰色不可编辑状态，单击其右侧的锁按钮，锁环打开，该项则处于可编辑状态，【步长】的数值默认为 256，可调节数值为 2～999。步长值越大，渐变颜色越多，调和越柔和，如输入步长值为 700，在右上角的预览框中可预览，如图 3.13 所示；步长值越小，渐变颜色越少，调和越生硬，如输入步长值为 10，在右上角的预览框中可预览，如图 3.14 所示。

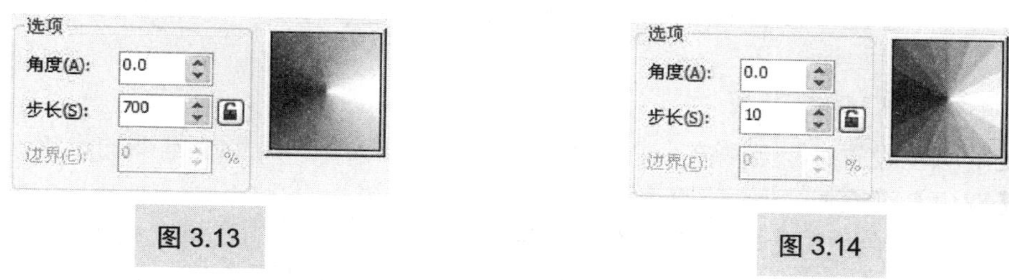

图 3.13　　　　图 3.14

【边界】为灰色处于不可编辑状态。

4）方角渐变

【中心位移】设置中，【水平】、【垂直】的数值为 0～100，可调节中心的水平、垂直偏移位置，如输入水平为 30、垂直为 20，在右上角的预览框中可预览，如图 3.15 所示。

【选项】设置中，【角度】的数值为 0°～360°，可以使渐变颜色的角度发生变化，如输入 45°，在右上角的预览框中可预览，如图 3.16 所示。

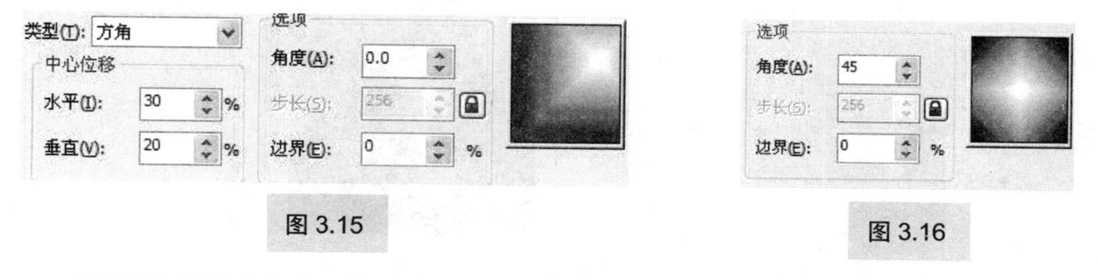

图 3.15　　　　图 3.16

【步长】通常为灰色不可编辑状态，单击其右侧的锁按钮，锁环打开，该项则处于可编辑状态。【步长】的数值默认为 256，可调节数值为 2～999。步长值越大，渐变颜色越多，调和越柔和，如输入步长值为 600，在右上角的预览框中可预览，如图 3.17 所示；步长值越小，渐变颜色越少，调和越生硬，如输入步长值为 10，在右上角的预览框中可预览，如图 3.18 所示。

【边界】的数值为 0～49，可以调节渐变颜色的边界柔和、清晰程度，如输入边界值为 30，在右上角的预览框中可预览，如图 3.19 所示。

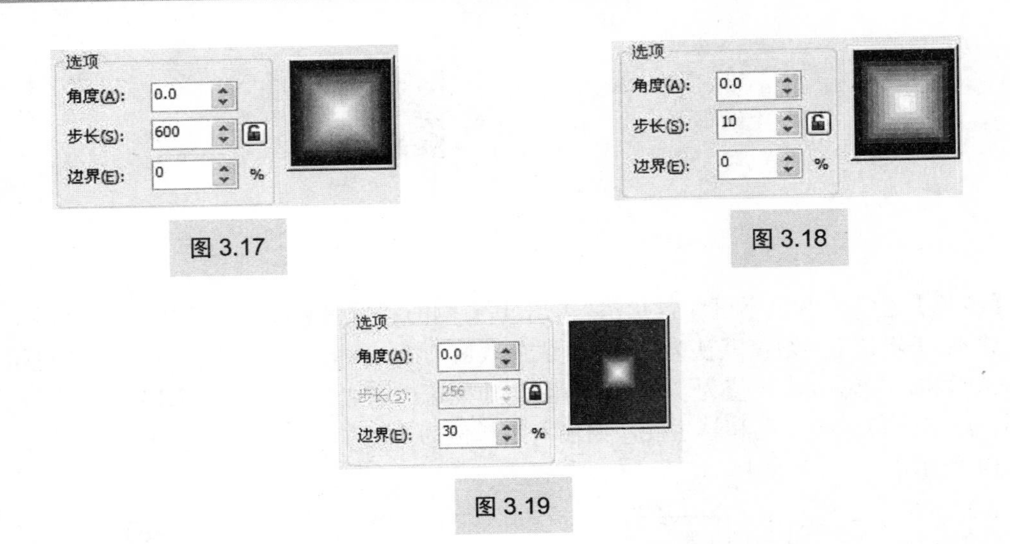

图 3.17

图 3.18

图 3.19

2. *颜色调和*

此处的颜色设置是重点所在，下面以【线性】类型为例讲解颜色渐变的设置。

1)【双色】渐变

【从】后面的色块用于设置渐变的起始颜色，单击色块后面的三角按钮，打开调色板，如图 3.20 所示，在调色板中可以选择颜色。如果调色板中没有预选的颜色，可以单击【Other】按钮，打开【Select Color】对话框，如图 3.21 所示。输入相应的色彩数值得到预选色彩，或者单击【滴管】按钮，在屏幕任意地方吸取颜色。

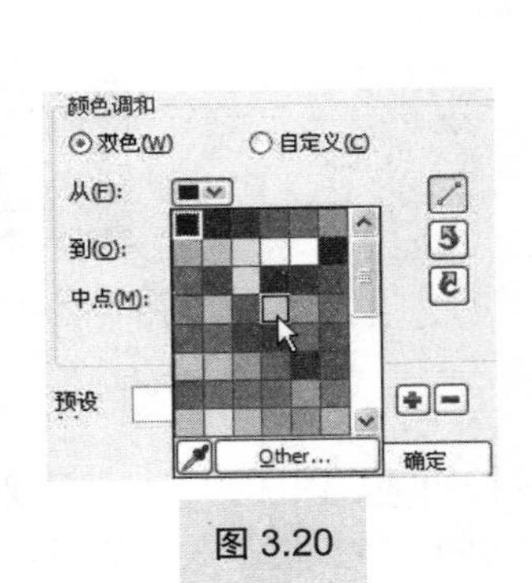

图 3.20

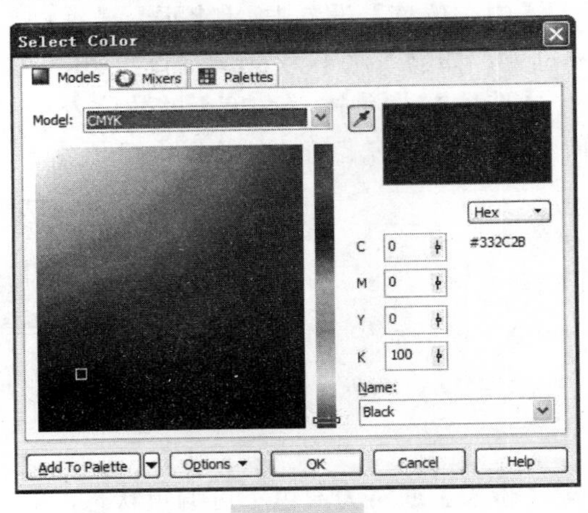

图 3.21

【到】的颜色设置同上。

【中点】的数值为 1～99，可以输入数值也可拖动滑块设置。该项设置是调整过渡颜色的中心位置，如输入数值 81，在右上角的预览框中可预览，如图 3.22 所示。

3 个按钮分别是【直线渐变】、【逆时针渐变】、【顺时针渐变】。以【从】后面的色块颜色为色板中的绿色，【到】后面的色块颜色为色板中的红色为例。

（1）【直线渐变】：观察右侧的色相环，如图 3.23 所示，由绿色直接渐变到红色，只有这两种颜色的调和，在右上角的预览框中可预览色彩调和效果。

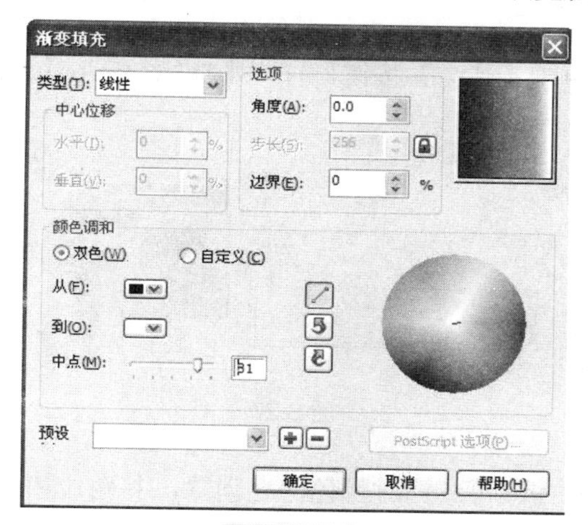

图 3.22

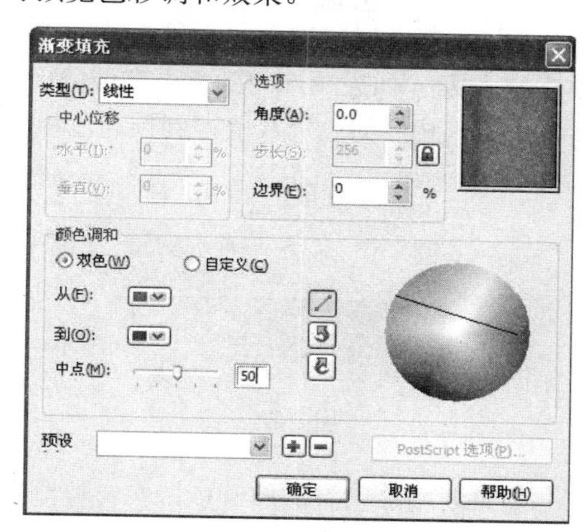

图 3.23

（2）【逆时针渐变】：观察右侧的色相环，如图 3.24 所示，由绿色开始，逆时针渐变到红色，经过绿色、红色的所有颜色都被纳入到该种色彩调和范围中，在右上角的预览框中可预览色彩调和效果。

（3）【顺时针渐变】：观察右侧的色相环，如图 3.25 所示，由绿色开始，顺时针渐变到红色，经过绿色、红色的所有颜色都被纳入到该种调和范围中，在右上角的预览框中可预览色彩调和效果。

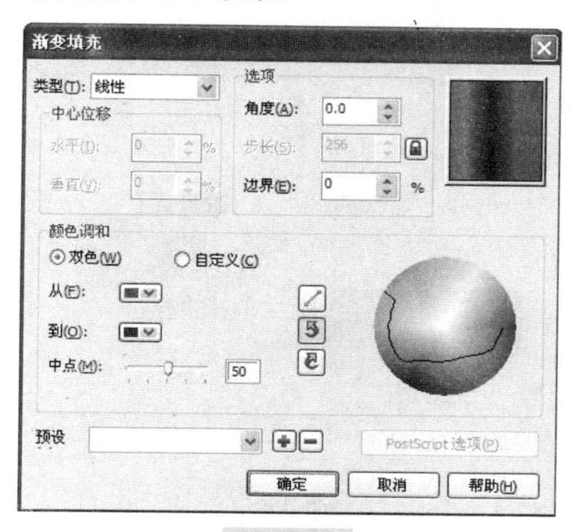

图 3.24

图 3.25

2）【自定义】渐变

点选【自定义】单选按钮，在下方有一个颜色渐变条，默认情况下是黑白两种颜色的渐变，在渐变色条的上方黑白控制点之间单击，出现双层虚线，在虚线的任意地方双击，会出现倒三角形的新控制点，如图 3.26 所示。控制点（包括□）未被选中时是白色的，单击选中后变成黑色。可以通过按住鼠标左键拖动三角形，或在【位置】文本框中输入数值来调节控制点的位置。

在添加颜色时，选中当前控制点，可以直接在渐变条右边的调色板上单击色块，如图 3.27 所示。如果预选的颜色不在调色板中，单击【其它】按钮，打开【Select Color】对话框，输入相应的色彩数值得到预选色彩。

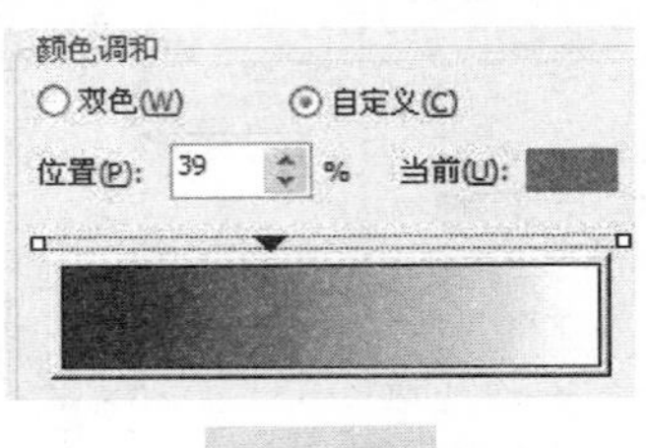

图 3.26

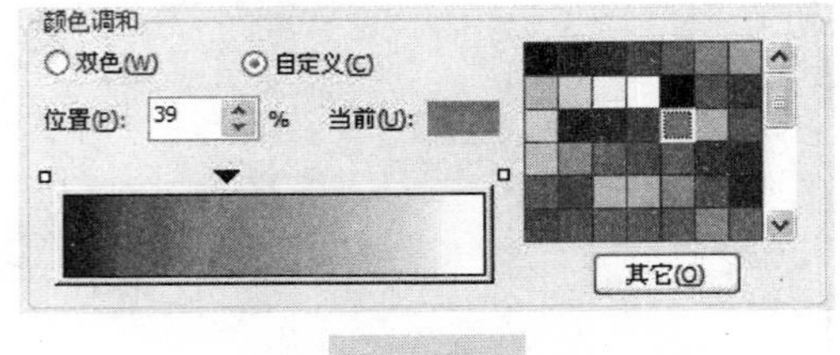

图 3.27

如果要删除已有的控制点，在该控制点上双击即可。同时颜色随之消除，其两边相邻的控制点颜色进行渐变调和。

3）预设

单击【预设】下拉按钮，在打开的下拉菜单中可以看到 CorelDRAW 中预给出的渐变效果。单击选中其中一个，相应的渐变效果显示在渐变条以及右上角的预览框中，如图 3.28 所示。也可以继续对预设的效果再进行编辑。

如果想保留自己编辑的渐变效果，编辑完毕之后，在预设后面的文本框中输入自定义的名字，单击右侧的[+]按钮即可保存，如图 3.29 所示。

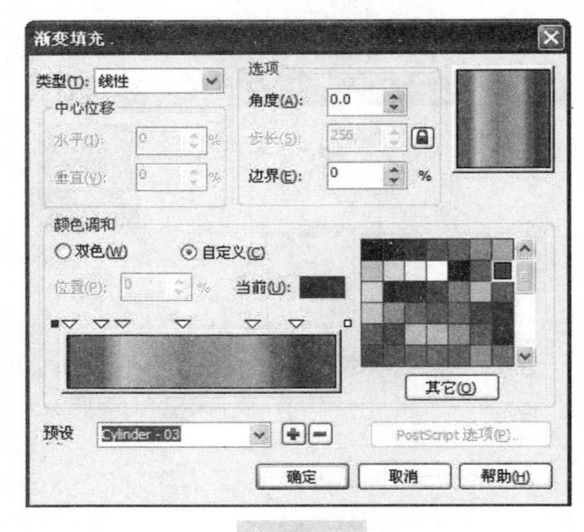

图 3.28

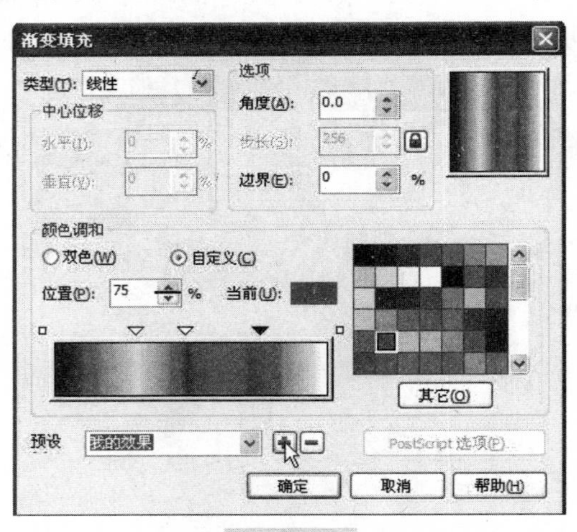

图 3.29

反之，如果想删除预设中的渐变效果，选中之后，单击右侧的[−]按钮即可删除。

最后，【渐变填充】对话框的各项设置完毕后，单击【确定】按钮即可将设置的效果填充到图形上。

3.2 案例详解

本节以吉林省上海商会名片设计为例，介绍名片的设计步骤，案例效果图及其具体设计步骤如下。

注：本案例中涉及的人名、地名、电话、街路、邮箱等相关信息纯属虚构。

3.2.1 案例效果图

吉林省上海商会名片设计正面效果如图 3.30 所示，背面效果如图 3.31 所示。

SHANGHAI CHAMBER OF COMMERCE OF JILIN PRO
吉林省上海商会
王 一
吉林省上海商会 秘书
办公地址：长春市人民大街1881号
长吉大酒店1901室
邮 编：130000
办公电话：(0431)88000001
传 真：(0431)88000002
手 机：13600000003
商会邮箱：shanghshuiyou@163.com

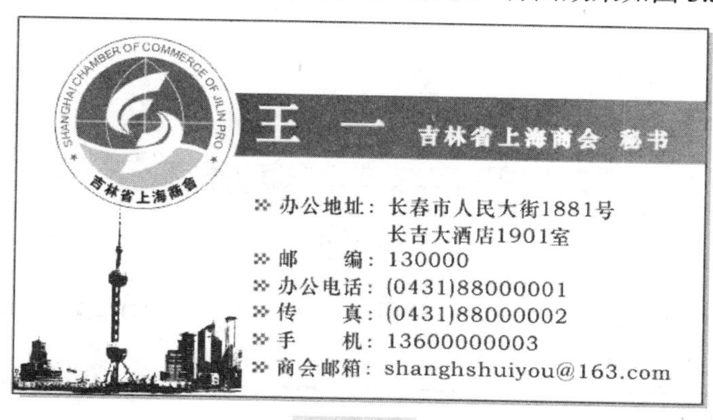

图 3.30

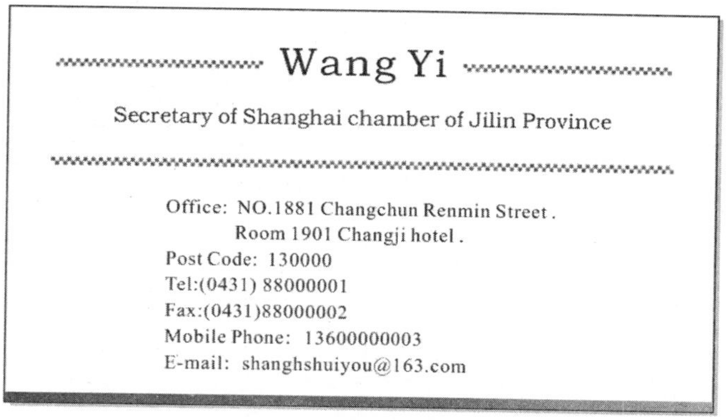

Wang Yi
Secretary of Shanghai chamber of Jilin Province
Office: NO.1881 Changchun Renmin Street .
Room 1901 Changji hotel .
Post Code: 130000
Tel:(0431) 88000001
Fax:(0431)88000002
Mobile Phone: 13600000003
E-mail: shanghshuiyou@163.com

图 3.31

3.2.2 案例步骤详解

(1)打开 CorelDRAW X5 软件，在【WELCOME】(欢迎)窗口中，单击右侧【Quick Start】(快速启动)标签，如图 3.32 所示。

图 3.32

（2）在【Quick Start】（快速启动）窗口中，选择【New blank document】（新建空白文件）选项，如图 3.33 所示。

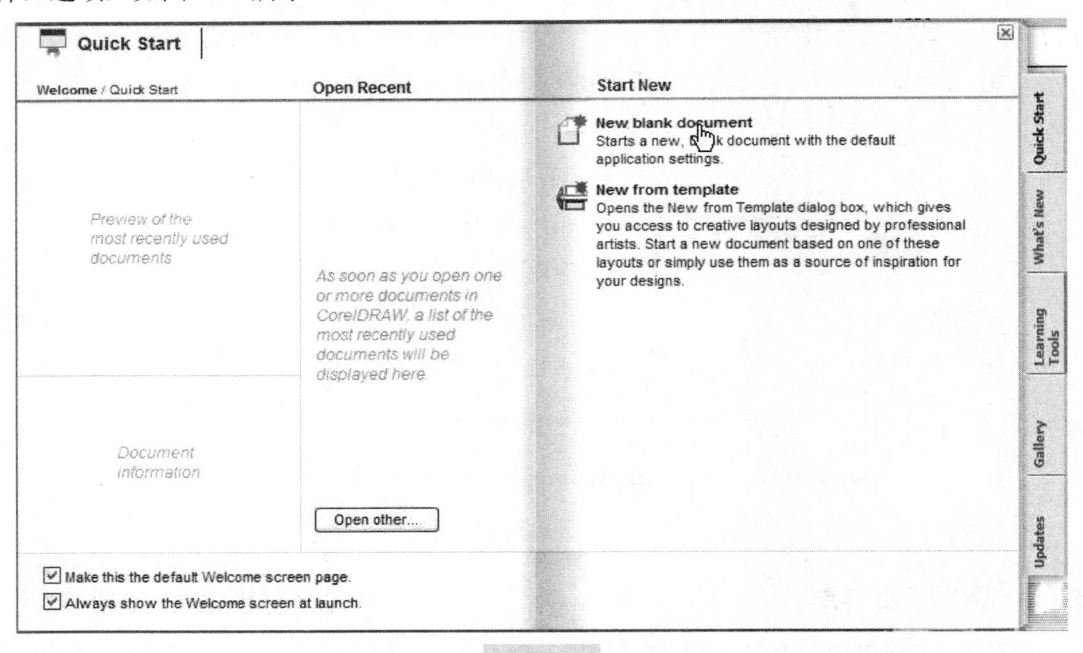

图 3.33

（3）在打开的【Create a New Document】（创建一个新文件）对话框中，各项设置如图 3.34 所示，单击【OK】按钮，创建一个空白文件。

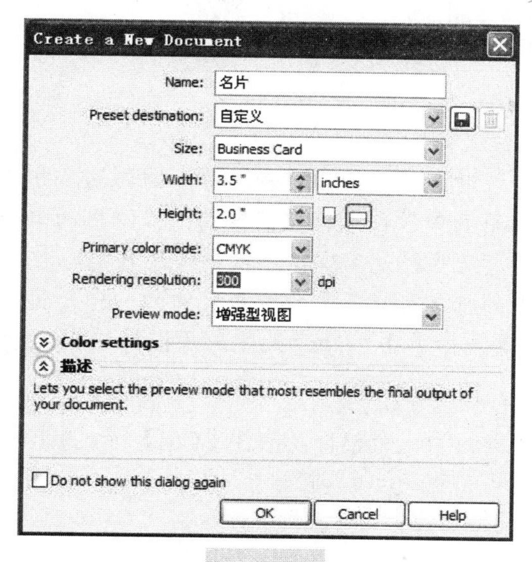

图 3.34

（4）双击工具箱中的【矩形】工具按钮，可直接绘制一个与页面尺寸等大的矩形。

（5）执行【菜单栏】|【视图】|【贴齐对象】命令，此命令的快捷键是【Alt】+【Z】组合键（在以下的操作中，此命令可以根据需要，利用快捷键随时开启或关闭），将指针贴近刚刚绘制的矩形右侧边（光标自动贴齐），继续使用【矩形】工具，按住鼠标左键向左侧拖动，绘制一个矩形。

（6）执行【菜单栏】|【窗口】|【泊坞窗】|【变换】|【大小】命令，此命令的快捷键是【Alt】+【F10】组合键。在窗口右侧打开的【变换】对话框中进行如图 3.35 所示的设置，设置完毕，单击【应用到再制】按钮，效果如图 3.36 所示。

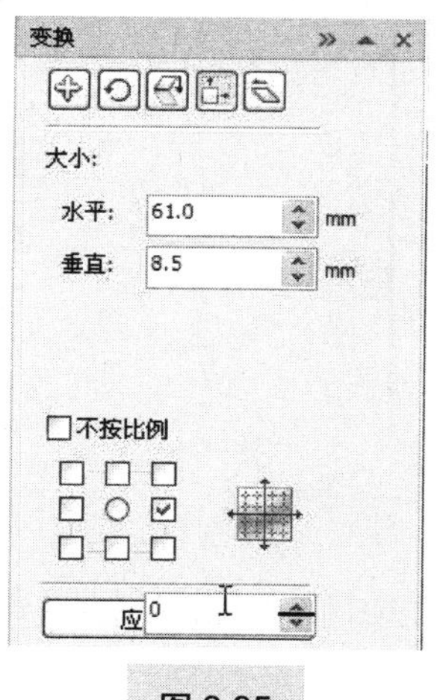

图 3.35

图 3.36

（7）单击工具箱中的【挑选】工具按钮，单击属性栏中的【导入】按钮。在打开的对话框中找到案例一中的“标志.cdr”文件，单击【导入】按钮，当指针变成“”时，在页面外空白处单击，导入标志图形。

操作提示

导入图形的尺寸：

（1）当指针变成“┏”时，在页面中单击，导入图形的尺寸与原文件中的尺寸相同；当指针变成“┏”时，在页面中按住鼠标左键拖动，可以拖动出一个红色虚线框，虚线框的尺寸是多少，导入的图形尺寸就是多少，导入图形的长宽比与原文件的比例一样。

（2）导入到此案例中的标志实际是需要缩小尺寸的，但是原标志中有几条轮廓线需要设置【缩小比例】，所以是以“单击”的方式导入原图的正常尺寸，修改之后再进行缩小尺寸。

（8）导入后的标志是群组为一个整体，按住【Ctrl】键，单击标志最外面的大圆（选中后，大圆周围的 8 个控制点是黑色实心圆）。

操作提示

如果预选中群组里的某个图形对象，按住【Ctrl】键，同时单击预选对象，该对象被选中后，周围的 8 个控制点是黑色实心圆形。

（9）单击工具箱中的【轮廓】工具中的【画笔】工具按钮，在打开的【轮廓笔】对话框中，勾选【按图像比例显示】复选框，如图 3.37 所示，单击【确定】按钮。

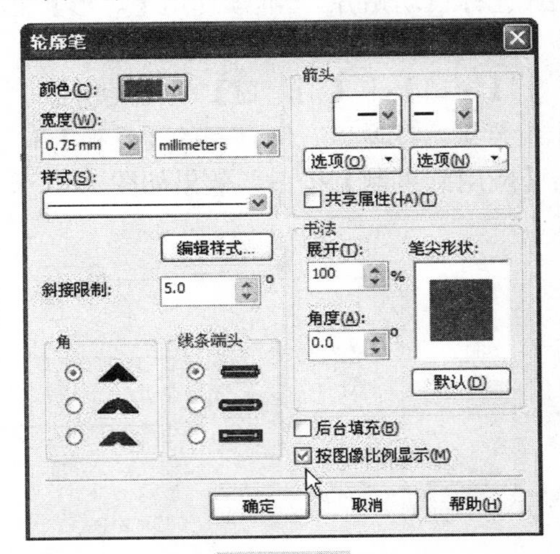

图 3.37

（10）参照步骤（8）～步骤（9）的方法，分别单击选中标志中青色图形上的 4 条白色线条，进行【按图像比例显示】的设置。

（11）单击选中所有标志图形，执行【菜单栏】|【窗口】|【泊坞窗】|【变换】|【大小】命令，此命令的快捷键是【Alt】+【F10】组合键。在窗口右侧打开的【变换】对话框中进行如图 3.38 所示的设置，设置完毕，单击【应用到再制】按钮。

（12）执行【菜单栏】|【视图】|【贴齐对象】命令，此命令的快捷键是【Alt】+【Z】

组合键（由于步骤（5）中已经将此命令开启，所以此处可以根据需要进行设置），将指针放于标志图形大圆的最右侧的节点处（自动捕捉），位置如图 3.39 所示。

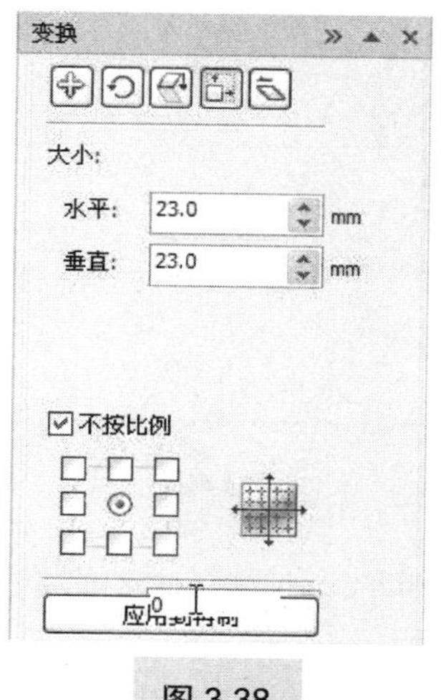

图 3.38

图 3.39

（13）在此节点处按住鼠标左键将标志图形拖动到页面中细长矩形的左侧边中间节点处（自动捕捉），释放鼠标左键，效果如图 3.40 所示，使标志和矩形两个对象在水平方向上中心对齐，并且贴合。

图 3.40

（14）单击工具箱中的【椭圆形】工具按钮，按住【Ctrl】键，在页面中间任意处，按住鼠标左键拖动，绘制一个正圆形。

（15）单击工具箱中【挑选】工具按钮，执行【菜单栏】|【窗口】|【泊坞窗】|【变换】|【大小】命令，此命令的快捷键是【Alt】+【F10】组合键。在窗口右侧打开的【变换】对话框中进行如图 3.41 所示的设置，设置完毕，单击【应用到再制】按钮。

（16）将指针放于刚刚绘制圆形的最右侧节点处（自动捕捉），按住鼠标左键拖动到页面中矩形的左侧边中间节点处（自动捕捉），释放鼠标左键（此圆形与标志图形重合，并覆盖标志图形）。

（17）按键盘上的方向键【→】9～10 次，效果如图 3.42 所示。

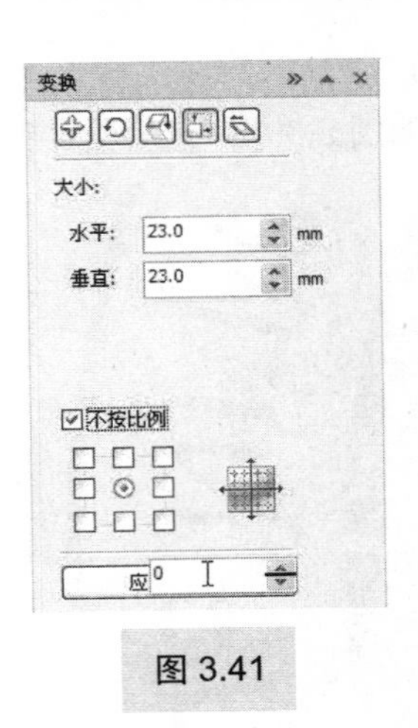

图 3.41

图 3.42

（18）确定圆形被选中，按住【Shift】键，单击选中矩形，使两个对象都被选中。在属性栏中单击【后减前】按钮，修剪后的效果如图 3.43 所示。

图 3.43

（19）使用工具箱中的【填充】工具中的【渐变】子工具，在打开的【渐变填充】对话框中进行如图 3.44 所示的设置。

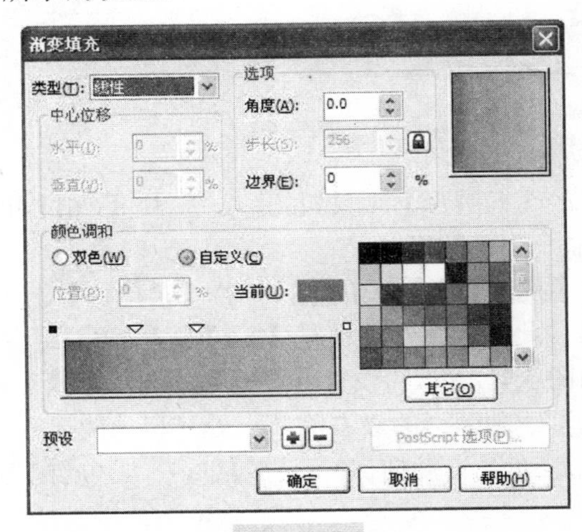

图 3.44

（20）在【渐变填充】对话框的【颜色调和】选项区域内，【位置】和【当前】的颜色设置如图 3.45～图 3.48 所示。

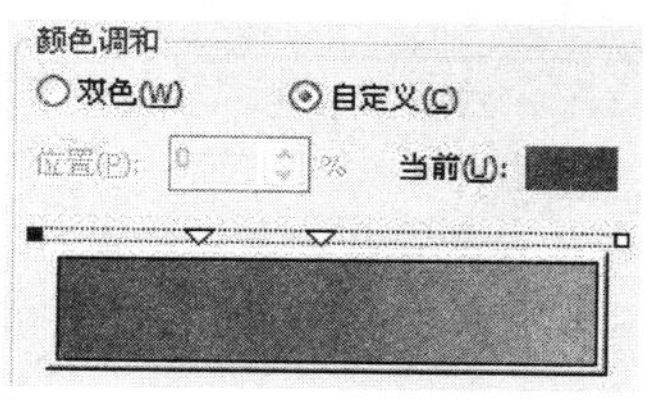

C、M、Y、K：100、25、0、0

图 3.45

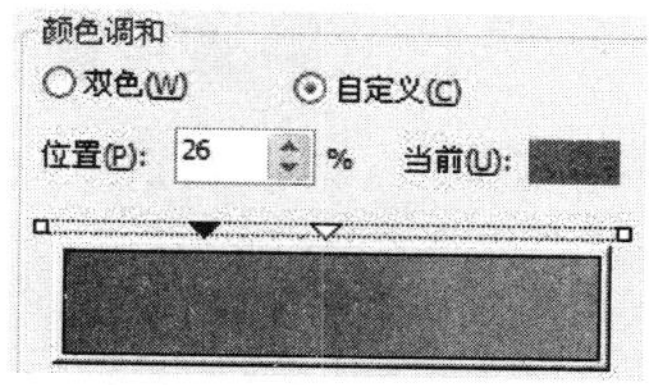

C、M、Y、K：75、10、17、0

图 3.46

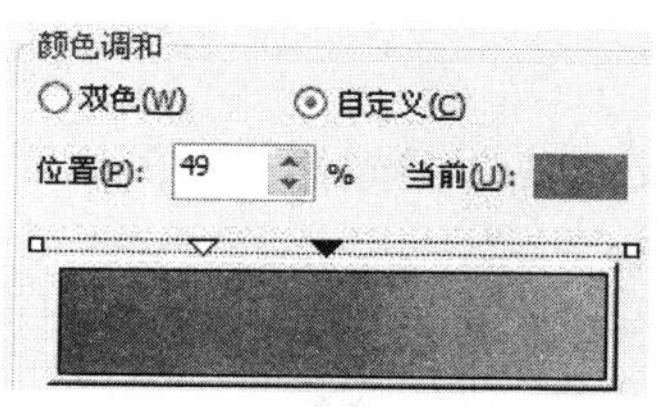

C、M、Y、K：73、7、22、0

图 3.47

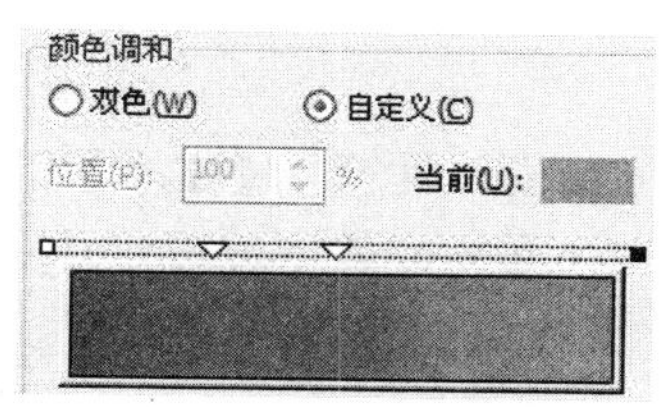

C、M、Y、K：57、0、38、0

图 3.48

操作提示

在【渐变填充】对话框的【颜色调和】选项区域内，【当前】后面显示的颜色，与其下面的小方块（黑色）或小三角（黑色）所指的颜色相对应（三角形的数量可以在其水平位置连线上通过双击增加，或者在已有的三角形上双击删除）。如果想更改颜色，单击调色盘下方的【其它】按钮即可选择所需的颜色。

（21）【渐变填充】对话框设置完毕后，单击【确定】按钮，效果如图 3.49 所示。

图 3.49

（22）在页面右侧边的调色板中，右键单击调色板上方的☒按钮，效果如图 3.50 所示。

图 3.50

（23）单击工具箱中【文本】工具按钮，在矩形上单击，当光标开始闪烁时，输入姓名“王一”，在属性栏中设置字体和字体大小，如图 3.51 所示。

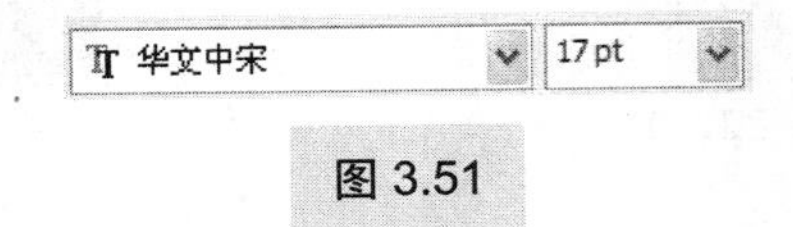

图 3.51

（24）单击工具箱中的【挑选】工具按钮，单击选中文本，在页面右侧边调色板中的【白色】色块上分别单击鼠标的左键及右键，填充效果如图 3.52 所示。

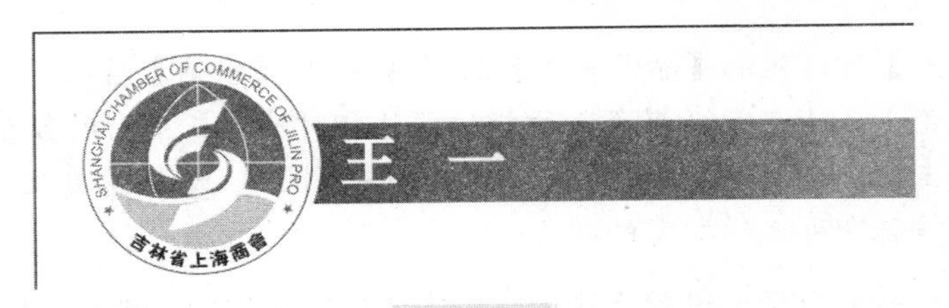

图 3.52

（25）继续使用【文本】工具，在姓名后面单击，当光标开始闪烁时，输入文本“吉林省上海商会　秘书”，在属性栏中设置字体和字体大小如图 3.53 所示。

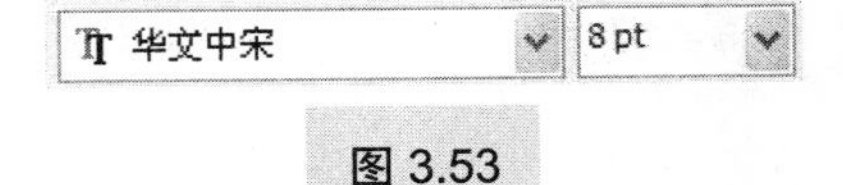

图 3.53

（26）单击工具箱中的【挑选】工具按钮，单击选中文本，在页面右侧边调色板中的【白色】色块上分别单击鼠标的左键及右键。

（27）确定步骤（25）中输入的文本被选中，按住【Shift】键，选中姓名，执行【菜单栏】|【排列】|【对齐和分布】|【底端对齐】命令，效果如图 3.54 所示。

图 3.54

（28）使用【文本】工具，在矩形下方单击，当光标开始闪烁时，输入地址、邮编、电话、传真等信息，在属性栏中设置字体和字体大小如图 3.55 所示，输入的文本效果如图 3.56 所示。

华文中宋 7.5 pt

图 3.55

办公地址：长春市人民大街1881号
长吉大酒店1901室
邮　　编：130000
办公电话：(0431)88000001
传　　真：(0431)88000002
手　　机：13600000003
商会邮箱：shanghshuiyou@163.com

图 3.56

操作提示

输入文本时，在第一行结束时按【Enter】键转到第二行，继续输入文本。第二行的文本如果不是在行首位置，可以按【空格】键向后移。

（29）单击工具箱中的【形状】工具按钮，选中刚刚输入的文本，框选如图 3.57 所示的文本左下角正方形（选中状态为黑色正方形），按键盘上的方向键【←】几次，微调该行文本，效果如图 3.58 所示。

办公地址：长春市人民大街1881号
长吉大酒店1901室
邮　　编：130000
办公电话：(0431)88000001
传　　真：(0431)88000002
手　　机：13600000003
商会邮箱：shanghshuiyou@163.com

图 3.57

办公地址：长春市人民大街1881号
长吉大酒店1901室
邮　　编：130000
办公电话：(0431)88000001
传　　真：(0431)88000002
手　　机：13600000003
商会邮箱：shanghshuiyou@163.com

图 3.58

（30）继续使用【形状】工具，在文本左下角的“⇟”上，按住鼠标左键向下拖动，调节文本的行间距，效果如图 3.59 所示。

（31）单击工具箱中的【矩形】工具按钮，按住【Ctrl】键，在页面中绘制一个正方形。执行【菜单栏】|【窗口】|【泊坞窗】|【变换】|【大小】命令，此命令的快捷键是【Alt】+【F10】组合键。在窗口右侧打开的【变换】对话框中进行如图 3.60 所示的设置，设置完毕，单击【应用到再制】按钮。

图 3.59

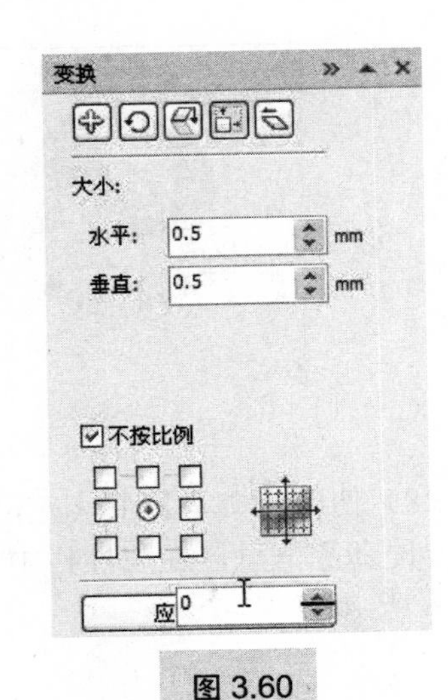

图 3.60

（32）单击工具箱中的【挑选】工具按钮，在页面右侧边的调色板中，单击【青色】色块，然后右键单击色板上方的☒按钮。

（33）确定刚刚绘制的小正方形被选中，执行【菜单栏】|【窗口】|【泊坞窗】|【变换】|【位置】命令，此命令的快捷键是【Alt】+【F7】组合键。在窗口右侧打开的【变换】对话框中进行如图 3.61 所示的设置，设置完毕，单击【应用到再制】按钮，效果如图 3.62 所示。

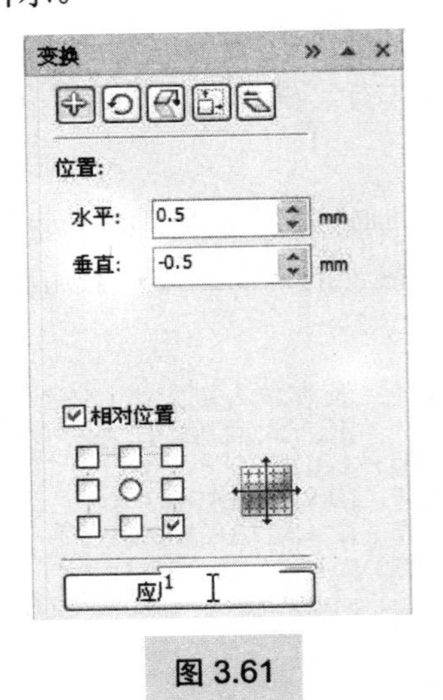

图 3.61

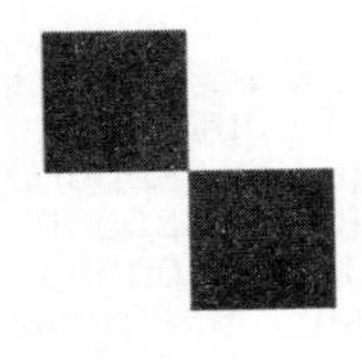

图 3.62

（34）单击选中刚刚被复制的小正方形，再次执行【位置】命令，【变换】对话框中的设置如图 3.63 所示，设置完毕，单击【应用到再制】按钮，效果如图 3.64 所示。

（35）单击选中 3 个小正方形的其中 1 个，按住【Shift】键，单击选中另外两个小正方形，单击属性栏中的【群组】按钮，将 3 个正方形暂时组合成一组。

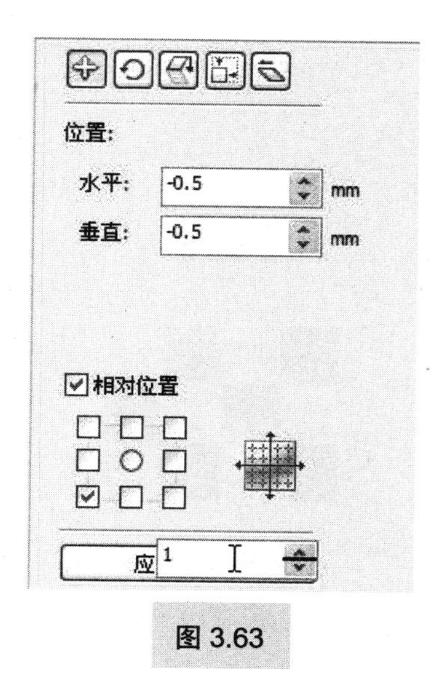

图 3.63

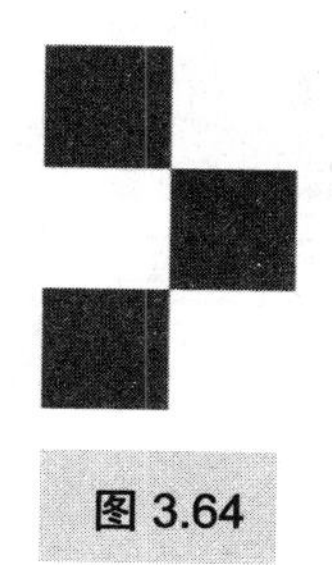
图 3.64

（36）确定群组的 3 个正方形被选中，继续执行【位置】命令，【变换】对话框中的设置如图 3.65 所示，设置完毕，单击【应用到再制】按钮，效果如图 3.66 所示。

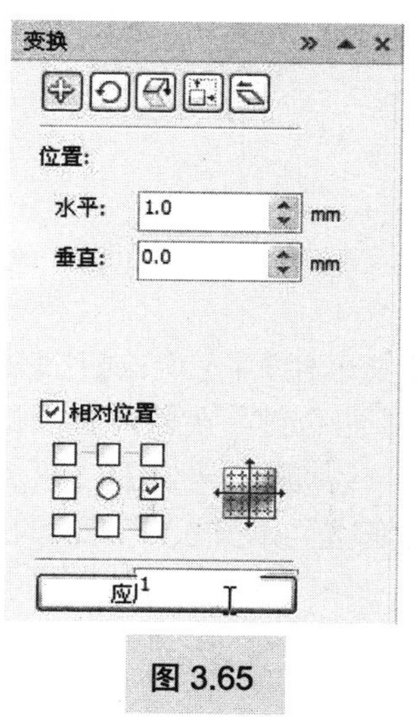

图 3.65

图 3.66

（37）单击选中复制后的 3 个正方形（已经群组在一起），使用工具箱中【填充】工具中的【颜色】子工具，在打开的【均匀填充】对话框中进行如图 3.67 所示的设置，设置完毕单击【OK】按钮确定，效果如图 3.68 所示。

（38）单击选中群组后的青色正方形（3 个），按住【Shift】键，单击选中群组后的橘色正方形（3 个），单击属性栏中的【群组】按钮，将两组正方形暂时组合成一组。

（39）单击选中群组后的青色和橘色正方形，按住鼠标左键拖动至如图 3.69 所示的位置，释放鼠标。

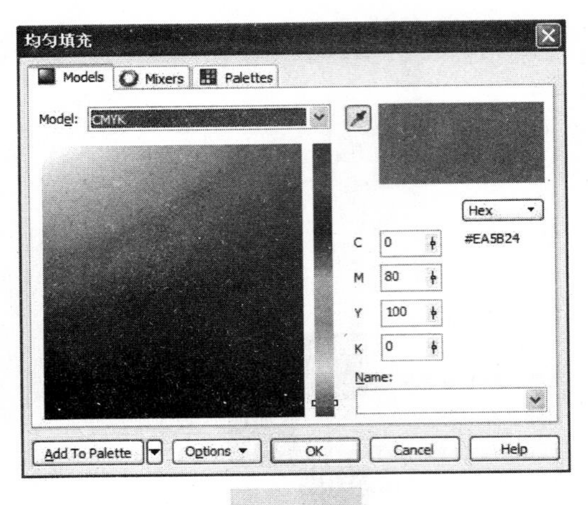

图 3.67

图 3.68

图 3.69

（40）确定群组后的青色和橘色正方形被选中，执行【菜单栏】|【窗口】|【泊坞窗】|【变换】|【位置】命令，此命令的快捷键是【Alt】+【F7】组合键。在窗口右侧打开的【变换】对话框中进行如图 3.70 所示的设置，设置完毕，单击【应用到再制】按钮。

（41）依次单击选中复制后的群组正方形，分别将其拖动至如图 3.71 所示的位置。

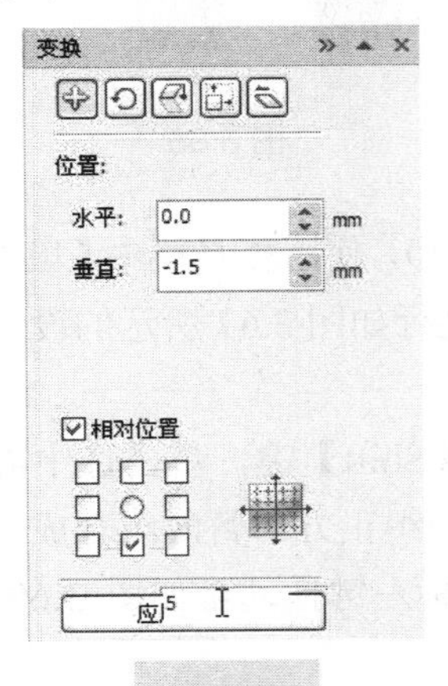

图 3.70

图 3.71

（42）单击属性栏中的【导入】按钮。在打开的【导入】对话框中找到“东方明珠.psd”文件，单击【导入】按钮，当指针变成“ ”时，在页面外空白处按住鼠标左键拖动，导入图形，该图形导入进来的尺寸如图 3.72 所示（该尺寸可以在属性栏上直接修改）。

（43）单击选中导入的图形，按住【Shift】键，单击选中页面大尺寸的矩形（本案例开始时双击【矩形工具】按钮绘制），单击属性栏中的【对齐】按钮，打开的【对齐与分布】对话框的设置如图 3.73 所示，单击【Apply】按钮应用设置，然后单击【关闭】按钮关闭对话框。

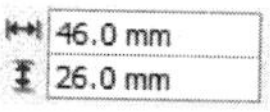

46.0 mm
26.0 mm

图 3.72

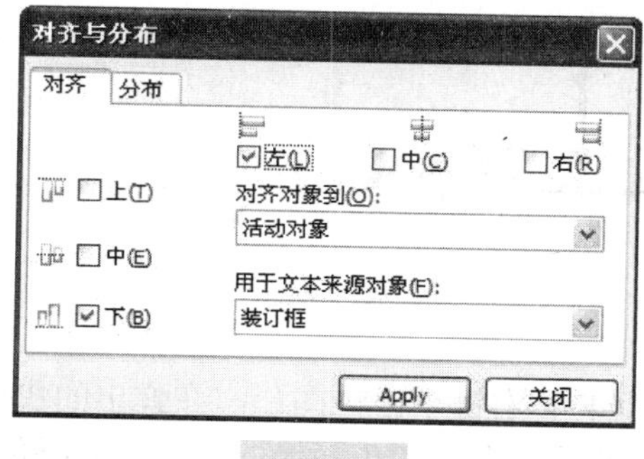

图 3.73

（44）在页面外空白处单击，取消对图形的选择，再次选中导入的图形，执行【菜单栏】|【效果】|【图框精确剪裁】|【放置在容器中】命令，当指针变成“➡”时，单击页面大尺寸的矩形，效果如图 3.74 所示。

图 3.74

操作提示

由于导入图形与黑色信息文字部分重合，识别文字困难，所以需要把导入的图形长度缩短。

（45）右键单击页面大矩形，在弹出的快捷菜单中选择如图 3.75 所示的选项。

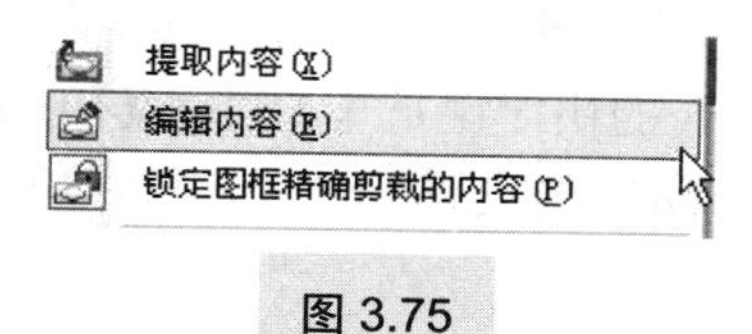

图 3.75

（46）在矩形内部，单击选中导入的图形，单击工具箱中的【形状】工具按钮，框选如图 3.76 所示的两个节点，释放鼠标（被选中的节点状态为实心正方形）。按住【Ctrl】键，在选中的其中 1 个节点上按住鼠标左键向左拖动，缩短图形的长度，效果如图 3.77 所示。

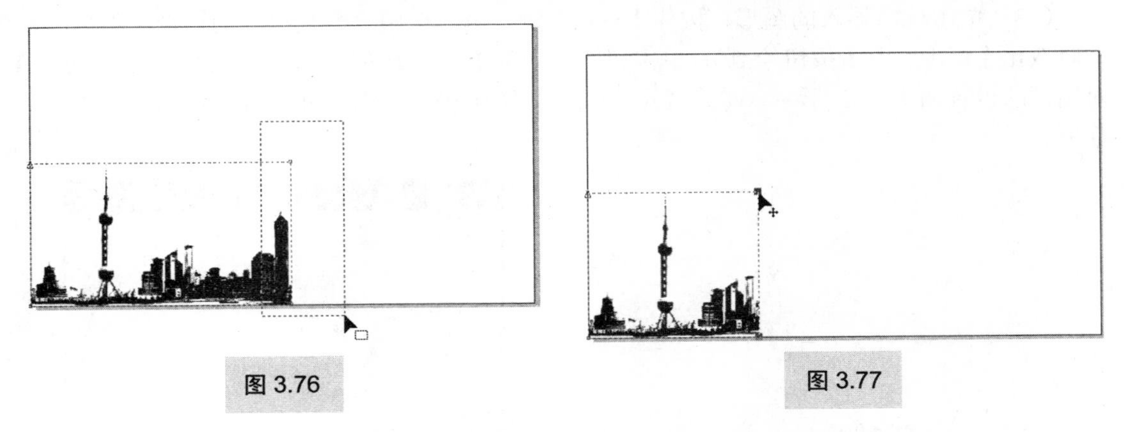

图 3.76　　图 3.77

（47）右键单击该图形，在弹出的快捷菜单中选择如图 3.78 所示的选项。

至此，名片的正面绘制完毕，效果如图 3.79 所示。

图 3.78　　图 3.79

下面继续绘制名片的反面。

（48）在页面左下角【页面控制栏】位置，单击按钮，位置如图 3.80 所示，添加一个【页 2】。

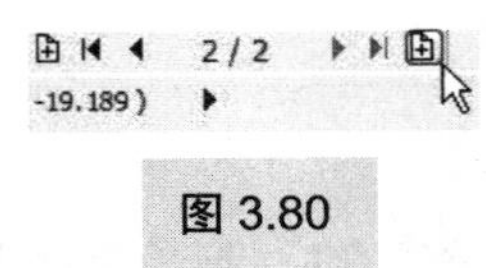

图 3.80

（49）双击工具箱中的【矩形】工具按钮，绘制一个与页面尺寸等大的矩形。

（50）单击工具箱中的【挑选】工具按钮，执行【菜单栏】|【窗口】|【泊坞窗】|【变换】|【大小】命令，此命令的快捷键是【Alt】+【F10】组合键。在窗口右侧打开的【变换】对话框中进行如图 3.81 所示的设置，设置完毕，单击【应用到再制】按钮，效果如图 3.82 所示。

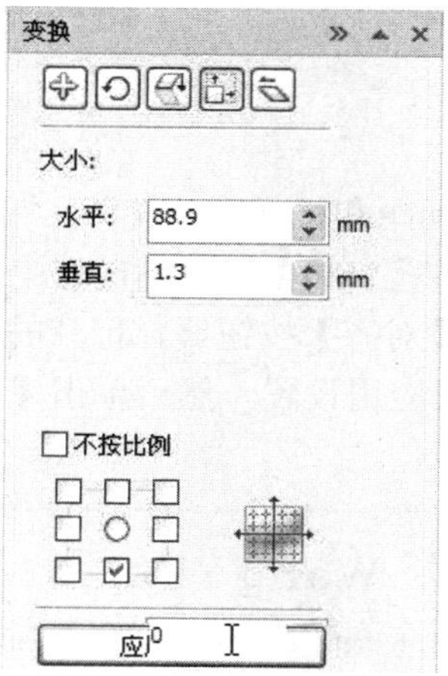

图 3.81

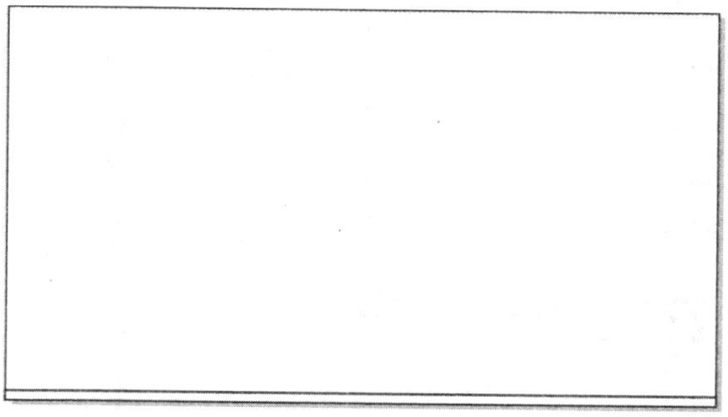

图 3.82

(51) 确定页面底部的细长矩形被选中，参照步骤（19）～步骤（22）的方法，将该矩形渐变填充，效果如图 3.83 所示。

图 3.83

(52) 单击工具箱中的【文本】工具按钮字，在页面中间单击，当光标开始闪烁时，输入“Wang Yi”，在属性栏中设置字体和字体大小，如图 3.84 所示。

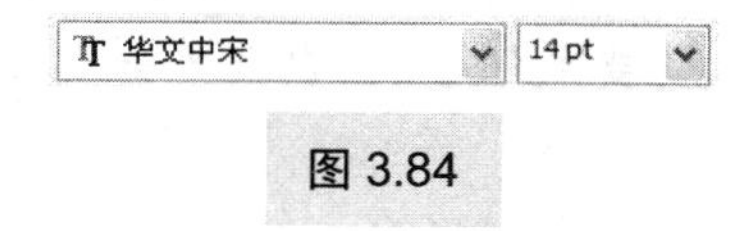

图 3.84

(53) 继续使用【文本】工具字，在页面中输入“Secretary of Shanghai chamber of Jilin Province”，在属性栏中设置字体和字体大小，如图 3.85 所示。

图 3.85

(54) 继续使用【文本】工具字，在页面中输入“Office、Post Code、Tel…”等相关信息，在属性栏中设置字体和字体大小，如图 3.86 所示。

图 3.86

（55）参照步骤（29）～步骤（30）的方法，微调字间距和行间距。

（56）单击工具箱中的【挑选】工具按钮，同时按住【Shift】键，单击选中 3 组文本与页面大矩形（最后单击选择此矩形），单击属性栏中的【对齐】按钮，打开的【对齐与分布】对话框的设置如图 3.87 所示，单击【Apply】按钮应用设置，然后单击【关闭】按钮关闭对话框。对齐效果如图 3.88 所示。

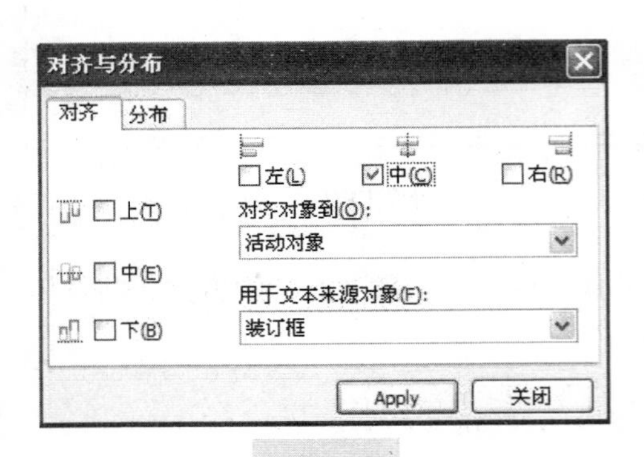

图 3.87

图 3.88

（57）将【页 1】群组的青色小正方形和橘色小正方形进行【复制】，此命令快捷键是【Ctrl】+【C】组合键。再执行【粘贴】命令，此命令快捷键是【Ctrl】+【V】组合键，将目标粘贴到【页 2】中。

（58）按住【Ctrl】键，双击群组里最下面的青色正方形，按【Delete】键，将其删除。群组中最下面的橘色正方形也按照上面方法删除，效果如图 3.89 所示。

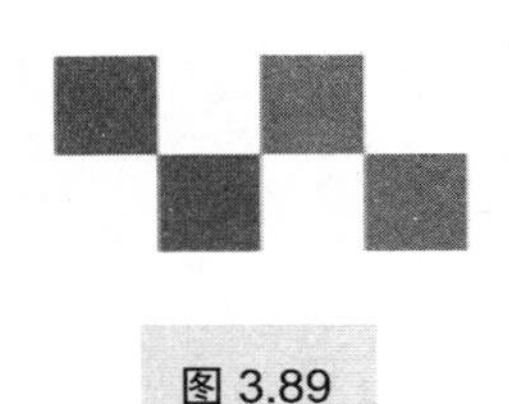

图 3.89

操作提示

3 个青色（或 3 个橘色）正方形是通过第一次群组而组合成一体的，如果选择群组中的 1 个正方形，在该正方形上，需要按住【Ctrl】键单击 1 次选中。

群组的 3 个青色正方形和群组的 3 个橘色正方形是通过第二次群组而组合成一体的，按住【Ctrl】键单击 1 次选中的是第一次群组的 3 个正方形；如果选择群组中的 1 个正方形，在该正方形上，按住【Ctrl】键双击选中的，即是该正方形。

（59）单击选中群组的 4 个正方形，按住鼠标左键拖动至姓名的右侧，如图 3.90 所示。

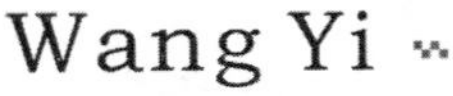

Wang Yi

图 3.90

（60）确定 4 个正方形被选中，执行【菜单栏】|【窗口】|【泊坞窗】|【变换】|

【位置】命令，此命令的快捷键是【Alt】+【F7】组合键。在窗口右侧打开的【变换】对话框中进行如图 3.91 所示的设置，设置完毕，单击【应用到再制】按钮，效果如图 3.92 所示。

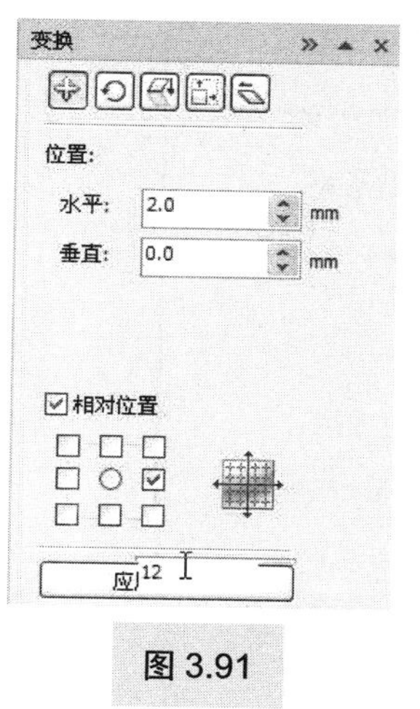

图 3.91

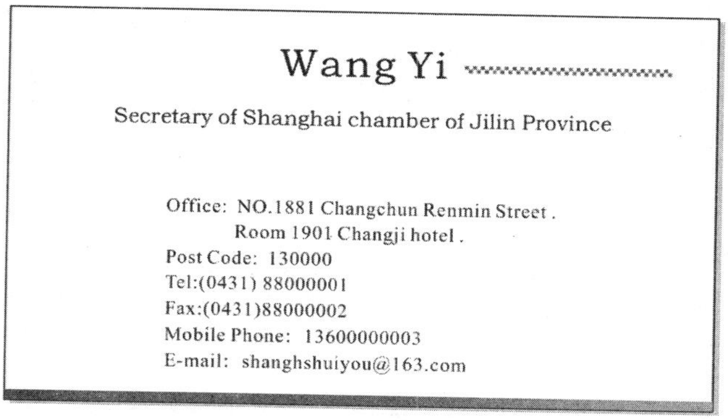

图 3.92

（61）在页面外侧按住鼠标左键框选所有正方形，如图 3.93 所示，单击属性栏中的【群组】按钮，将所有正方形暂时组合成一组。

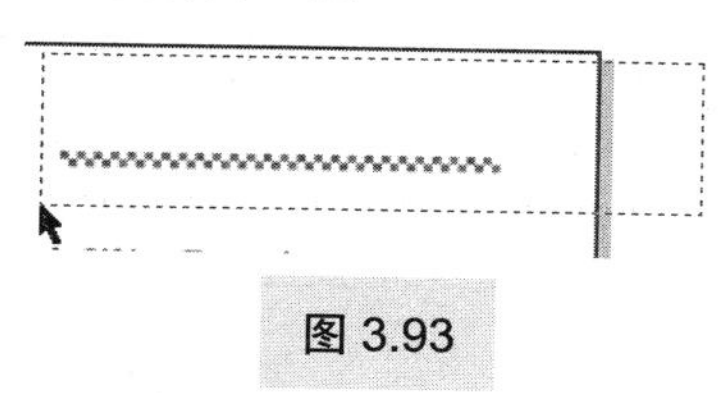

图 3.93

（62）单击选中上一步骤群组的所有正方形，执行【菜单栏】|【窗口】|【泊坞窗】|【变换】|【比例】命令，此命令的快捷键是【Alt】+【F9】组合键。在窗口右侧打开的【变换】对话框中进行如图 3.94 所示的设置，按下按钮，设置完毕，单击【应用到再制】按钮，按住鼠标左键将其拖动至姓名的左侧，效果如图 3.95 所示。

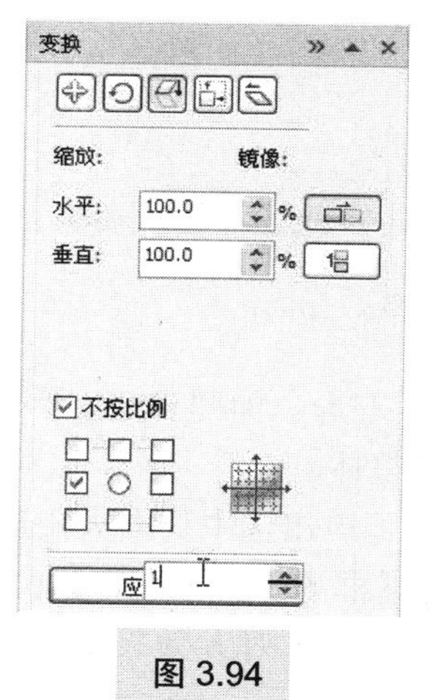

图 3.94

图 3.95

（63）单击选中姓名右侧群组的正方形，按住【Ctrl】键，按住鼠标左键拖动至单位名称下方，左键不松开的同时单击右键，快速移动复制一组正方形，效果如图 3.96 所示。

Wang Yi

Secretary of Shanghai chamber of Jilin Province

Office: NO.1881 Changchun Renmin Street .
Room 1901 Changji hotel .
Post Code: 130000
Tel:(0431) 88000001
Fax:(0431)88000002
Mobile Phone: 13600000003
E-mail: shanghshuiyou@163.com

图 3.96

（64）确定移动复制的正方形被选中，执行【菜单栏】|【窗口】|【泊坞窗】|【变换】|【位置】命令，此命令的快捷键是【Alt】+【F7】组合键。在窗口右侧打开的【变换】对话框中进行如图 3.97 所示的设置，设置完毕，单击【应用到再制】按钮，效果如图 3.98 所示。

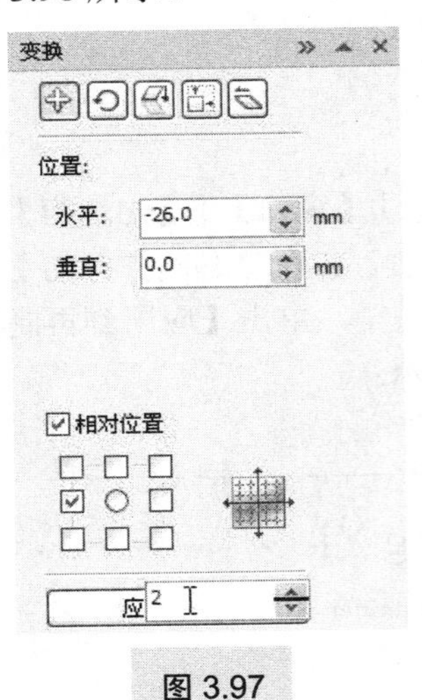

图 3.97

Wang Yi

Secretary of Shanghai chamber of Jilin Province

Office: NO.1881 Changchun Renmin Street .
Room 1901 Changji hotel .
Post Code: 130000
Tel:(0431) 88000001
Fax:(0431)88000002
Mobile Phone: 13600000003
E-mail: shanghshuiyou@163.com

图 3.98

（65）在页面外侧按住鼠标左键框选上一步骤移动复制的正方形，如图 3.99 所示，单击属性栏中的【群组】按钮，将所有正方形暂时组合成一个整体。

（66）确定上一步骤群组的正方形被选中，按住【Shift】键，单击选中页面大矩形，然后单击属性栏中的【对齐】按钮，打开的【对齐与分布】对话框的设置如图 3.100 所示，单击【Apply】按钮应用设置，然后单击【关闭】按钮关闭对话框。对齐效果如图 3.101 所示。

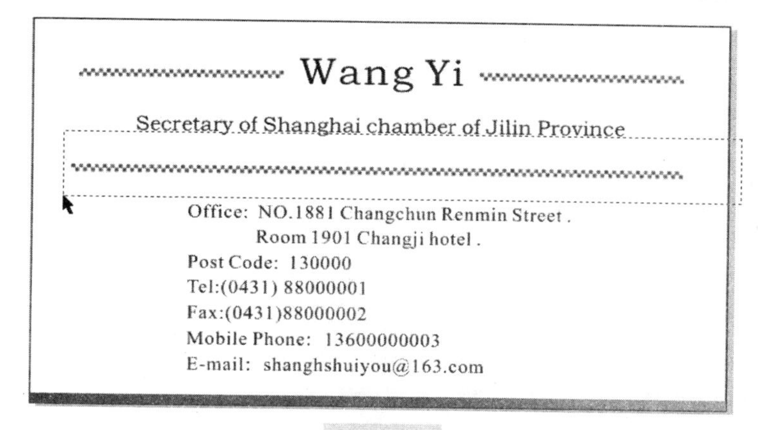

图 3.99

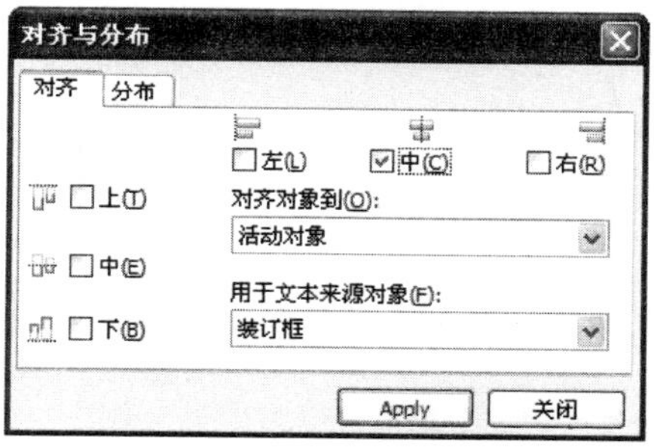

图 3.100

图 3.101

至此本案例绘制完毕，名片的正面、反面最终效果分别如图 3.102、图 3.103 所示。

图 3.102

Wang Yi

Secretary of Shanghai chamber of Jilin Province

Office: NO.1881 Changchun Renmin Street .
Room 1901 Changji hotel .
Post Code: 130000
Tel:(0431) 88000001
Fax:(0431)88000002
Mobile Phone: 13600000003
E-mail: shanghshuiyou@163.com

图 3.103

3.3 上机实战

利用本章及以前所学的知识，为自己设计一款正反面的名片。

操作提示

因为名片尺寸比较小，所以建议读者尽量用简洁的图形语言表达名片深刻的含义。

（1）新建一个空白文件。

（2）双击【矩形】工具绘制名片轮廓。

第4章 装饰图案

教学要求：

- 熟练掌握【交互式调和】工具的用法。
- 熟练掌握【变换】命令下的【旋转】命令的用法。
- 熟练掌握【图框精确剪裁】命令的用法。

教学难点：

- 【交互式调和】工具的用法及其属性栏中命令的用法。

建议学时：

- 总计学时：6学时。
- 理论学时：3学时。
- 实践学时：3学时。

4.1 设计工具及其用法

本章案例设计主要用到的工具有【基本形状】工具、【交互式调和】工具等。下面介绍工具的用法。

4.1.1 【基本形状】工具

【基本形状】工具位于工具箱正中间位置，用于创建CorelDRAW中默认的一些特殊轮廓的对象，如平行四边形、直角三角形、心形、笑脸等。

单击【基本形状】工具按钮，再单击属性栏中的【完美形状】按钮，打开的下拉菜单中显示该工具下的所有图形，如图4.1所示。

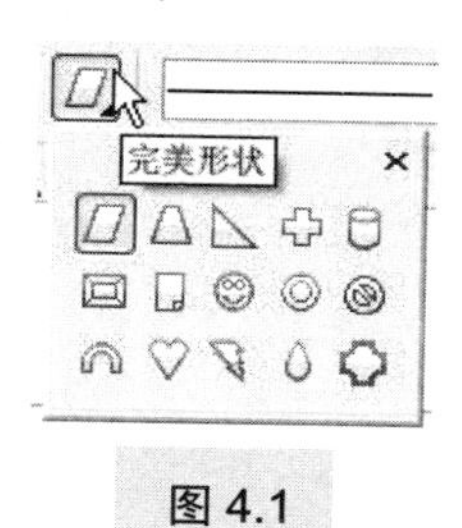

图4.1

在【完美形状】下拉菜单中单击选中预绘制的图形，按住鼠标左键在页面中拖动即可绘制。如果绘制的同时按住【Ctrl】键，则以长宽固定比例绘制该图形。图形绘制示例如图 4.2 所示。

在每一个绘制完的图形中，都有一个红色菱形方块，将指针放于红色菱形方块上，当指针变成如图 4.3 所示的箭头“➤”时，按住左键拖动，即可更改图形对象的比例，调整后的效果如图 4.4 所示。

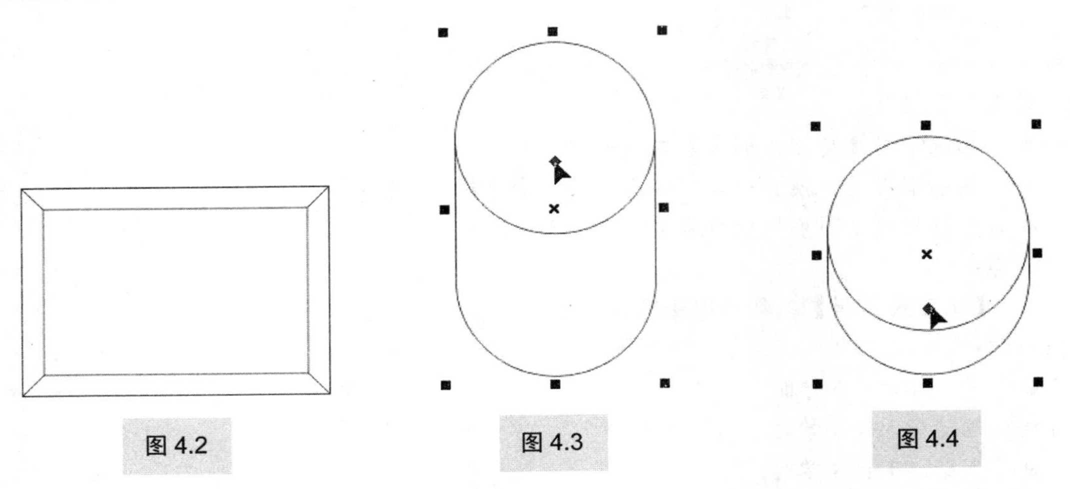

图 4.2　　图 4.3　　图 4.4

【完美形状】下拉菜单中显示的图形的绘制方法是一样的，读者可以自己体验，在此不做一一展示讲解。

4.1.2 【交互式调和】工具

【交互式调和】工具位于工具箱下数第 5 个位置，用于创建对象之间的形状、颜色、轮廓及尺寸的过渡效果。

单击【交互式调和】工具按钮，再单击选中一个图形，在其上按住鼠标左键，拖动至另外一个图形上，当两个图形之间出现若干个轮廓线时，如图 4.5 所示，释放鼠标左键即可，效果如图 4.6 所示。

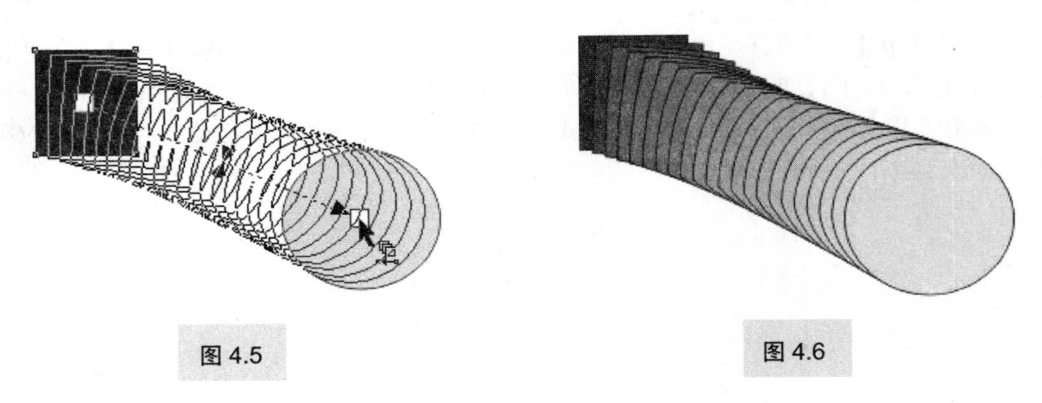

图 4.5　　图 4.6

下面介绍属性栏中的各项设置：

1.【步长值】 20

此设置用于控制中间过渡图形的数量，步长值为1～999，默认步长值为20，可以直接输入参数。步长值越大，调和的形状和颜色越多，过渡越柔和，如输入步长值为40，效果如图4.7所示；步长值越小，调和的形状和颜色越少，过渡越生硬，如输入步长值为3，效果如图4.8所示。

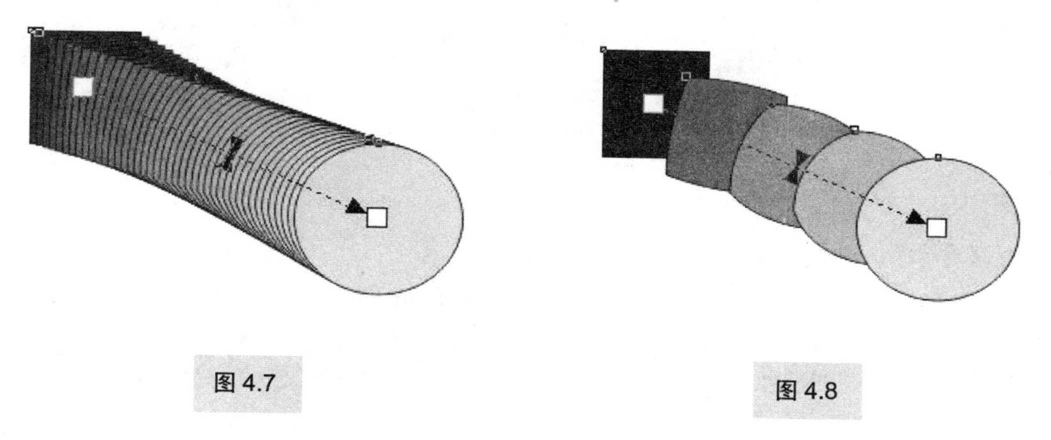

图4.7

图4.8

2.【调和角度】 0.0 °

调和角度数值为0°～360°，用于调节调和对象的旋转角度。例如，输入360°，则从红色正方形开始至黄色圆形，包括中间调和的所有图形，总体以360°均分，逐一旋转固定角度，效果如图4.9所示。

3.【直接调和】

以调和红色和绿色为例，直接调和这两种颜色，不包括其他色相，如图4.10所示。

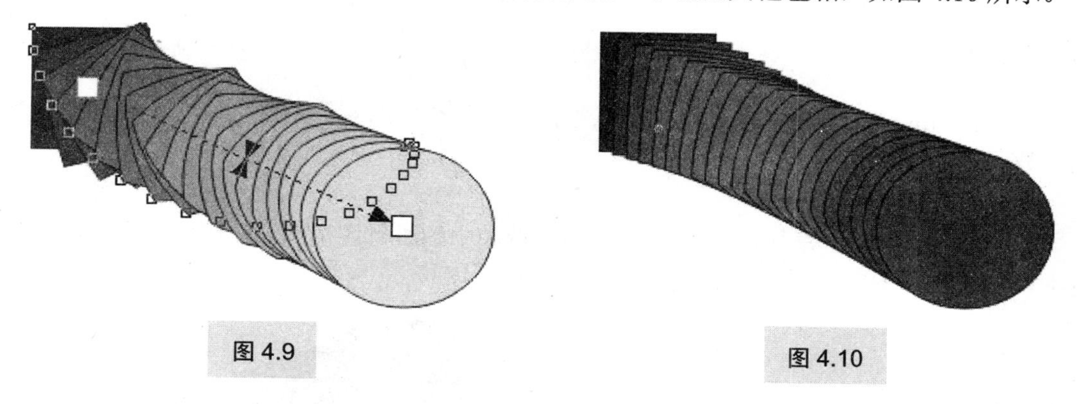

图4.9

图4.10

4.【顺时针调和】

以调和红色和绿色为例，以色相环为准，由红色开始，顺时针到绿色，经过红色、绿色的所有颜色都被纳入到该种颜色调和范围中，如图4.11所示。

5.【逆时针调和】

以调和红色和绿色为例，以色相环为准，由红色开始，逆时针到绿色，经过红色、绿色的所有颜色都被纳入到该种颜色调和范围中，如图 4.12 所示。

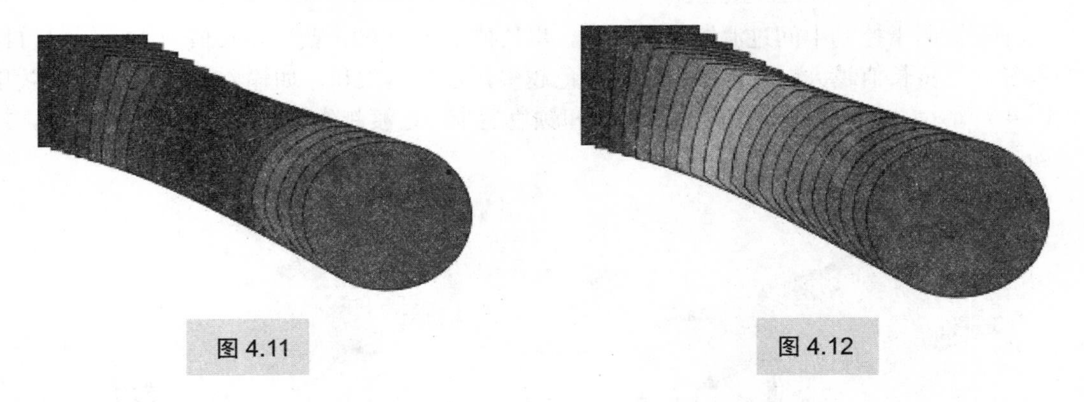

图 4.11　　图 4.12

6.【对象和颜色加速】

【对象和颜色加速】命令用于设置各调和对象之间疏密距离和颜色的比例关系。

单击该按钮，可以展开该命令，如图 4.13 所示。默认情况下，【对象】和【颜色】两项是被锁在一起，彼此制约的。拖动一个滑块，另一个滑块随之移动，如图 4.14 所示，调节后的效果如图 4.15 所示。

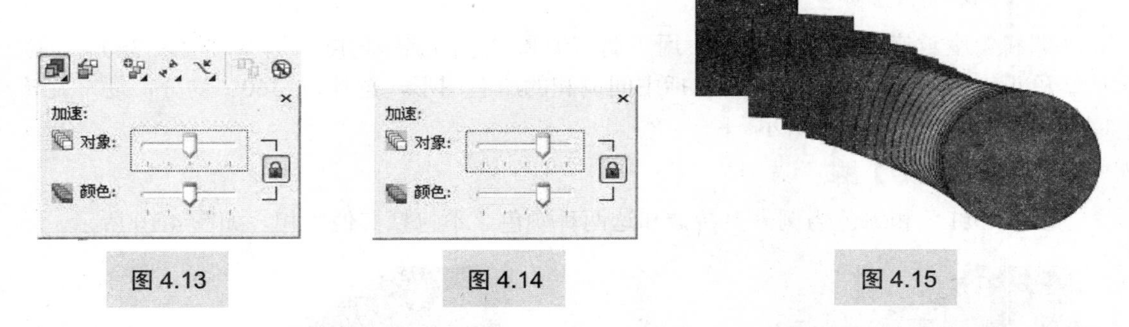

图 4.13　　图 4.14　　图 4.15

单击后面的锁按钮，使其呈浮动状态，即解除二者的制约，可以对【对象】或【颜色】分别设置。

1）调节【对象】滑块

向左拖动【对象】滑块，如图 4.16 所示，调和中的所有图形向起始图形聚集，调和颜色不发生变化，效果如图 4.17 所示。

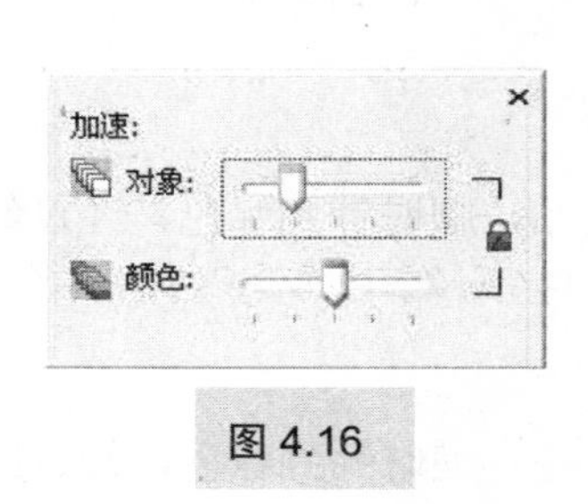

图 4.16

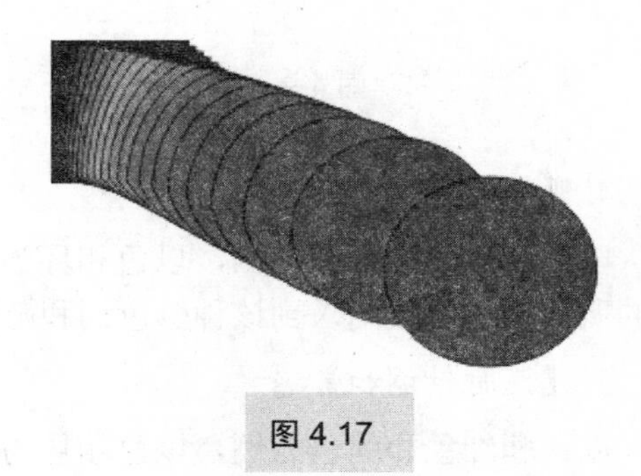

图 4.17

2）调节【颜色】滑块

向左拖动【颜色】滑块，如图 4.18 所示，调和所经过的颜色向起始图形颜色聚集，各调和对象的距离不发生变化，效果如图 4.19 所示。

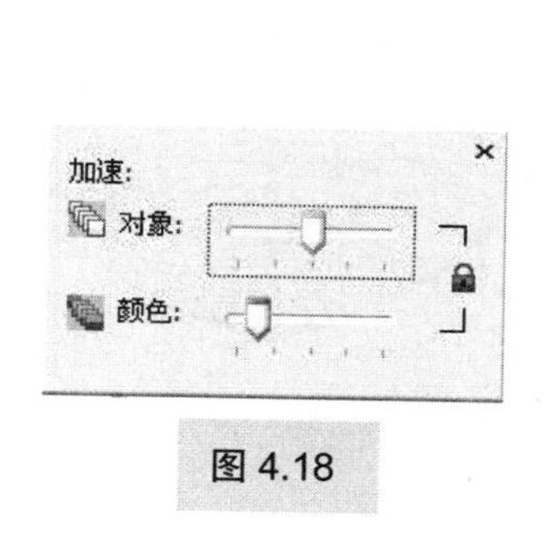

图 4.18

图 4.19

7.【加速调和时的大小调整】

【加速调和时的大小调整】命令用于设置各调和对象之间距离以及锁定各调和对象的尺寸。此按钮呈浮动状态，各调和对象的尺寸固定不变，拖动“▲”只是调整各调和对象之间的距离；此按钮呈按下状态，各调和对象的尺寸随着各调和对象之间的距离发生变化。

下面通过一个小案例，说明此命令的用法。

注意：此时的【加速调和时的大小调整】按钮为浮动状态。

（1）在绘图区域中绘制两个椭圆形，大小如图 4.20 所示。

（2）单击【交互式调和】工具按钮，在大椭圆形上按住鼠标左键拖动至小椭圆形上，效果如图 4.21 所示。

图 4.20

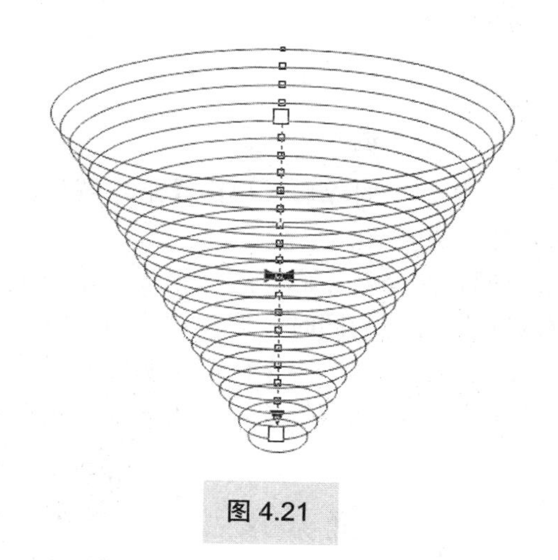

图 4.21

（3）在图 4.22 所示的圆圈内有两个“▲”，将光标放在其上，当光标变成“+”时按住鼠标左键向下拖动，效果如图 4.23 所示。

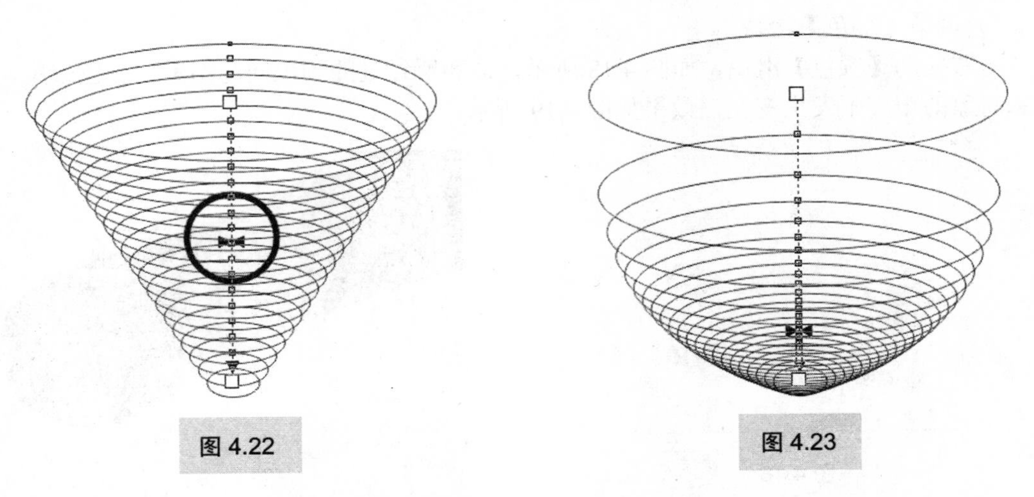

图 4.22　　图 4.23

（4）将“▲”向上拖动，效果如图 4.24 所示。

（5）如果此时将【加速调和时的大小调整】按钮按下，效果如图 4.25 所示。

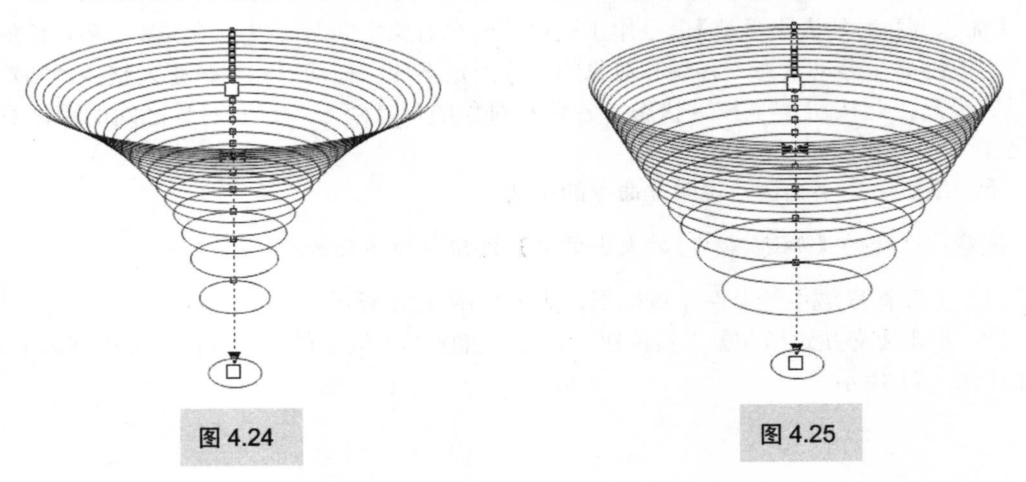

图 4.24　　图 4.25

8.【杂项调和选项】

调和两个对象后，单击【杂项调和选项】按钮，弹出下拉菜单，如图 4.26 所示。

1）映射节点

调和两个对象后，通过选择起始和结束对象轮廓上的节点的方式进行旋转调和中的所有对象，旋转的同时，调和对象的轮廓随之变化。

下面通过一个小案例，说明此命令的用法。

（1）在绘图区域中调和矩形和三角形两个图形对象，如图 4.27 所示。

图 4.26　　图 4.27

（2）单击【映射节点】按钮，当指针变成“ ”时，在如图 4.28 所示的三角形的一个节点上单击，然后在如图 4.29 所示的矩形的一个节点上单击，效果如图 4.30 所示。

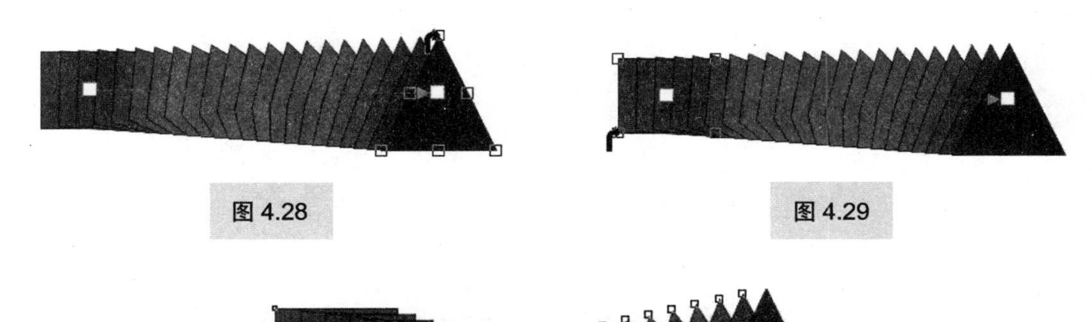

图 4.28

图 4.29

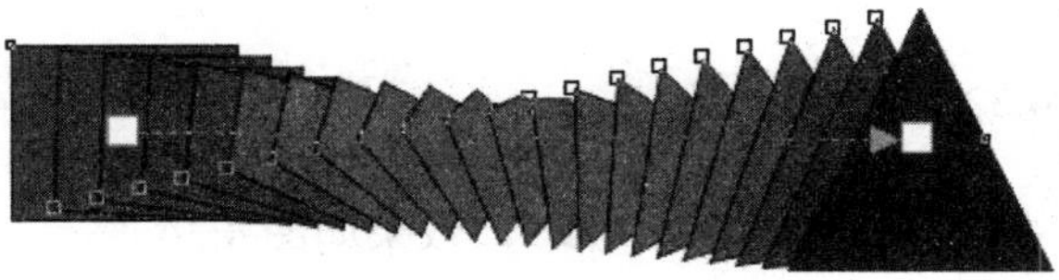

图 4.30

对于选择不同的节点，其映射效果是不同的，读者可以体验一下。

2）拆分

可以将一组调和的对象，拆分成为两个或者两个以上相互连接的复合调和，其中每一个组件调和至少与一个其他组件共享起始和结束对象。

下面通过一个小案例，说明此命令的用法。

（1）在绘图区域中调和大矩形和小矩形两个图形对象，如图 4.31 所示。

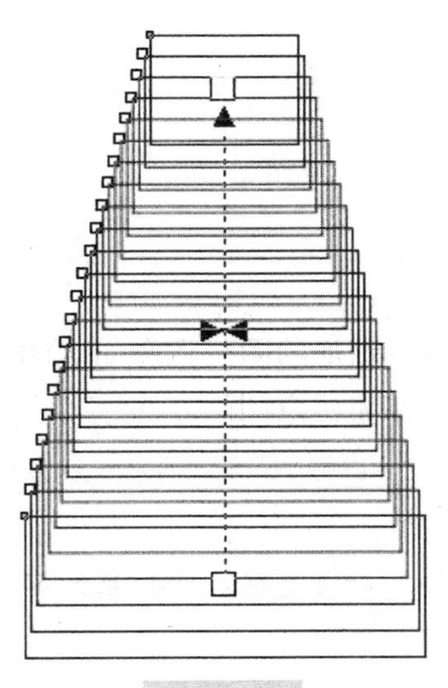

图 4.31

（2）单击【拆分】按钮，当指针变成“ ”时，在如图 4.32 所示的矩形上单击，效果如图 4.33 所示。以单击的矩形为共享对象，将一组调和对象拆分成两组复合调和对象。

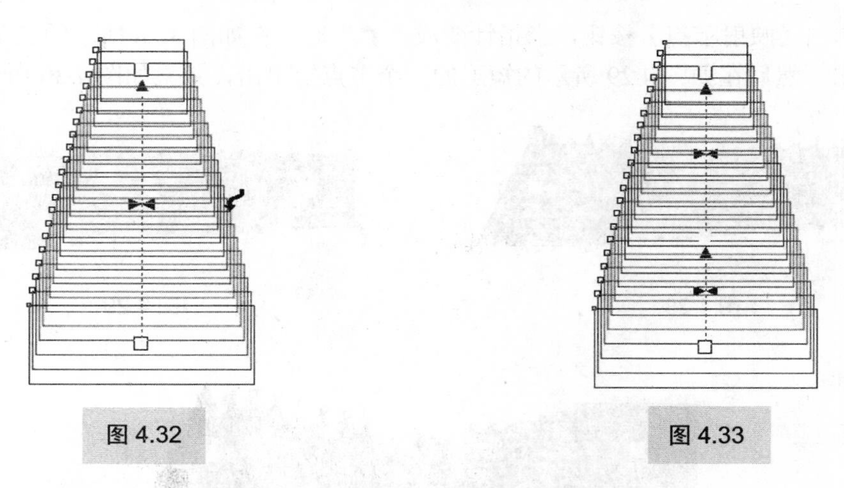

图 4.32　　　　图 4.33

（3）分别拖动上下两组调和对象的“▲”，效果如图 4.34 所示。

9. 【起始和结束对象属性】

调和两个对象后，单击【起始和结束对象属性】按钮，弹出下拉菜单，如图 4.35 所示。

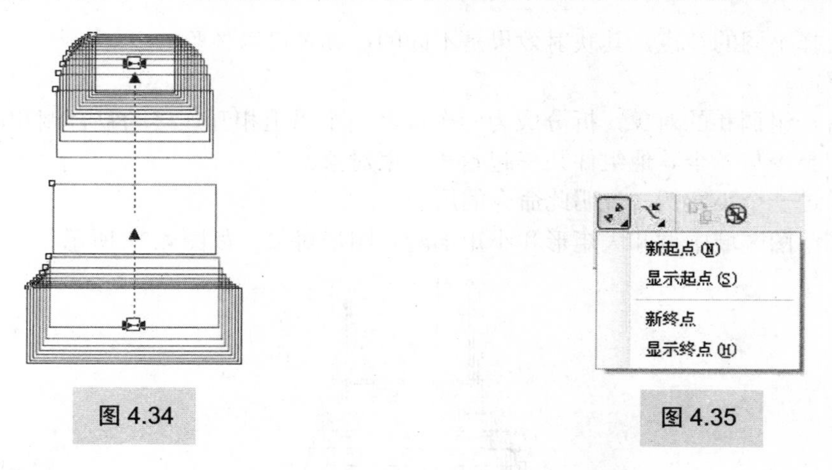

图 4.34　　　　图 4.35

1）【新起点】

调和对象是由起点图形和终点图形的图形调和而成的。选择【新起点】选项，当指针变成“➧”时，单击一个新图形作为起点图形。

操作提示

即将成为“新起点”的图形，必须是在调和对象的起点图形之前所绘制的，否则会运算错误，不能执行该命令。

下面通过一个小案例，说明【新起点】命令的用法。

（1）在绘图区域中绘制一个三角形，此三角形是即将成为“新起点”的图形，如图 4.36 所示。

（2）继续绘制两个矩形，如图 4.37 所示。

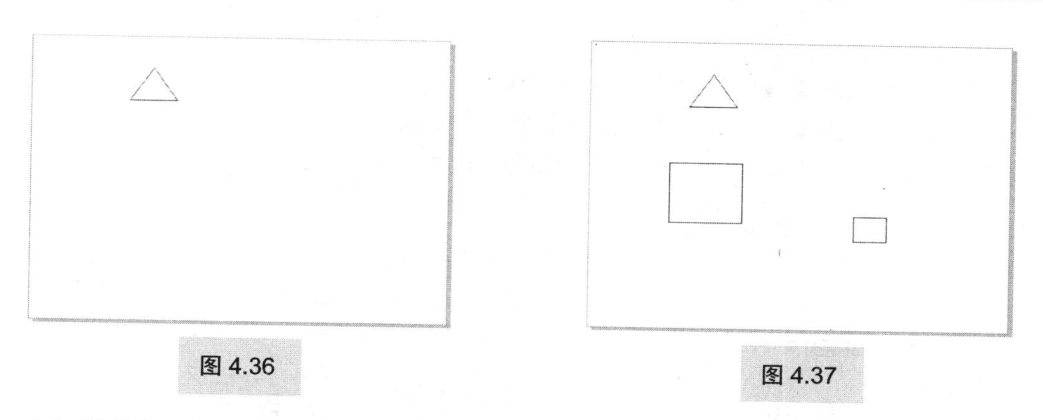

图 4.36　　图 4.37

（3）用【交互式调和】工具从大矩形拖动至小矩形上，调和两个矩形，如图 4.38 所示。

（4）选择【起始和结束对象属性】下拉菜单中的【新起点】选项，当指针变成“⧐”时，单击三角形，效果如图 4.39 所示。

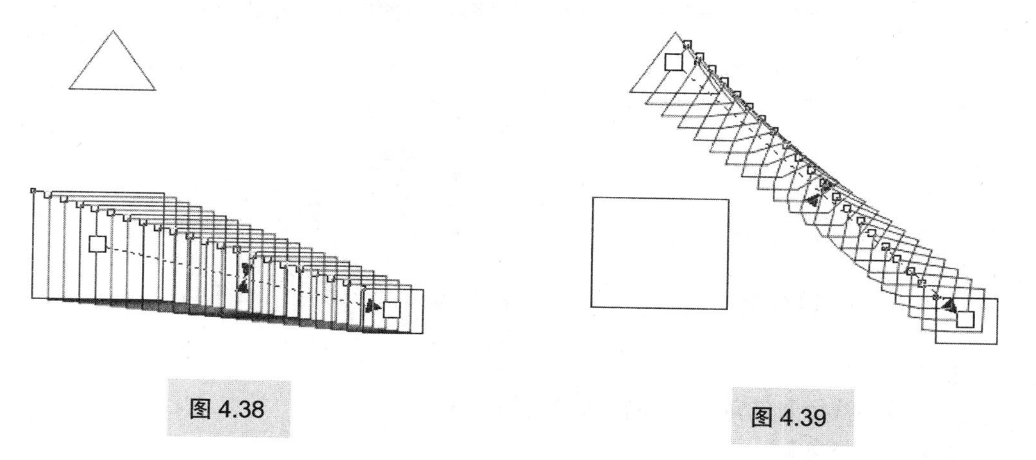

图 4.38　　图 4.39

2）【显示起点】

选择【显示起点】选项，则起始图形会被选中。

3）【新终点】

与【新起点】命令一样。选择【新终点】选项，当指针变成“⧐”时，单击一个新图形作为终点图形。

操作提示

即将成为“新终点”的图形，必须是在调和对象的终点图形之后所绘制的，否则会运算错误，不能执行该命令。

4）【显示终点】

选择【显示终点】选项，则终点图形会被选中。

10. 【路径属性】

调和两个对象后，单击该按钮，弹出下拉菜单，如图 4.40 所示。

1）【新路径】

可以使调和的对象按照新的路径进行排列。

下面通过一个小案例，说明【新路径】命令的用法。

（1）在绘图区域中调和圆形和矩形，如图 4.41 所示。

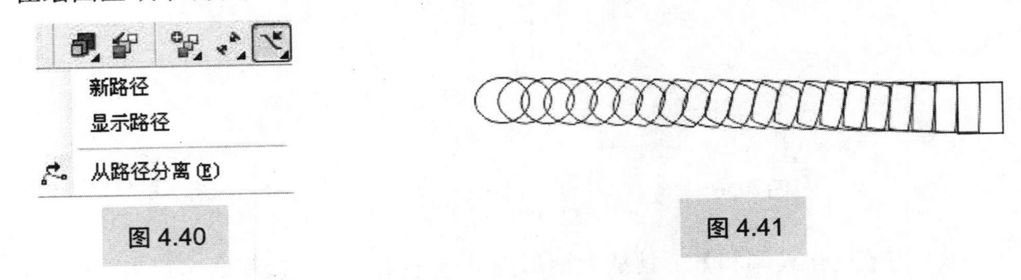

图 4.40

图 4.41

（2）用【贝塞尔】工具绘制一条曲线作为新路径，如图 4.42 所示。

（3）用【交互式调和】工具单击选中调和的图形，选择【路径属性】下拉菜单中的【新路径】选项，当指针变成“↙”时，单击曲线路径，效果如图 4.43 所示。

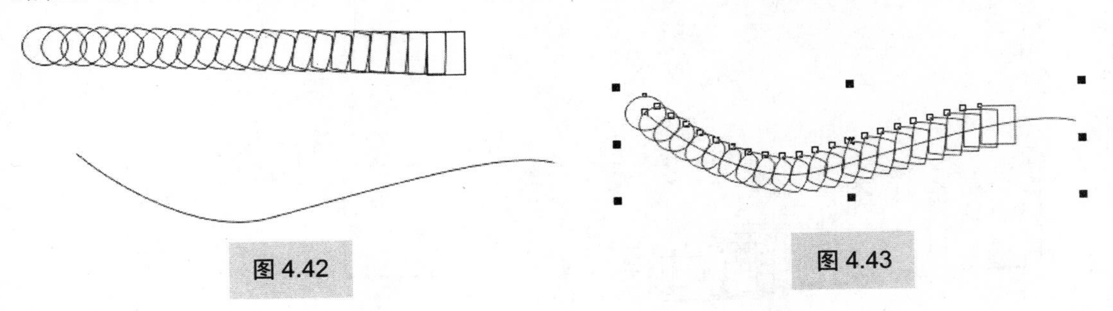

图 4.42

图 4.43

2）【显示路径】

选择【显示路径】选项，则路径图形会被选中。

3）【从路径分离】

可将调和对象从路径上分离出来，同时调和对象适合路径的效果消失。

11. 【清除调和】

单击【清除调和】按钮，清除调和效果。

4.2 案例详解

本节以一组圆形适合纹样设计为例，介绍装饰图案的设计步骤，案例效果图及其具体设计步骤如下。

4.2.1 案例效果图

装饰图案效果如图 4.44 所示。

图 4.44

4.2.2 案例步骤详解

（1）打开 CorelDRAW X5 软件，在【WELCOME】（欢迎）窗口中，单击右侧【Quick Start】（快速启动）标签，如图 4.45 所示。

图 4.45

（2）在【Quick Start】（快速启动）窗口中，选择【New blank document】（新建空白文件）选项，如图 4.46 所示。

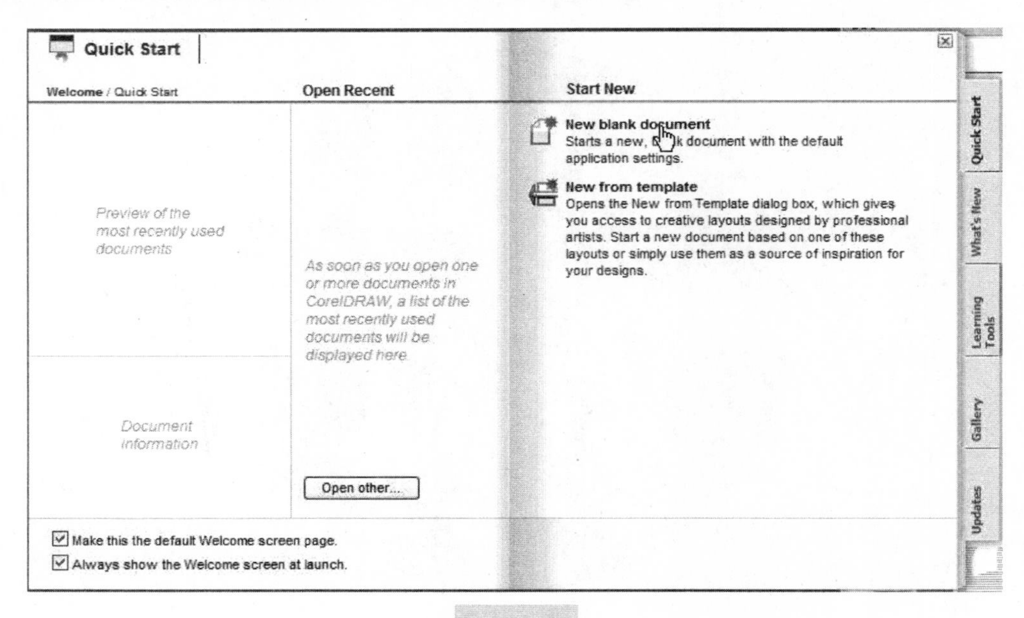

图 4.46

（3）在打开的【Create a New Document】（创建一个新文件）对话框中，进行如图 4.47 所示设置，单击【OK】按钮，创建一个空白文件。

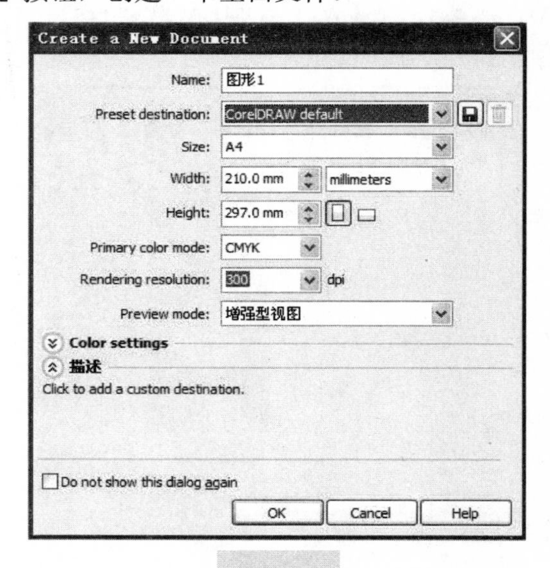

图 4.47

（4）单击工具箱中的【椭圆形】工具按钮，按住【Ctrl】键，同时在页面中间按住鼠标左键拖动，绘制一个正圆形。

（5）执行【菜单栏】|【窗口】|【泊坞窗】|【变换】|【大小】命令，此命令的快捷键是【Alt】+【F10】组合键。在窗口右侧打开的【变换】对话框中进行如图 4.48 所示的设置，设置完毕，单击【应用到再制】按钮，效果如图 4.49 所示。

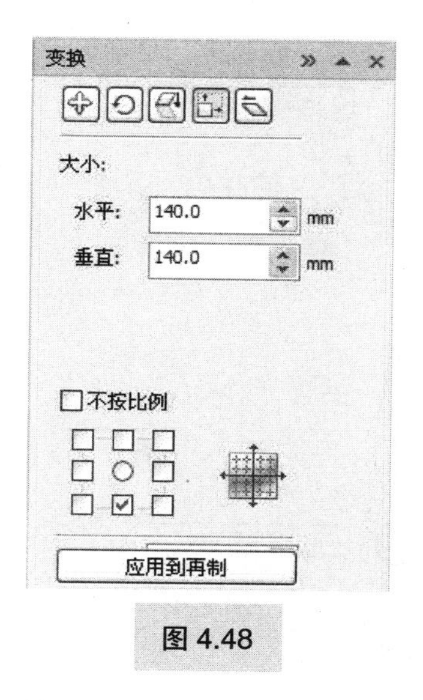

图 4.48

图 4.49

（6）单击工具箱中的【挑选】工具按钮，单击选中圆形，单击属性栏中的【饼形】按钮，效果如图 4.50 所示。

（7）在属性栏中的【起始和结束角度】文本框中分别输入 0.0° 和 90°（图 4.51），效果如图 4.52 所示。

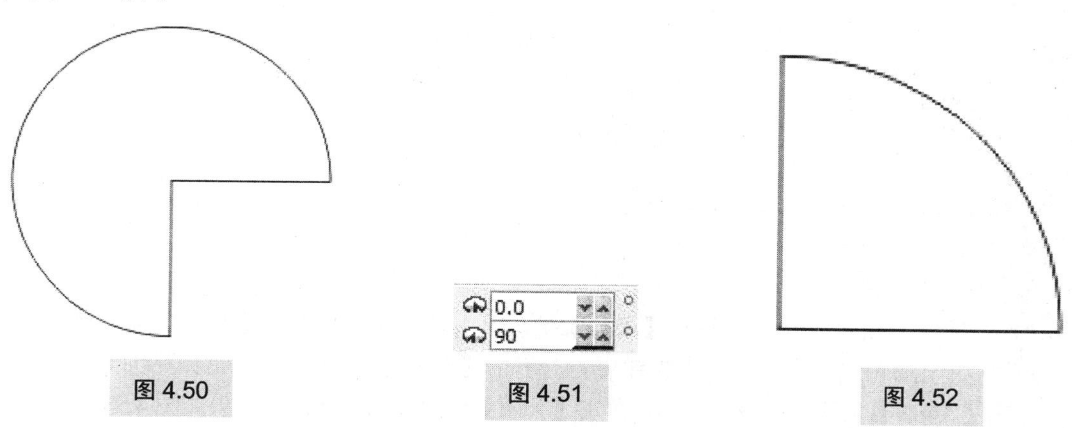

图 4.50　　图 4.51　　图 4.52

（8）单击工具箱中的【基本形状】工具按钮，在属性栏中选择【完美形状】下拉菜单中的【直角三角形】选项，如图 4.53 所示。在 1/4 圆内，按住【Ctrl】键的同时，按住鼠标左键拖动出一个等腰直角三角形。

（9）单击工具箱中的【挑选】工具按钮，执行【菜单栏】|【窗口】|【泊坞窗】|【变换】|【大小】命令，此命令的快捷键是【Alt】+【F10】组合键。在窗口右侧打开的【变换】对话框中进行如图 4.54 所示的设置，设置完毕，单击【应用到再制】按钮，效果如图 4.55 所示。

（10）单击选中三角形，在属性栏中单击【水平镜像】按钮、【垂直镜像】按钮各一次，效果如图 4.56 所示。

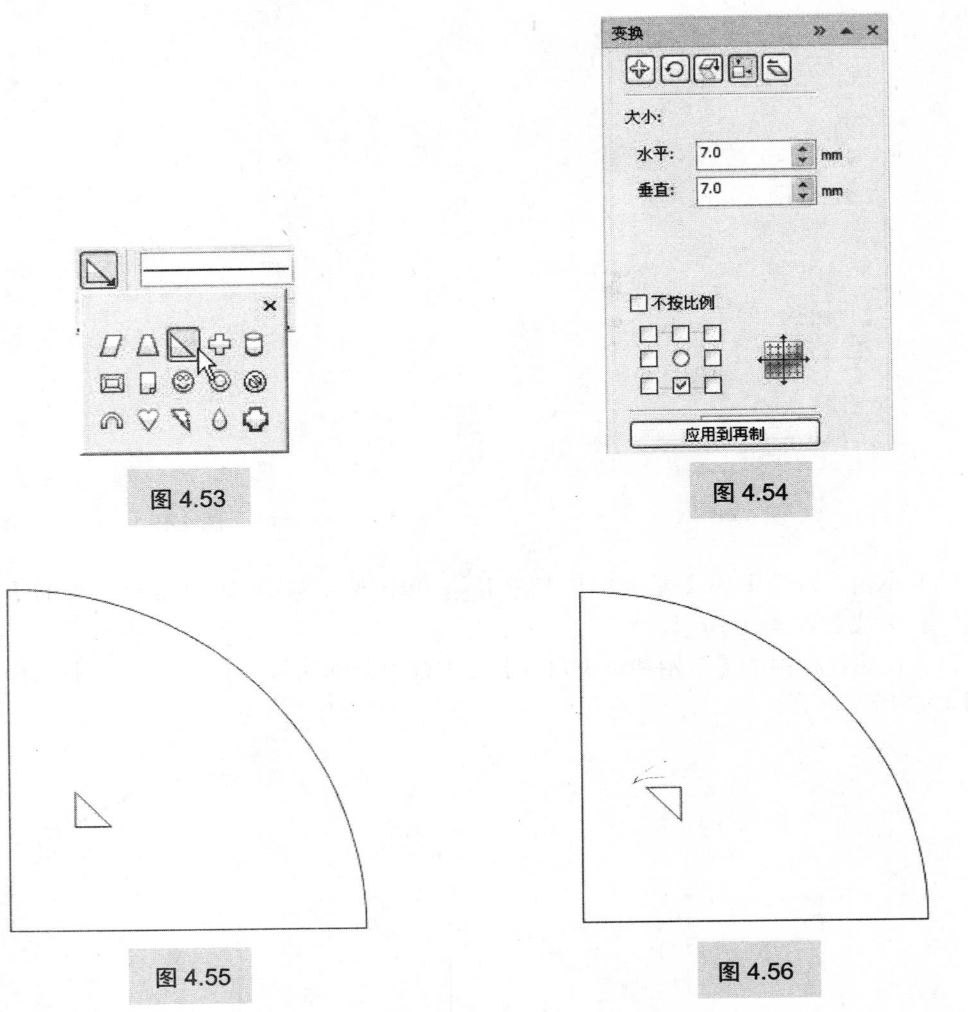

图 4.53　图 4.54

图 4.55　图 4.56

（11）确定三角形被选中，按住【Shift】键，单击选中 1/4 圆形，使两个对象都被选中。

（12）单击属性栏中的【对齐】按钮，打开的【对齐与分布】对话框的设置如图 4.57 所示，单击【Apply】按钮应用设置，然后单击【关闭】按钮关闭对话框，效果如图 4.58 所示。

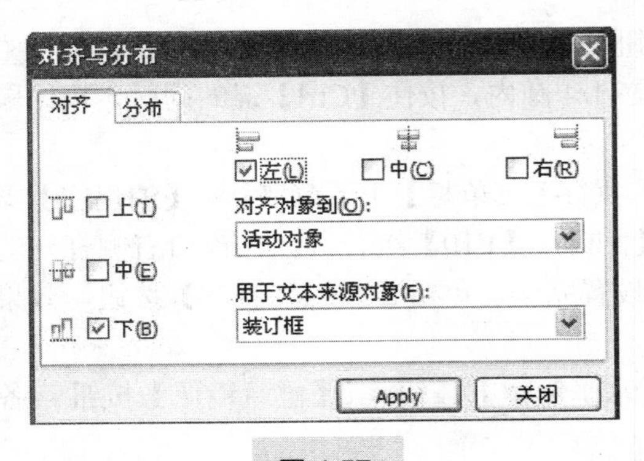

图 4.57

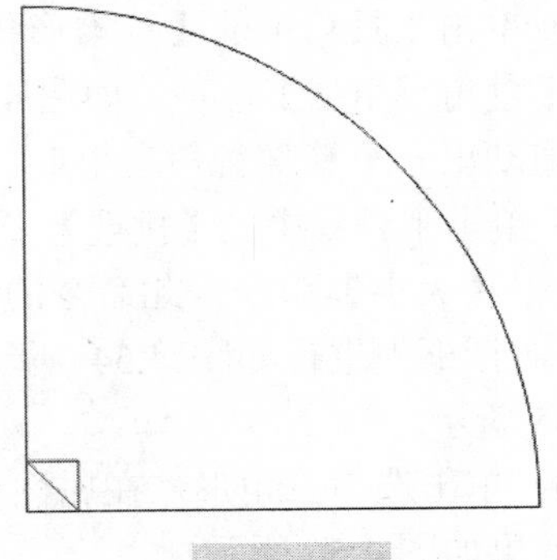

图 4.58

（13）在页面空白处单击，取消对象的选择，再次单击选中 1/4 圆形，单击工具箱中的【填充】工具下的第一个子工具【颜色】，在打开的【均匀填充】对话框中进行如图 4.59 所示的设置，单击【OK】按钮。

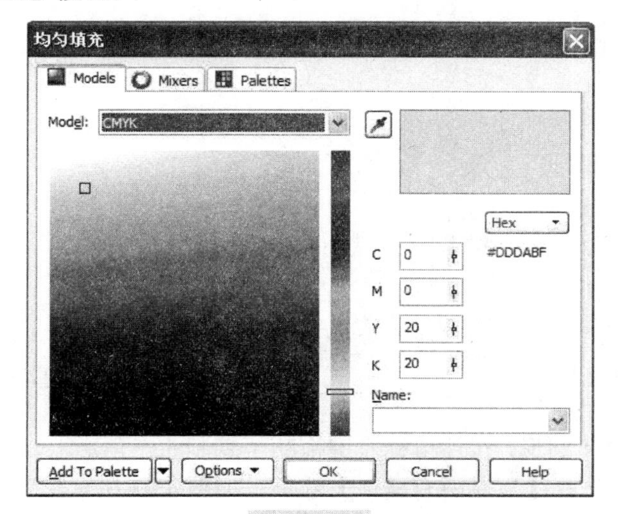

图 4.59

（14）确定 1/4 圆形被选中，右键单击页面右侧边的调色板中上方的☒按钮，填充 1/4 圆形的轮廓色为【无】。

（15）单击选中三角形，在页面右侧边的调色板中单击【红色】色块，右键单击调色板上方的☒按钮，两次填充效果如图 4.60 所示。

图 4.60

（16）执行【菜单栏】|【窗口】|【泊坞窗】|【变换】|【位置】命令，此命令的快捷键是【Alt】+【F7】组合键。在窗口右侧打开的【变换】对话框中进行如图 4.61 所示的设置，设置完毕，单击【应用到再制】按钮，效果如图 4.62 所示。

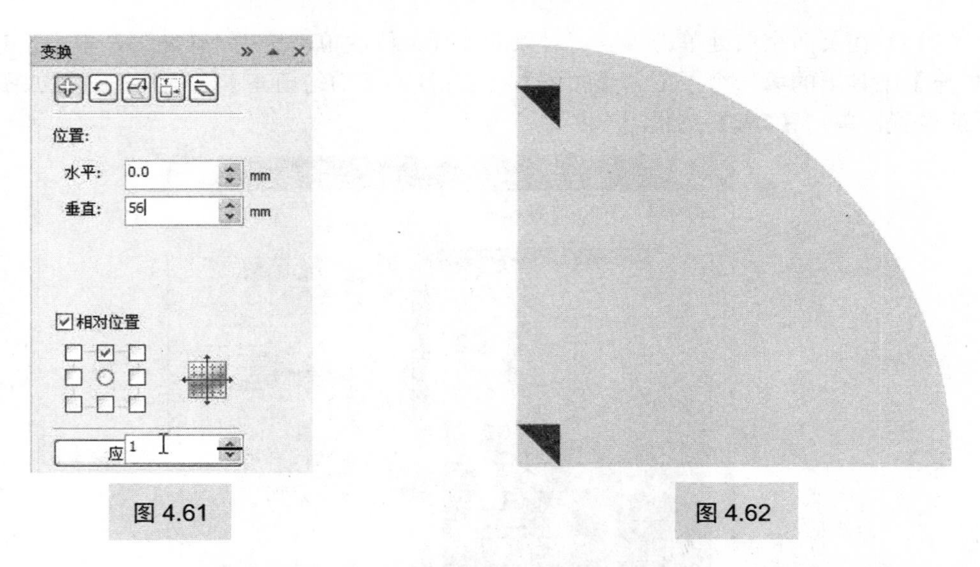

图 4.61　　图 4.62

(17) 单击选中 1/4 圆形，按住鼠标左键拖动至复制的三角形上，当指针变成“⊕”时，在弹出的下拉菜单中选择【复制所有属性】选项，如图 4.63 所示。

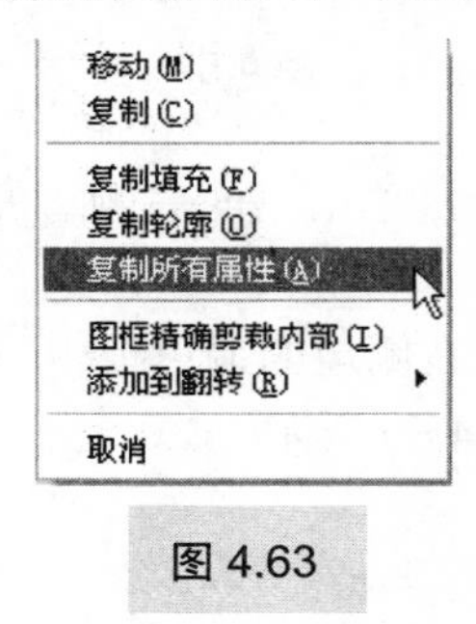

图 4.63

(18) 单击工具箱中的【交互式调和】工具按钮，将指针放在灰色三角形上按住左键拖动至红色三角形上，当两个三角形间出现如图 4.64 所示的轮廓时，释放鼠标，效果如图 4.65 所示。

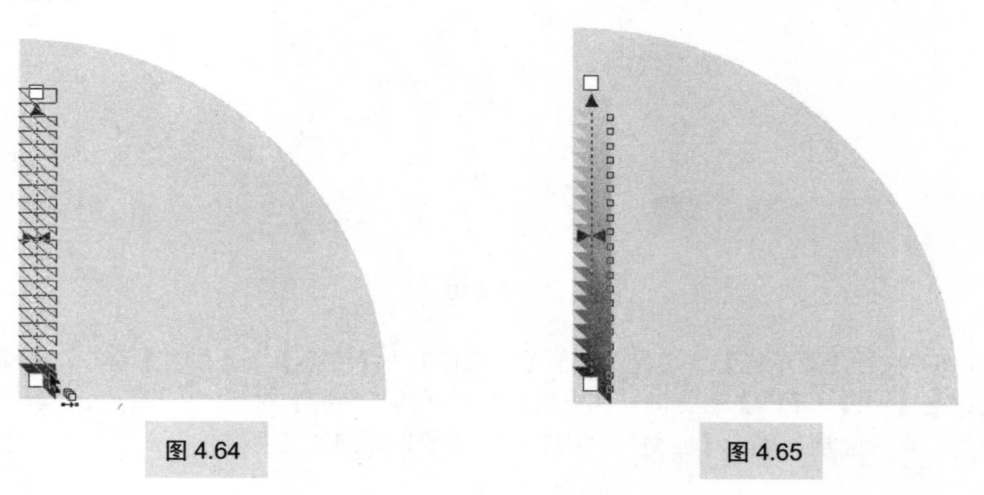

图 4.64　　图 4.65

(19) 在属性栏中的【步长】文本框中输入“7”，位置如图 4.66 所示，按【Enter】键，效果如图 4.67 所示。

图 4.66　　图 4.67

(20) 单击工具箱中的【挑选】工具按钮，单击选中红色三角形，执行【菜单栏】|【窗口】|【泊坞窗】|【变换】|【位置】命令，此命令的快捷键是【Alt】+【F7】组合键。在窗口右侧打开的【变换】对话框中进行如图 4.68 所示的设置，设置完毕，单击【应用到再制】按钮。

(21) 按照步骤（16）～步骤（19）的做法，调和水平方向的三角形，效果如图 4.69 所示。

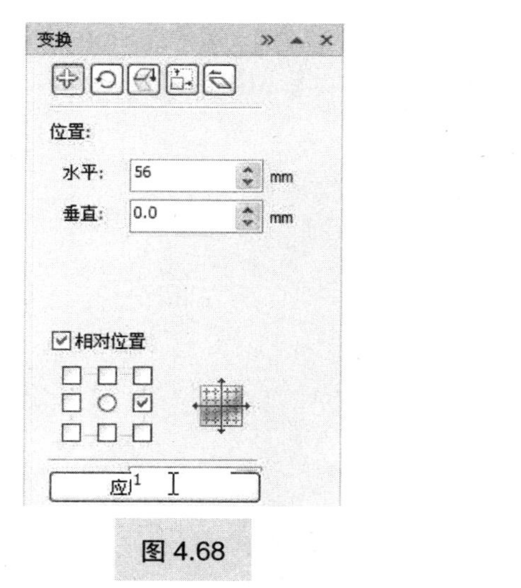

图 4.68

图 4.69

(22) 单击选中灰色 1/4 圆形，按【Ctrl】+【C】组合键进行复制，按【Ctrl】+【V】组合键进行粘贴。

(23) 使用工具箱中【填充】工具下的【颜色】子工具，在打开的【均匀填充】对话框中的设置如图 4.70 所示，设置完毕后单击【OK】键确定。

(24) 执行【菜单栏】|【视图】|【贴齐对象】命令，此命令的快捷键是【Alt】+【Z】组合键。单击工具箱中的【矩形】工具按钮，在如图 4.71 所示的位置上按住鼠标左键拖动，绘制一个矩形，效果如图 4.72 所示。

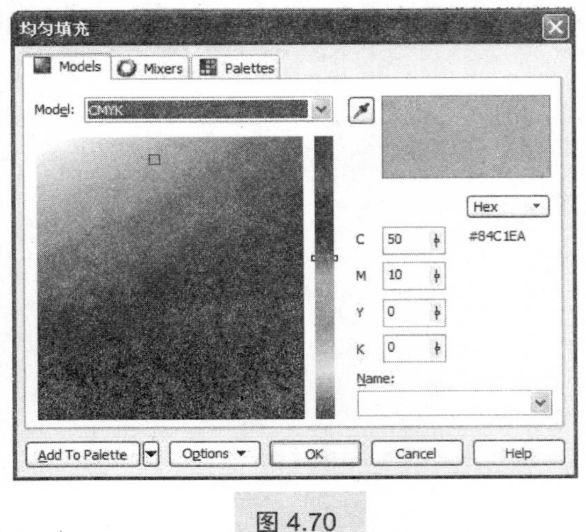

图 4.70

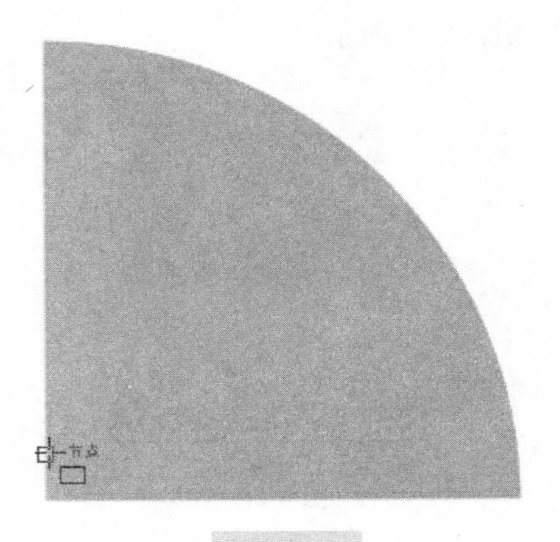

图 4.71

操作提示

图 4.71 所示的位置，因为复制的灰色 1/4 圆形下层有红色三角形，所以将指针放于侧边，则会自动捕捉三角形的节点。

（25）单击工具箱中的【挑选】工具按钮，单击选中矩形，按住【Shift】键，再次单击选中灰色 1/4 圆形，在属性栏中单击【后减前】按钮，修剪后的效果如图 4.73 所示。

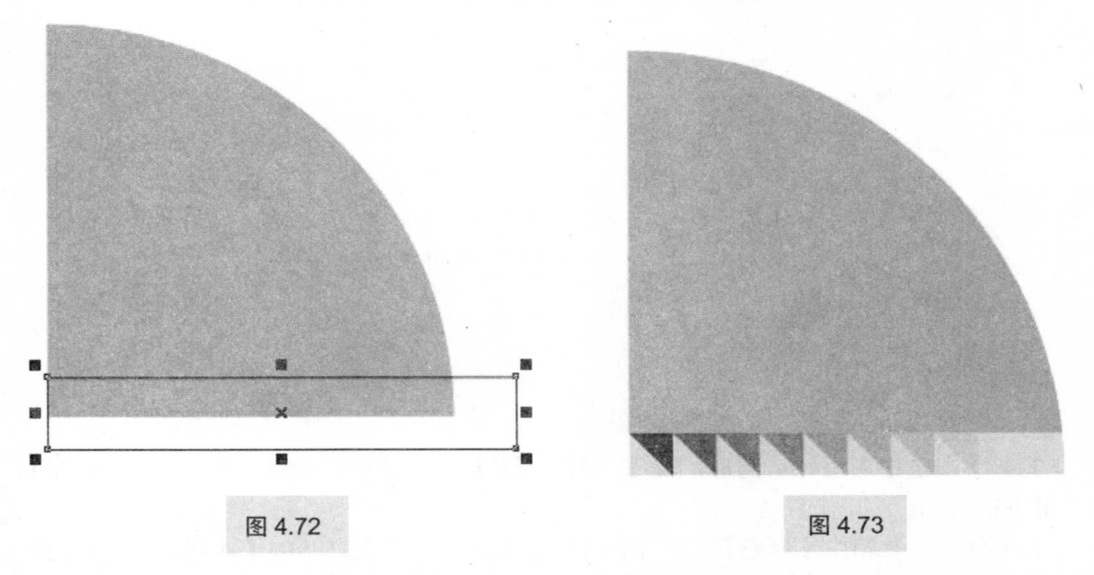

图 4.72

图 4.73

（26）单击工具箱中的【矩形】工具按钮，在如图 4.74 所示的位置上按住鼠标左键拖动，绘制一个矩形，效果如图 4.75 所示。

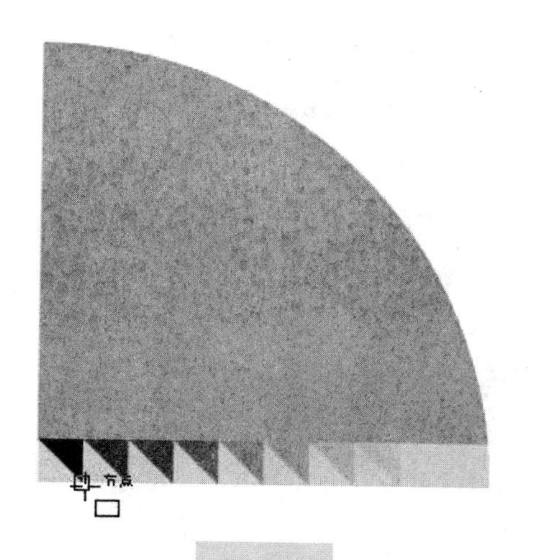

图 4.74

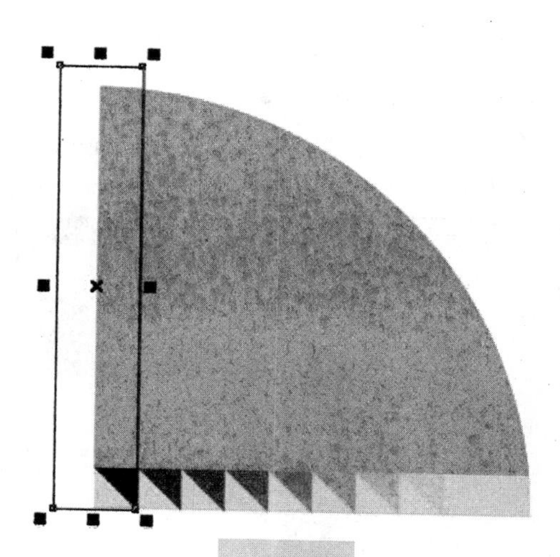

图 4.75

（27）单击工具箱中的【挑选】工具按钮，单击选中矩形，按住【Shift】键，再次单击选中灰色 1/4 圆形，在属性栏中单击【后减前】按钮，修剪后的效果如图 4.76 所示。

（28）单击工具箱中的【矩形】工具按钮，按住鼠标左键拖动，在蓝色 1/4 圆内绘制一个矩形。

（29）单击工具箱中的【挑选】工具按钮，确定刚刚绘制的矩形被选中，执行【菜单栏】|【窗口】|【泊坞窗】|【变换】|【大小】命令，此命令的快捷键是【Alt】+【F10】组合键。在窗口右侧打开的【变换】对话框中进行如图 4.77 所示的设置，单击【应用到再制】按钮。

图 4.76

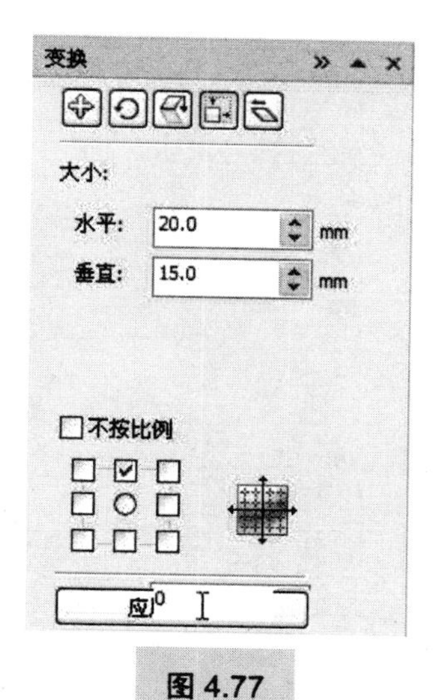

图 4.77

（30）确定刚刚绘制的矩形被选中，使用工具箱中【填充】工具下的【颜色】子工具，在打开的【均匀填充】对话框中进行如图 4.78 所示的设置，设置完毕后单击【OK】按钮确定。

（31）确定刚刚绘制的矩形被选中，右键单击页面右侧边的调色板上方的☒按钮，填充效果如图 4.79 所示。

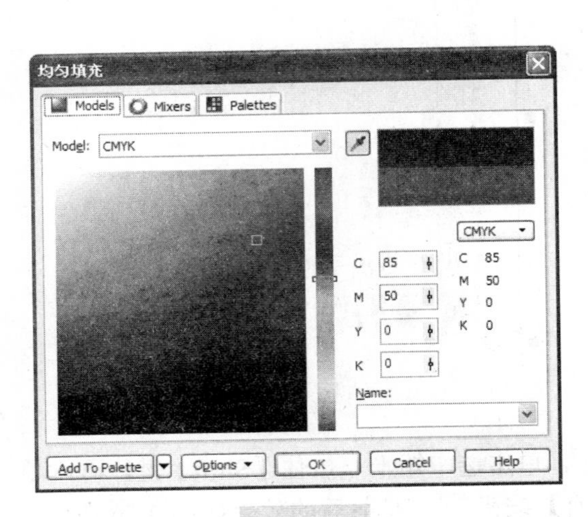

图 4.78

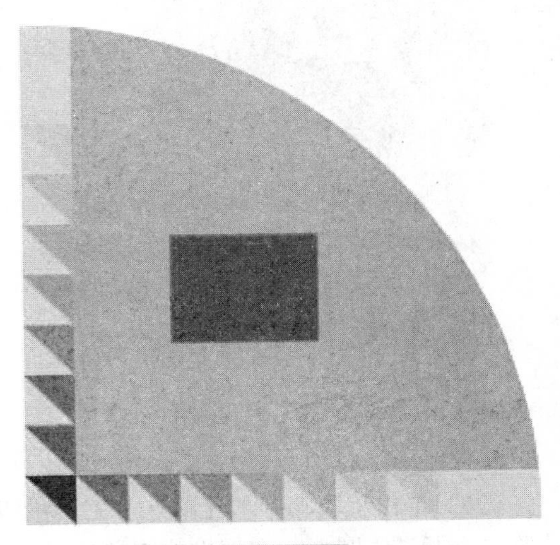

图 4.79

（32）单击工具箱中的【挑选】工具按钮，确定刚刚绘制的矩形被选中，执行【菜单栏】|【窗口】|【泊坞窗】|【变换】|【位置】命令，此命令的快捷键是【Alt】+【F7】组合键。在窗口右侧打开的【变换】对话框中进行如图 4.80 所示的设置，单击【应用到再制】按钮，效果如图 4.81 所示。

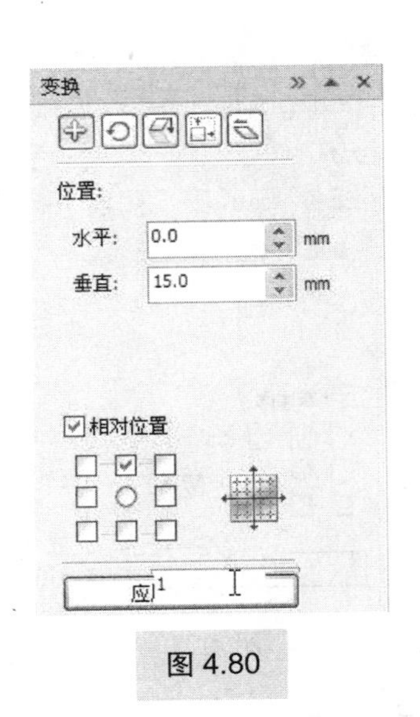

图 4.80

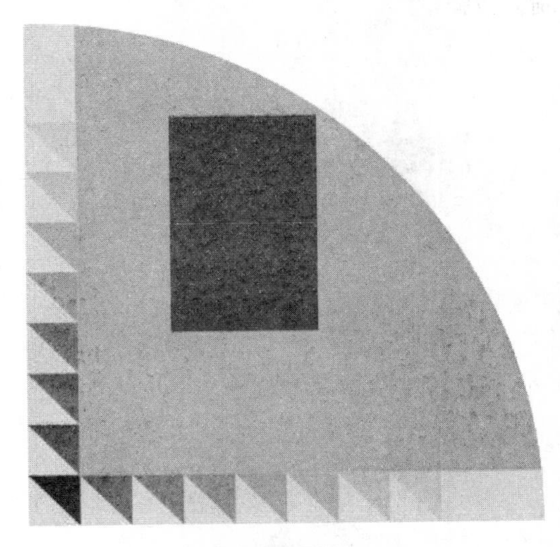

图 4.81

（33）单击选中刚刚复制的矩形，继续执行【位置】命令，【变换】对话框中的设置如图 4.82 所示，单击【应用到再制】按钮，效果如图 4.83 所示。

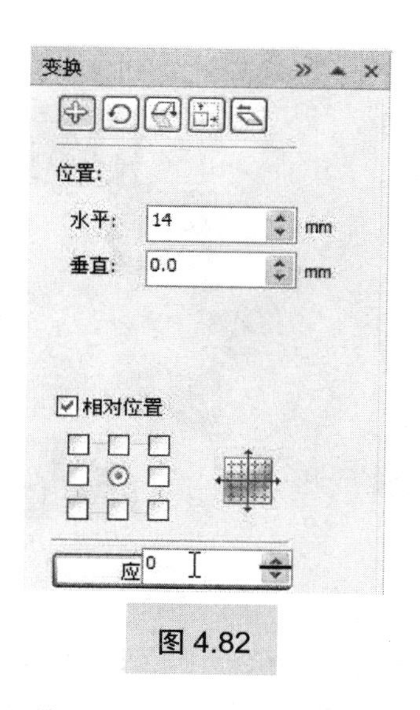

图 4.82

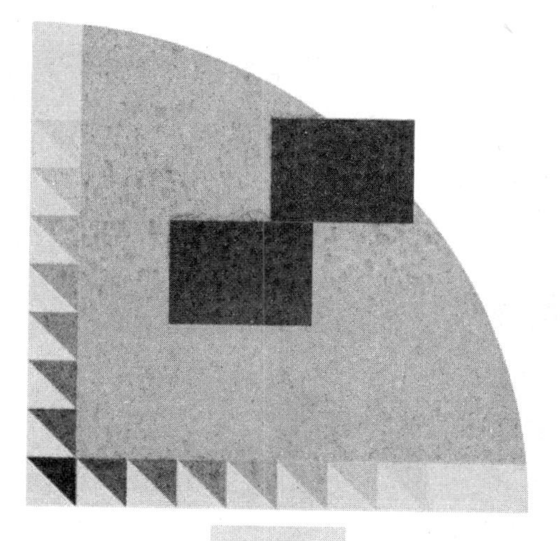

图 4.83

（34）单击选中刚刚位移的矩形，参照步骤（32）～步骤（33）的做法，移动复制出第2个矩形，效果如图 4.84 所示。

（35）按住【Shift】键，单击选中第 2 个、第 3 个矩形，使两个矩形都被选中，继续执行【位置】命令，【变换】对话框中设置如图 4.85 所示，单击【应用到再制】按钮。

图 4.84

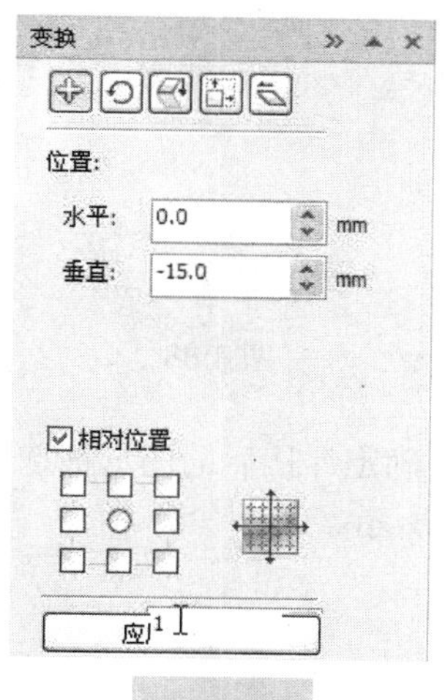

图 4.85

（36）确定第 2 个、第 3 个矩形被选中，执行【菜单栏】|【窗口】|【泊坞窗】|【变换】|【比例】命令，此命令的快捷键是【Alt】+【F9】组合键。在窗口右侧打开的【变换】对话框中进行如图 4.86 所示的设置，单击按钮，设置完毕，单击【应用到再制】按钮，效果如图 4.87 所示。

（37）按住【Shift】键，单击选中 5 个矩形，在属性栏中单击【焊接】按钮，使 5 个矩形焊接成为一个图形。

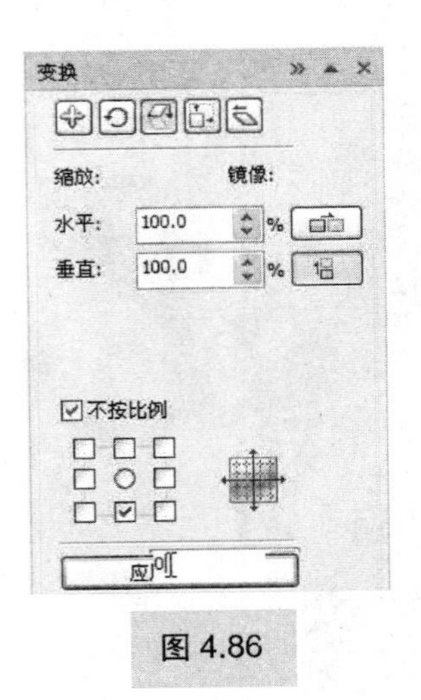

图 4.86

图 4.87

（38）确定焊接后的图形被选中，右键单击页面右侧边的调色板中的【白色】色块，并在属性栏中设置【轮廓宽度】，如图 4.88 所示，效果如图 4.89 所示。

0.5 mm

图 4.88

图 4.89

（39）确定焊接后的图形被选中，在属性栏中设置【旋转角度】如图 4.90 所示，效果如图 4.91 所示。

45 °

图 4.90

图 4.91

（40）确定焊接后的图形被选中，按住【Shift】键，单击选中蓝色1/4圆形，单击属性栏中【对齐与分布】按钮，打开的【对齐与分布】对话框的设置如图4.92所示，设置完毕单击【Apply】按钮应用设置，单击【关闭】按钮关闭对话框，效果如图4.93所示。

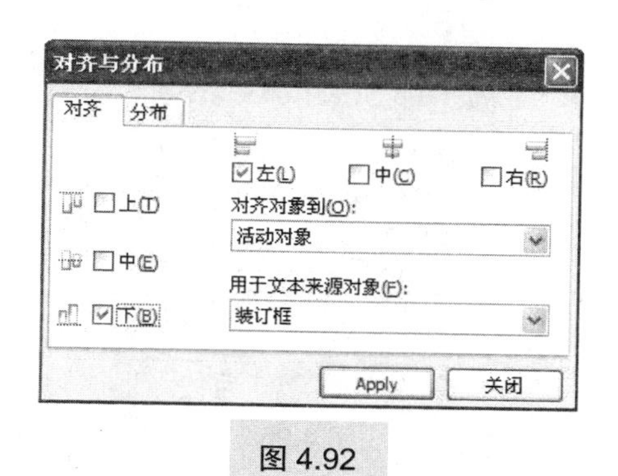

图4.92

图4.93

操作提示

用【对齐】命令对齐多个对象时，以最后选择的对象为基准对齐。

（41）确定焊接后的图形被选中，执行【菜单栏】|【效果】|【图框精确剪裁】|【放置在容器中】命令，当指针变成“➡”时，单击蓝色1/4圆形，效果如图4.94所示。

图4.94

（42）单击工具箱中的【矩形】工具按钮，按住【Ctrl】键的同时，按住鼠标左键拖动，绘制一个正方形。

（43）确定刚刚绘制的正方形被选中，执行【菜单栏】|【窗口】|【泊坞窗】|【变换】|【大小】命令，此命令的快捷键是【Alt】+【F10】组合键。在窗口右侧打开的【变换】对话框中进行如图4.95所示的设置，设置完毕，单击【应用到再制】按钮。

（44）再次绘制一个正方形，或者可以用上面绘制的正方形进行复制，此正方形的大小如图4.96所示。

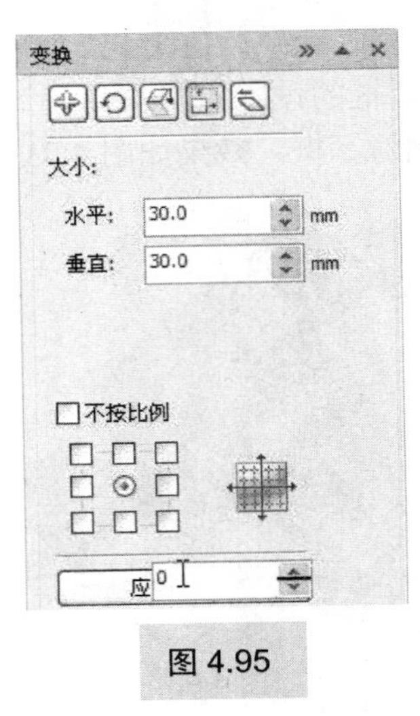

图 4.95

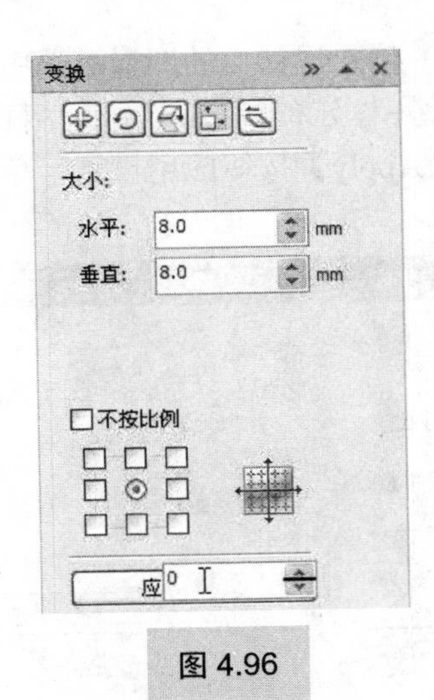

图 4.96

(45) 单击工具箱中的【挑选】工具按钮，再单击选中蓝色 1/4 圆形，按住鼠标左键拖动至大正方形上，当指针变成“⊕”时，在弹出的下拉菜单中选择【复制所有属性】选项，如图 4.97 所示。

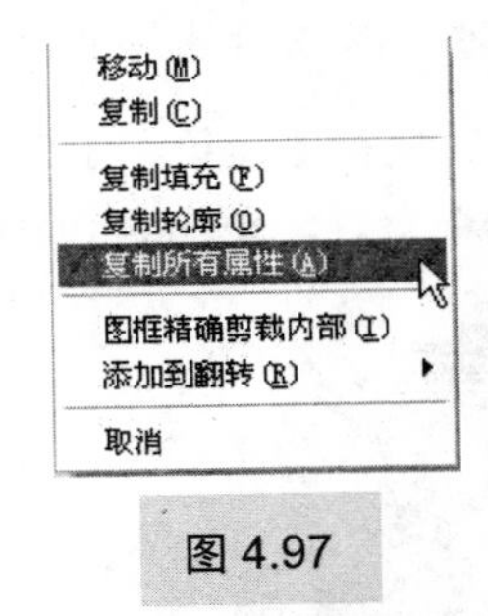

图 4.97

(46) 单击选中小正方形，在页面右侧边的调色板中单击【红色】按钮，然后右键单击调色板上方的☒按钮。

(47) 按住【Shift】键，单击选中两个正方形，再单击属性栏中的【对齐与分布】按钮，在打开的【对齐与分布】对话框中进行如图 4.98 所示的设置，设置完毕，单击【Apply】按钮应用设置，然后单击【关闭】按钮关闭对话框，效果如图 4.99 所示。

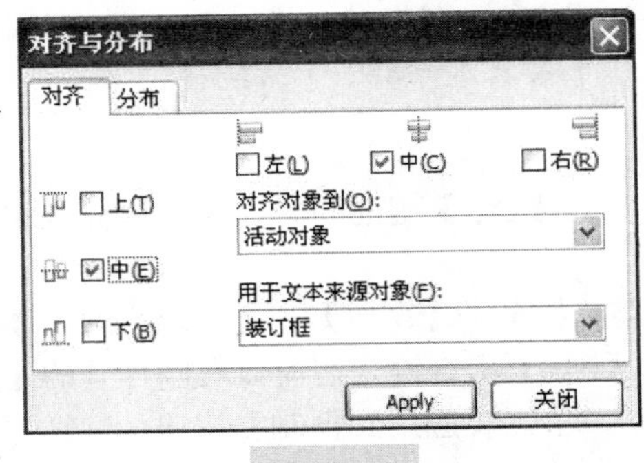

图 4.98

图 4.99

（48）单击工具箱中的【交互式调和】工具按钮，将指针放在红色正方形上，按住左键拖动至蓝色正方形上，当两个正方形间出现如图 4.100 所示的轮廓时，释放鼠标左键，效果如图 4.101 所示。

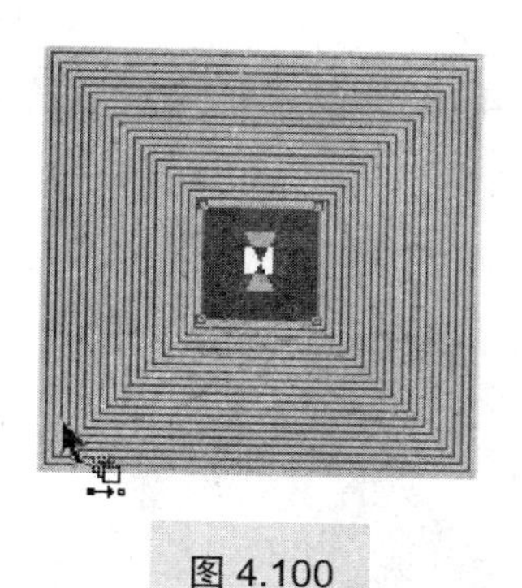

图 4.100

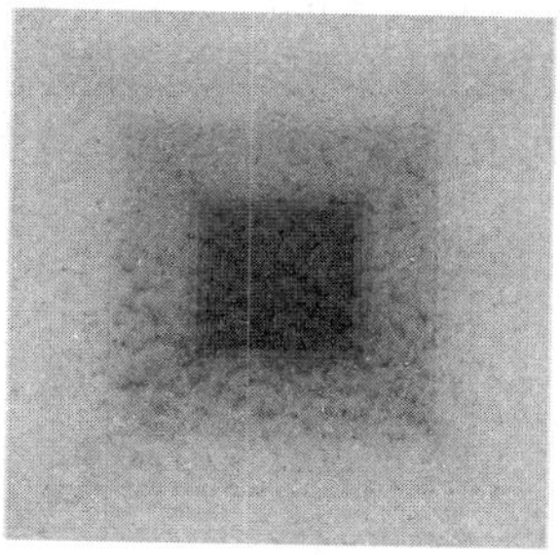

图 4.101

（49）在属性栏中的【步长】文本框中输入“3”（图 4.102），按【Enter】键，效果如图 4.103 所示。

图 4.102

图 4.103

（50）单击工具箱中的【挑选】工具按钮，再单击选中调和的对象，按住鼠标左键拖动至如图 4.104 所示的位置。

（51）确定调和的图形被选中，执行【菜单栏】|【效果】|【图框精确剪裁】|【放置在容器中】命令，当指针变成“➡”时，单击蓝色 1/4 圆形，效果如图 4.105 所示。

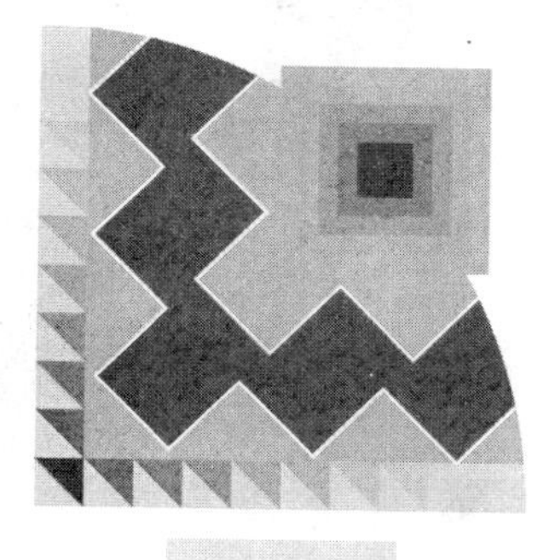

图 4.104

图 4.105

（52）单击工具箱中的【椭圆形】工具按钮，按住【Ctrl】键，在页面中间按住鼠标左键拖动，绘制一个正圆形。

（53）单击工具箱中的【挑选】工具按钮，确定刚刚绘制的圆形被选中，执行【菜单栏】|【窗口】|【泊坞窗】|【变换】|【大小】命令，此命令的快捷键是【Alt】+【F10】组合键。在窗口右侧打开的【变换】对话框中进行如图 4.106 所示的设置，设置完毕，单击【应用到再制】按钮，并拖动至如图 4.107 所示的位置。

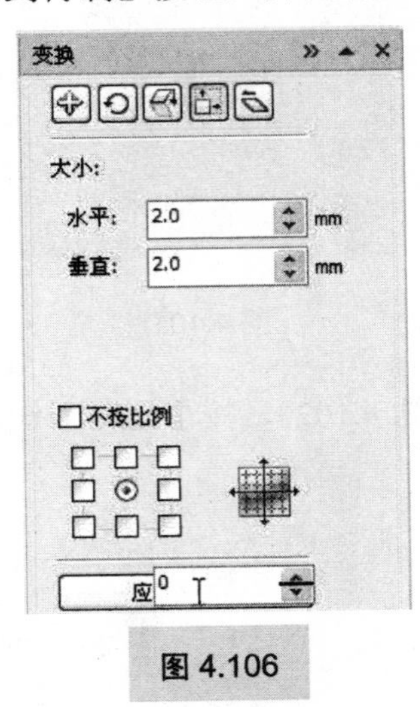

图 4.106

图 4.107

（54）单击选中蓝色 1/4 圆形，按住鼠标左键拖动至刚刚绘制的圆形上，当指针变成"⊕"时，在弹出的下拉菜单中选择【复制所有属性】选项，如图 4.108 所示。

（55）单击选中小圆形，执行【菜单栏】|【窗口】|【泊坞窗】|【变换】|【位置】命令，此命令的快捷键是【Alt】+【F7】组合键。在窗口右侧打开的【变换】对话框中进行如图 4.109 所示的设置，设置完毕，单击【应用到再制】按钮，效果如图 4.110 所示。

（56）在图形右侧空白区域，按住鼠标左键拖动，框选所有小圆形，如图 4.111 所示。

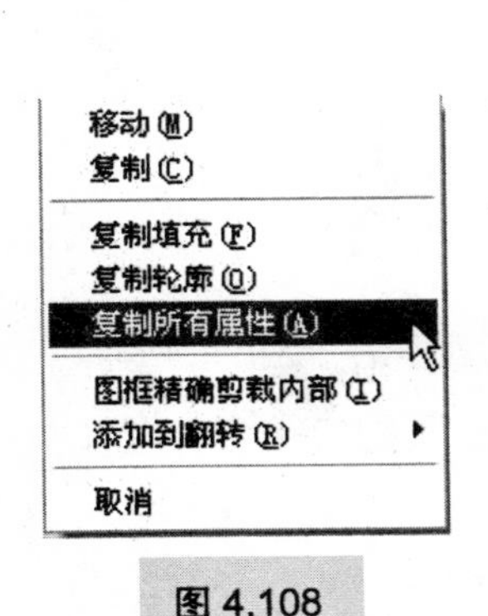

图 4.108

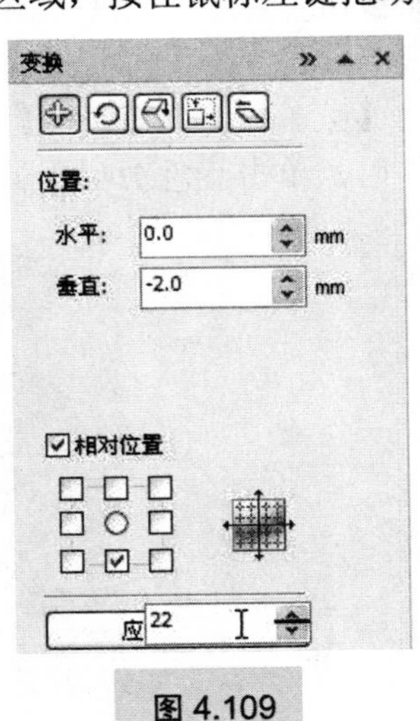

图 4.109

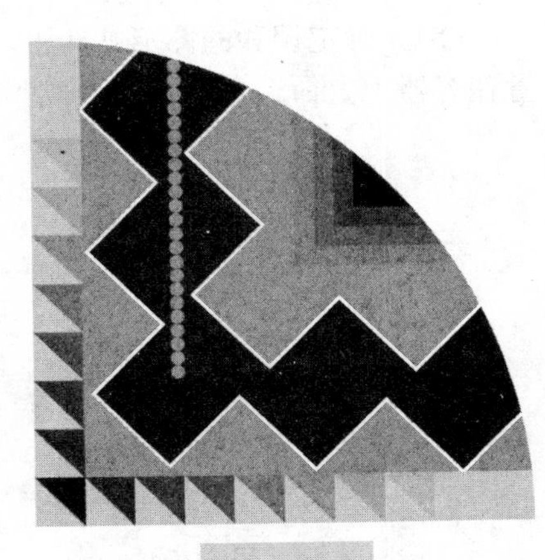

图 4.110

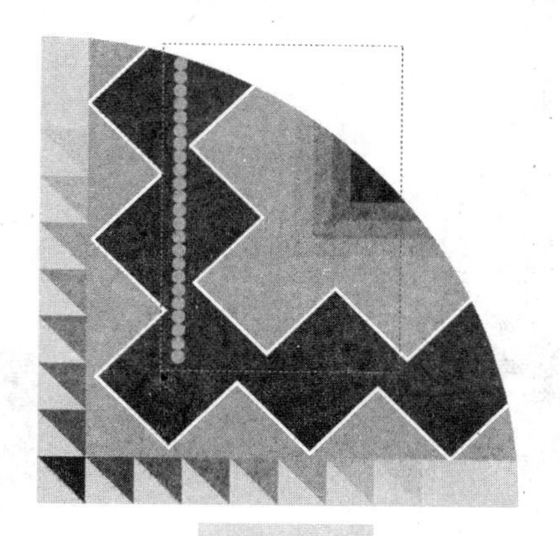

图 4.111

（57）确定所有小圆形被选中，执行【菜单栏】|【窗口】|【泊坞窗】|【变换】|【旋转】命令，此命令的快捷键是【Alt】+【F8】组合键。在窗口右侧打开的【变换】对话框中进行如图 4.112 所示的设置，设置完毕，单击【应用到再制】按钮，效果如图 4.113 所示。

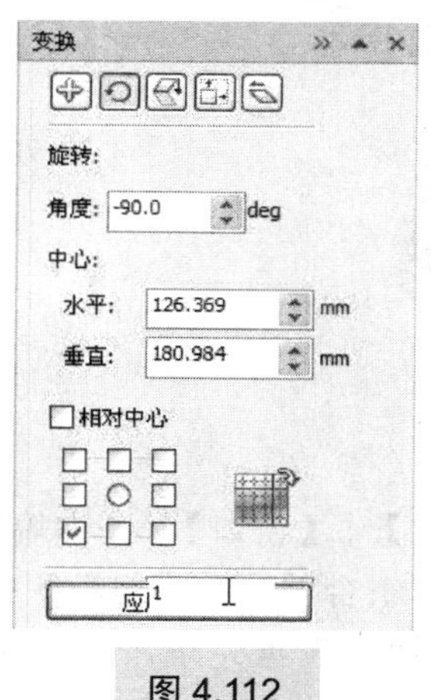

图 4.112

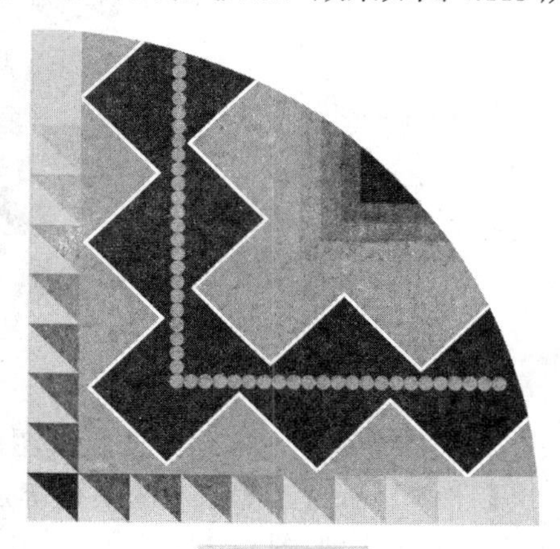

图 4.113

操作提示

图 4.112 所示的【中心】选项区域内的【水平】、【垂直】两项数值不做修改，按照绘制时的默认值即可。

（58）在图形右侧空白区域，按住鼠标左键拖动，框选刚刚旋转复制的所有小圆形，如图 4.114 所示。

（59）执行【菜单栏】|【视图】|【贴齐对象】命令，此命令的快捷键是【Alt】+【Z】组合键。按住【Ctrl】键，将指针放于最右侧圆形的右边节点上（自动捕捉），位置如图 4.115 所示。

（60）按住【Ctrl】键，按住左键拖动至蓝色 1/4 圆形右侧边缘，效果如图 4.116 所示。

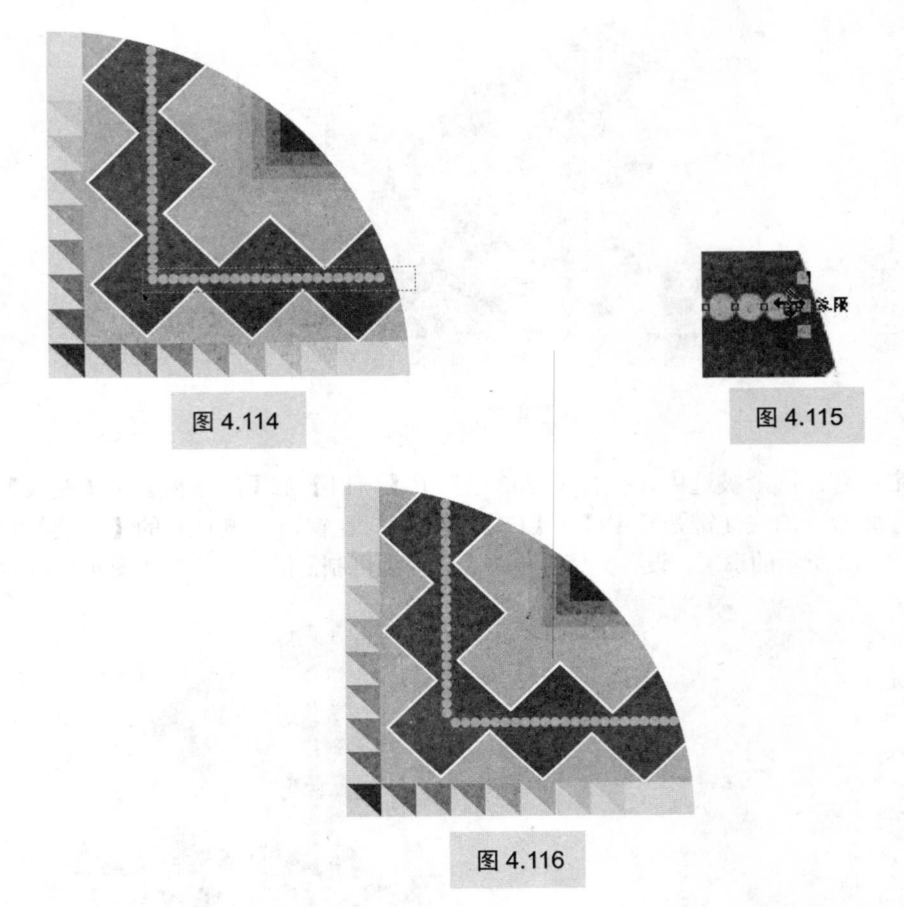

图 4.114

图 4.115

图 4.116

（61）按住鼠标左键拖动框选所有图形，执行【菜单栏】|【窗口】|【泊坞窗】|【变换】|【比例】命令，此命令的快捷键是【Alt】+【F9】组合键。在窗口右侧打开的【变换】对话框中进行如图 4.117 所示的设置，单击按钮，设置完毕，单击【应用到再制】按钮，效果如图 4.118 所示。

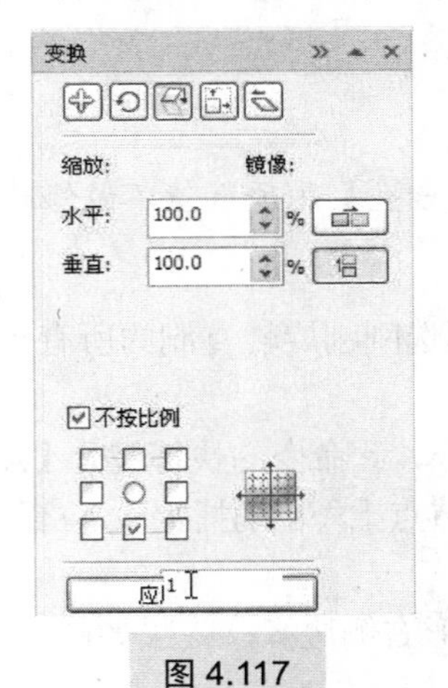

图 4.117

图 4.118

（62）再次框选所有图形，继续执行【比例】命令，【变换】对话框中的设置如图 4.119 所示，单击取消按钮，再单击按钮，设置完毕，单击【应用到再制】按钮，效果如图 4.120 所示。

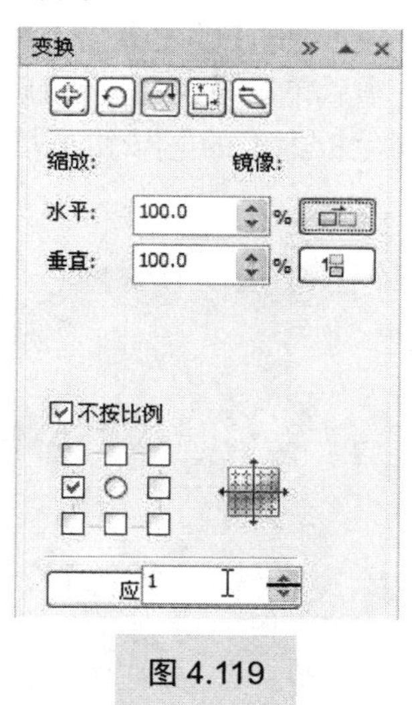

图 4.119

图 4.120

（63）单击工具箱中的【椭圆形】工具按钮，按住【Ctrl】键，在页面中间按住鼠标左键拖动，绘制一个正圆形。

（64）确定步骤（63）中绘制的圆形被选中，执行【菜单栏】｜【窗口】｜【泊坞窗】｜【变换】｜【大小】命令，此命令的快捷键是【Alt】+【F10】组合键。在窗口右侧打开的【变换】对话框中进行如图 4.121 所示的设置，设置完毕，单击【应用到再制】按钮，并拖动至如图 4.122 所示的位置。

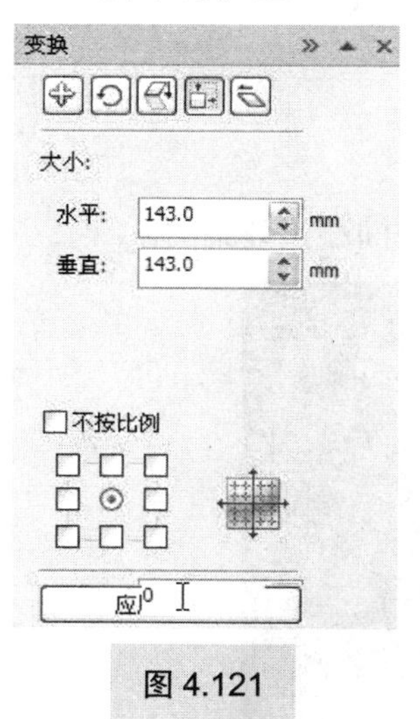

图 4.121

图 4.122

（65）单击工具箱中的【挑选】工具按钮，单击选中大圆形，执行【菜单栏】｜【排列】｜【顺序】｜【到图层后面】命令，此命令的快捷键是【Shift】+【Page Down】组合键。

操作提示

在 CorelDRAW 中，每一次所绘制的图形都会覆盖其下面的图形，而位于其他图形上层。

（66）确定大圆形被选中，使用工具箱中的【填充】工具下的【颜色】子工具，在打开的【均匀填充】对话框中的设置如图 4.123 所示，设置完毕后单击【OK】按钮确定。

（67）确定大圆形被选中，右键单击页面右侧边的调色板上方的☒按钮，填充效果如图 4.124 所示。

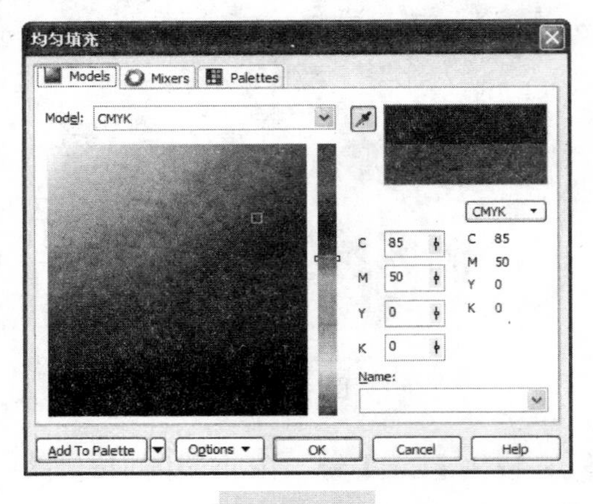

图 4.123

图 4.124

至此本案例绘制完毕，最终效果如图 4.125 所示。

4.3 上机实战

4.3.1 上机实战一

利用【交互式调和】工具，制作如图 4.125 所示的空间漩涡效果图。

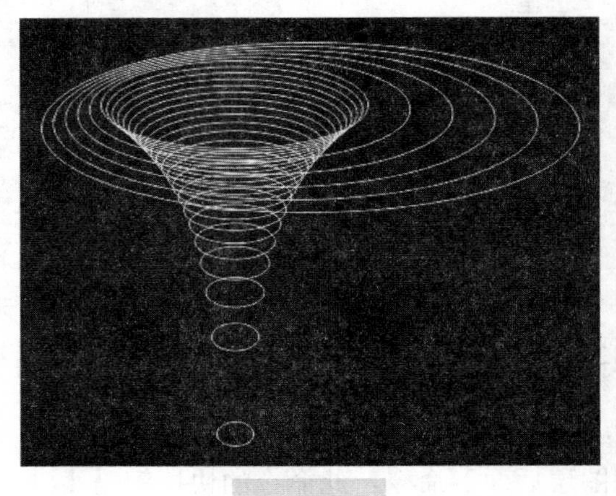

图 4.125

操作提示

（1）新建一个空白文件。

（2）用【矩形】工具绘制页面大小的矩形，并填充黑色，作为背景。

（3）用【椭圆】工具分别绘制 3 个椭圆形，顺序依次是上方最大的椭圆、锥形上方最大的椭圆（此椭圆为共享对象）、最下面的小椭圆。

（4）用【交互式调和】工具先调和上方最大的椭圆和锥形上方最大的椭圆（此椭圆为共享对象）；再调和锥形上方最大的椭圆（此椭圆为共享对象）和最下面的小椭圆。

4.3.2 上机实战二

利用本章及以前所学的知识，制作如图 4.126 所示的装饰图案。

图 4.126

操作提示

（1）新建一个空白文件。

（2）绘制一个单元即可（一个单元包括一个等腰直角三角形、3 片花瓣、一片叶片），其他单元可以通过镜像复制得到最终图案。

（3）用【贝塞尔】工具结合【形状】工具绘制花瓣、叶片。

（4）绘制花瓣时可以先绘制一瓣，再放大复制出另外两瓣。

（5）用【交互式调和】工具分别调和背景的直角三角形、花瓣、叶片。

第 5 章　宣传卡设计

教学要求：

- 熟练掌握【交互式阴影】工具的用法。
- 熟练掌握【导入】命令的用法。
- 熟练掌握【图框精确剪裁】命令的用法。
- 熟练掌握【文本】工具的两种输入方法，避免混淆。

教学难点：

- 【交互式阴影】工具的高级用法。

建议学时：

- 总计学时：8 学时。
- 理论学时：4 学时。
- 实践学时：4 学时。

5.1　设计工具及其用法

本章案例设计主要用到的工具有【交互式阴影】工具等。下面主要介绍【交互式阴影】工具的用法。

【交互式阴影】工具位于工具箱下数第 5 个【交互式】工具组下（图 5.1），用于创建对象的阴影效果或者羽化效果。

图 5.1

单击该工具按钮，在绘图窗口中单击添加阴影的对象，在对象上按住鼠标左键拖动，当拖动出蓝色轮廓时，如图 5.2 所示，此时的蓝色轮廓即是对象阴影下落的方向，释放鼠标左键，效果如图 5.3 所示。

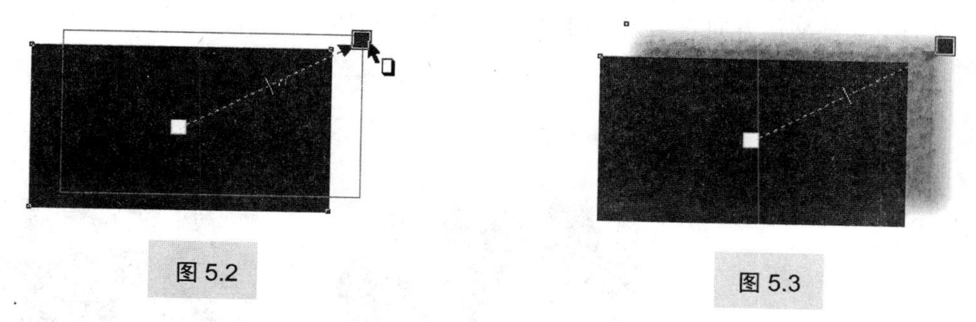

图 5.2　　图 5.3

在属性栏中，可以更改阴影的一些属性，如图 5.4 所示。

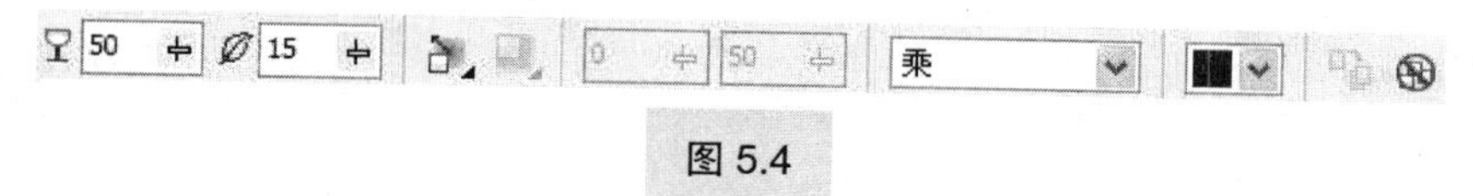

图 5.4

1.【阴影的不透明度】

默认不透明度为 50，可以在文本框中直接输入数值，或者单击按钮，拖动如图 5.5 所示的滑块。不透明度的数值越大，阴影颜色越深，透明度越差，如输入数值 80，阴影效果如图 5.6 所示；不透明度的数值越小，阴影颜色越浅，透明度越好，如输入数值 30，阴影效果如图 5.7 所示。

图 5.5　　图 5.6　　图 5.7

2.【阴影的羽化】

默认羽化数值为 15，可以在文本框中直接输入数值，或者单击按钮，拖动如图 5.8 所示的滑块。数值越大，阴影的边缘越柔和，如输入数值 40，阴影边缘效果如图 5.9 所示；数值越小，阴影的边缘越生硬，如输入数值 2，阴影效果如图 5.10 所示。

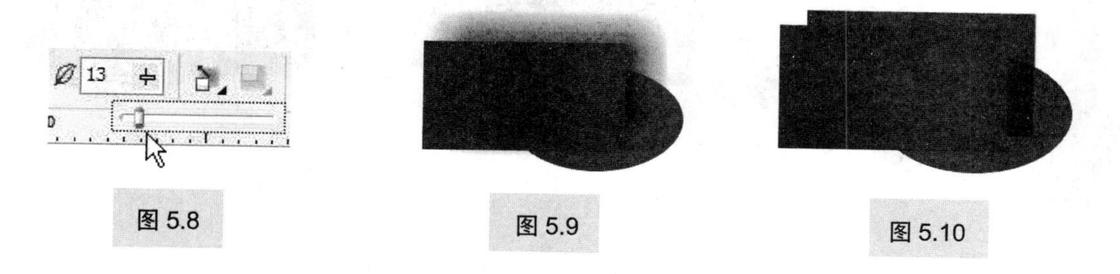

图 5.8　　图 5.9　　图 5.10

3.【阴影羽化方向】

单击【阴影羽化方向】按钮，弹出【羽化方向】下拉菜单，如图 5.11 所示。

自上而下 4 种羽化方向效果为：向内（图 5.12）、中间（图 5.13）、向外（图 5.14）、平均（图 5.15）。

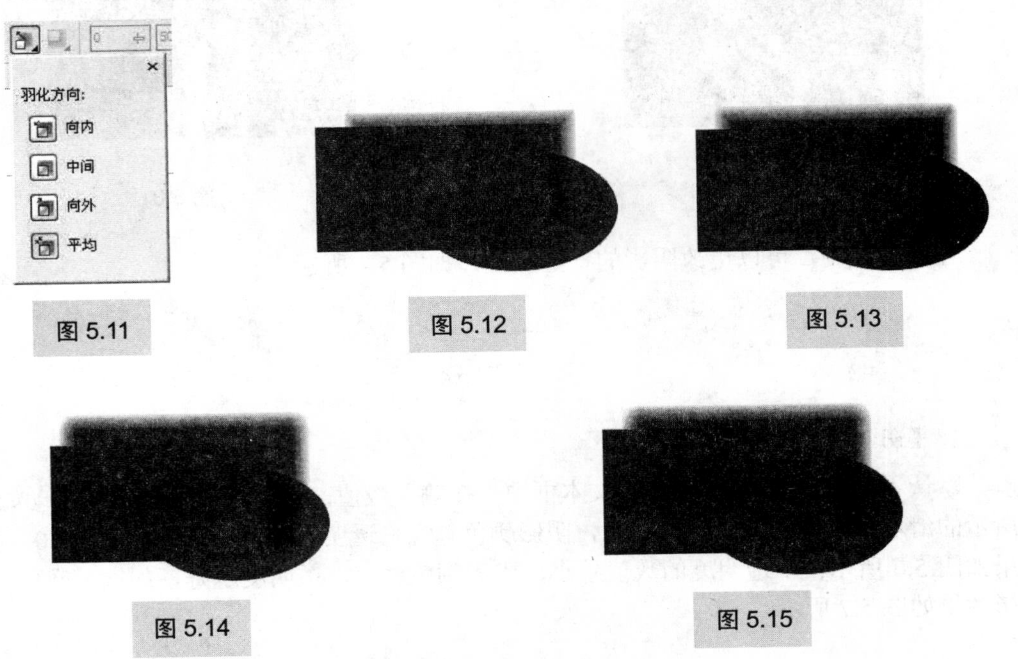

图 5.11　图 5.12　图 5.13

图 5.14　图 5.15

4.【阴影羽化边缘】

此命令针对【阴影羽化方向】中的【向内】、【中间】、【向外】启用。以【向外】为例，单击该按钮，弹出下拉菜单，如图 5.16 所示。

自上而下 4 种羽化边缘效果为：线性（图 5.17）、方形（图 5.18）、反白方形（图 5.19）、平面（图 5.20）。

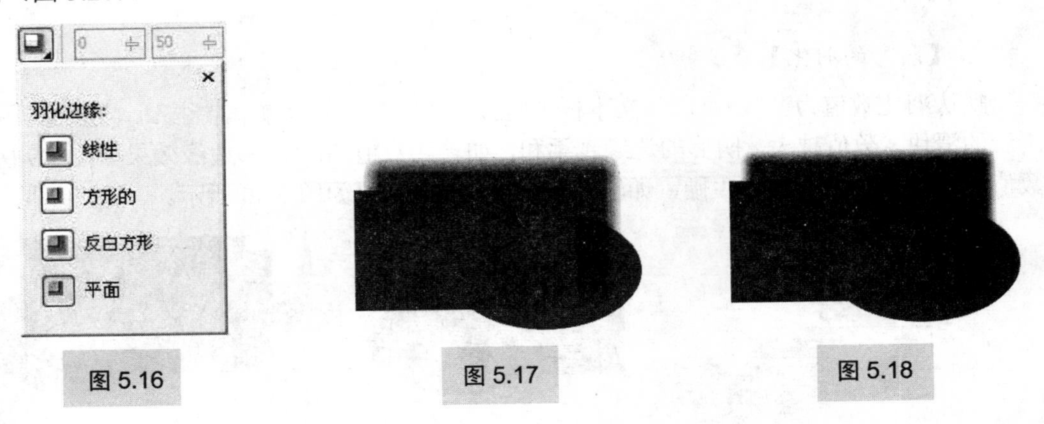

图 5.16　图 5.17　图 5.18

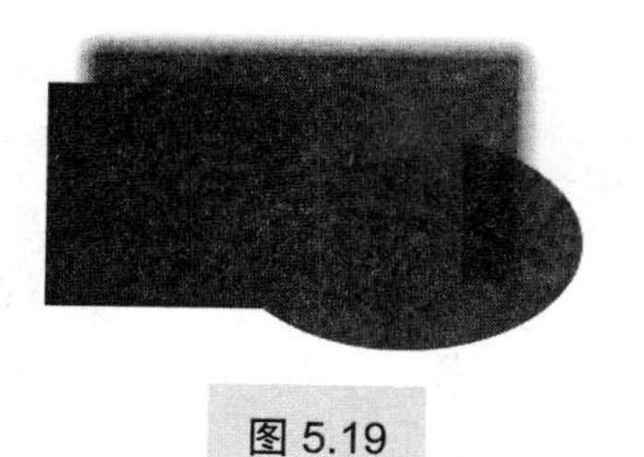

图 5.19

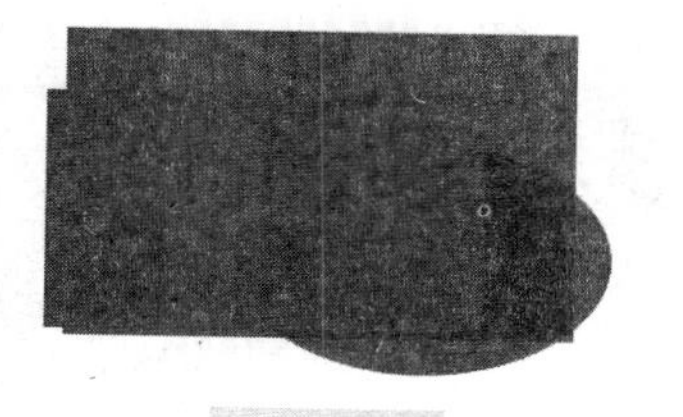

图 5.20

5.【透明度操作】

【透明度操作】默认为【乘】，单击下拉按钮，弹出下拉菜单，如图 5.21 所示。

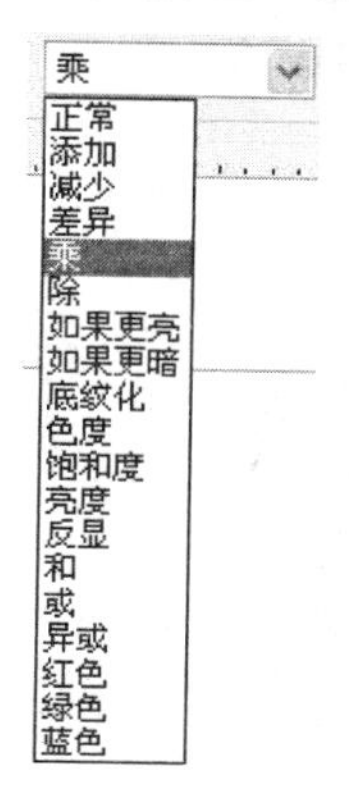

图 5.21

可以根据效果需要，选择不同的透明度操作类型，每一种类型都是阴影与下面图形的颜色进行运算。自上而下每一种操作效果为：正常、添加、减少、差异、乘、除、如果更亮、如果更暗、底纹化、色度、饱和度、亮度、反显、和、或、异或、红色、绿色、蓝色，分别如图 5.22～图 5.40 所示，图中只观察阴影部分的颜色变化。

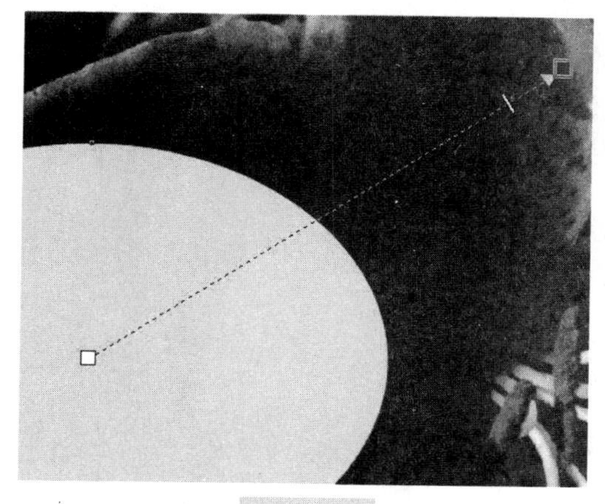

图 5.22

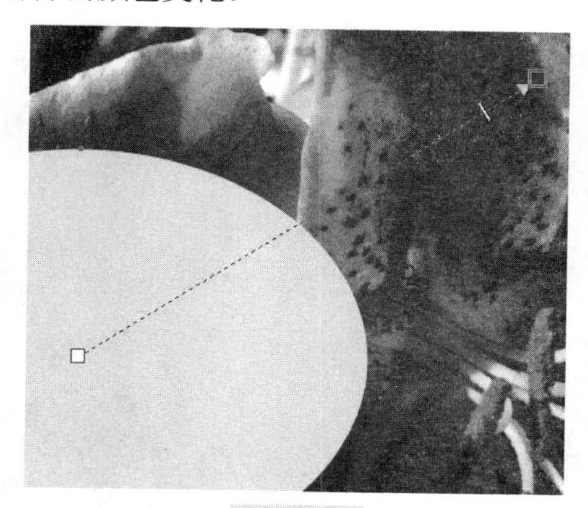

图 5.23

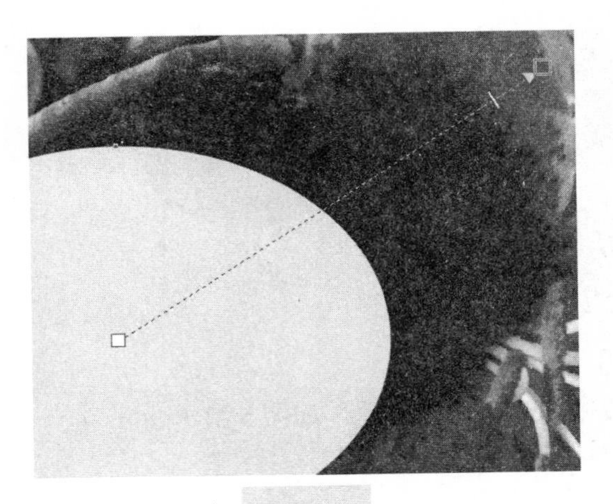
图 5.24

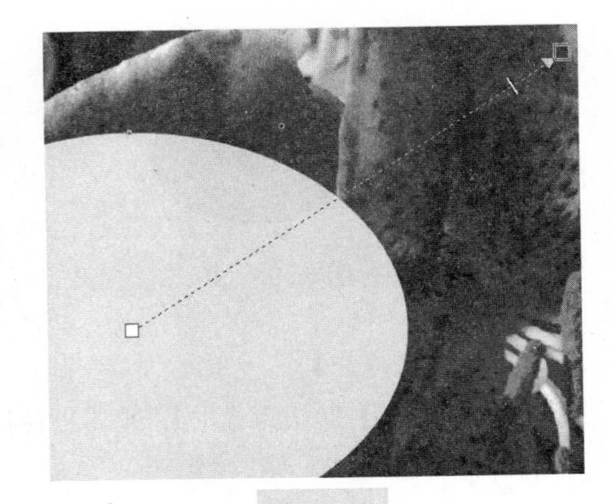
图 5.25

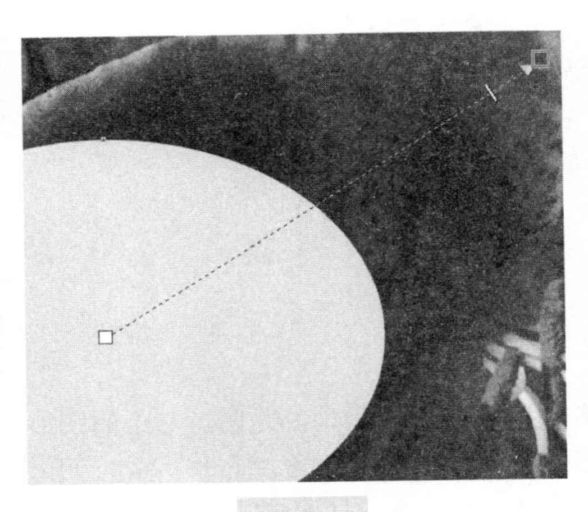
图 5.26

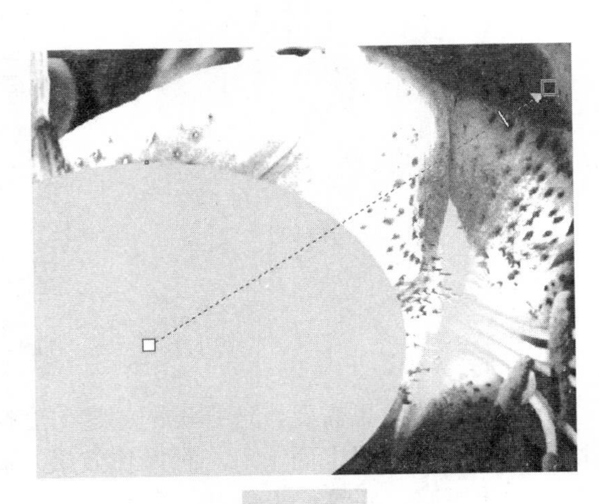
图 5.27

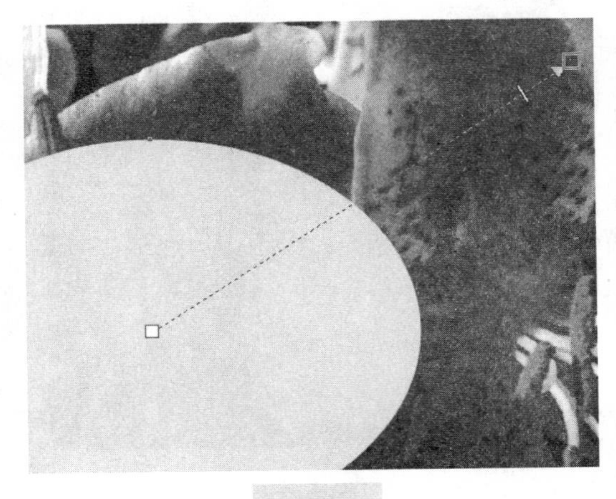
图 5.28

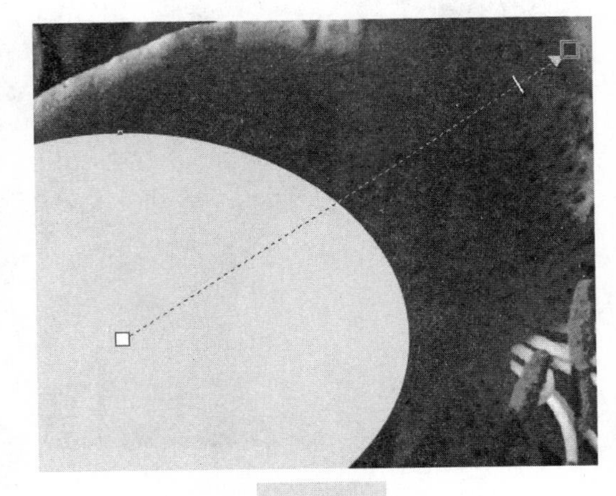
图 5.29

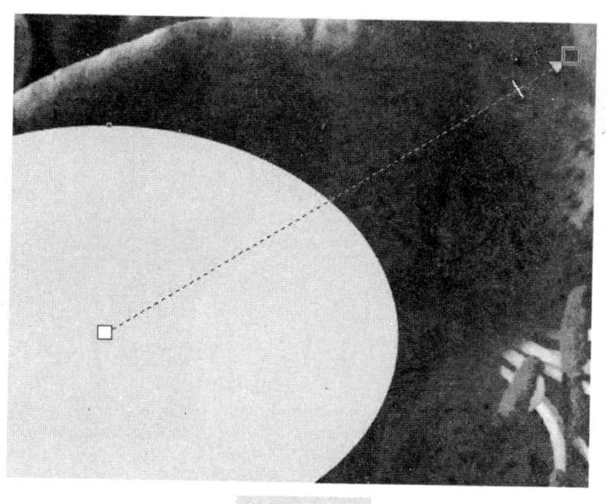

图 5.30

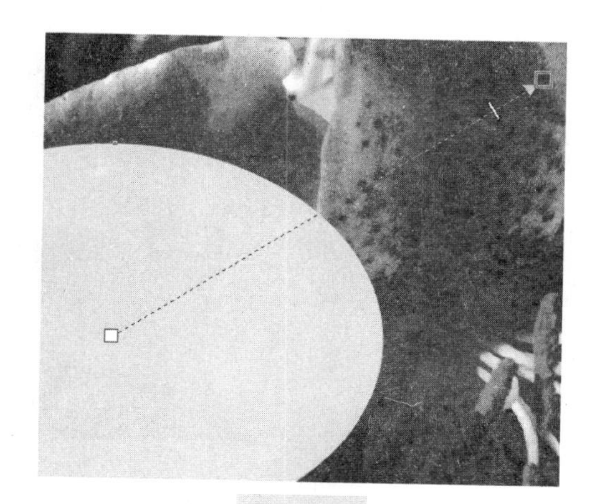

图 5.31

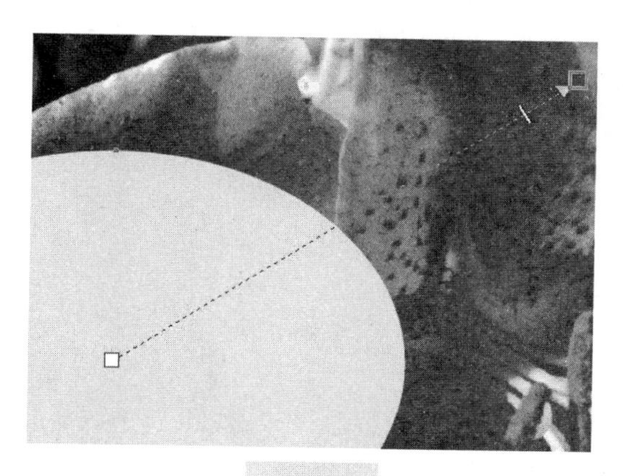

图 5.32

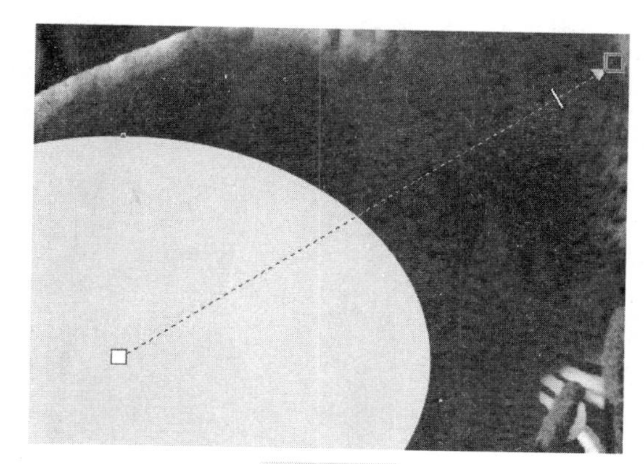

图 5.33

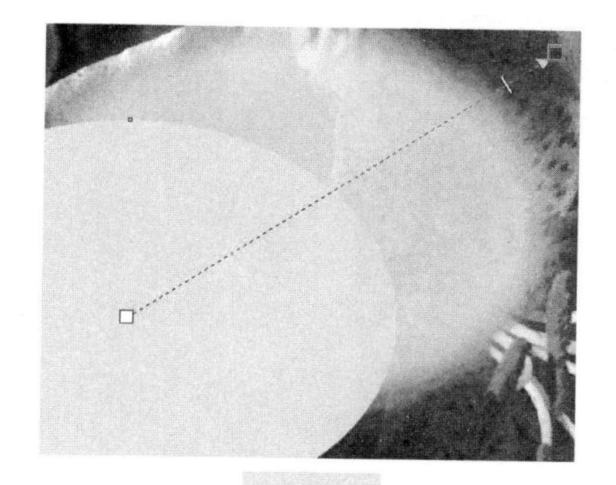

图 5.34

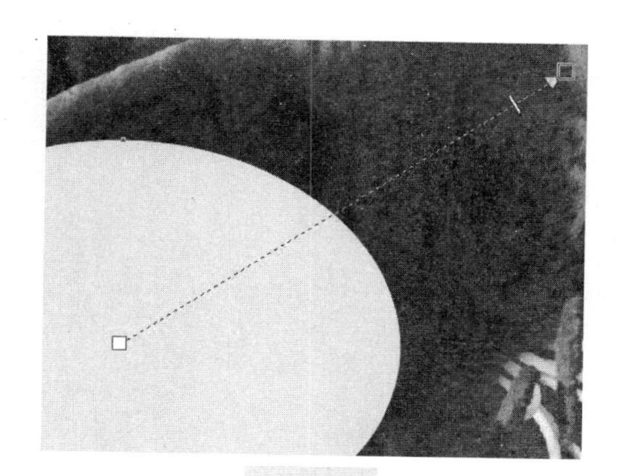

图 5.35

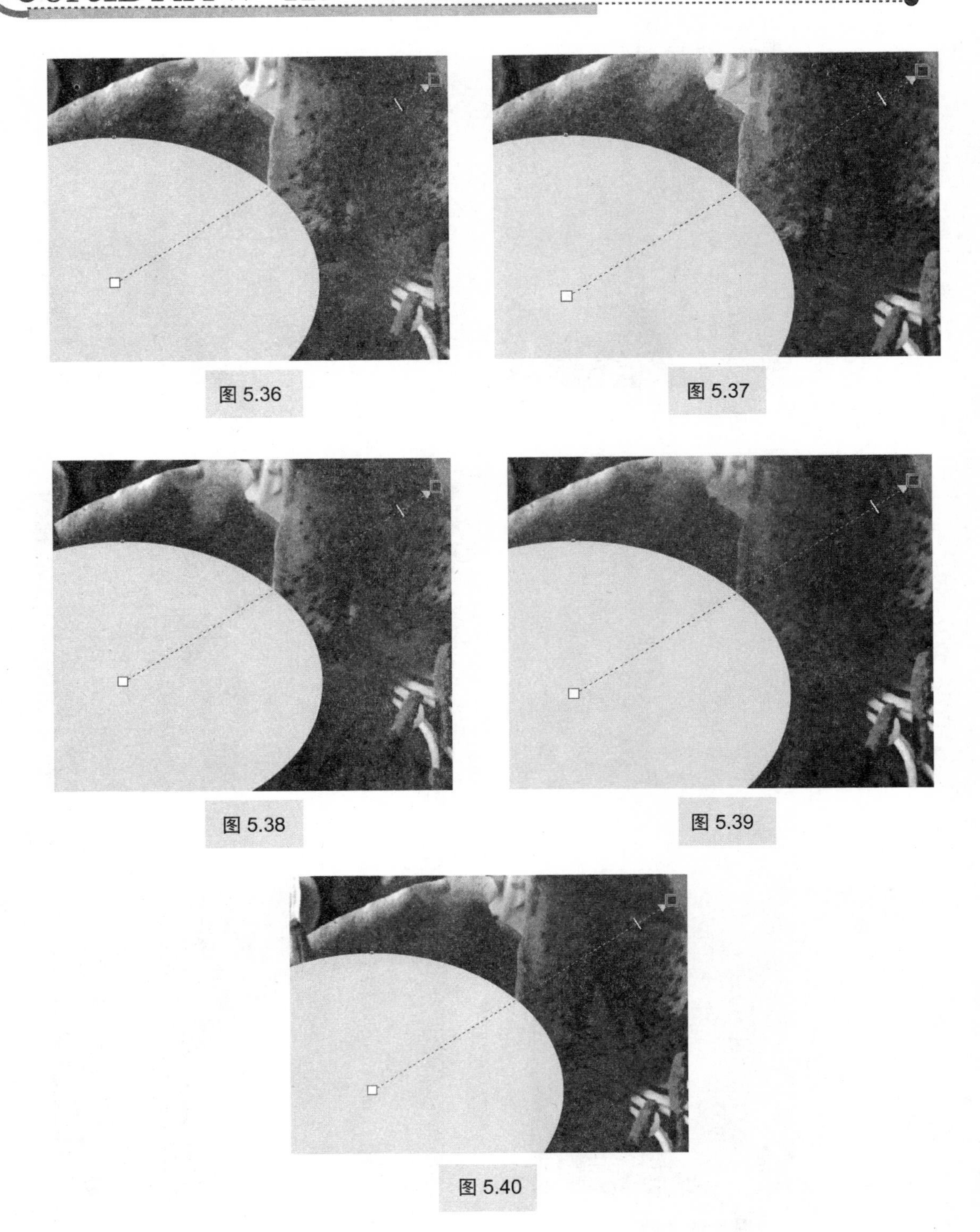

图 5.36

图 5.37

图 5.38

图 5.39

图 5.40

6.【阴影颜色】

【阴影颜色】默认为【黑色】，单击下拉按钮，弹出调色板，如图 5.41 所示。

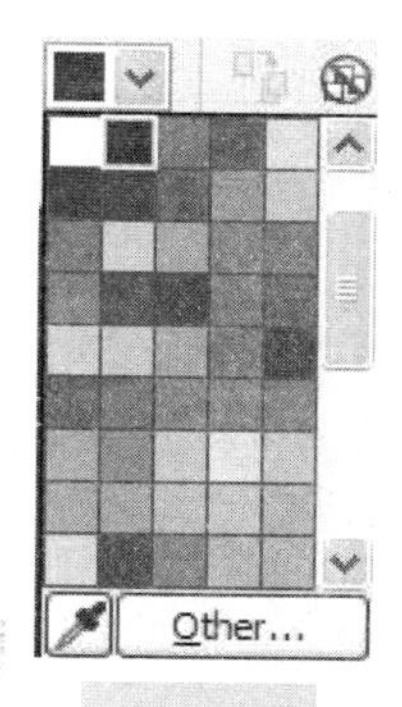

图 5.41

在相应的色块上单击，更改阴影的颜色。也可单击【滴管】工具按钮，在屏幕中吸取颜色，或者单击【Other】按钮，打开拾色器，输入相应的色彩数值而得到色彩。

7.【清除阴影】

单击该按钮，清除阴影效果。

5.2 案例详解

本节以酒店音乐吧宣传卡设计为例，介绍宣传卡的设计步骤，案例效果图及其具体设计步骤如下。

5.2.1 案例效果图

酒店音乐吧宣传卡设计效果如图 5.42 所示。

图 5.42

5.2.2 案例步骤详解

（1）打开 CorelDRAW X5 软件，在【WELCOME】(欢迎)窗口中，单击右侧【Quick Start】(快速启动）标签，如图 5.43 所示。

图 5.43

（2）在【Quick Start】(快速启动）窗口中，选择【New blank document】(新建空白文件）选项，如图 5.44 所示。

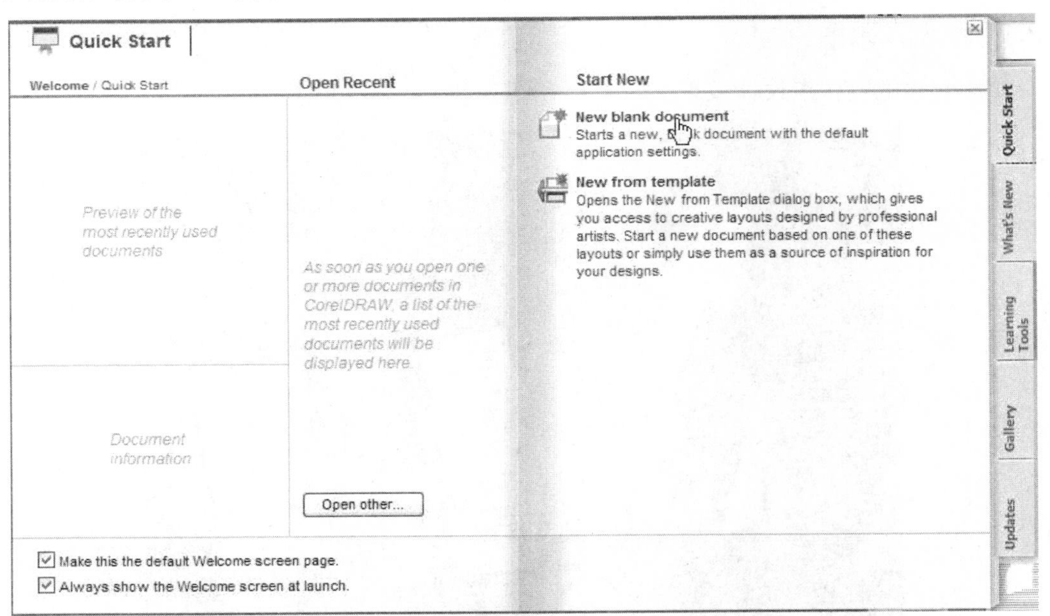

图 5.44

（3）在打开的【Create a New Document】(创建一个新文件）对话框中，依次设置【Name】

（文件名称），【Preset destination】（预设），【Size】（页面尺寸），【Width】（页面宽度），【Height】（页面高度），【Primary color mode】（色彩模式），【Rendering resolution】（渲染像素），【Preview mode】（预览模式）。设置如图 5.45 所示，单击【OK】按钮，创建一个空白文件。

（4）双击工具箱中的【矩形】工具按钮，绘制一个与页面尺寸等大的矩形。

（5）单击工具箱中的【填充】工具按钮，在弹出的下拉菜单中选择【渐变】选项，如图 5.46 所示。

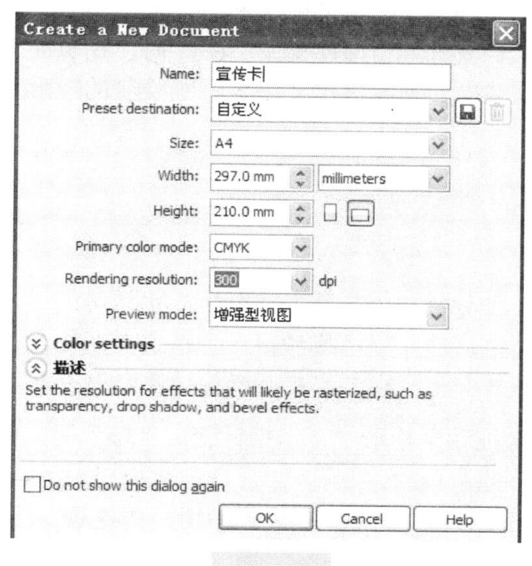

图 5.45

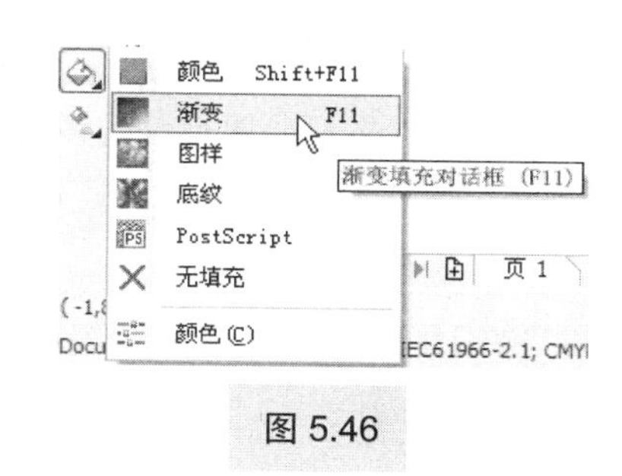

图 5.46

（6）【渐变填充】对话框的设置如图 5.47 所示。

（7）对话框中的【颜色调和】选项区域中，【从】的颜色参数 C、M、Y、K 为：20、80、80、0，【到】的颜色参数 C、M、Y、K 为：55、100、100、45，设置完毕单击【确定】按钮，效果如图 5.48 所示。

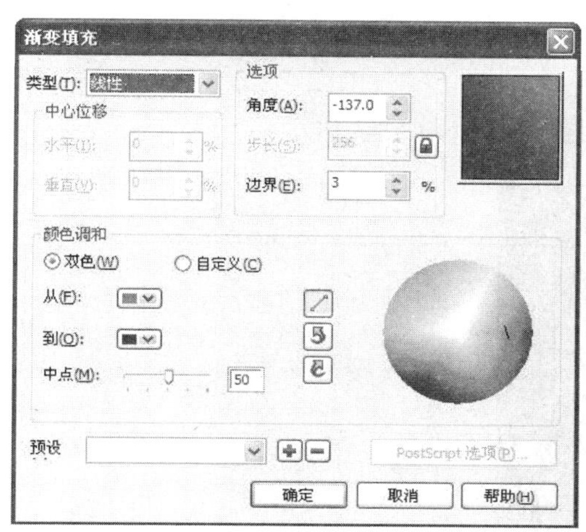

图 5.47

图 5.48

（8）单击工具箱中的【挑选】工具按钮，单击选中渐变填充的矩形，执行【菜单栏】|【排列】|【锁定对象】命令，将该矩形锁定，使其处于不可编辑状态。

（9）单击工具箱中的【矩形】工具按钮，在绘图窗口中按住左键拖动出一个矩形，在属性栏中更改矩形的大小，如图 5.49 所示。

（10）单击工具箱中的【挑选】工具按钮，确定刚刚绘制的矩形被选中，右键单击右侧边调色板上方的☒按钮，使矩形轮廓色为【无】。

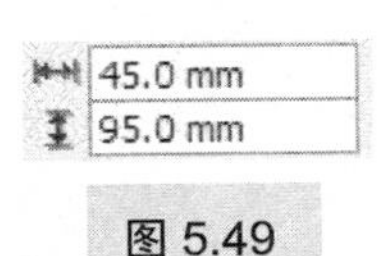

图 5.49

（11）单击属性栏中的【导入】按钮，在打开的对话框中找到“小提琴.jpg”文件，单击【导入】按钮，当指针变成“┏”时，在页面外空白处按住鼠标左键拖动，拖动出的虚线框尺寸略大于刚绘制的矩形尺寸，导入图形。

操作提示

导入图形的尺寸：

当指针变成“┏”时，在页面中单击，导入图形的尺寸与原文件中的尺寸相同；

当指针变成“┏”时，在页面中按住鼠标左键拖动，可以拖动出一个红色虚线框，虚线框是多大尺寸，导入的图形就是多大尺寸，与原文件中尺寸无关，但是纵横比例不变。

（12）单击选中导入的图形，在其上按住右键拖动至矩形上，当指针变成“⊕”时，释放鼠标，在弹出的下拉菜单中选择如图 5.50 所示的选项。

（13）单击选中矩形并单击右键，在弹出的下拉菜单中选择如图 5.51 所示的选项。

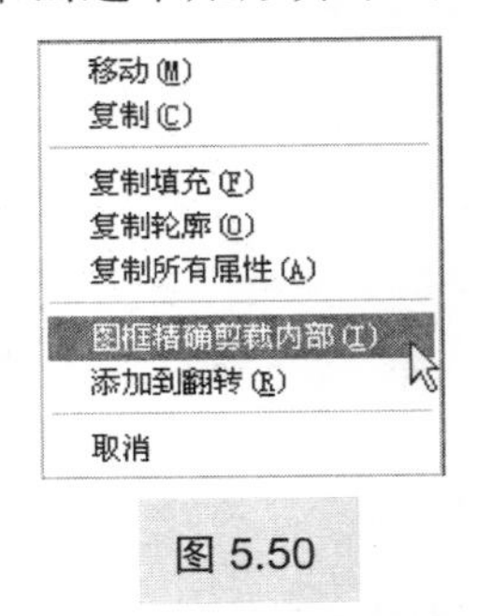

图 5.50

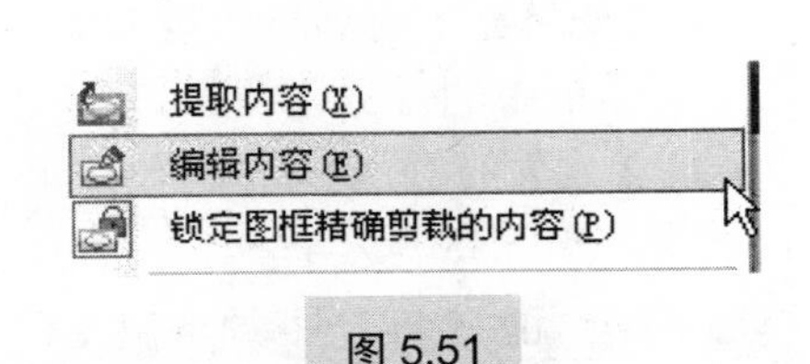

图 5.51

（14）在矩形内部，单击选中导入的图形，调整位置如图 5.52 所示。

图 5.52

（15）右键单击图形，在弹出的下拉菜单中选择如图 5.53 所示的选项，效果如图 5.54 所示。

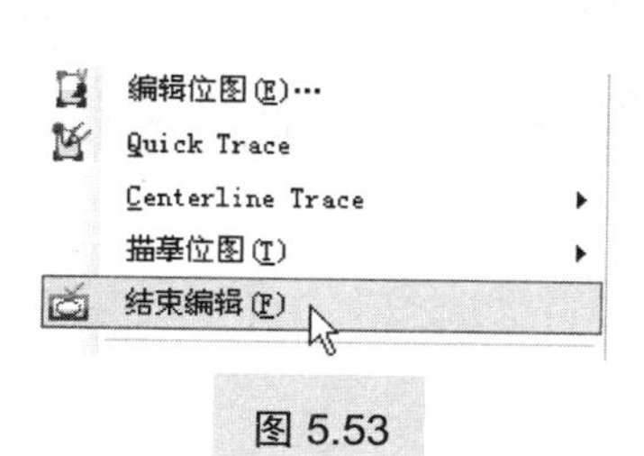

图 5.53

图 5.54

（16）单击工具箱中的【矩形】工具按钮，执行【菜单栏】|【视图】|【贴齐对象】命令，此命令的快捷键是【Alt】+【Z】组合键。贴近小提琴的矩形（自动捕捉）绘制一个等大的矩形，位置如图 5.55 所示。

（17）单击工具箱中的【填充】工具按钮，在弹出的下拉菜单中选择【颜色】选项，如图 5.56 所示，打开【均匀填充】对话框，设置如图 5.57 所示。

图 5.55

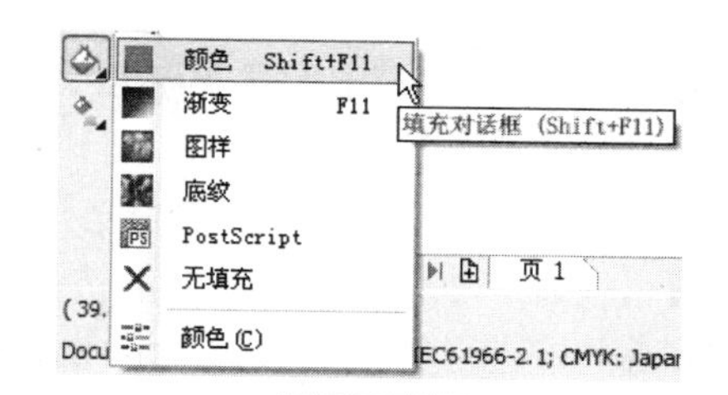

图 5.56

（18）单击工具箱中的【挑选】工具按钮，确定该矩形被选中，右键单击调色板上方的☒按钮，效果如图 5.58 所示。

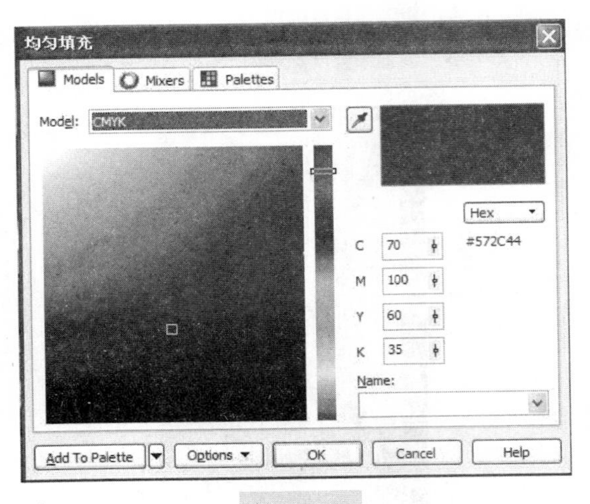

图 5.57

图 5.58

（19）继续使用【矩形】工具，再绘制一个与上面矩形等大的矩形，位置如图 5.59 所示。

图 5.59

（20）使用工具箱中的【贝塞尔】工具，结合【形状】工具，绘制如图 5.60 所示的曲线。

（21）单击工具箱中的【挑选】工具按钮，执行【菜单栏】|【窗口】|【泊坞窗】|【变换】|【比例】命令，此命令的快捷键是【Alt】+【F9】组合键。在窗口右侧打开的【变换】对话框中进行如图 5.61 所示的设置，单击按钮，设置完毕，单击【应用到再制】按钮，效果如图 5.62 所示。

（22）单击其中一条曲线，按住【Shift】键，再单击选中另外一条曲线，单击属性栏中的【焊接】按钮。

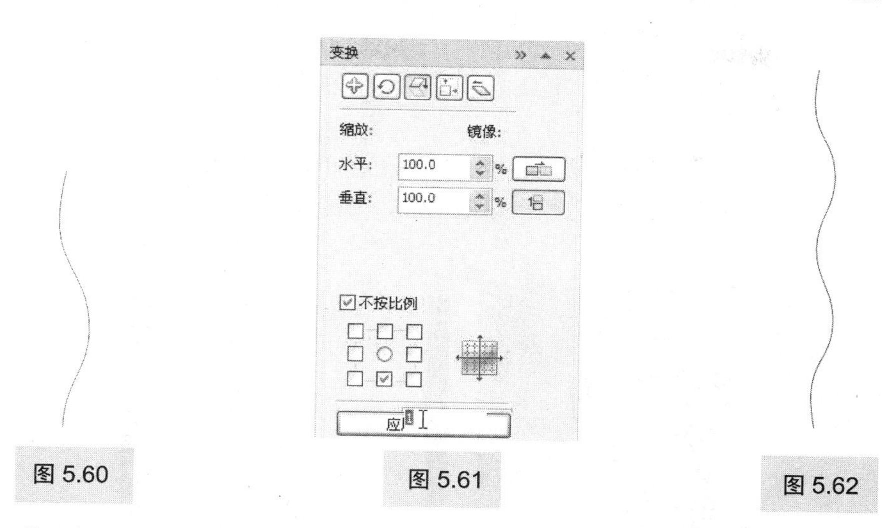

图 5.60　　图 5.61　　图 5.62

（23）执行【菜单栏】|【窗口】|【泊坞窗】|【变换】|【大小】命令，此命令的快捷键是【Alt】+【F10】组合键。在窗口右侧打开的【变换】对话框中进行如图 5.63 所示的设置，设置完毕，单击【应用到再制】按钮。

（24）单击工具箱中的【形状】工具按钮，框选如图 5.64 所示的节点，单击属性栏中的【连接两个节点】按钮，使此处的节点闭合。

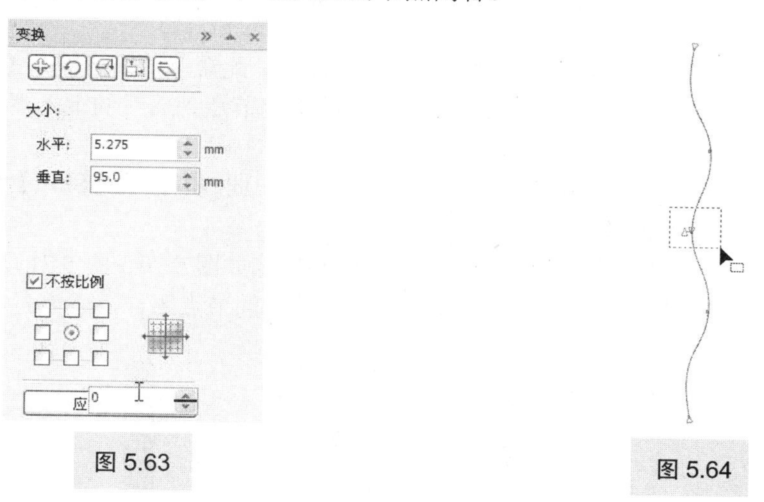

图 5.63　　图 5.64

操作提示

自动捕捉对象：

在此可以执行【菜单栏】|【视图】|【贴齐对象】命令，此命令的快捷键是【Alt】+【Z】组合键，将指针放于曲线的上端点（自动捕捉节点），按住鼠标左键拖动至矩形上边缘（自动捕捉）。

（25）单击工具箱中的【挑选】工具按钮，拖动曲线至如图 5.65 所示的位置。

（26）单击选中曲线下面的矩形，执行【菜单栏】|【排列】|【转换为曲线】命令，

此命令的快捷键是【Ctrl】+【Q】组合键。

（27）单击工具箱中的【形状】工具按钮，再单击选中封闭矩形右上角的节点，位置如图 5.66 所示。

（28）单击属性栏中的【分割曲线】按钮，再次单击右上角的节点，将其拖动出来，位置如图 5.67 所示，按【Delete】键，删除该节点，右侧的线段也随之删除，效果如图 5.68 所示。

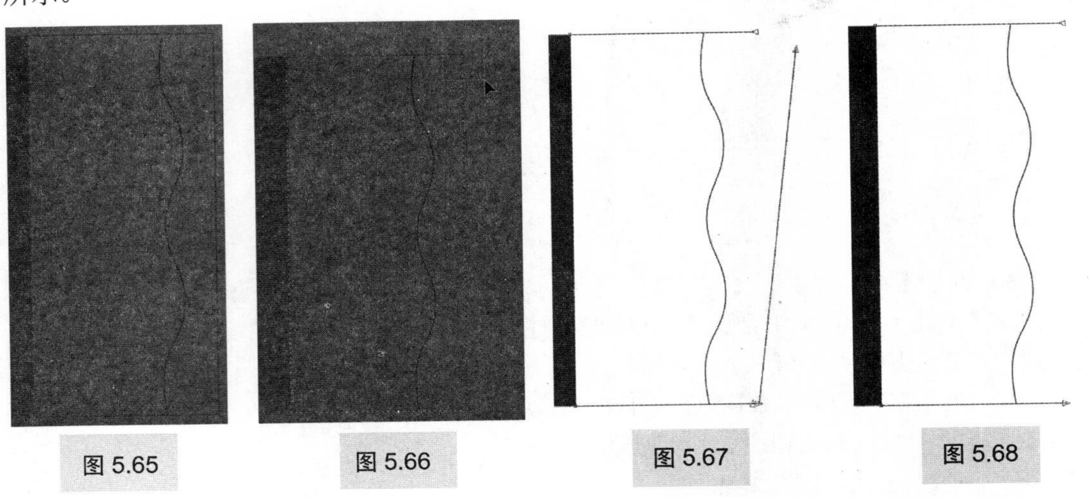

图 5.65　图 5.66　图 5.67　图 5.68

（29）执行【菜单栏】|【视图】|【贴齐对象】命令，此命令的快捷键是【Alt】+【Z】组合键。按住【Ctrl】键，分别拖动矩形右上、右下的两个节点到曲线的上下端点位置（自动捕捉），效果如图 5.69 所示。

（30）单击工具箱中的【挑选】工具按钮，单击选中曲线，按住【Shift】键，再单击选中矩形，单击属性栏中的【焊接】按钮。

（31）单击工具箱中的【形状】工具按钮，分别框选如图 5.70、图 5.71 所示的节点，并分别单击属性栏中的【连接两个节点】按钮，使此处的节点闭合，成为封闭的图形。

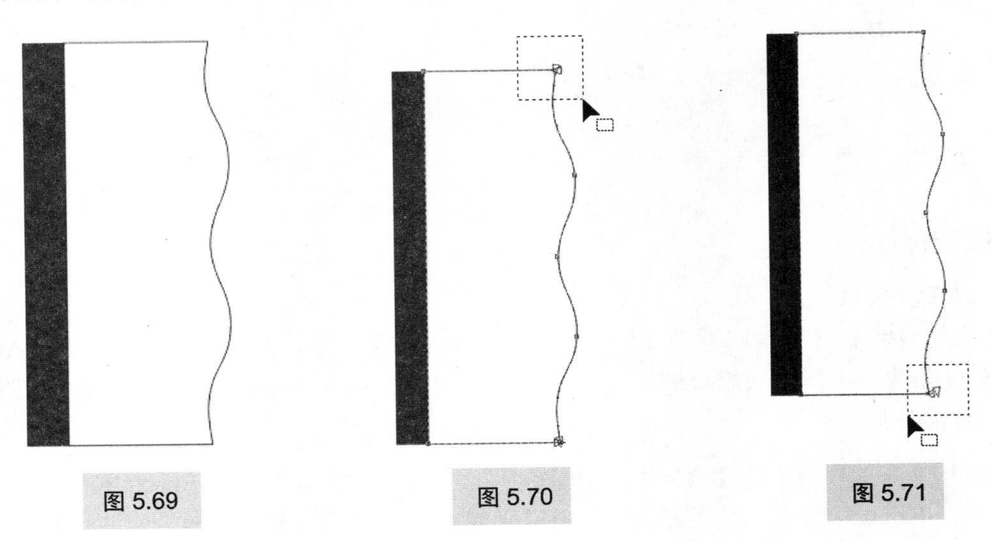

图 5.69　图 5.70　图 5.71

(32)单击工具箱中的【挑选】工具按钮，选中该图形左侧的紫色矩形(中间的矩形)，按住鼠标右键拖动至焊接的图形上，当指针变成“⊕”时，释放鼠标右键，在弹出的下拉菜单中选择如图 5.72 所示的选项，效果如图 5.73 所示。

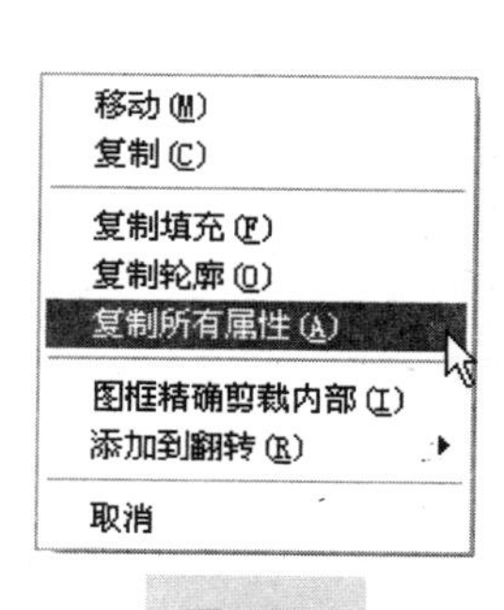

图 5.72

图 5.73

(33)单击属性栏中的【导入】按钮，在打开的【导入】对话框中找到“音乐厅.jpg”和“酒店标志.cdr”文件，单击【导入】按钮，导入两个图形，并调节图形大小，拖动至如图 5.74 所示的位置。

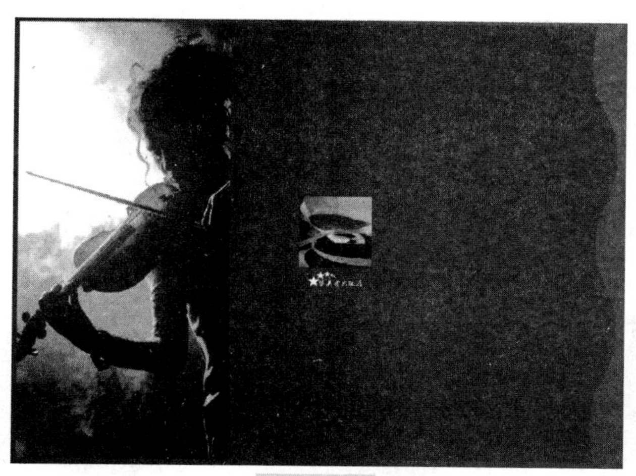

图 5.74

(34)单击工具箱中的【文本】工具按钮，在页面中间单击，当光标开始闪烁时，输入文字，填充白色，字体及字号如图 5.75 所示，效果如图 5.76 所示。

图 5.75

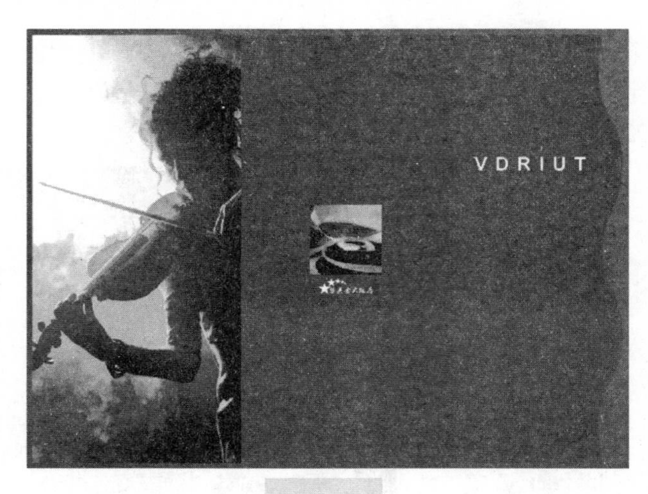

图 5.76

（35）再次输入文字，填充白色，字体及字号如图 5.77 所示。

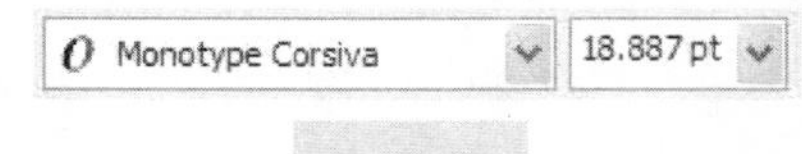

图 5.77

操作提示

输入文本时，在第一行结束时按【Enter】键转到第二行，继续输入文本。第二行的文本如果不是在行首位置，可以按【空格】键向右移。

（36）单击工具箱中的【形状】工具按钮，在刚刚输入的文字左下角的“⇟”上，按住鼠标左键向上拖动，调整行间距，效果如图 5.78 所示。

（37）单击【导入】按钮，导入“酒店标志.cdr”文件，调节标志大小，拖动至如图 5.79 所示的位置。

图 5.78

图 5.79

至此，宣传卡的封面、封底的展开图制作完毕，下面继续绘制内页。

（38）单击工具箱中的【挑选】工具按钮，按住鼠标左键拖动框选封面、封底的所有图形，并拖动至适合位置，左键不松开直接单击右键，快速移动复制一组该图形。

（39）确定移动复制的所有图形被选中，单击属性栏中的【水平镜像】按钮，效果如图 5.80 所示。

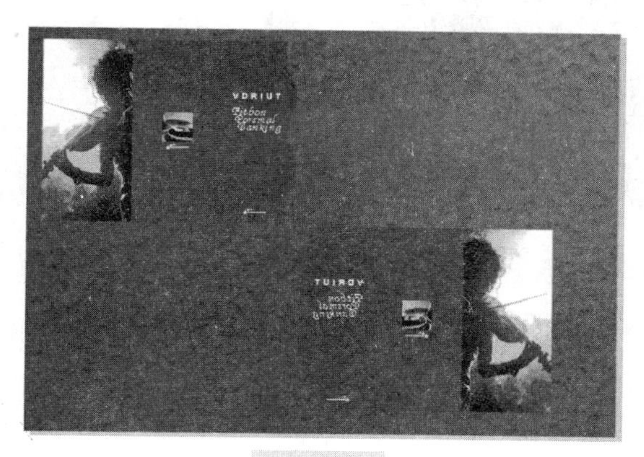

图 5.80

（40）单击选中右侧的矩形，并单击右键，在弹出的下拉菜单中选择如图 5.81 所示的选项，将矩形内部的“小提琴”图形提取出来，按【Delete】删除。

（41）单击选中矩形，依据步骤（17）的方法填充，效果如图 5.82 所示。

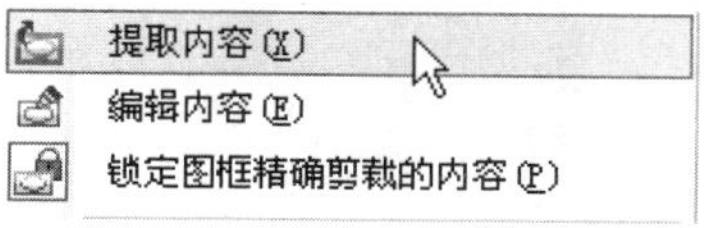

提取内容(X)
编辑内容(E)
锁定图框精确剪裁的内容(P)

图 5.81

图 5.82

（42）单击选中封面和封底的文字及图片，按【Delete】删除。

（43）单击选中左侧曲线矩形，填充为白色，效果如图 5.83 所示。

（44）执行【菜单栏】|【视图】|【贴齐对象】命令，此命令的快捷键是【Alt】+【Z】组合键。在白色曲线矩形的右上角节点上（自动捕捉）按住鼠标左键，拖动至最右侧矩形的右上角节点处（自动捕捉），左键不松开，直接单击右键，快速移动复制白色图形，效果如图 5.84 所示。

图 5.83

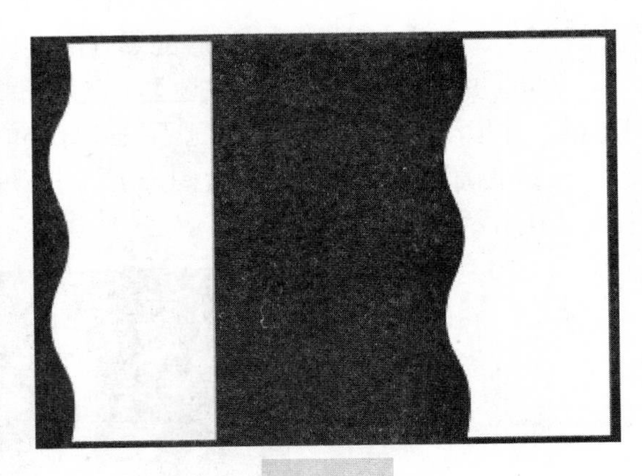

图 5.84

（45）按住【Shift】键，单击选中两个紫色矩形（中间的矩形和右侧的矩形），单击属性栏中的【焊接】按钮，将两个紫色矩形焊接为一个对象。

（46）单击属性栏中的【导入】按钮，在打开的【导入】对话框中找到“萨克斯.jpg”文件，单击【导入】按钮，当指针变成“”时，在页面外空白处按住鼠标左键拖动，拖动虚线框的宽度略大于刚焊接的图形宽度，导入图形，如图 5.85 所示。

（47）单击选中“萨克斯”图形，执行【菜单栏】|【效果】|【图框精确剪裁】|【放置在容器中】命令，当指针变成“➡”时，单击焊接的图形，效果如图 5.86 所示。

图 5.85

图 5.86

（48）单击工具箱中的【矩形】工具按钮，在焊接图形上方绘制一个矩形，在属性栏中更改矩形的大小如图 5.87 所示，并右键单击右侧边调色板中的【白色】色块，填充轮廓色为白色。

（49）使用工具箱中的【填充】工具下的【颜色】子工具，如图 5.88 所示，打开【均匀填充】对话框，设置如图 5.89 所示，效果如图 5.90 所示。

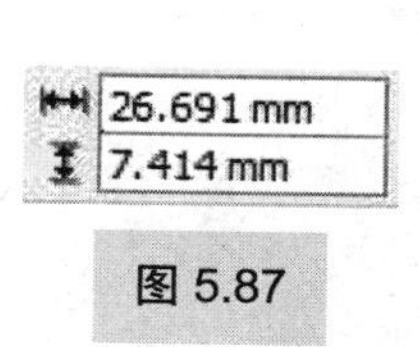

图 5.87

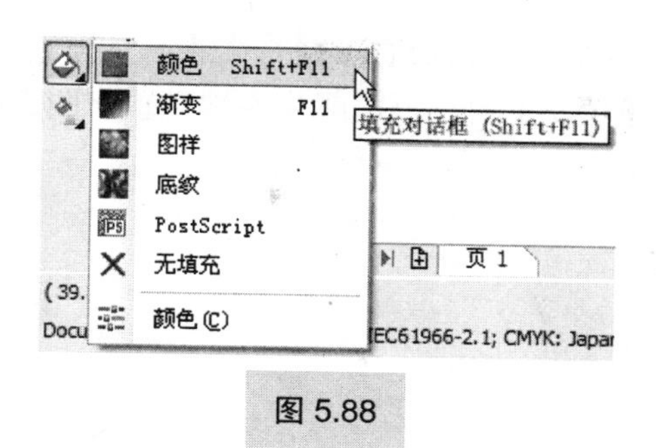

图 5.88

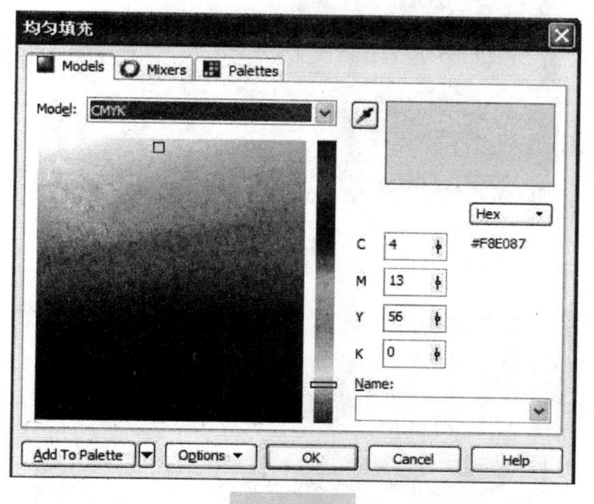

图 5.89

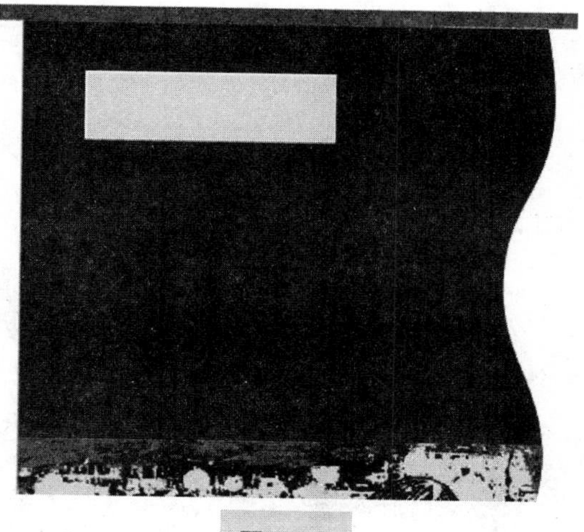

图 5.90

（50）单击工具箱中的【挑选】工具按钮，单击选中黄色矩形，执行【菜单栏】|【窗口】|【泊坞窗】|【变换】|【大小】命令，此命令的快捷键是【Alt】+【F10】组合键。在窗口右侧打开的【变换】对话框中进行如图 5.91 所示的设置，设置完毕，单击【应用到再制】按钮。

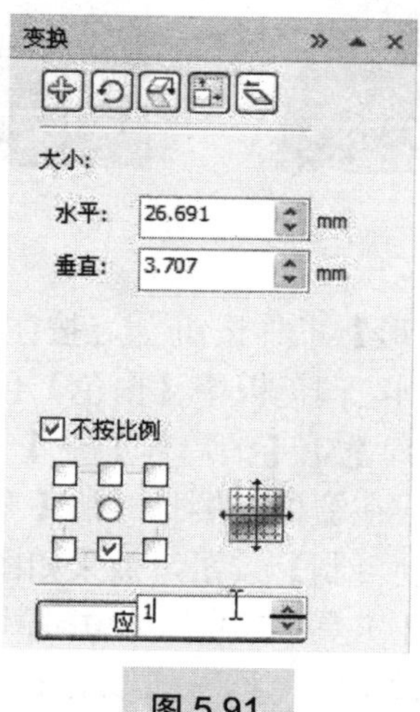

图 5.91

（51）在窗口右下角有快速填充颜色的设置，双击如图 5.92 所示的色块，即可快速打开【填充】对话框，颜色参数设置如图 5.92 所示，填充后效果如图 5.93 所示。

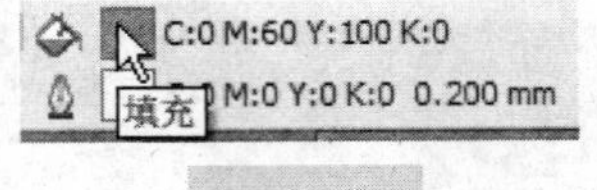

图 5.92

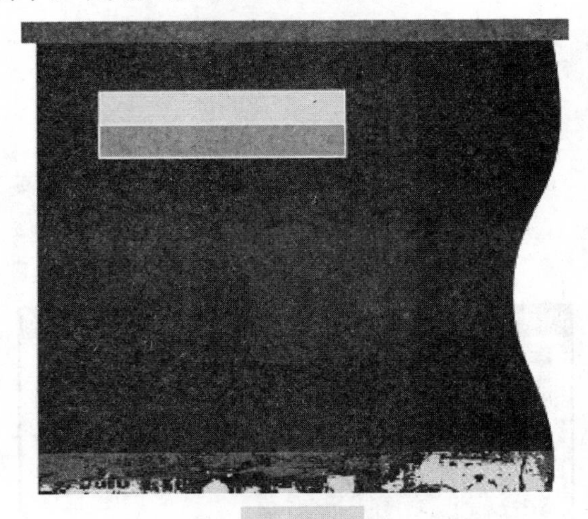

图 5.93

（52）单击工具箱中的【手绘】工具按钮，单击定位起始点，按住【Ctrl】键，在第 2 个关键点上单击，创建一个节点，绘制如图 5.94 所示的水平线。

（53）用步骤（52）中的方法绘制一条垂直线，效果如图 5.95 所示。

图 5.94

图 5.95

（54）单击工具箱中的【椭圆形】工具按钮，按住【Ctrl】键，按住鼠标左键拖动，绘制一个正圆形，并右键单击右侧边调色板中【白色】色块，填充轮廓色为白色。

（55）执行【菜单栏】|【窗口】|【泊坞窗】|【变换】|【大小】命令，此命令的快捷键是【Alt】+【F10】组合键。在窗口右侧打开的【变换】对话框中进行如图 5.96 所示的设置，设置完毕，单击【应用到再制】按钮，效果如图 5.97 所示。

（56）单击工具箱中的【形状】工具按钮，单击选中圆形，再单击属性栏中的【弧形】按钮，在圆形的节点上按住左键拖动，调整弧线的形状，如图 5.98 所示。

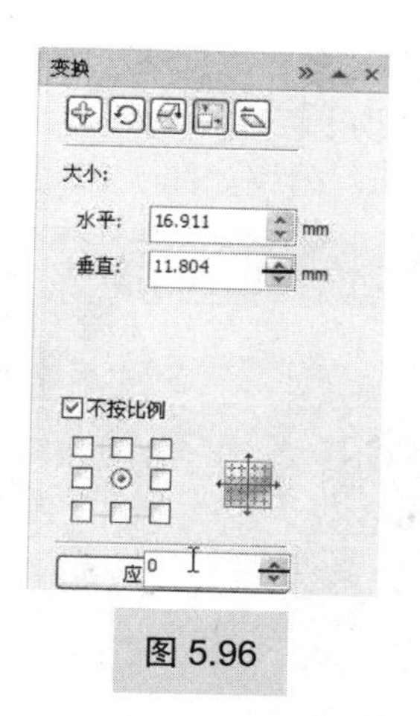

图 5.96

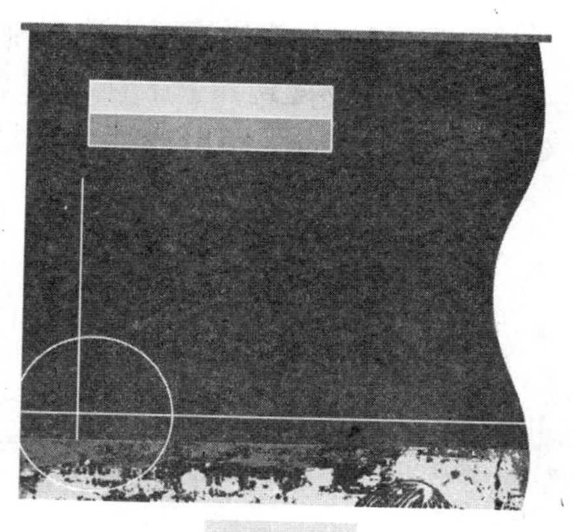

图 5.97

图 5.98

（57）单击工具箱中的【挑选】工具按钮，确定弧形被选中，执行【菜单栏】|【窗口】|【泊坞窗】|【变换】|【大小】命令，此命令的快捷键是【Alt】+【F10】组合键。在窗口右侧打开的【变换】对话框中进行如图 5.99 所示的设置，设置完毕，单击【应用到再制】按钮，效果如图 5.100 所示。

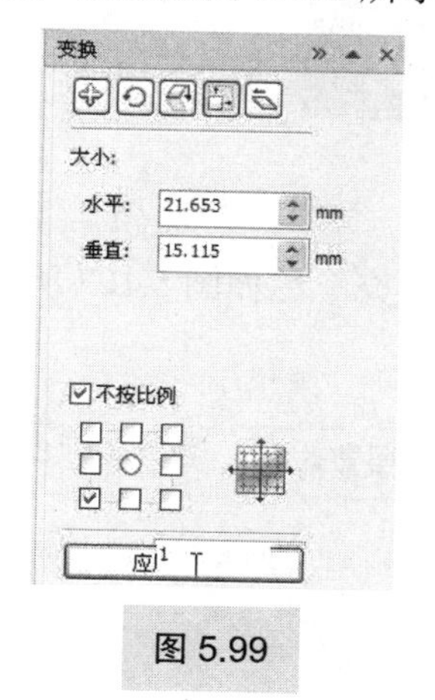

图 5.99

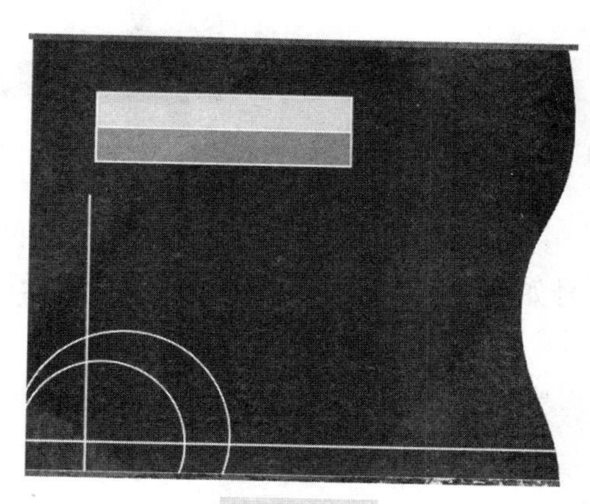

图 5.100

（58）按住【Shift】键，单击选中刚刚绘制的4条白色线条（水平线、垂直线、两个弧形），使用工具箱中【调和】工具下的【透明度】子工具，如图5.101所示。

（59）在属性栏中设置【透明度类型】，如图5.102所示，效果如图5.103所示。

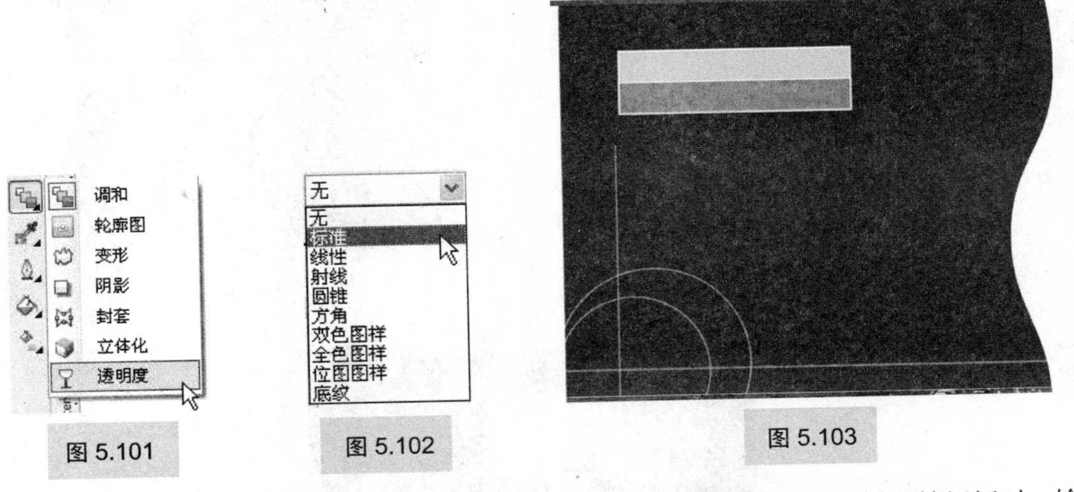

图5.101　　图5.102　　图5.103

（60）单击工具箱中的【文本】工具按钮字，在页面中间单击，当光标开始闪烁时，输入文字“欢乐音乐都”，填充颜色如图5.104所示，字体及字号如图5.105所示。

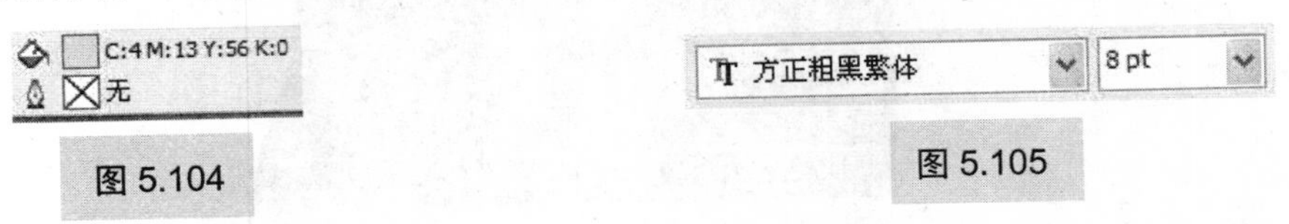

图5.104　　图5.105

（61）单击工具箱中的【形状】工具按钮，在文字右下角的“”上按住鼠标左键向右拖动，调整文字的间距，效果如图5.106所示。

图5.106

（62）参照步骤（60）、（61）的方法再次输入文字，填充颜色如图5.107所示，字体及字号如图5.108所示，调整字间距，效果如图5.109所示。

图5.107　　图5.108

图 5.109

（63）继续使用【文本】工具字，输入文字，填充颜色如图 5.110 所示，字体及字号如图 5.111 所示，位置及效果如图 5.112 所示。

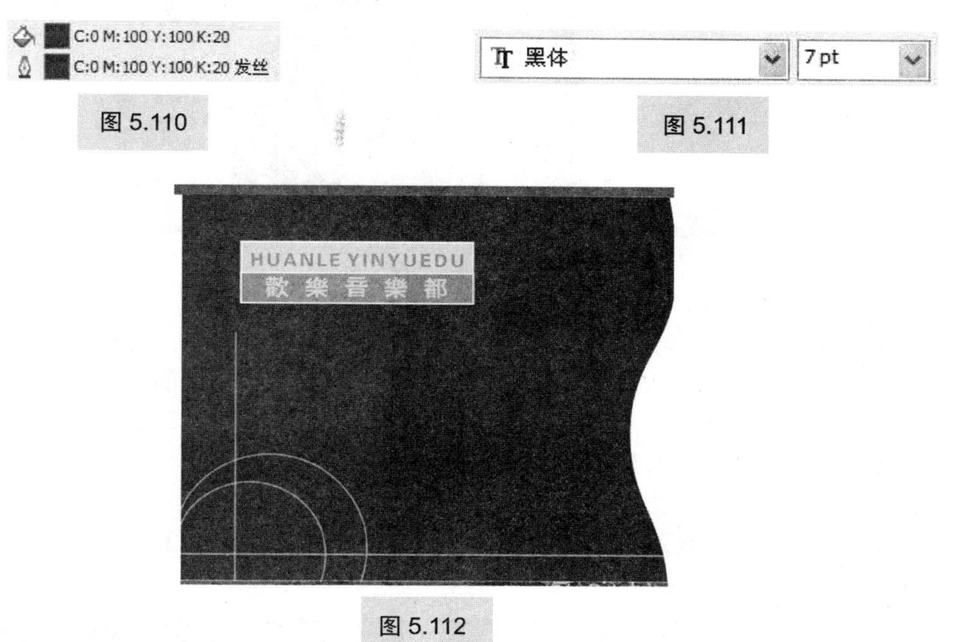

图 5.110

图 5.111

图 5.112

（64）参照上述方法输入内页的其他文字，其中红色中文标题与图 5.110、图 5.111 相同，中文内容的字体及字号如图 5.113 所示；红色英文标题字体及字号如图 5.114 所示；英文内容的字体及字号如图 5.115 所示。调节好行间距，分别拖动至适合位置，效果如图 5.116 所示。

黑体 6 pt

图 5.113

Monotype Corsiva 7 pt

图 5.114

Times New Roman 5 pt

图 5.115

图 5.116

至此，宣传卡内页的展开图制作完毕，下面继续绘制三折叠后的效果。

（65）单击工具箱中的【挑选】工具按钮，框选封面、封底的所有图形，快速移动复制（方法在前文中有阐述）。

（66）依次单击选中间紫色矩形中的所有对象，按【Delete】键删除，效果如图 5.117 所示。

（67）单击选中“小提琴”图形，单击属性栏中的【水平镜像】按钮，镜像后效果如图 5.118 所示。

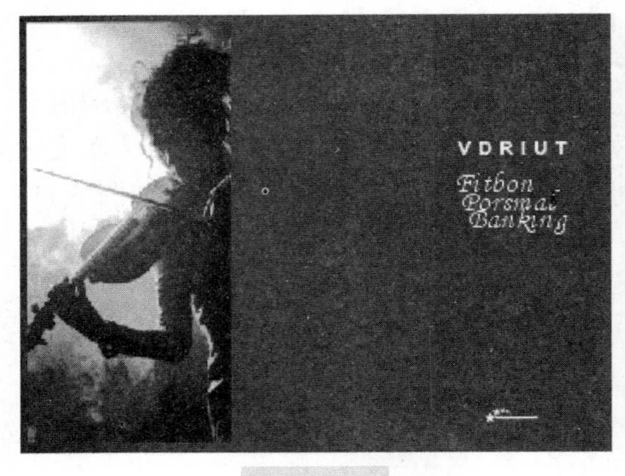

图 5.117

图 5.118

（68）按住鼠标左键拖动框选，或按住【Shift】键，单击选中紫色封面及文字、酒店标志，执行【菜单栏】|【视图】|【贴齐对象】命令，此命令的快捷键是【Alt】+【Z】组合键。

（69）将指针移动到封面左上角节点上（自动捕捉节点），按住左键拖动至小提琴图形的左上角节点处（自动捕捉节点），释放鼠标，并执行【菜单栏】|【排列】|【顺序】|【到图层前面】命令，此命令的快捷键是【Shift】+【Page Up】组合键。将封面位于小提琴图形上层，效果如图5.119所示，这是三折页折叠后的效果。

图5.119

（70）框选折叠后的所有图形，快速移动复制，分别快速移动复制两个图形。

（71）两款折页的封面颜色分别如图5.120和图5.121所示，效果如图5.122和图5.123所示。

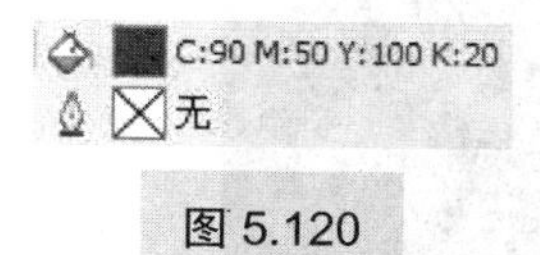

图5.120

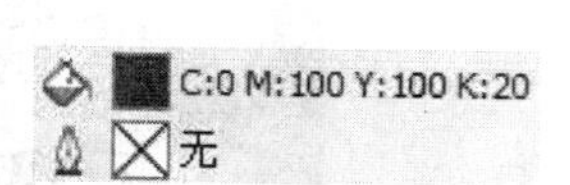

图5.121

图5.122

图5.123

至此，宣传卡的三折叠效果绘制完毕，下面继续制作阴影效果及组合宣传卡的构图。

（72）框选封面、封底三折页展开的一组图形，单击属性栏中的【群组】按钮，使其暂时成为一个整体。

（73）单击工具箱中的【阴影】工具按钮，位置如图 5.124 所示。在群组后的对象中间按住鼠标左键拖动，使拖动出的黑、白两个方块重合，属性栏中的设置如图 5.125 所示，效果如图 5.126 所示。

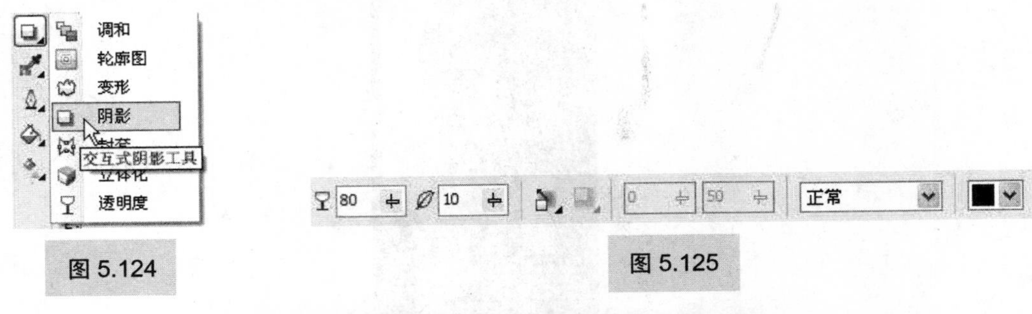

图 5.124

图 5.125

图 5.126

（74）参照步骤（72）、步骤（73）的方法，制作其他几组图形的阴影效果。

（75）拖动几组图形至页面合适的位置，并旋转一定角度，调整图形的上下层顺序。

操作提示

旋转图形：

双击图形，在图形的 4 个顶角控制点“↘”上（任一点），按住鼠标左键拖动，即可旋转图形。

调整图形层顺序：

通过执行【菜单栏】|【排列】|【顺序】命令调整层顺序。

至此本案例绘制完毕，最终效果如图 5.127 所示。

图 5.127

5.3 上机实战

利用本章及以前所学的知识，制作如图 5.128、图 5.129 所示的两折页宣传卡，图 5.128 为封面封底展开图，图 5.129 为内页展开图。

图 5.128

图 5.129

操作提示

（1）实景图片用【导入】命令完成。

（2）封面的“心形”绘制方法：用【基本形状】工具绘制心形，心形的轮廓线要设置宽些，并填充成白色。用【阴影】工具做心形的阴影，将阴影填充成灰色。

（3）内页中，左侧中上和中下的圆弧用【椭圆】工具绘制，并用【手绘】工具连接两个圆弧，形成图中的线形。

第 6 章　产品外观设计

教学要求：

- 熟练掌握【透明度】工具的用法。
- 熟练掌握【缩放】工具的几个快捷键。
- 熟练掌握【渐变填充】工具的用法。

教学难点：

- 掌握用【渐变填充】工具进行外观的色彩设计。

建议学时：

- 总计学时：10 学时。
- 理论学时：4 学时。
- 实践学时：6 学时。

6.1　设计工具及其用法

本章案例设计主要用到的工具有【透明度】工具、【缩放】工具、【渐变填充】工具等。下面介绍工具的用法。

6.1.1　【透明度】工具

【透明度】工具位于工具箱下数第 5 个【交互式】工具组下，如图 6.1 所示。用来使对象全部或部分处于半透明的状态。

图 6.1

单击选中该工具，当指针变成“↖”时，开始对图形对象进行操作。在图形上按住鼠标左键拖动，拖曳出“□┈┈┈▯┈┈┈▶■”，其中白色方块“□”是透明渐变的起始点，透明度为 0，位于此处的图形为不透明；黑色方块“■”是透明渐变的终点，透明度为 100，位于此处的图形全透明；中间的窄条所在位置具有 50%的透明度，其位置可以通过按住鼠标左键拖动调节，如图 6.2 所示。

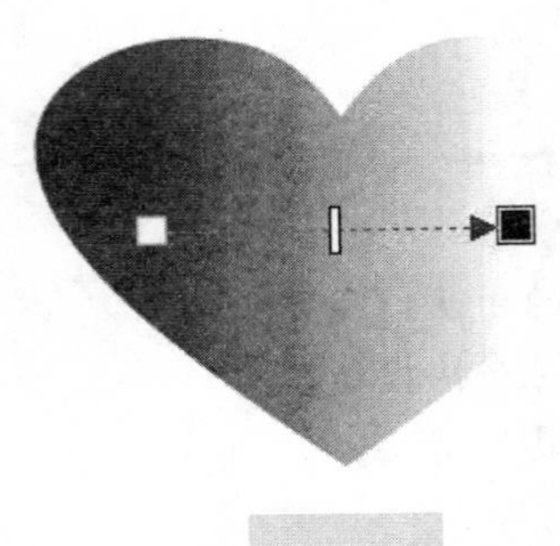

图 6.2

在属性栏中，可以更改透明度的一些属性，如图 6.3 所示。

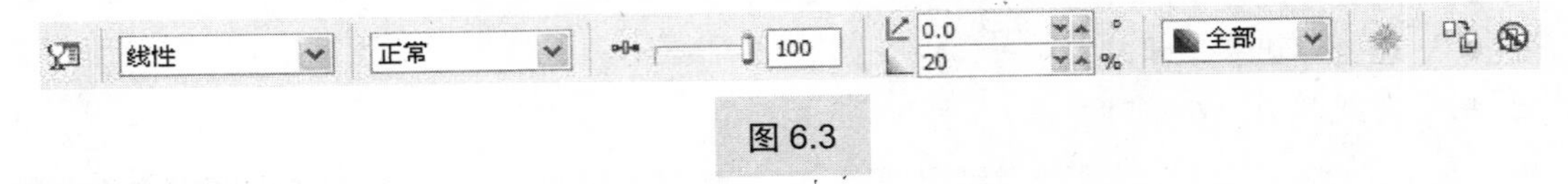

图 6.3

1. 【编辑透明度】

单击该按钮，弹出【渐变透明度】对话框，如图 6.4 所示。

读者会发现，【渐变透明度】对话框与【渐变填充】对话框是基本一样的，【渐变填充】对话框如图 6.5 所示，读者可以对比图 6.4 与图 6.5 的异同。【渐变填充】对话框中的各项设置及用法，在第 3 章里做了详细的讲解，由于两个工具的对话框设置基本一样，在此就不做过多的阐述。

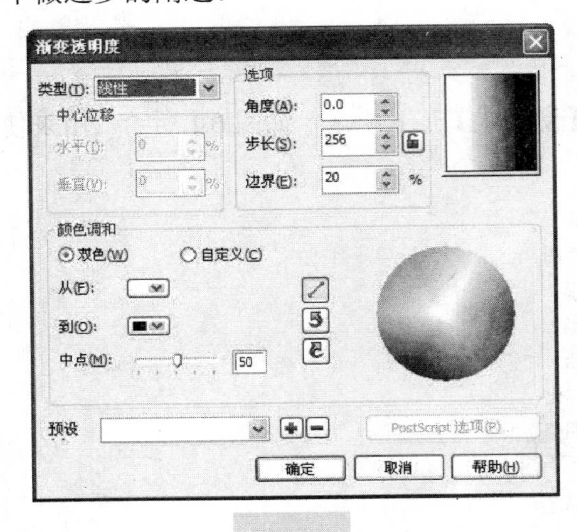

图 6.4

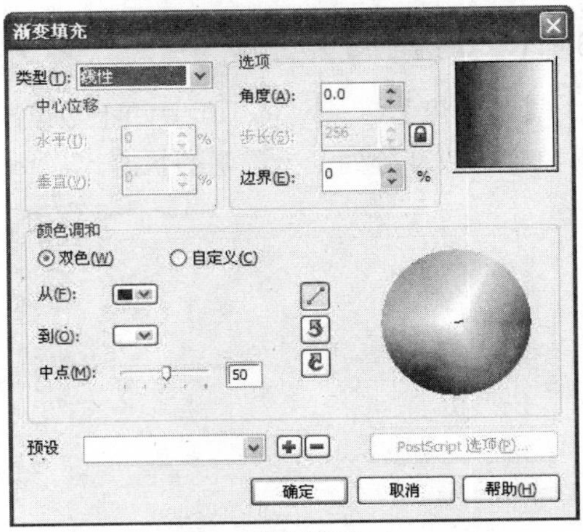

图 6.5

设置【渐变透明度】对话框需要注意的是：以【自定义】颜色调和为例，无论在渐变条上选择了调色板中何种颜色，在图形对象中都不会显示所选择的颜色，而是保留了该种颜色的透明度级别。当再次打开【编辑透明度】对话框时，上次添加到渐变条上的颜色均显示为该种颜色的透明度级别。

下面通过一个小案例来证实。

（1）在绘图区域中绘制一个心形，填充成红色，轮廓色填充【无】，如图 6.6 所示。

（2）单击【透明度】工具按钮，在心形图形上从左侧向右侧拖曳，位置如图 6.7 所示。

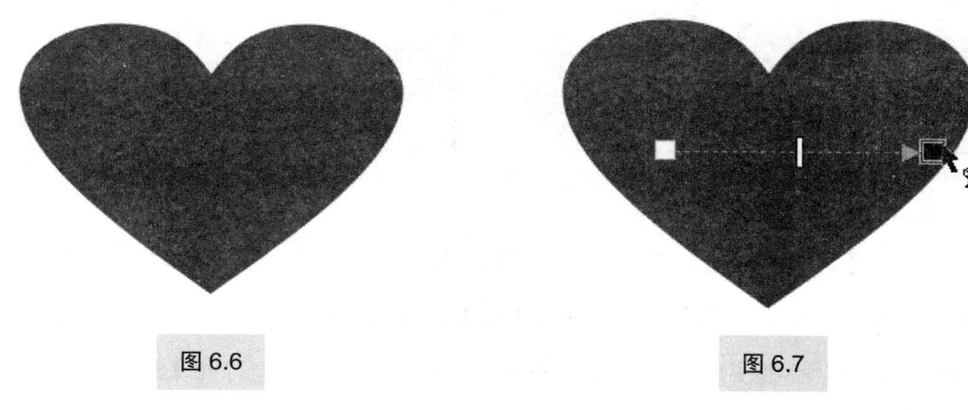

图 6.6　　图 6.7

（3）释放鼠标，效果如图 6.8 所示。

（4）单击【编辑透明度】按钮，打开【渐变透明度】对话框，点选【颜色调和】选项区域中的【自定义】单选按钮，如图 6.9 所示。

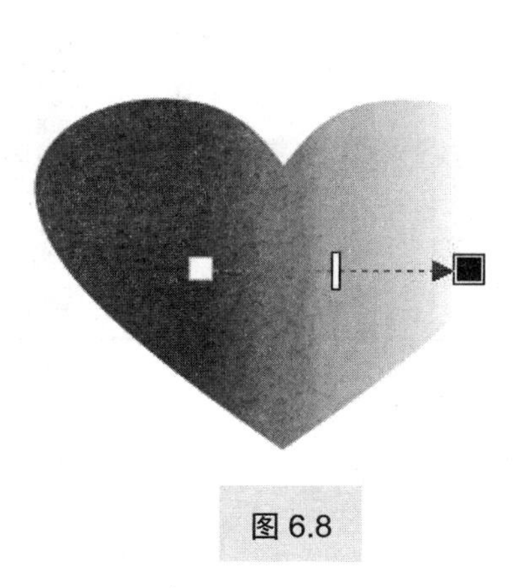

图 6.8

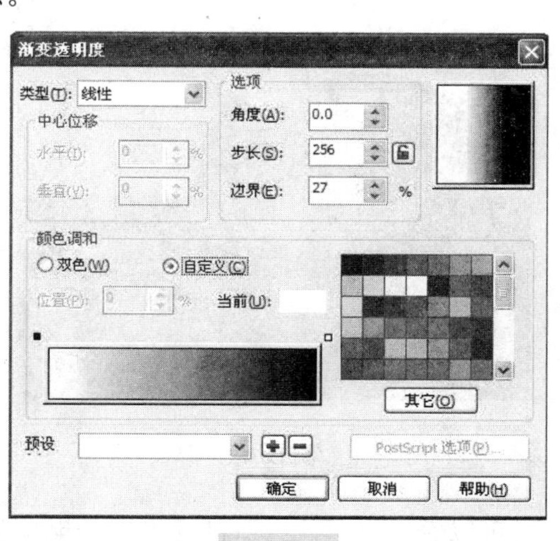

图 6.9

（5）在渐变色条上双击，添加两个控制点，如图 6.10 所示。

（6）单击左边的控制点，在右侧的调色板中单击添加青色；单击右边的控制点，在右侧的调色板中单击添加黄色，效果如图 6.11 所示。

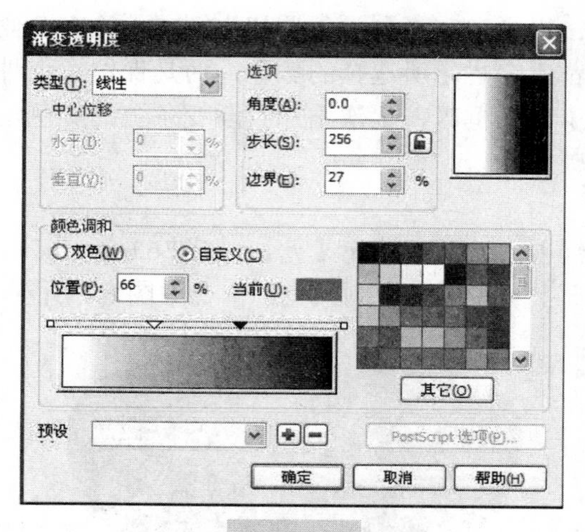

图 6.10

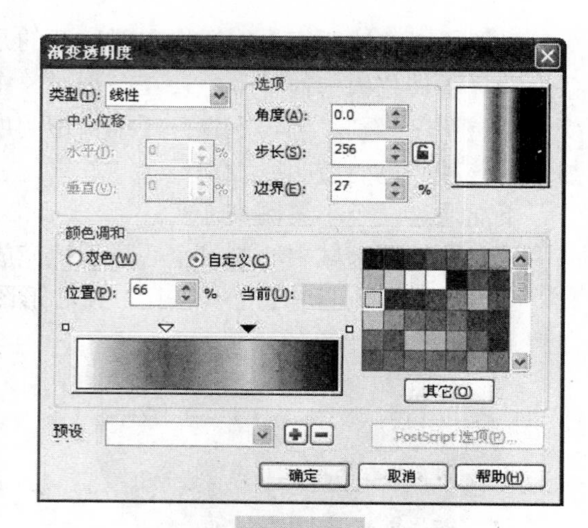

图 6.11

（7）单击【确定】按钮，心形图形的效果如图 6.12 所示。

注：此处为了让读者看清楚心形的透明效果，在其下层绘制了一个绿色的矩形衬托。

（8）单击选中心形图形，再次单击【编辑透明度】按钮，打开【渐变透明度】对话框，如图 6.13 所示。

图 6.12

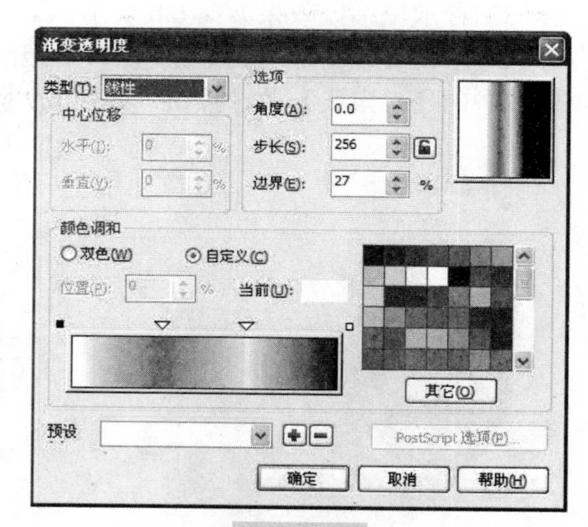

图 6.13

可以看出，再次打开的【渐变透明度】对话框中，渐变条上的颜色没有了色相，只保留了该种颜色的透明度级别。

2. 【透明度类型】

【透明度类型】下拉菜单如图 6.14 所示。默认为【无】，当在窗口中进行拖曳时，是以【线性】方式透明渐变的。可根据需要的效果而选择不同的类型。

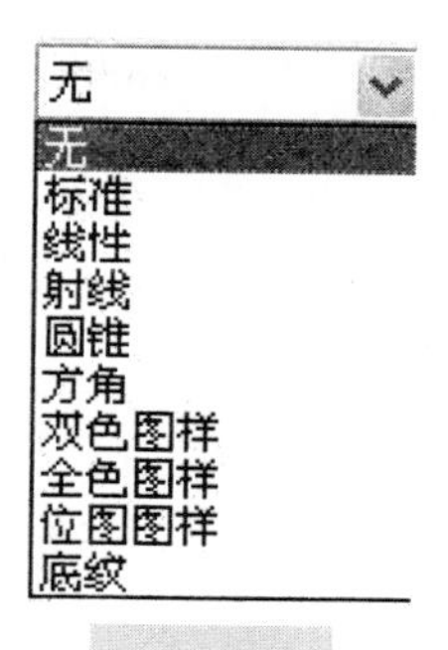

图 6.14

自上而下 9 种透明度效果标准、线性、射性、圆锥、方角、双色图样、全色图样、位图图样、底纹分别如图 6.15～图 6.23 所示。

图 6.15

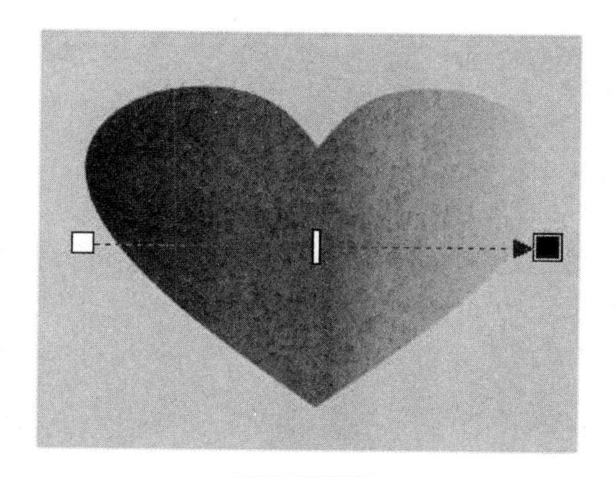

图 6.16

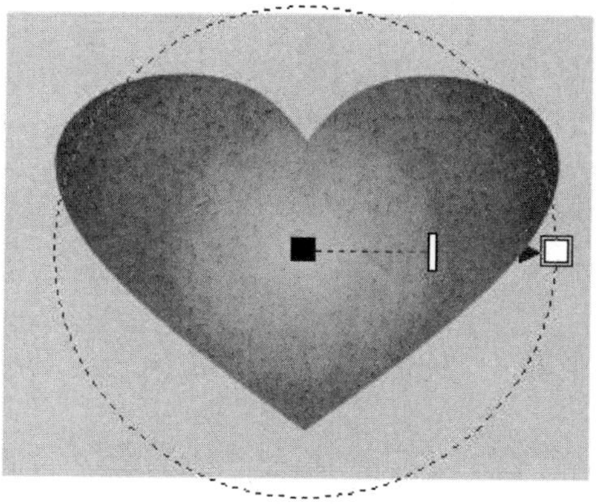

图 6.17

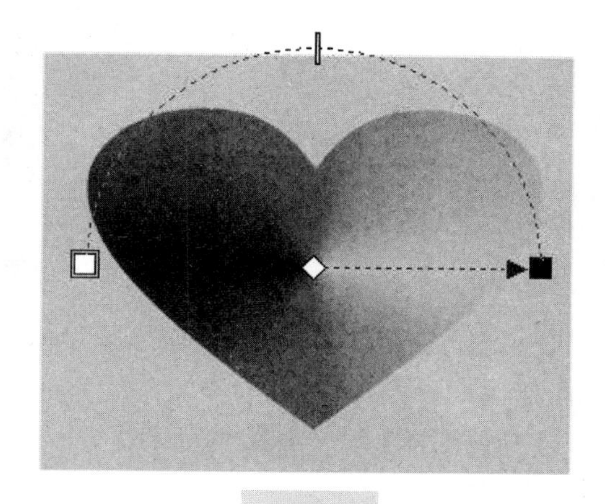

图 6.18

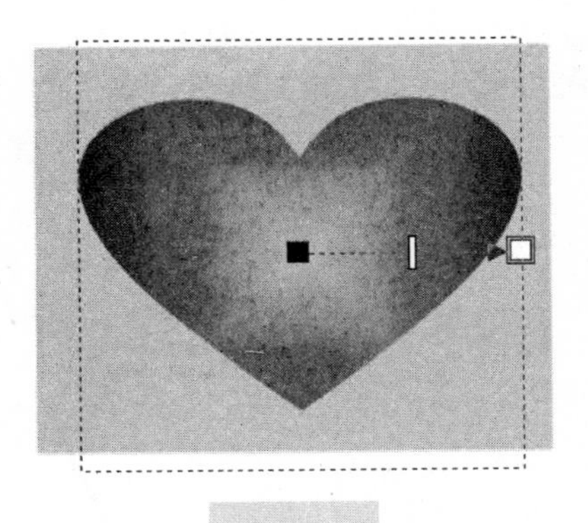

图 6.19

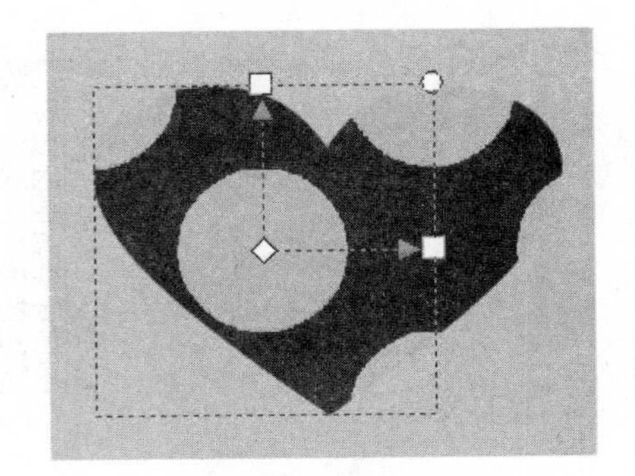

图 6.20

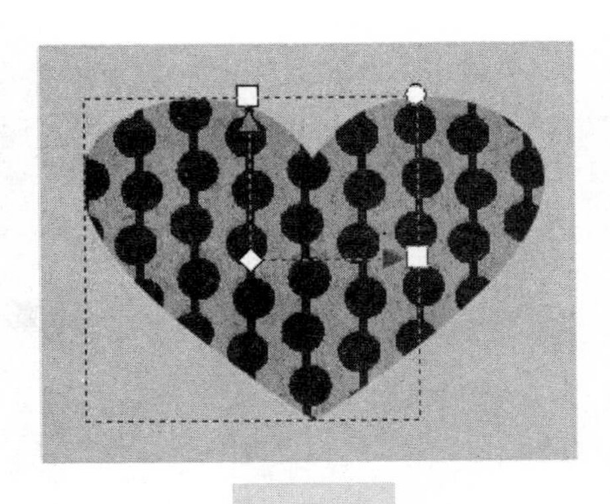

图 6.21

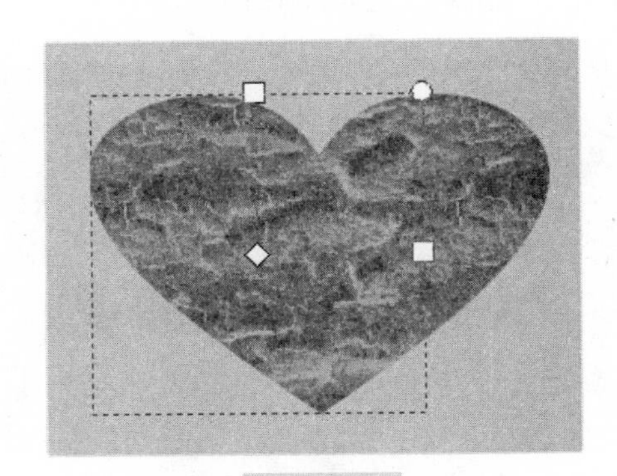

图 6.22

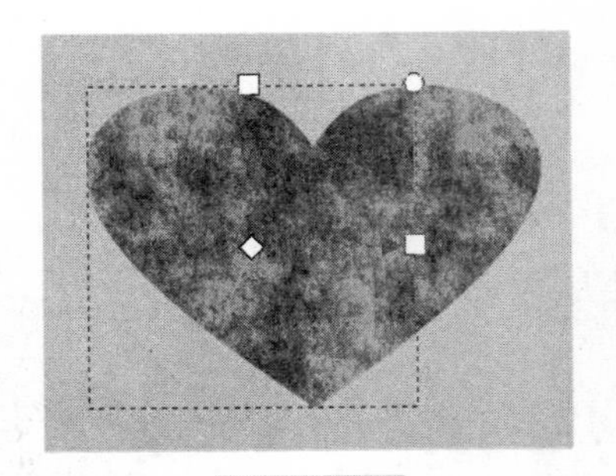

图 6.23

【双色图样】有多种效果可供选择，在属性栏中【第一种透明度挑选器】的下拉菜单中选择。

【全色图样】有多种效果可供选择，在属性栏中【第一种透明度挑选器】的下拉菜单中选择。

【位图图样】有多种效果可供选择，在属性栏中【第一种透明度挑选器】的下拉菜单中选择。

【底纹】有多种效果可供选择，在属性栏中【第一种透明度挑选器】的下拉菜单中选择。

选择不同的透明度类型，属性栏也会稍有不同。

3.【透明度操作】

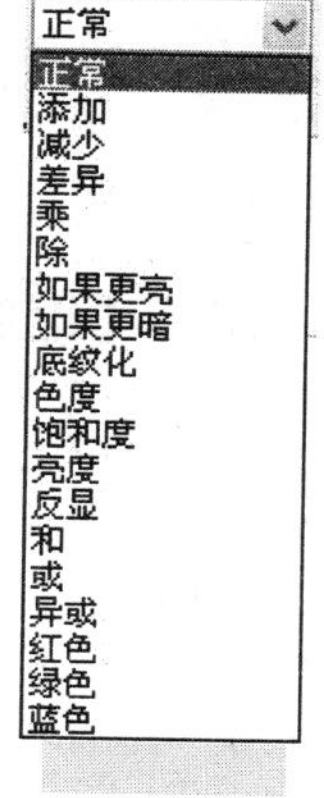

图 6.24

默认为【正常】，单击下拉按钮，弹出下拉菜单，如图 6.24 所示。此处与第 5 章中【交互式阴影】的【透明度操作】基本相同，不再做阐述。

4.【透明中心点】

对于每一种透明度类型，此处的数值会略有不同。可以拖动滑块，或者直接输入数值。

5.【透明度角度和边界】

此处的数值会根据拖曳时的角度和透明中线点下落的地方而变化。不同的透明度类型，此处两个栏的显示会略有不同。

6.【透明度目标】

默认为【全部】，图形对象的内部颜色及轮廓色都会有透明度变化，如图 6.25 所示。如果选择【轮廓】，则轮廓有透明度的变化，而内部颜色没有变化，如图 6.26 所示。

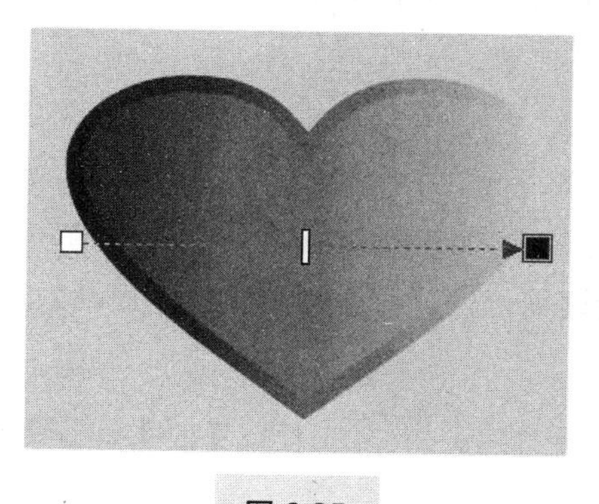

图 6.25

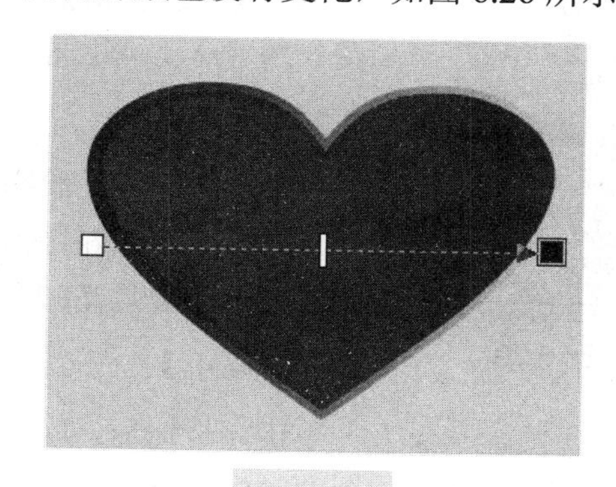

图 6.26

如果选择【填充】，则图形内部有透明度的变化，而轮廓颜色没有变化，如图 6.27 所示。

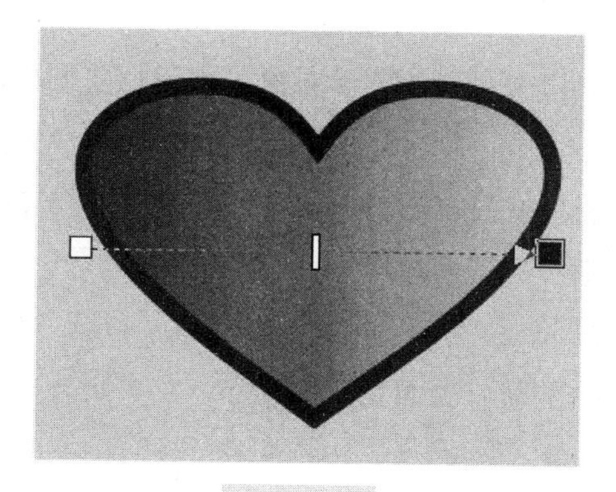

图 6.27

7.【清除透明度】

单击该按钮，清除透明度效果。

本案例中用到的只是透明度的简单操作，在第 7 章，会有透明度的高级操作，并讲述其具体方法。

6.1.2 【缩放】工具

【缩放】工具位于工具箱上数第 4 个位置。用于放大或缩小图形对象，以便编辑细小的地方。

在属性栏中，可以设置【缩放】工具的一些属性，如图 6.28 所示。

图 6.28

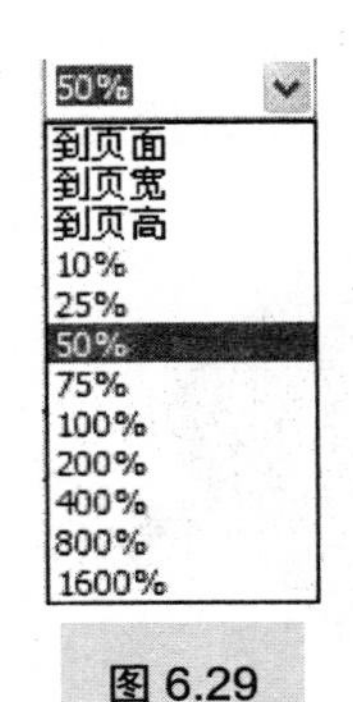

图 6.29

1.【缩放级别】

单击【缩放级别】下拉按钮，在弹出的下拉菜单中有不同的缩放级别，如图 6.29 所示，可以根据需要选择。

2.【放大】

单击该按钮后，绘图区域的图形放大一次；或者在绘图区域中需要放大的地方按住鼠标左键拖动，将预放大的地方框在蓝色框线内。另外，放大一次的快捷键是【F2】，此快捷键须记住，作图的时候可以提高效率。

3.【缩小】

单击该按钮后，绘图区域的图形缩小一次；或者按【F3】快捷键，此快捷键须记住，作图的时候可以提高效率。

4.【缩放选定范围】

单击该按钮后，仅缩放绘图区域中被选中的图形。

5.【缩放全部对象】

单击该按钮后，缩放窗口中全部的图形对象，也包括页面外的图形对象。

6.【显示页面】

单击该按钮后，显示的是窗口页面的大小。或者按快捷键【Shift】+【F4】组合键，此快捷键须记住，作图的时候可以提高效率。

7.【按页宽显示】

单击该按钮后，显示的是窗口页面宽度的大小。

8.【按页高显示】

单击该按钮后，显示的是窗口页面高度的大小。

6.2 案例详解

本节以单筒望远镜的外观设计为例，介绍设计步骤，案例效果图及其具体设计步骤如下。

6.2.1 案例效果图

单筒望远镜外观设计效果如图 6.30 所示。

图 6.30

6.2.2 案例步骤详解

（1）打开 CorelDRAW X5 软件，在【WELCOME】（欢迎）窗口中，单击右侧【Quick Start】（快速启动）标签，如图 6.31 所示。

图 6.31

（2）在【Quick Start】（快速启动）窗口中，选择【New blank document】选项（新建空白文件），如图 6.32 所示。

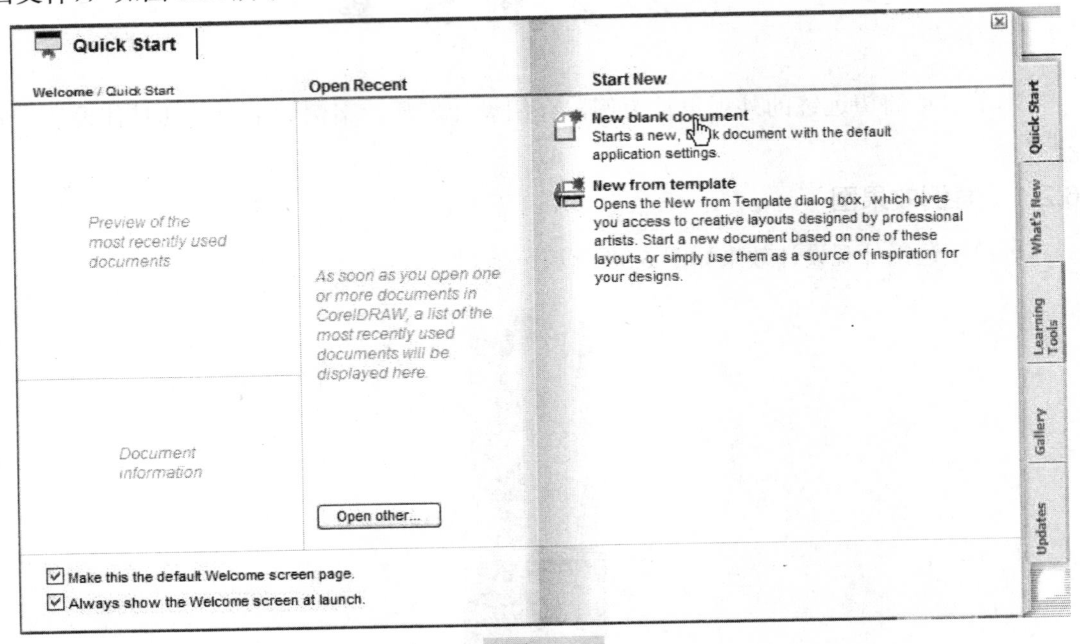

图 6.32

（3）在打开的【Create a New Document】（创建一个新文件）对话框中，依次设置【Name】（文件名称），【Preset destination】（预设），【Size】（页面尺寸），【Width】（页面宽度），【Height】（页面高度），【Primary color mode】（色彩模式），【Rendering resolution】（渲染像素），【Preview mode】（预览模式）。设置如图 6.33 所示，单击【OK】按钮，创建一个空白文件。

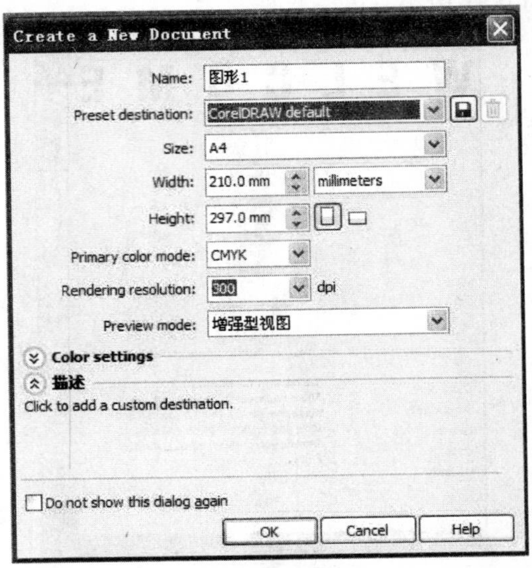

Create a New Document
Name: 图形1
Preset destination: CorelDRAW default
Size: A4
Width: 210.0 mm millimeters
Height: 297.0 mm
Primary color mode: CMYK
Rendering resolution: 300 dpi
Preview mode: 增强型视图
Color settings
描述
Click to add a custom destination.
Do not show this dialog again
OK Cancel Help

图 6.33

（4）单击工具箱中的【矩形】工具按钮，在页面中按住鼠标左键拖动，绘制一个矩形（大概尺寸接近 65mm×175mm）。

操作提示

绘制此矩形时，边绘制边观察属性栏中的尺寸变化，使其尺寸尽量接近 65mm×175mm，因为在后面对矩形的倒角操作时，可以保持矩形倒角的正确性；如果绘制矩形时，与 65mm×175mm 的尺寸相差过大，而通过调整大小得到的该尺寸，则倒角的形状会发生变形。

（5）执行【菜单栏】|【窗口】|【泊坞窗】|【变换】|【大小】命令，此命令的快捷键是【Alt】+【F10】组合键。在窗口右侧打开的【变换】对话框中进行如图 6.34 所示的设置，设置完毕，单击【应用到再制】按钮，效果如图 6.35 所示。

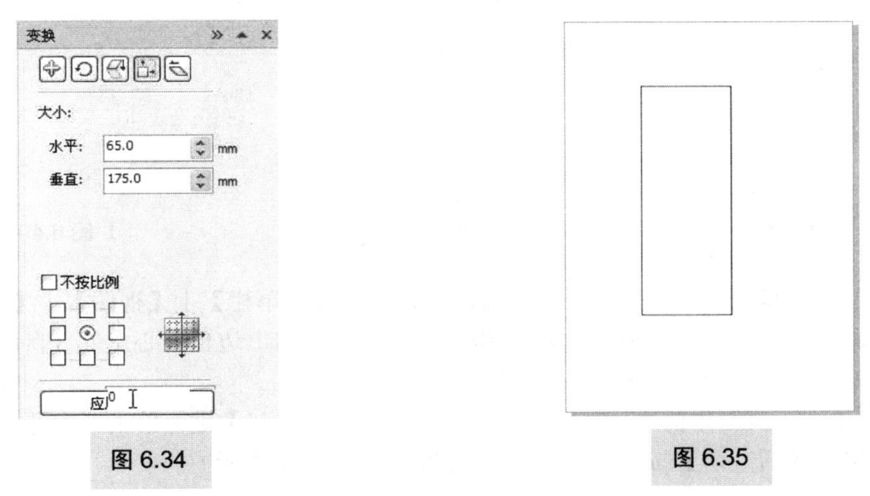

图 6.34　　图 6.35

（6）单击工具箱中的【挑选】工具按钮，然后单击选中矩形，在属性栏中单击【外圆角】按钮，确定【全部圆角】按钮被按下，设置【边角圆滑度】，如图 6.36 所示，按【Enter】键，效果如图 6.37 所示。

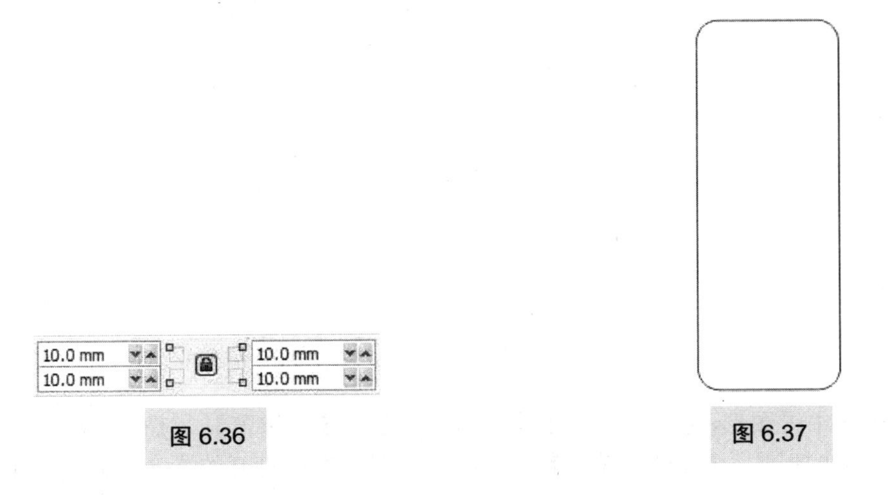

图 6.36　　图 6.37

（7）执行【菜单栏】|【排列】|【转换为曲线】命令，此命令的快捷键是【Ctrl】+【Q】组合键。

（8）单击工具箱中的【形状】工具按钮，框选如图 6.38 所示的节点，按键盘上的方向键【→】十次；再框选如图 6.39 所示的节点，按键盘上的方向键【←】十次，效果如图 6.40 所示。

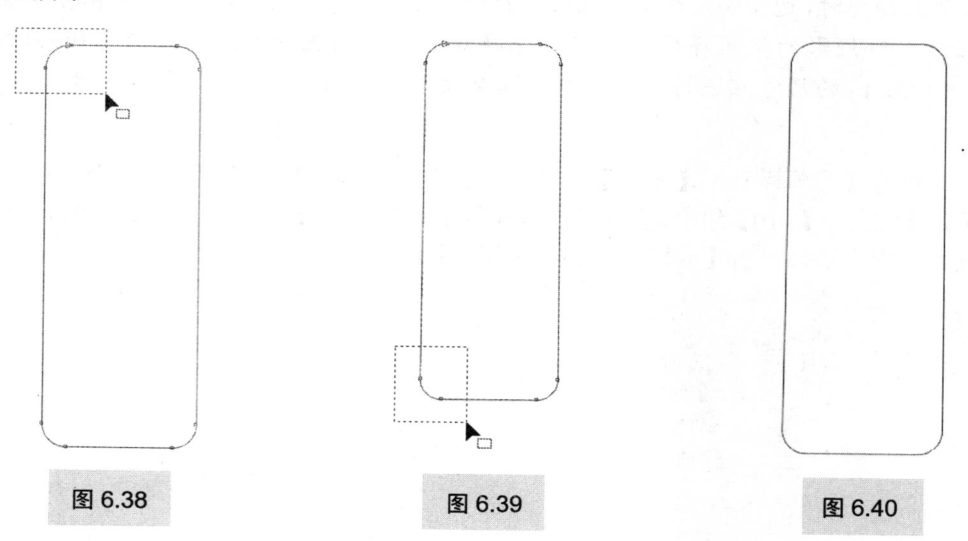

图 6.38　图 6.39　图 6.40

（9）单击工具箱中的【矩形】工具按钮，执行【菜单栏】|【视图】|【贴齐对象】命令，此命令的快捷键是【Alt】+【Z】组合键。在矩形的上边长中心点处（自动捕捉）按住鼠标左键绘制一个矩形，如图 6.41 所示。

（10）单击工具箱中的【挑选】工具按钮，按住【Shift】键，单击选中两个矩形，在属性栏中单击【后减前】按钮，修剪后的效果如图 6.42 所示。

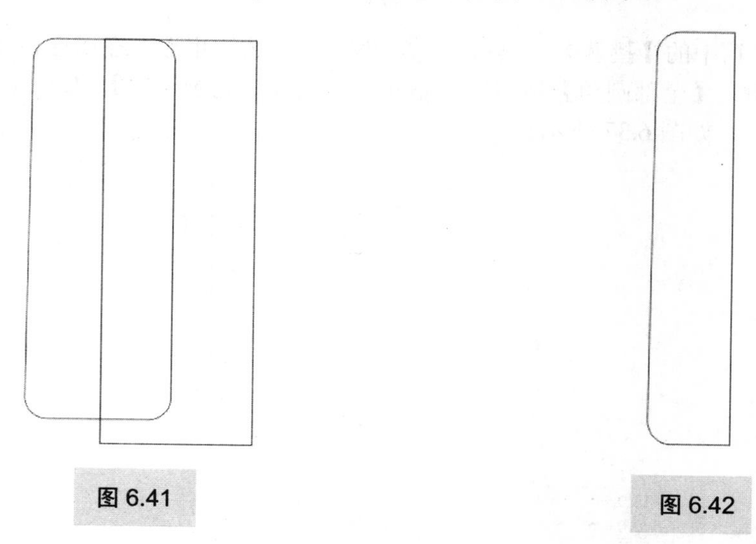

图 6.41　图 6.42

（11）单击选中该图形，执行【菜单栏】|【窗口】|【泊坞窗】|【变换】|【比例】命令，此命令的快捷键是【Alt】+【F9】组合键。在窗口右侧打开的【变换】对话框中进

行如图 6.43 所示的设置，然后单击按钮，设置完毕，单击【应用到再制】按钮，效果如图 6.44 所示。

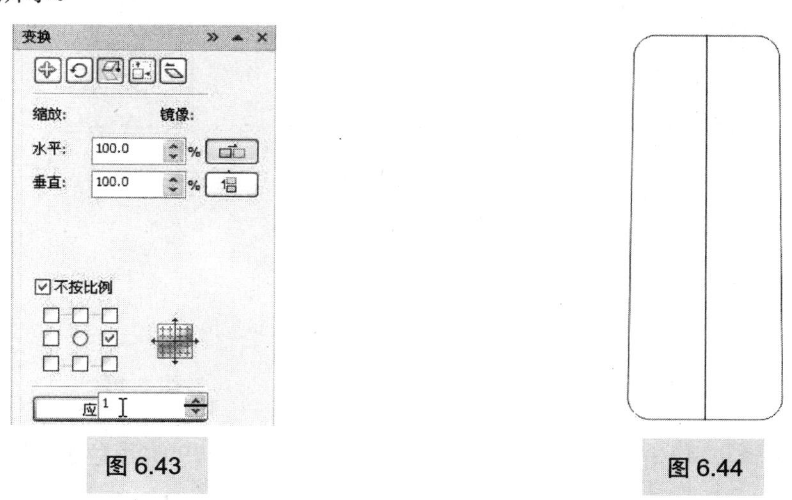

图 6.43

图 6.44

（12）按住鼠标左键拖动框选，或按住【Shift】键，单击选中两个矩形，在属性栏中单击【焊接】按钮，焊接后的效果如图 6.45 所示。

操作提示

此处将原始矩形剪切再焊接，目的是使单筒的左右两侧轮廓完全对称。

（13）单击工具箱中的【矩形】工具按钮，在页面中按住鼠标左键拖动，绘制一个矩形（尺寸接近 120mm×140mm），这是一个辅助矩形，与单筒的位置关系如图 6.46 所示。

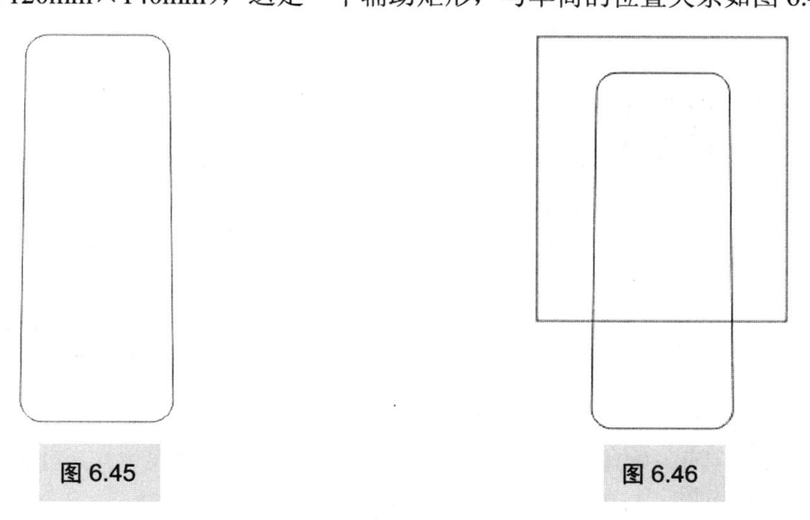

图 6.45

图 6.46

（14）单击工具箱中的【挑选】工具按钮，再单击选中矩形，按住【Shift】键，单击选中单筒，单击属性栏中的【相交】按钮。此时矩形和单筒的重叠部分生成一个新图形，在右侧调色板中单击【50%灰色】色块填充新图形，效果如图 6.47 所示。

（15）按住【Ctrl】键，单击选中辅助矩形拖动至如图 6.48 所示的位置。

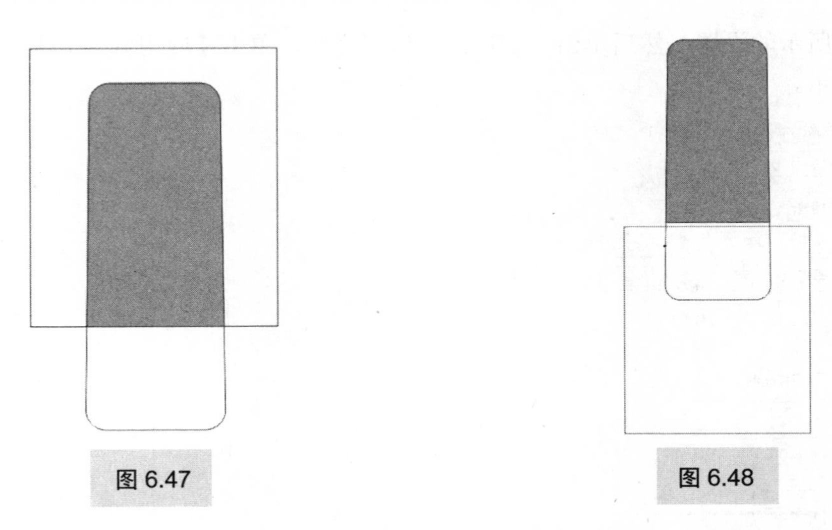
图 6.47　　图 6.48

（16）参照步骤（14）的方法，制作单筒的下半部分，填充【90%黑色】，效果如图 6.49 所示。

操作提示

由于辅助矩形将其下面的单筒覆盖住大部分，单筒上面的灰色图形将单筒覆盖住大部分，所以在选择单筒时候，需要单击图 6.50 所示的位置才可将单筒选中。

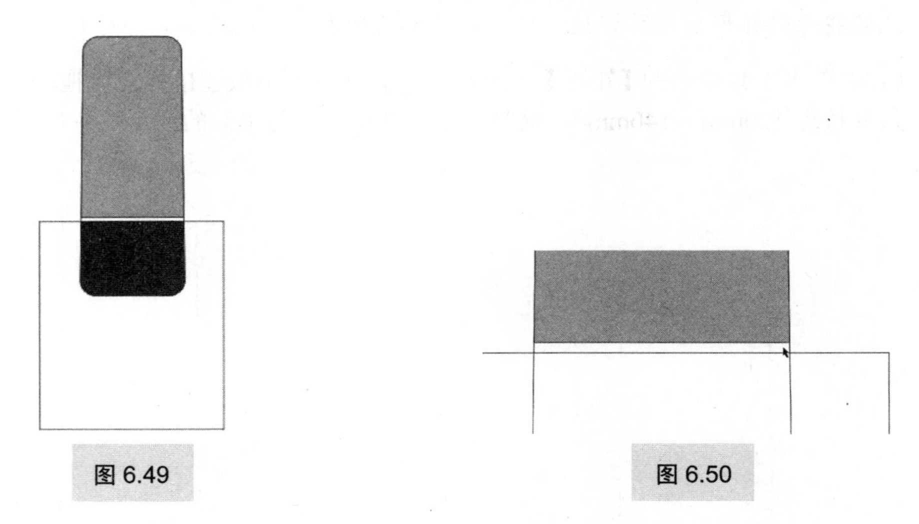
图 6.49　　图 6.50

（17）单击选中辅助矩形，按【Delete】键删除。

（18）单击工具箱中的【矩形】工具按钮，绘制一个矩形（尺寸接近 120mm×2.5mm），这也是一个辅助矩形，与单筒的位置关系如图 6.51 所示。

（19）单击工具箱中的【挑选】工具按钮，再单击选中细长辅助矩形，按住【Shift】键，单击选中单筒下部深灰色图形，然后单击属性栏中【相交】按钮，此时辅助矩形和单筒的重叠部分生成一个新图形，在右侧调色板中单击【青色】按钮填充新图形，效果如图 6.52 所示。

（20）单击选中细长辅助矩形，按【Delete】键删除，效果如图 6.53 所示。

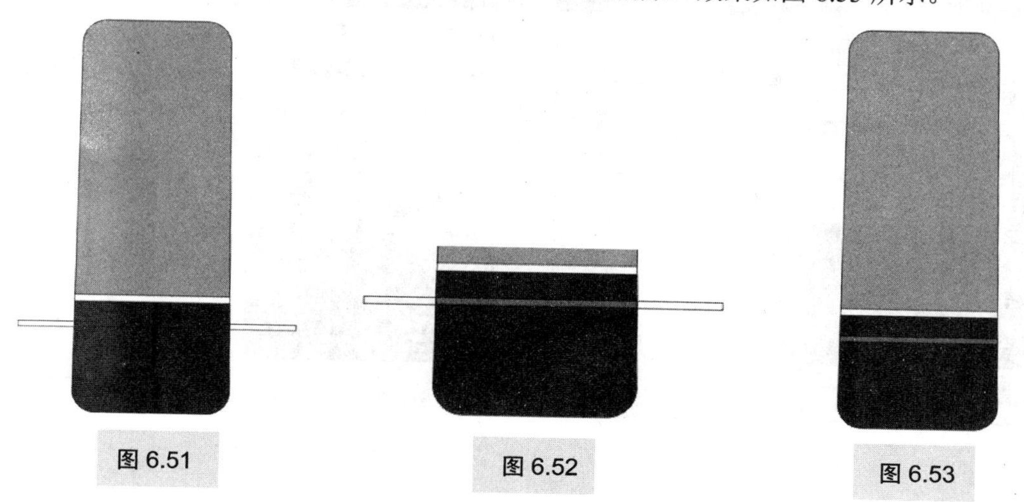

图 6.51　图 6.52　图 6.53

至此，单筒望远镜的初步效果制作完毕，下面继续为它填充颜色。产品的最终效果取决于颜色的填充，所以，以下是本章的重点所在。因为镜筒是个圆柱体，填充颜色时候可以按照素描的明暗关系进行分析。

相关说明

明暗交接线

首先要明白一点，“明暗交接线”并不是一条线。一个物体有受光的亮面也有背光的暗面，暗面会有环境对它的反光。物体上光源照不到的地方和反光也照不到的地方就是最暗的区域（面），这个区域就是明暗交接线，凡是结构有转折的地方就必定会有明暗交接线。只有把明暗交接线表现出来，物体才会有立体感。

（21）单击选中单筒的上半部分，单击工具箱中的【填充】工具按钮，在弹出的下拉菜单中选择【渐变】选项，如图 6.54 所示。

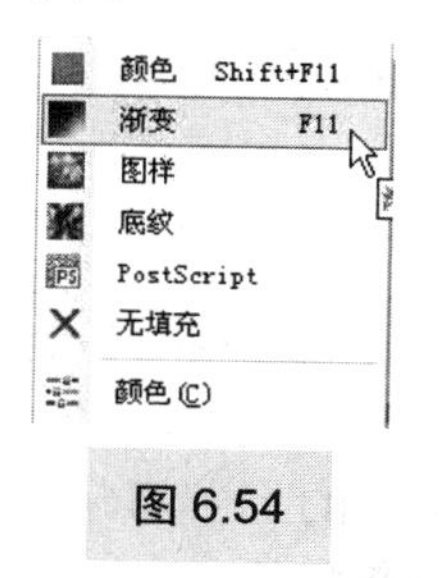

图 6.54

（22）打开【渐变填充】对话框，选择【颜色调和】选项区域中的【自定义】选项，单击调色板下的【其它】按钮，在打开的【Select Color】对话框中进行如图 6.55 所示的设置，然后单击【OK】按钮。

（23）单击渐变条最左边的“□”，选中后变成“■”，单击调色板下的【其它】按钮，打开的【Select Color】对话框设置如图 6.56 所示，设置完毕单击【OK】按钮。

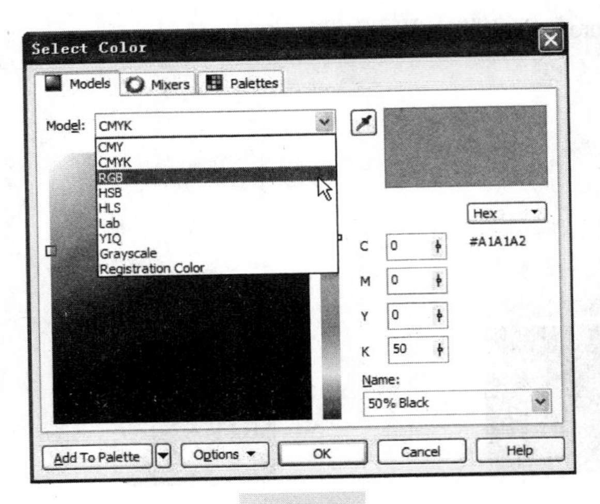

图 6.55

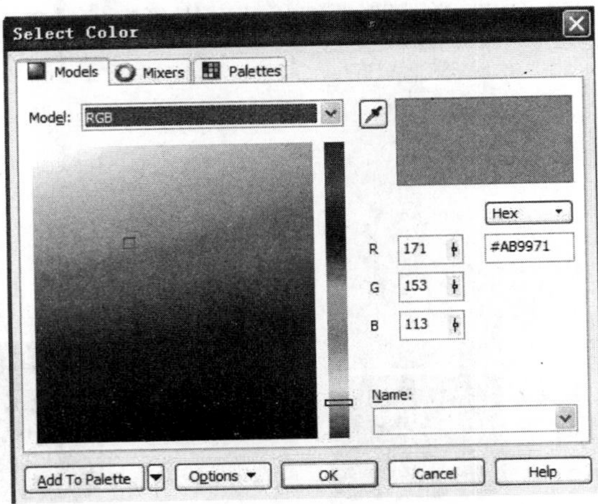

图 6.56

（24）单击渐变条最右边的“□”，选中后变成“■”，单击调色板下的【其它】按钮，打开的【Select Color】对话框设置如图 6.57 所示，设置完毕单击【OK】按钮。两次渐变的效果如图 6.58 所示。

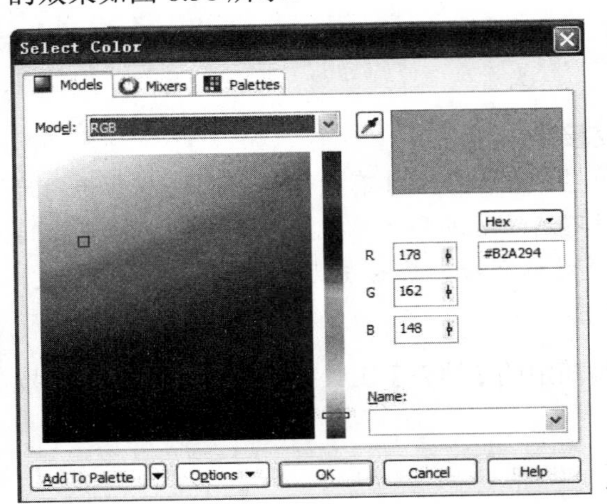

图 6.57

图 6.58

这是初步确定填充的整体色调，想要达到圆柱的弧面效果，需要在渐变条上根据整体色调反复调整颜色的色相、明度、纯度（色相、明度、纯度是颜色的三个基本属性）三者的关系，以达到最终的效果。由于单筒的上半部分是磨砂金属材质，所以表面的明暗和光影的反差对比较为强烈，下面继续在渐变条上编辑颜色。

操作提示

使渐变条的颜色过渡平缓

方法一：在已有控制点最近处双击，生成一个新的控制点，然后将新生成的控制点拖

动至合适的位置，达到颜色均匀过渡的效果。这是一个比较简单、易操作的方法；

方法二：在所需要的位置，直接双击，生成新控制点，再对新控制点编辑所需要的颜色。这个方法难度稍大，需要有专业的色彩知识做支撑方可进行。

（25）在渐变条左侧约 1/3 处双击，添加一个新控制点 1（继续添加的控制点很多，这里依次给添加的控制点命名序号），【位置】在 30%，单击调色板下的【其它】按钮，打开的【Select Color】对话框设置如图 6.59 所示，设置完毕单击【OK】按钮，渐变条的效果如图 6.60 所示。

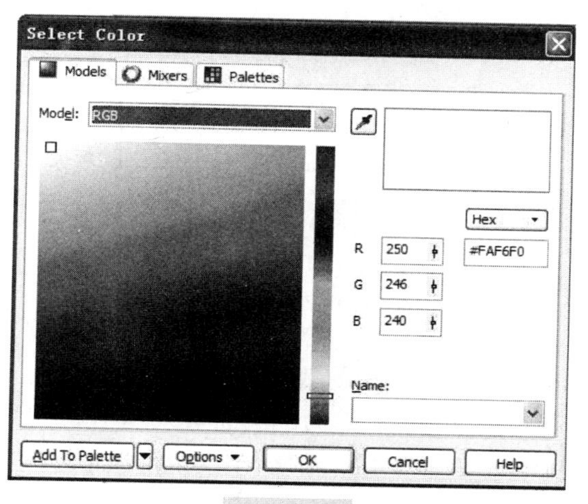

图 6.59

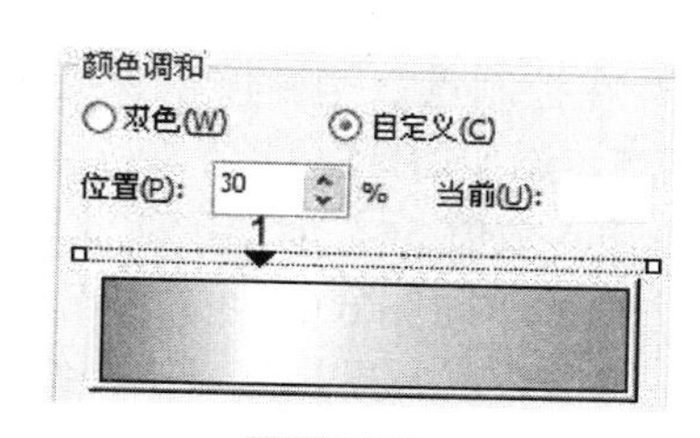

图 6.60

（26）在渐变条约 60%的位置双击，添加一个新控制点 2，【位置】在 60%，单击调色板下的【其它】按钮，打开的【Select Color】对话框设置如图 6.61 所示，设置完毕单击【OK】按钮，渐变条的效果如图 6.62 所示。

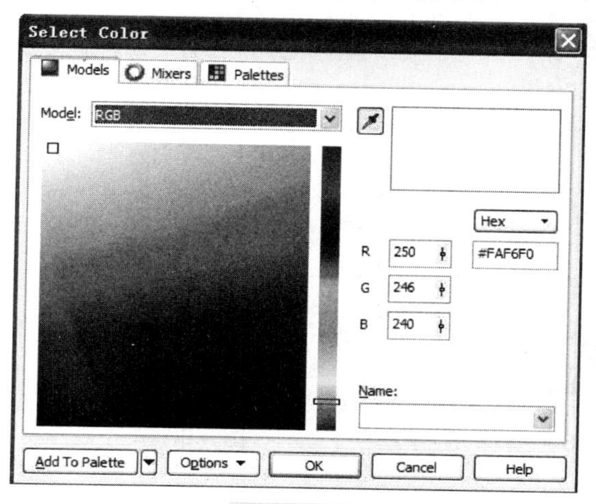

图 6.61

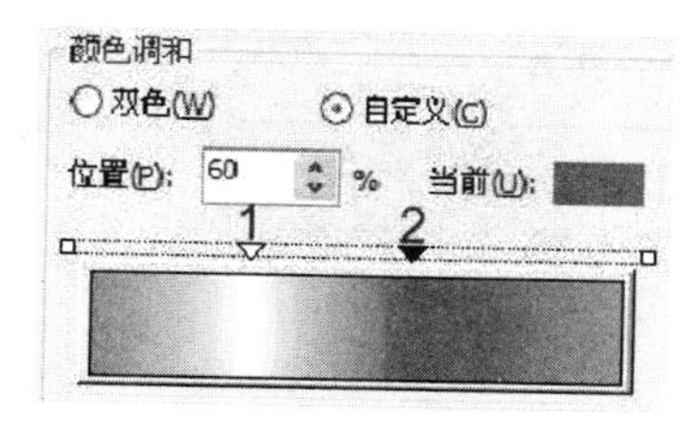

图 6.62

（27）在控制点 1 稍微偏右一点的地方双击（添加时一定是紧挨着控制点 1 双击，注意不要误删除控制点 1，如果误删除，可以关闭对话框，再次打开对话框重新进行编辑），添加控制点 3。添加后，【位置】显示大概是 33%，然后把控制点 3 右移 6%，可以在【位置】文本框中输入数值 39，渐变条的效果如图 6.63 所示。

（28）在控制点 2 和控制点 3 中间位置双击，添加控制点 4。添加后，【位置】显示大概是 50%，然后把控制点 4 左移 3%，可以在【位置】文本框中输入数值 47，渐变条的效果如图 6.64 所示。

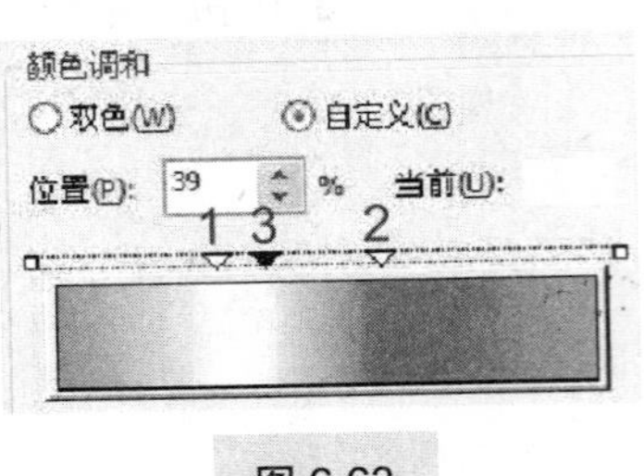

图 6.63

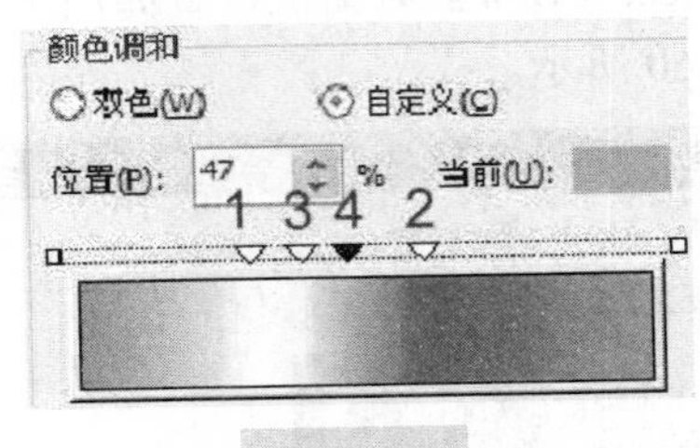

图 6.64

（29）在控制点 2 稍微偏左一点的地方双击（添加时一定是紧挨着控制点 2 双击），添加控制点 5。添加后，【位置】显示大概是 56%，然后把控制点 5 左移 2%，可以在【位置】文本框中输入数值 54，渐变条的效果如图 6.65 所示。单筒填充的效果如图 6.66 所示。

通过图 6.65 与图 6.66 可以看出，在控制点越密集的地方，单筒的圆面效果越明显，即颜色变化越细微，效果越好。下面继续添加控制点的数量，并微调各个控制点的位置关系和色彩，以达到最终效果。

（30）在控制点 2 稍微偏右一点的地方双击（添加时一定是紧挨着控制点 2 双击），添加控制点 6。添加后，【位置】显示大概是 63%，然后把控制点 6 左移 12%，可以在【位置】文本框中输入数值 75，渐变条的效果如图 6.67 所示。

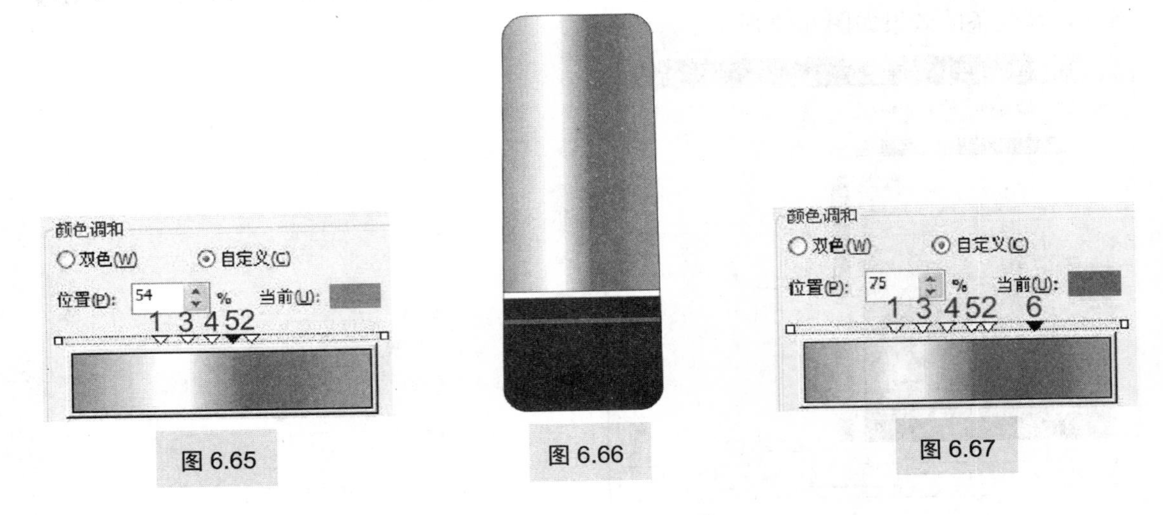

图 6.65　　图 6.66　　图 6.67

操作提示

添加控制点时要紧挨着所述的控制点，因为可以借助所述的控制点的颜色进行细微的颜色变化，这是一个简单的方法。否则对色彩进行全新的鉴别与设置将是一项比较困难的任务。

（31）在控制点 2 稍微偏右一点的地方双击（添加时一定是紧挨着控制点 2 双击），添加控制点 7。添加后，【位置】显示大概是 63%，然后把控制点 7 左移 4%，可以在【位置】文本框中输入数值 67，渐变条的效果如图 6.68 所示。

（32）在控制点 2 和渐变条结束的一段中间地方双击，添加控制点 8。添加后，【位置】显示是 88%，单击调色板下的【其它】按钮，打开【Select Color】对话框，单击【吸管】按钮，吸取如图 6.69 所示的位置，RGB 的数值如图 6.69 所示，渐变条的效果如图 6.70 所示。

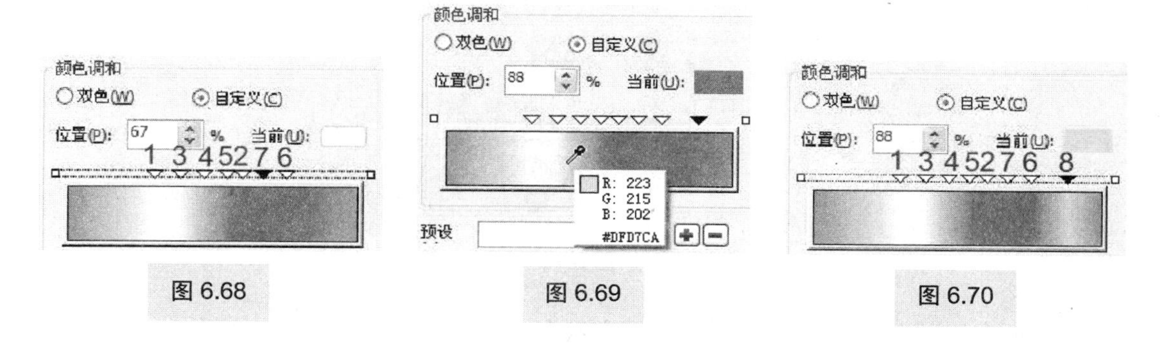

图 6.68　　图 6.69　　图 6.70

操作提示

控制点 8 设置的是反光，下一步需要扩大反光的范围。注意反光属于暗面里的一部分，所以设置的反光亮度值不能超过高光亮度值。

（33）将控制点 8 左移 3%，可以在【位置】文本框中输入数值 85，在控制点 8 稍微偏左一点的地方双击（添加时一定是紧挨着控制点 8 双击），添加控制点 9。添加后，【位置】显示大概是 82%，然后把控制点 9 左移 2%，可以在【位置】文本框中输入数值 80，渐变条的效果如图 6.71 所示。

（34）在控制点 8 稍微偏右一点的地方双击（添加时一定是紧挨着控制点 8 双击），添加控制点 10。添加后，【位置】显示大概是 87%，然后把控制点 10 右移 2%，可以在【位置】文本框中输入数值 89，渐变条的效果如图 6.72 所示。

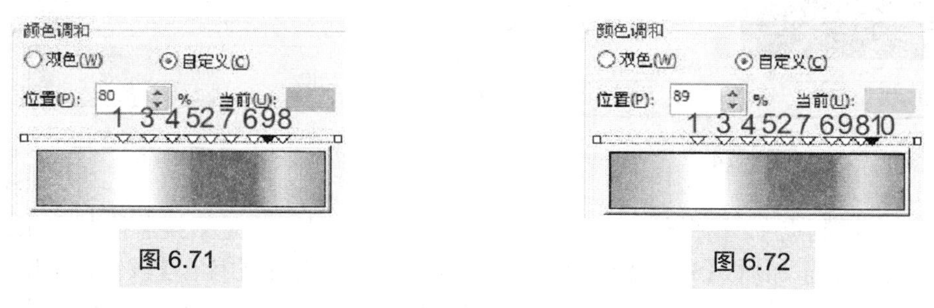

图 6.71　　图 6.72

此时，在暗面还需要添加暗色调，而暗部的范围有些小，所以，将 1～10 的控制点都向左进行位置的调整，以给暗部更大的色调变化空间。

（35）在渐变条上从左至右依次调整控制点的位置，控制点 1【位置】数值为 23；控制点 3【位置】数值为 32；控制点 4【位置】数值为 42；控制点 5【位置】数值为 50；控制点 2【位置】数值为 57；控制点 7【位置】数值为 63；控制点 6【位置】数值为 69；控制点 9【位置】数值为 78；控制点 8【位置】数值为 84；控制点 10【位置】数值为 88。

控制点调整完毕之后，观察渐变条暗部的颜色变化，控制点 6 与控制点 9 之间的颜色变化较为生硬，所以在它们之间添加一个控制点。

（36）在控制点 6 稍微偏右一点的地方双击（添加时一定是紧挨着控制点 6 双击），添加控制点 11。添加后，【位置】显示大概是 72%，然后把控制点 11 右移 1%，可以在【位置】文本框中输入数值 73，渐变条的效果如图 6.73 所示。

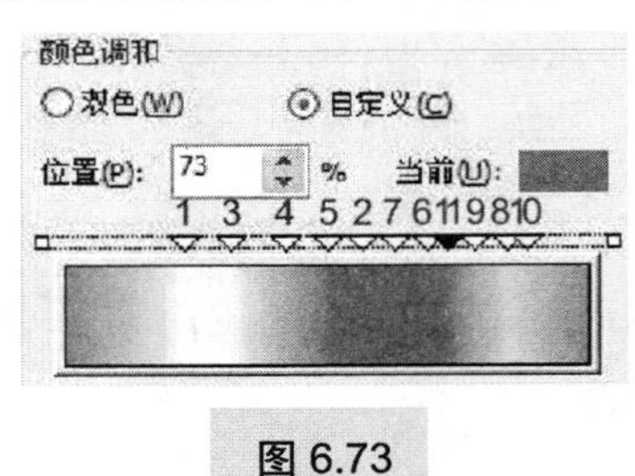

图 6.73

（37）在控制点 10 稍微偏右一点的地方双击（添加时一定是紧挨着控制点 10 双击），添加控制点 12。添加后，【位置】显示是 92%，单击调色板下的【其它】按钮，打开的【Select Color】对话框设置如图 6.74 所示，设置完毕单击【OK】按钮，渐变条的效果如图 6.75 所示。

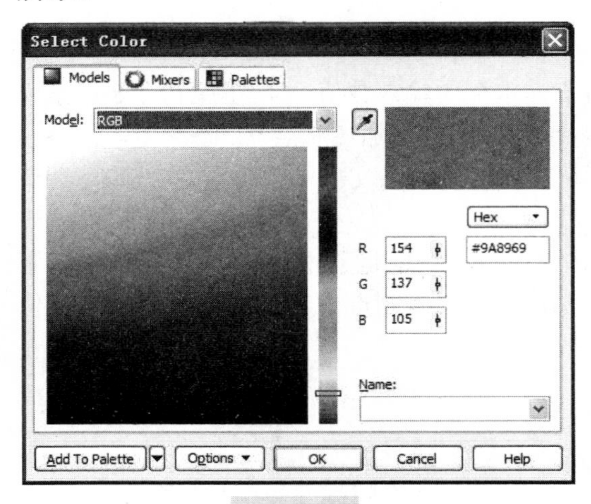

图 6.74

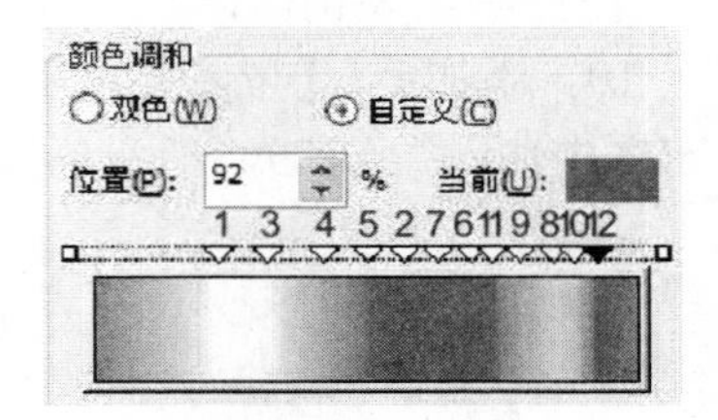

图 6.75

（38）在控制点 12 稍微偏右一点的地方双击（添加时一定是紧挨着控制点 12 双击），添加控制点 13。添加后，【位置】显示是 96%，单击调色板下的【其它】按钮，打开的【Select Color】对话框设置如图 6.76 所示，设置完毕单击【OK】按钮，渐变条的效果如图 6.77 所示。

暗部的效果制作完毕，目前渐变填充效果如图 6.78 所示。

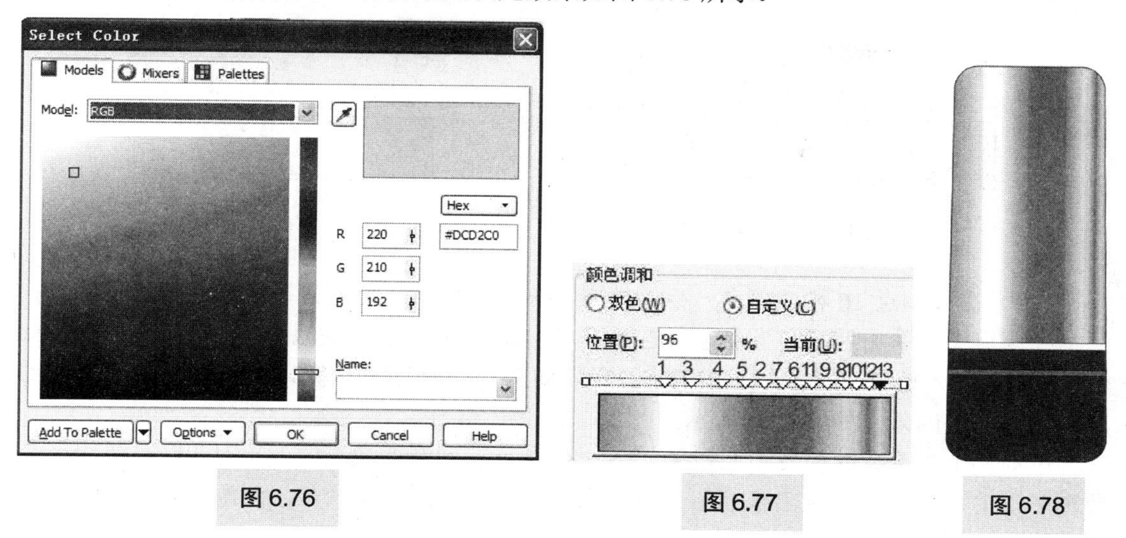

图 6.76　　图 6.77　　图 6.78

下面继续编辑亮部颜色渐变效果。

（39）在控制点 1 偏左的地方双击，添加控制点 14。添加后，【位置】显示是 12%，单击调色板下的【其它】按钮，打开的【Select Color】对话框设置如图 6.79 所示，设置完毕单击【OK】按钮，渐变条的效果如图 6.80 所示。

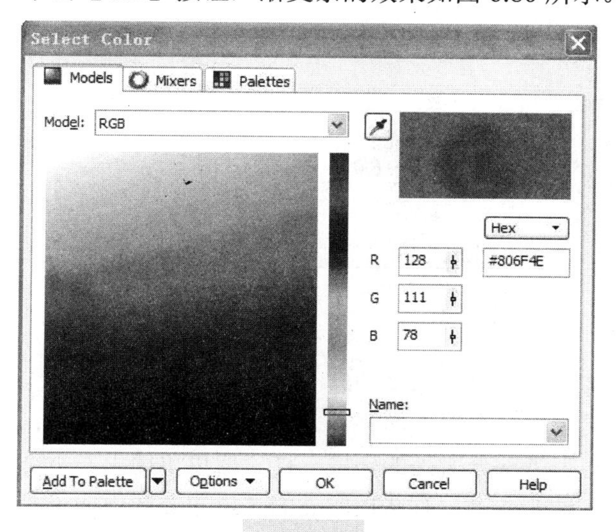

图 6.79

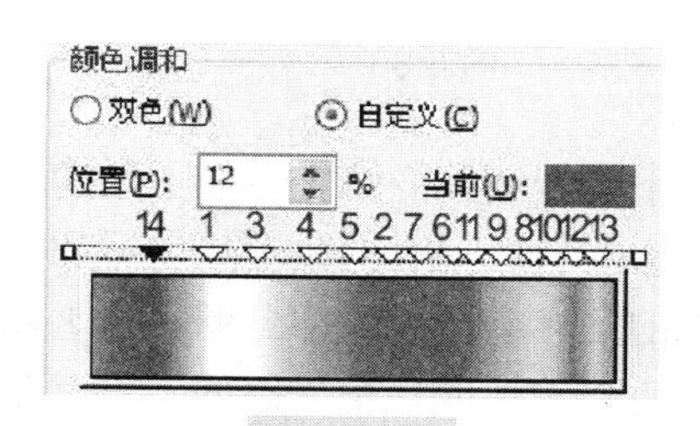

图 6.80

（40）在控制点 14 稍微偏右一点的地方双击（添加时一定是紧挨着控制点 14 双击），添加控制点 15。添加后，【位置】显示大概是 15%，然后把控制点 15 右移 2%，可以在【位置】后输入数值 17，渐变条的效果如图 6.81 所示。

（41）在控制点 14 稍微偏左一点的地方双击（添加时一定是紧挨着控制点 14 双击），添加控制点 16。添加后，【位置】显示大概是 8%，渐变条的效果如图 6.82 所示。

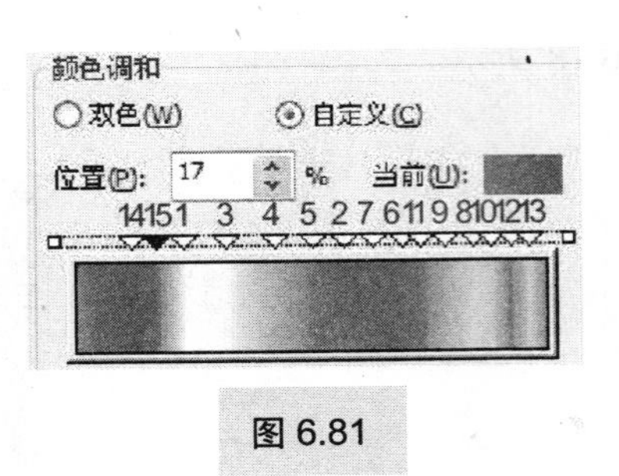

图 6.81

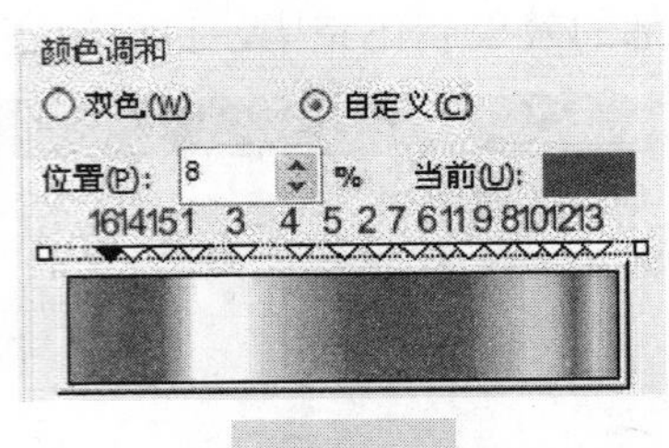

图 6.82

（42）在控制点 16 稍微偏左一点的地方双击（添加时一定是紧挨着控制点 16 双击），添加控制点 17。添加后，【位置】显示是 3%，单击调色板下的【其它】按钮，在打开的【Select Color】对话框中，单击【滴管】按钮，吸取如图 6.83 所示的位置，RGB 的数值如图 6.83 所示，渐变条的效果如图 6.84 所示。

单筒的上半部分的渐变填充效果如图 6.85 所示。此渐变填充的效果对于初学者可能需要很多次的调整才可以做出来，但是每一次的改动，都是一次经验，渐渐地就会掌握渐变填充的方法和技巧了。

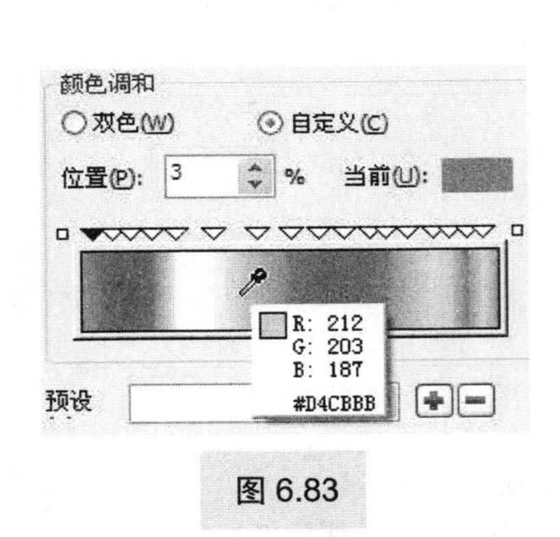

图 6.83

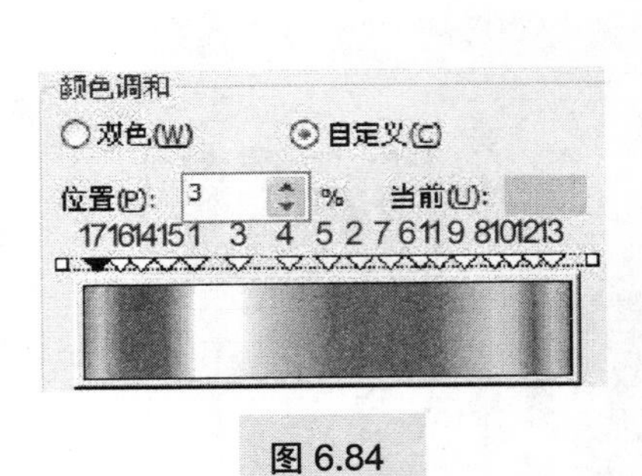

图 6.84

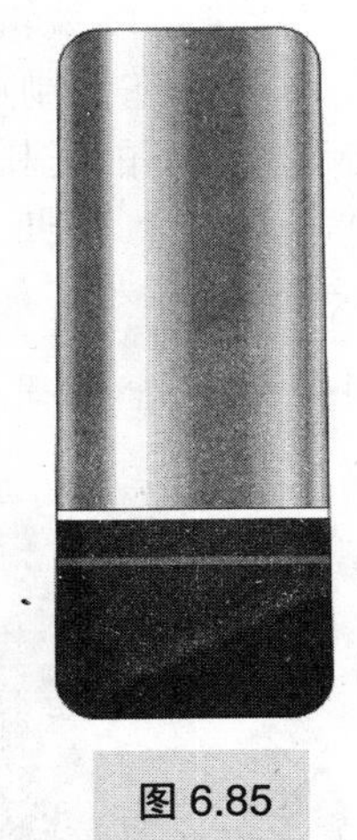

图 6.85

下面继续渐变填充单筒下部的深灰色部分。一般望远镜的这个部分是类似橡胶或者工程塑料的材质，表面肌理均匀温和，明暗反差没有金属表面强烈，所以过渡比金属平缓，高光的变化也比金属部分弱。由于此部分与上半部分所处的环境一样，所以单筒上、下部分的明暗关系应该是一致的。也就是说，在渐变条上，有些控制点的【位置】数值应该是一样的。利用此种关系，下半部分的填充相对来说就简单多了。

（43）单击选中渐变填充完的金属部分，用【渐变】工具打开【渐变填充】对话框，记下单筒上半部分的高光位置参数、明暗交界线位置参数，然后关闭对话框。

（44）单击选中单筒下半部分深灰色图形，选择【渐变】工具，此工具的快捷键是 F11，打开【渐变填充】对话框，选择【颜色调和】选项区域中的【自定义】选项。

（45）单击选中渐变条最左边的“□”，选中后变成“■”，单击调色板中的【90%黑色】按钮。

（46）单击选中渐变条最右边的“□”，选中后变成“■”，单击调色板下的【100%黑色】按钮。

（47）在渐变条靠左边约 1/4 位置双击，添加一个控制点 1，此处为高光，与单筒上半部分的高光位置对应，其【位置】显示 23%，填充调色板中【50%黑色】，渐变条效果如图 6.86 所示。

（48）在渐变条中间偏右的地方双击，添加控制点 2，此处为明暗交界线，与单筒上半部分的明暗交界线位置对应，其【位置】显示 57%，填充调色板中【100%黑色】，渐变条效果如图 6.87 所示。

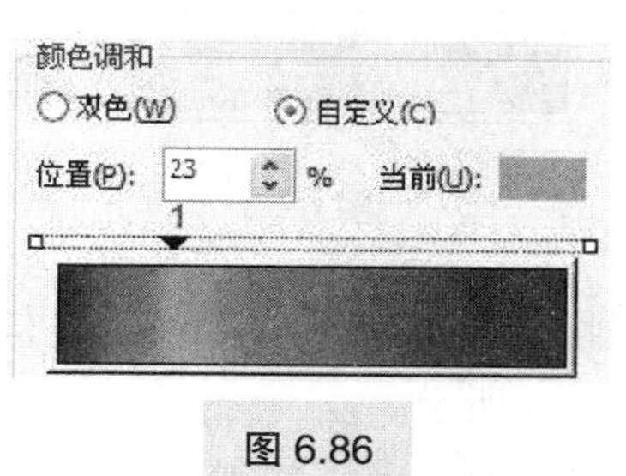

图 6.86

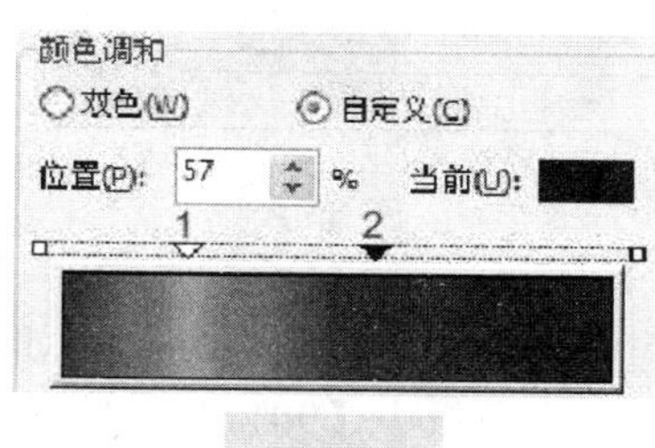

图 6.87

（49）在控制点 2 稍微偏右一点的地方双击（添加时一定是紧挨着控制点 2 双击），添加控制点 3。添加后，调整【位置】为 67%，渐变条的效果如图 6.88 所示。

（50）在控制点 1 稍微偏右一点的地方双击（添加时一定是紧挨着控制点 1 双击），添加控制点 4。添加后，调整【位置】为 32%，渐变条的效果如图 6.89 所示。

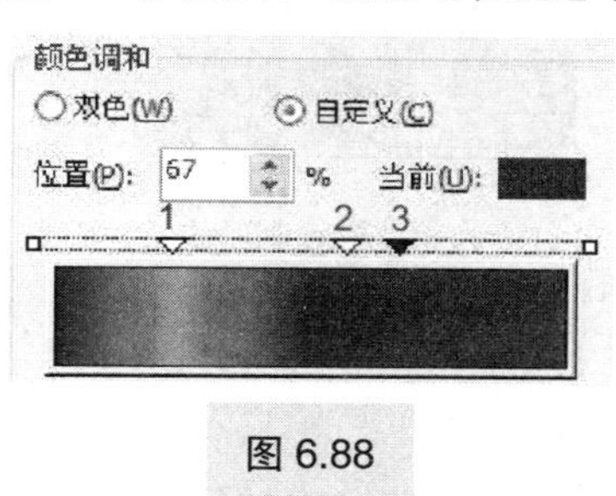

图 6.88

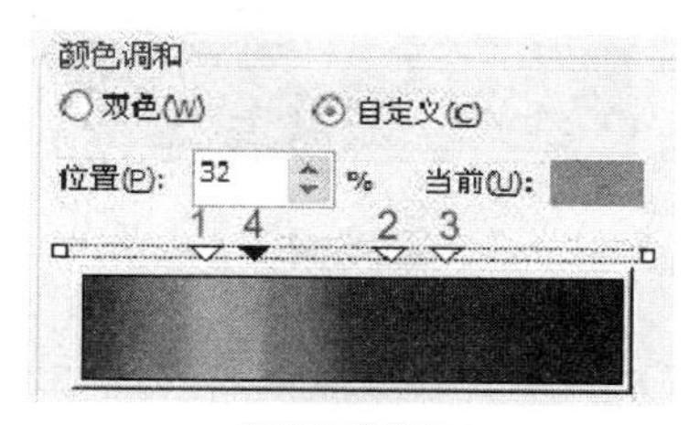

图 6.89

（51）在控制点 2 稍微偏左一点的地方双击（添加时一定是紧挨着控制点 2 双击），添加控制点 5。添加后，调整【位置】为 46%，渐变条的效果如图 6.90 所示。

（52）在控制点 3 与渐变条终点中间地方双击，添加控制点 6。添加后，调整【位置】为 83%，填充调色板中 80%黑色，渐变条的效果如图 6.91 所示。

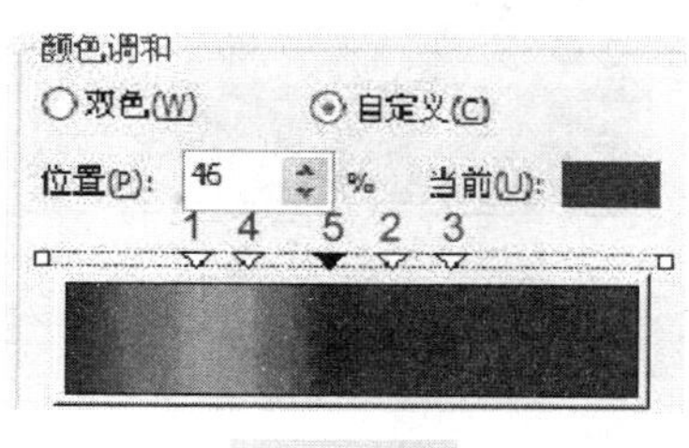

图 6.90

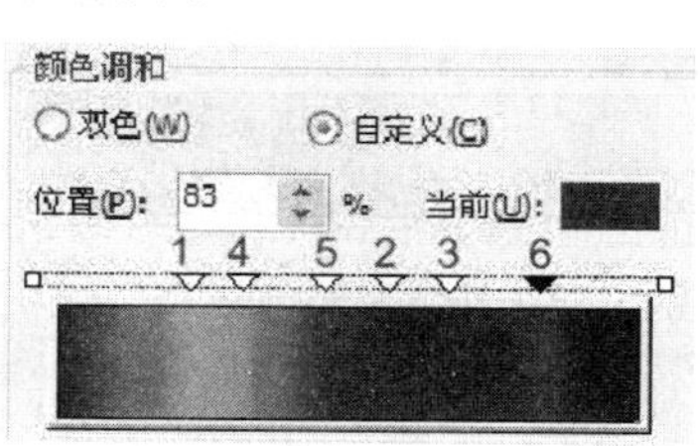

图 6.91

（53）在控制点 6 稍微偏左一点的地方双击（添加时一定是紧挨着控制点 6 双击），添加控制点 7。添加后，调整【位置】为 79%，渐变条的效果如图 6.92 所示。

（54）在控制点 3 稍微偏右一点的地方双击（添加时一定是紧挨着控制点 3 双击），添加控制点 8。添加后，调整【位置】为 72%，渐变条的效果如图 6.93 所示。

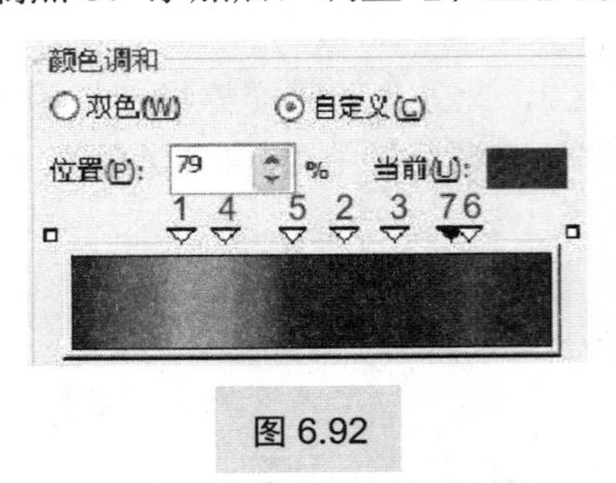

图 6.92

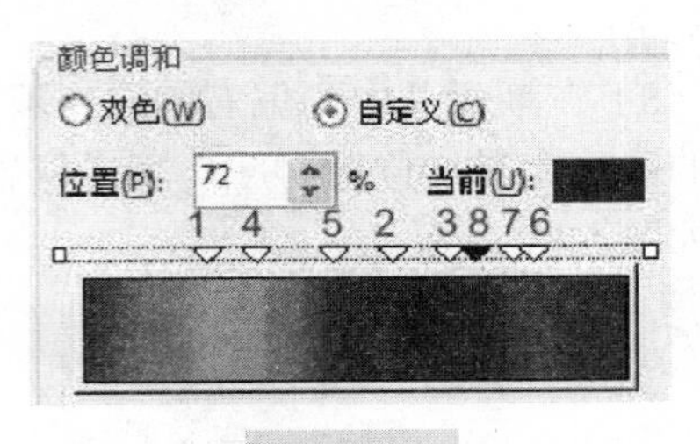

图 6.93

（55）在控制点 6 稍微偏右一点的地方双击，添加控制点 9。添加后，调整【位置】为 89%，填充调色板中【90%黑色】，渐变条的效果如图 6.94 所示。

（56）在控制点 9 与渐变条终点中间地方双击，添加控制点 10。添加后，调整【位置】为 96%，填充调色板中【80%黑色】，渐变条的效果如图 6.95 所示。

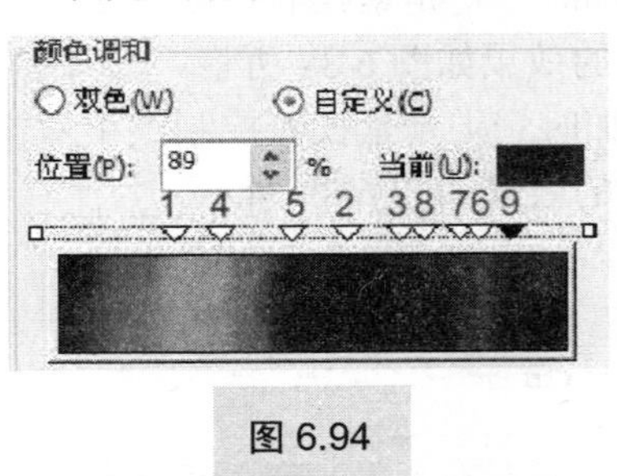

图 6.94

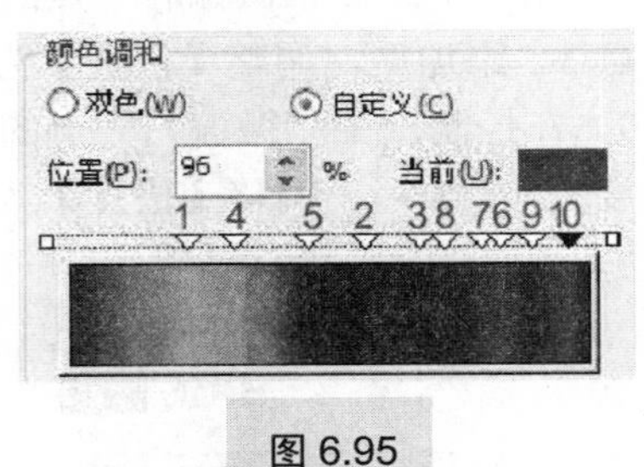

图 6.95

（57）在渐变条起点偏右的地方双击，添加控制点 11。添加后，调整【位置】为 7%，填充调色板中【100%黑色】，渐变条的效果如图 6.96 所示。

（58）在控制点 11 稍微偏右一点的地方双击，添加控制点 12。添加后，调整【位置】为 14%，渐变条的效果如图 6.97 所示。

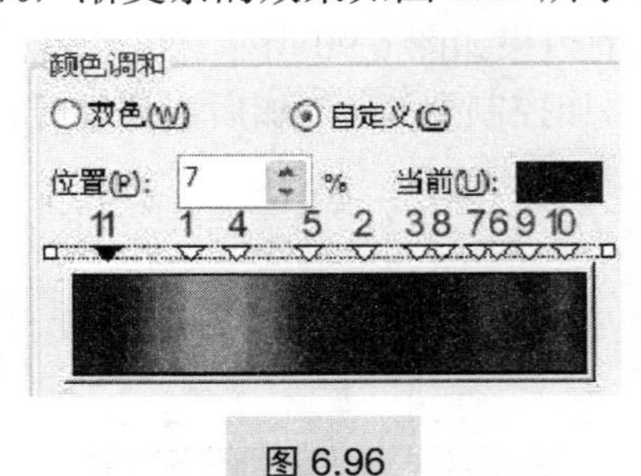

图 6.96

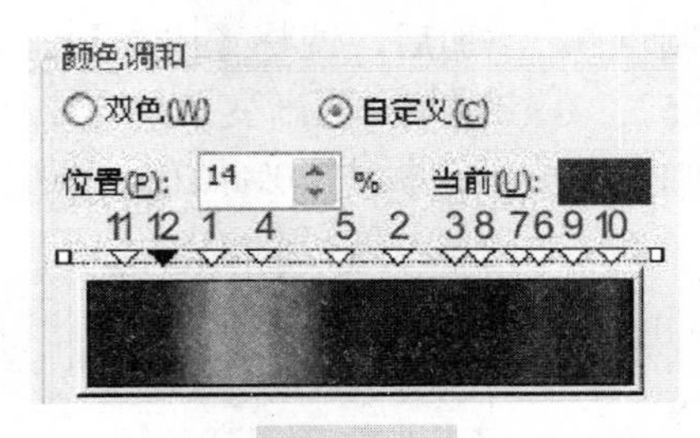

图 6.97

至此，单筒下半部分渐变填充完毕，效果如图 6.98 所示。

单筒的上、下部分渐变效果如图 6.99 所示。

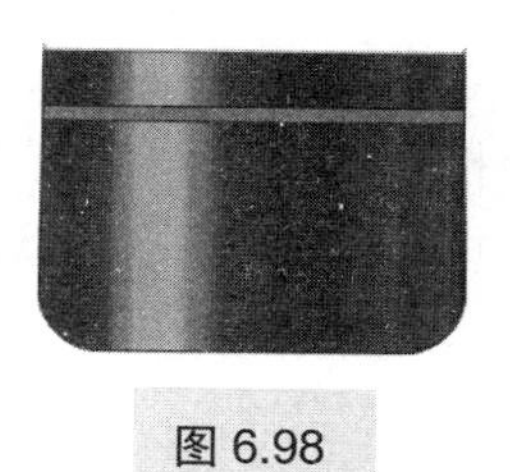

图 6.98

图 6.99

下面渐变填充单筒下部的细长矩形部分，此部分是电镀金属效果，此种材质光量大，反光稍微强烈，渐变填充时光量和对比度比较强烈。

（59）单击选中细长矩形，再单击工具箱中的【填充】工具按钮，在打开的下拉菜单中选择【渐变】选项，其快捷键是【F11】，打开【渐变填充】对话框，选择【颜色调和】选项区域中的【自定义】选项。

（60）单击选中渐变条最左边的“□”，选中后变成“■”，单击调色板中的【白色】色块。

（61）单击选中渐变条最右边的“□”，选中后变成“■”，单击调色板下的【其它】按钮，打开的【Select Color】对话框设置如图 6.100 所示，设置完毕单击【OK】按钮，渐变条的效果如图 6.101 所示。

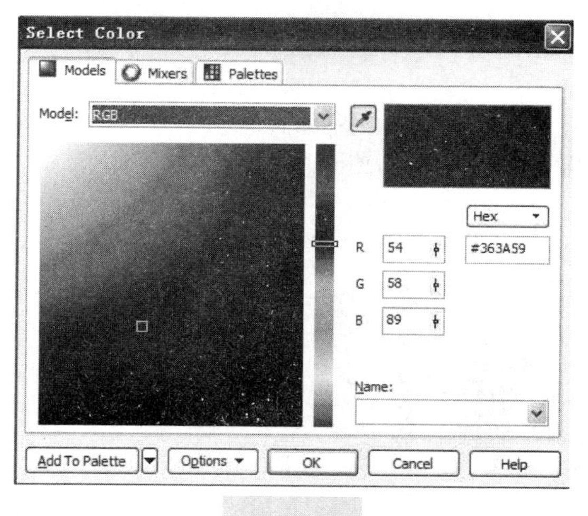

图 6.100

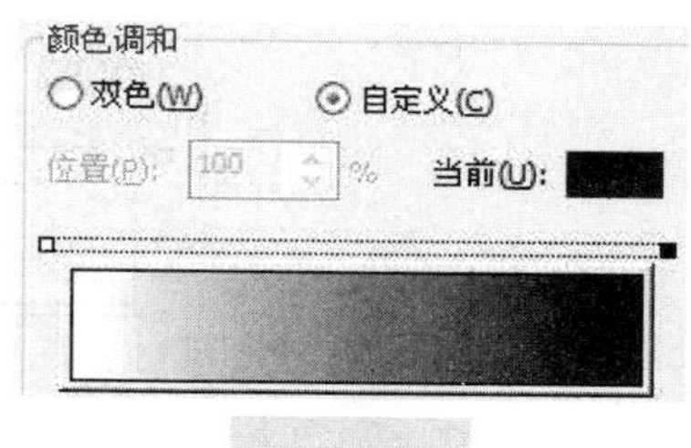

图 6.101

（62）在渐变条中间位置双击，添加一个控制点 1，其【位置】显示 49%，填充调色板中【白色】，渐变条的效果如图 6.102 所示。

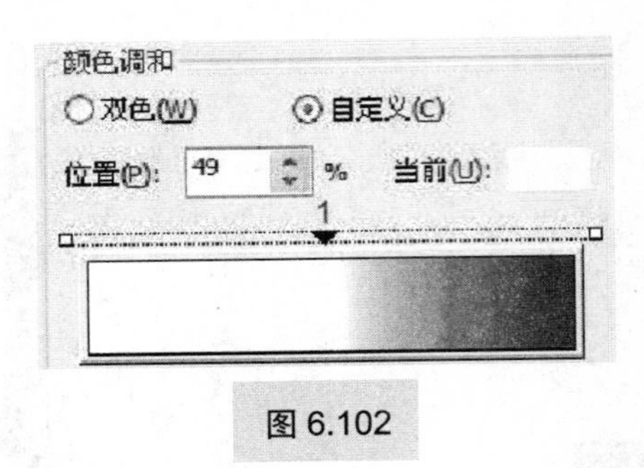

图 6.102

（63）在控制点 1 与终点中间偏右位置双击，添加一个控制点 2，其【位置】显示 74%，单击调色板下的【其它】按钮，打开的【Select Color】对话框设置如图 6.103 所示，设置完毕单击【OK】按钮，渐变条的效果如图 6.104 所示。

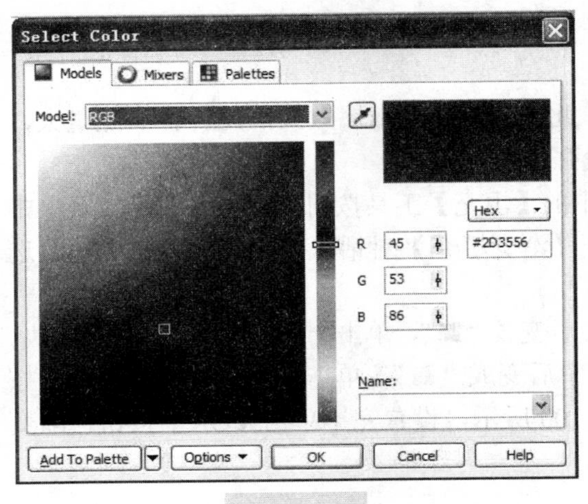

图 6.103

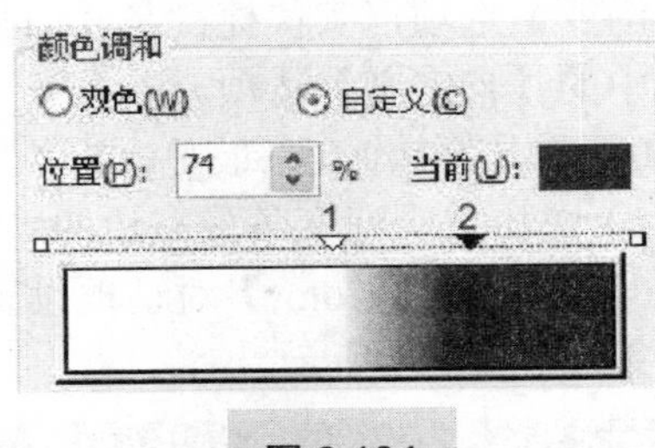

图 6.104

（64）在控制点 2 稍微偏右一点的地方双击（添加时一定是紧挨着控制点 2 双击），添加控制点 3。添加后，调整【位置】为 88%，渐变条的效果如图 6.105 所示。

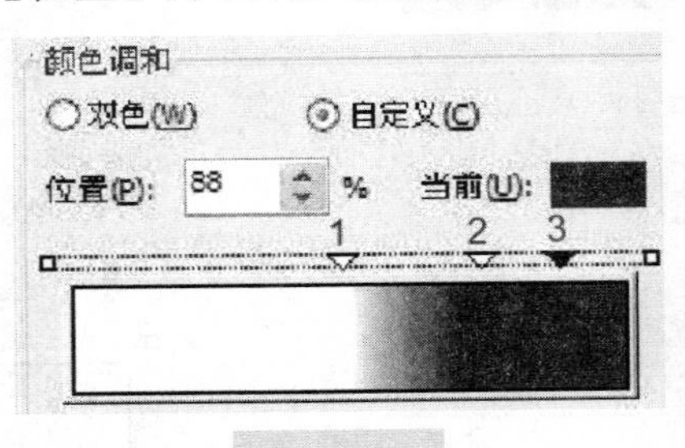

图 6.105

（65）在距离终点偏左位置双击，添加一个控制点 4，其【位置】显示 97%，单击调色板下的【其它】按钮，打开的【Select Color】对话框设置如图 6.106 所示，设置完毕单击【OK】按钮，渐变条的效果如图 6.107 所示。

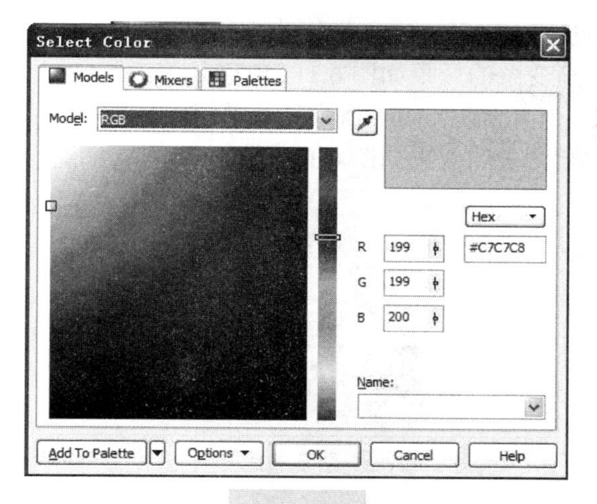

图 6.106

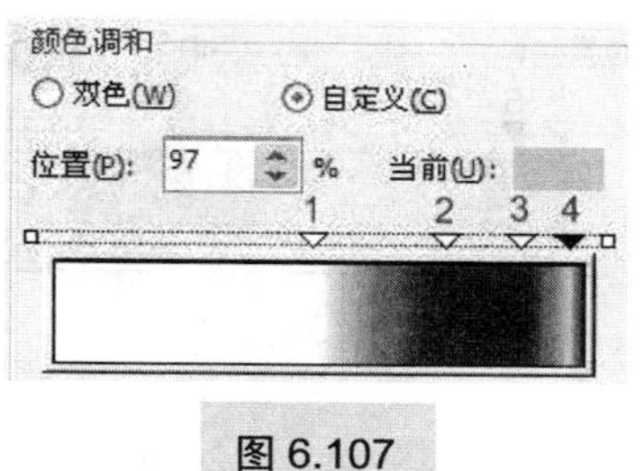

图 6.107

此时细长矩形的渐变填充效果如图 6.108 所示。

图 6.108

暗部的效果制作完毕，继续绘制亮部的效果。

（66）在距离起点偏右位置双击，添加一个控制点 5，其【位置】显示 8%，单击调色板下的【其它】按钮，打开的【Select Color】对话框设置如图 6.109 所示，设置完毕单击【OK】按钮，渐变条的效果如图 6.110 所示。

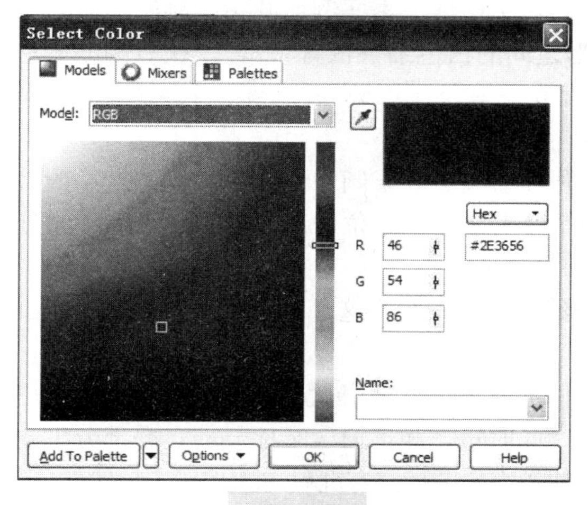

图 6.109

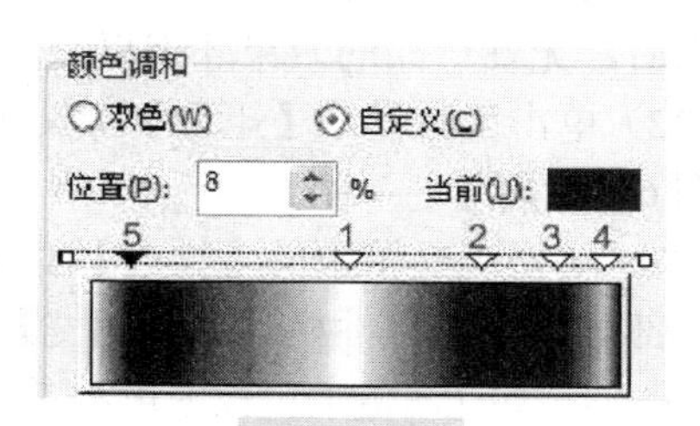

图 6.110

（67）在控制点 5 稍微偏右一点的地方双击（添加时一定是紧挨着控制点 5 双击），添加控制点 6。添加后，调整【位置】为 16%，渐变条的效果如图 6.111 所示。

（68）在控制点 1 稍微偏左一点的地方双击（添加时一定是紧挨着控制点 1 双击），添加控制点 7。添加后，调整【位置】为 26%，渐变条的效果如图 6.112 所示。

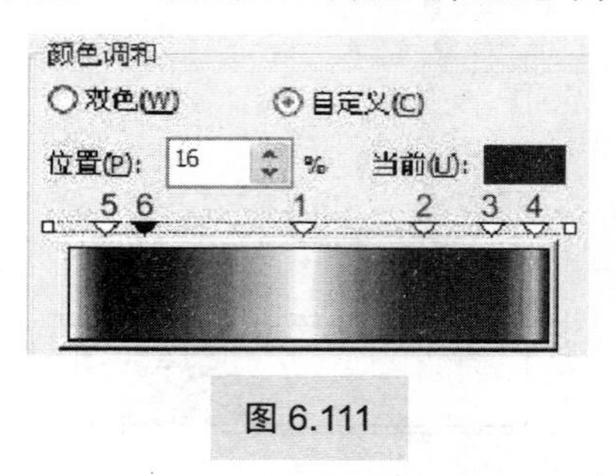

图 6.111

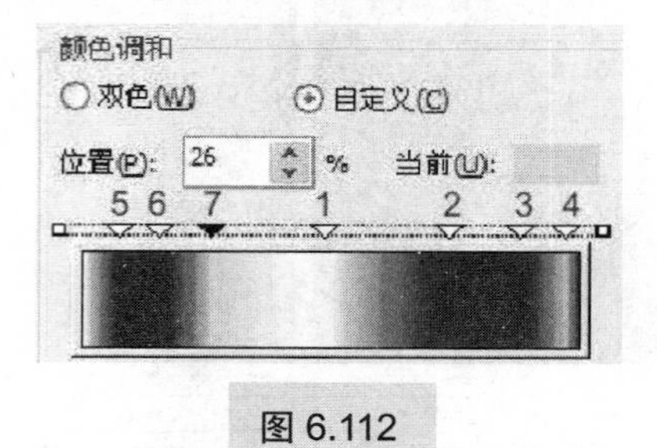

图 6.112

（69）在控制点 5 稍微偏左一点的地方双击，添加控制点 8。添加后，调整【位置】为 3%，渐变条的效果如图 6.113 所示。

（70）在控制点 2 稍微偏左一点的地方双击，添加控制点 9。添加后，调整【位置】为 66%，渐变条的效果如图 6.114 所示。

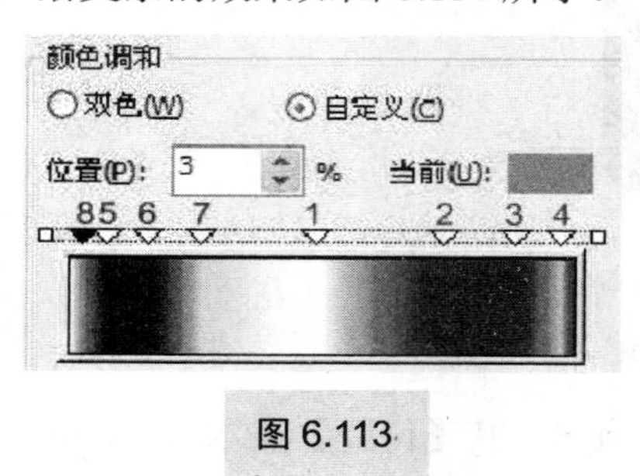

图 6.113

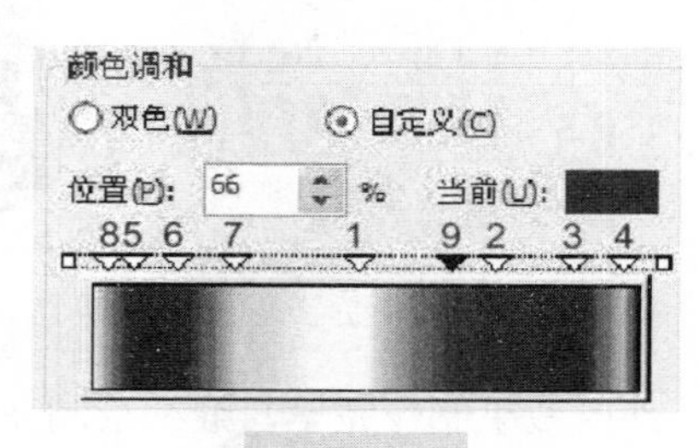

图 6.114

至此，细长矩形渐变填充完毕，单筒的效果如图 6.115 所示。

（71）单击工具箱中的【挑选】工具按钮，再单击选中本案例最开始绘制的单筒矩形（鼠标在上半部分渐变图形与下半部分渐变图形之间的白色细条位置单击），在右侧的调色板中单击【黑色】按钮，这一黑色窄条是单筒上半部分和下半部分的分界槽，效果如图 6.116 所示。

下面处理单筒望远镜的边缘效果。目前，圆柱的弧面效果制作了出来，但是产品的效果图点睛之处是其边缘的高光或是阴影。这两个经典之处多是位于产品的边缘。将边缘处理得当后，无疑产品的效果才得以完美的体现。

（72）单击工具箱中【矩形】工具按钮，绘制一个矩形，这是一个辅助矩形，其大小参照图 6.117 所示。

（73）单击工具箱中的【挑选】工具按钮，选中矩形，按住【Shift】键，单击选中单筒上半部分。单击属性栏中的【相交】按钮，此时矩形和单筒上半部分的重叠部分生成一个新图形，并在右侧调色板中单击【白色】色块填充新图形，右键单击按钮去掉轮廓色。

（74）在页面空白处单击，以取消对选对象的选择单击选中辅助矩形，按住【Ctrl】键，拖动至如图 6.118 所示的位置。

图 6.115　图 6.116　图 6.117　图 6.118

（75）参照步骤（73）的方法，制作单筒下半部分边缘的图形，填充【20%黑色】，右键单击☒按钮去掉轮廓色。

（76）单击选中辅助矩形，按【Delete】键删除，效果如图 6.119 所示。

（77）单击工具箱中的【挑选】工具按钮，单击选中单筒上面白色图形（此图形是边缘高光）。

（78）单击工具箱中的【透明度】工具按钮，工具位置如图 6.120 所示。

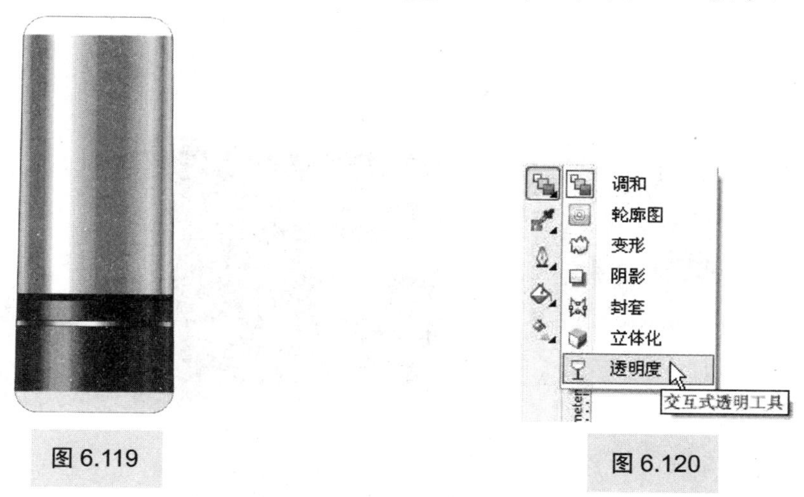

图 6.119　图 6.120

（79）当指针变成“”时，按住【Ctrl】键，同时按住鼠标左键从图形上边缘的外侧向下边缘里侧拖动，拖动位置如图 6.121 所示，释放鼠标，效果如图 6.122 所示。

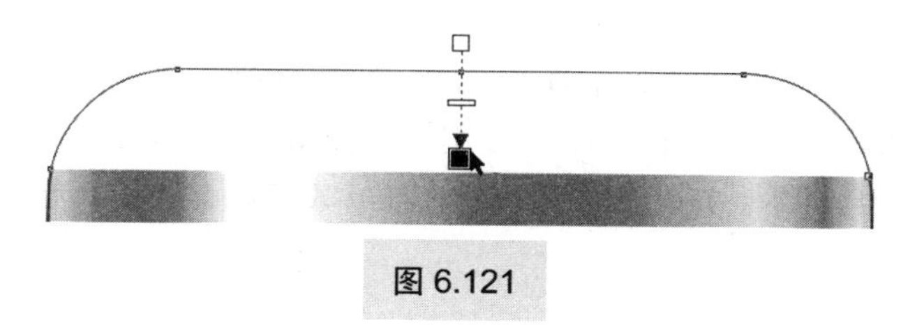

图 6.121

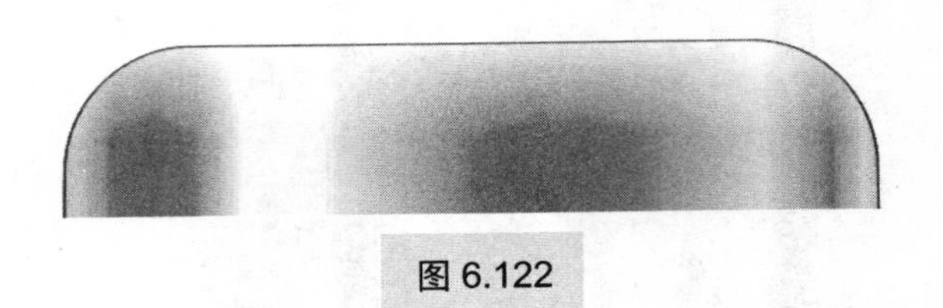

图 6.122

操作提示

整体看对象时，不便于编辑细小的地方，如图 6.122 中的白色图形的交互式透明效果，可以通过用【放大镜】工具放大该图形进行编辑，按一下快捷键【F2】，再用鼠标框选预放大的区域即可。如果再要放大一次，就再按一次【F2】键，再用鼠标框选预放大的区域即可。

如果想看对象整体时，按快捷键【F4】即可。

（80）单击选中单筒下面浅灰色图形，按住【Ctrl】键，同时按住鼠标左键从图形下边缘的外侧向上边缘里侧拖动，拖动位置如图 6.123 所示，释放鼠标，效果如图 6.124 所示。

上、下两个图形的交互式透明的效果如图 6.125 所示，边缘有一种弧度的效果，而且还有高光效果，结构显得很饱满。

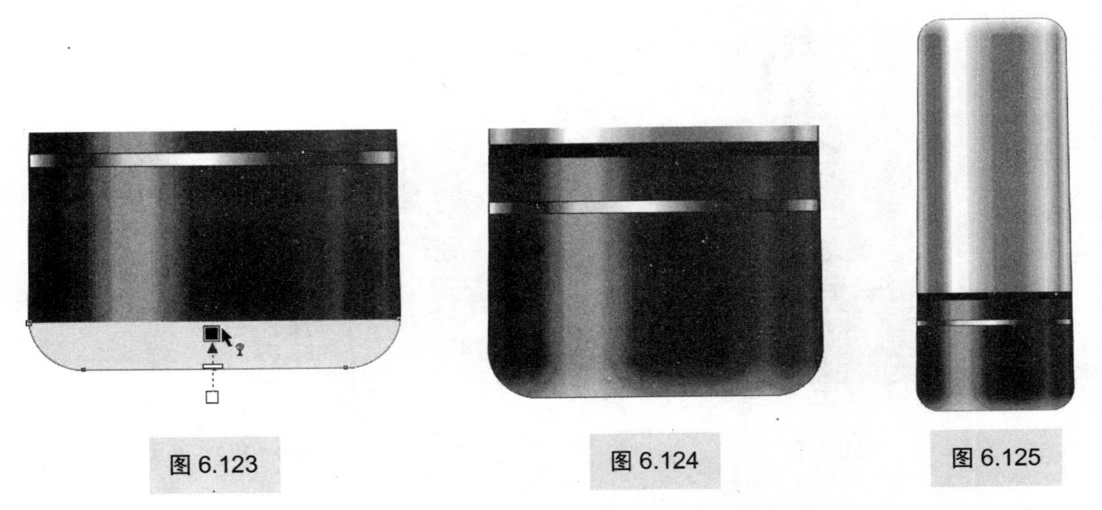

图 6.123　　图 6.124　　图 6.125

下面处理单筒上半部分和下半部分与分隔槽的边缘关系。

（81）单击工具箱中的【矩形】工具按钮，绘制一个矩形，这是一个辅助矩形，其位置与大小参照图 6.126 所示。

（82）单击工具箱中的【挑选】工具按钮，再单击选中辅助矩形，按住【Shift】键，单击选中单筒上半部分。单击属性栏中的【相交】按钮，此时辅助矩形和单筒上半部分的重叠部分生成一个新图形，并在右侧调色板中单击【白色】色块填充新图形，右键单击☒按钮去掉轮廓色。

（83）按住【Ctrl】键，单击选中辅助矩形，拖动至如图 6.127 所示的位置。

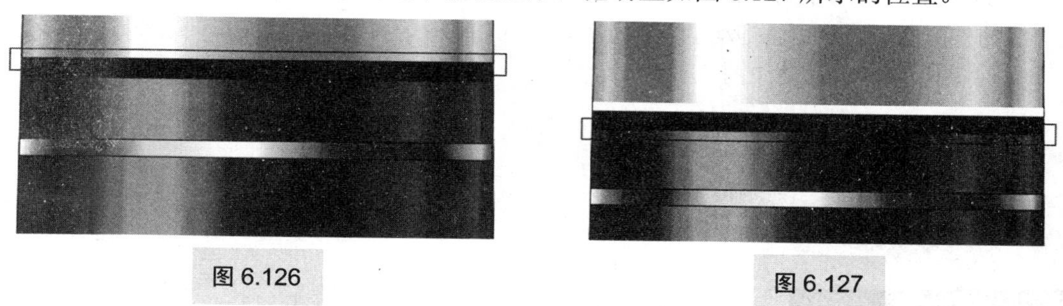

图 6.126　　图 6.127

（84）参照步骤（82）的方法，制作单筒下半部分边缘的图形，填充【20%黑色】，右键单击☒按钮去掉轮廓色。

（85）单击选中辅助矩形，按【Delete】键删除，效果如图 6.128 所示。

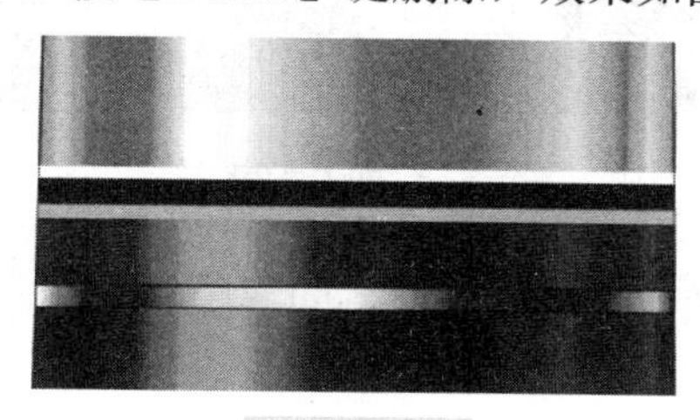

图 6.128

（86）单击选中细长白色矩形（此图形为边缘高光）。

（87）单击工具箱中的【透明度】工具按钮，当指针变成“”时，按住【Ctrl】键，按住鼠标左键从图形下边缘的外侧向上边缘里侧拖动，拖动位置如图 6.129 所示，释放鼠标，效果如图 6.130 所示。

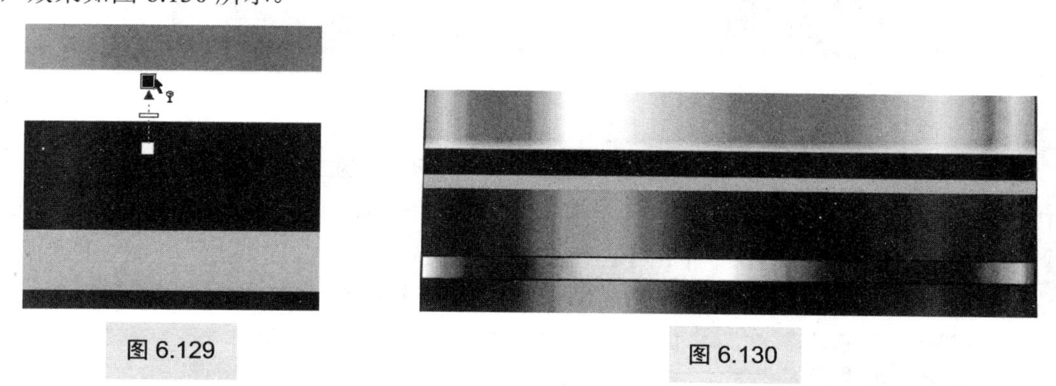

图 6.129　　图 6.130

操作提示

此处图形过于细小，可以通过用【放大镜】工具放大该图形进行编辑，按一下快捷键【F2】，再用鼠标框选放大此区域即可。如果再要放大一次，就再按一次【F2】键，再用鼠标框选此区域即可。按快捷键【F4】可恢复观看整体效果。

（88）单击选中单筒下面浅灰色细长矩形，按住【Ctrl】键，同时按住鼠标左键从图形上边缘的外侧向下边缘里侧拖动，拖动位置如图 6.131 所示，释放鼠标，效果如图 6.132 所示。

目前单筒的整体效果如图 6.133 所示。

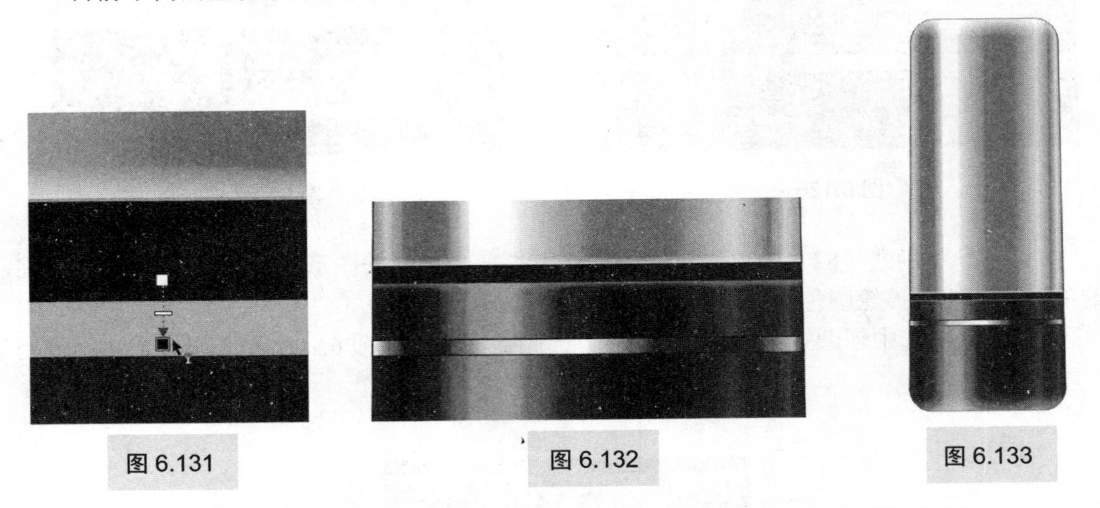

图 6.131　　图 6.132　　图 6.133

下面制作电镀条的边缘效果。由于电镀条的宽度非常窄，所以需要将图形放大到一定尺寸才可以编辑。

（89）单击工具箱中的【挑选】工具按钮，再单击选中电镀条，在右侧调色板中，右键单击☒按钮去掉轮廓色。

（90）单击工具箱中的【矩形】工具按钮，绘制一个矩形，这是一个辅助矩形，其位置与大小参照 6.134 所示。

图 6.134

（91）单击工具箱中的【挑选】工具按钮，选中辅助矩形，按住【Shift】键，单击选中电镀条。单击属性栏中的【相交】按钮，此时辅助矩形和电镀条的重叠部分生成一个新图形，并在右侧调色板中单击【白色】色块填充新图形，右键单击☒按钮去掉轮廓色。

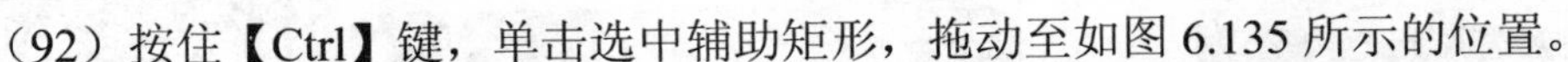

（92）按住【Ctrl】键，单击选中辅助矩形，拖动至如图 6.135 所示的位置。

图 6.135

（93）参照步骤（91）的方法，制作电镀条下半部分边缘的图形，填充【黑色】，右键单击☒按钮去掉轮廓色。

（94）单击选中辅助矩形，按【Delete】键删除，效果如图 6.136 所示。

图 6.136

（95）单击选中细长白色图形（此图形为边缘高光）。

（96）单击工具箱中的【透明度】工具按钮，当指针变成"　"时，按住【Ctrl】键，同时按住鼠标左键从图形上边缘的外侧向下边缘里侧拖动，拖动位置如图 6.137 所示，释放鼠标，效果如图 6.138 所示。

图 6.137

图 6.138

（97）单击选中电镀条下面黑色图形，按住【Ctrl】键，同时按住鼠标左键从图形下边缘的外侧向上边缘里侧拖动，拖动位置如图 6.138 所示，释放鼠标，效果如图 6.139 所示。

图 6.138

图 6.139

（98）单击工具箱中的【挑选】工具按钮，分别单击选中本案例开始绘制的大矩形（单击黑色分隔槽部分即可）、单筒上半截的金属部分、单筒下半截的橡胶部分，在右侧调色板中右键单击☒按钮去掉轮廓色。

单筒望远镜的最终整体效果如图 6.140 所示。

读者可以自己尝试为其添加一个环境，利用【渐变】工具，如图 6.141 所示。

图 6.140　　图 6.141

6.3 上机实战

6.3.1 上机实战一

利用【渐变填充】工具，制作一个白色圆柱石膏体。

操作提示

最好可以对照一个白色圆柱石膏体的实物进行颜色的设置与填充，观察实物的明暗层次关系的变化要更直观、更简单一些。

6.3.2 上机实战二

利用本章及以前所学的知识，自行设计一款圆柱形的产品外观，如不锈钢口杯、运动水壶、手电筒等。

操作提示

（1）利用【贝塞尔】工具或者【手绘】工具结合【形状】工具绘制轮廓，并可以用辅助图形进行修剪。

（2）主要练习用【渐变填充】工具为外观填充颜色。

（3）注意圆柱形的明暗层次关系的把握。

（4）为了渲染产品，可以为产品添加背景，烘托氛围。

第7章 腕表设计

教学要求：

- 熟练掌握【渐变填充】工具的用法。
- 熟练掌握【透明度】工具的用法。
- 熟练掌握【旋转复制】命令的用法。

教学难点：

- 掌握用【渐变填充】工具进行颜色的设置。
- 熟练掌握【透明度】工具设置过渡效果。

建议学时：

- 总计学时：12 学时。
- 理论学时：6 学时。
- 实践学时：6 学时。

相关说明

本章的案例绘制比较繁琐，步骤和图非常多，有时候一样的图形对象会被复制多次或者重复工具的用法运用多次，请读者仔细慎重地阅读，并需要有足够耐心和信心去对待完成。

7.1 设计工具及其用法

本章案例设计主要用到的有【透明度】工具、【渐变填充】工具，【旋转复制】命令、【镜像复制】命令等。由于前面的几章中对上述工具的用法做了说明介绍，在此就不再做讲解。

7.2 案例详解

本节以腕表设计为例，介绍设计步骤，案例效果图及其具体设计步骤如下。

7.2.1 案例效果图

腕表设计效果如图 7.1 所示。

图 7.1

7.2.2 案例步骤详解

（1）打开 CorelDRAW X5 软件，在【WELCOME】（欢迎）窗口中，单击右侧【Quick Start】（快速启动）标签，如图 7.2 所示。

图 7.2

（2）在【Quick Start】（快速启动）窗口中，选择【New blank document】（新建空白文件）选项，如图 7.3 所示。

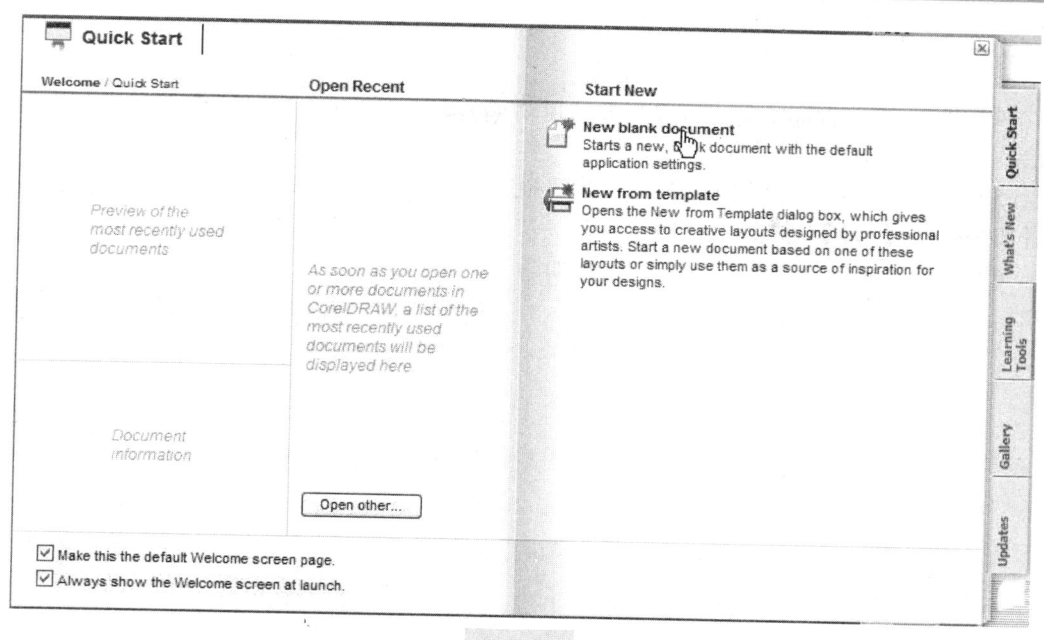

图 7.3

(3)在打开的【Create a New Document】(创建一个新文件)对话框中，依次设置【Name】(文件名称)，【Preset destination】(预设)，【Size】(页面尺寸)，【Width】(页面宽度)，【Height】(页面高度)，【Primary color mode】(色彩模式)，【Rendering resolution】(渲染像素)，【Preview mode】(预览模式)。设置如图 7.4 所示，单击【OK】按钮，创建一个空白文件。

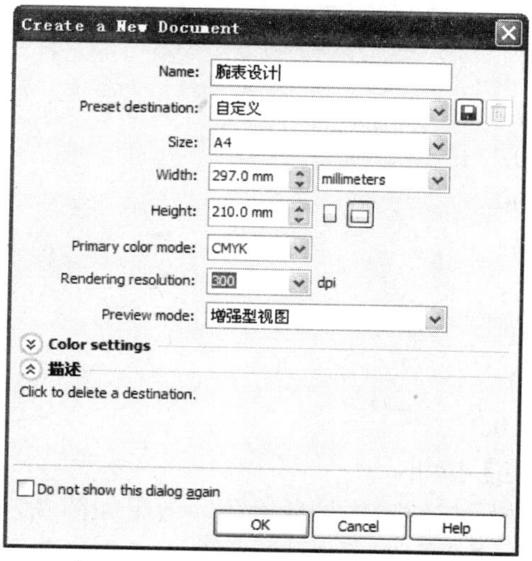

图 7.4

相关说明

由于绘制表盘时绘制的圆形比较多，所以在以下步骤中，每绘制一个圆形，都会以序号命名，方便读者明确查找。

（4）单击工具箱中的【椭圆形】工具按钮，按住【Ctrl】键，同时按住鼠标左键拖动绘制一个圆形 1（直径为 80.76mm）。

（5）单击工具箱中的【填充】工具按钮，在弹出的下拉菜单中选择【渐变】选项，或者按快捷键【F11】，如图 7.5 所示。

（6）打开【渐变填充】对话框，设置如图 7.6 所示。

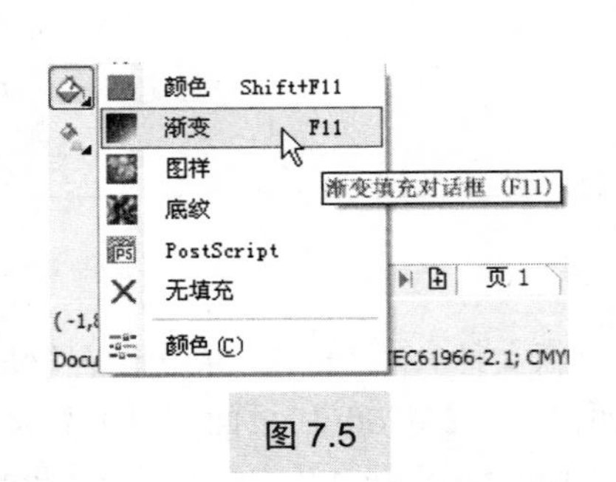

图 7.5

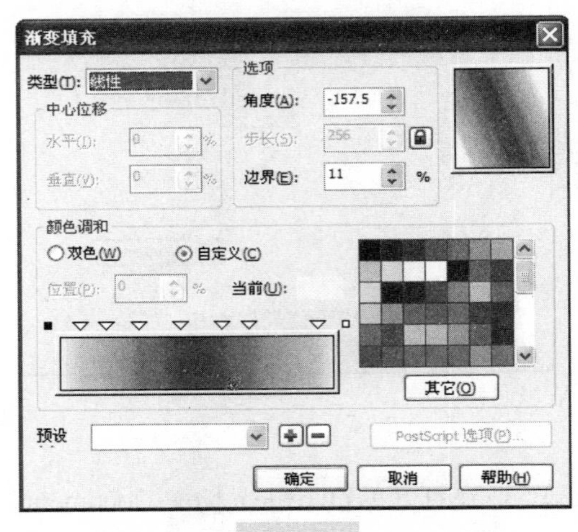

图 7.6

（7）其中【颜色调和】选项区域中的渐变色条上的控制点位置及对应的 C、M、Y、K 颜色参数如下。

位置 0：0、0、0、10；

位置 8：0、0、0、30；

位置 17：0、0、0、40；

位置 29：0、0、0、60；

位置 44：0、0、0、80；

位置 59：0、0、0、77；

位置 69：0、0、0、60；

位置 94：0、0、0、30；

位置 100：0、0、0、10。

设置完毕，单击【确定】按钮。

（8）右键单击调色板的☒按钮，去掉轮廓色，效果如图 7.7 所示。

（9）执行【菜单栏】|【窗口】|【泊坞窗】|【变换】|【大小】命令，此命令的快捷键是【Alt】+【F10】组合键。在窗口右侧打开的【变换】对话框中进行如图 7.8 所示的设置，设置完毕，单击【应用到再制】按钮，缩小复制出圆形 2。

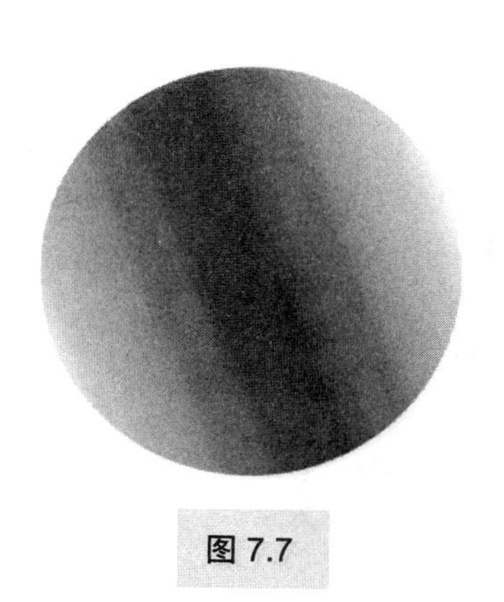

图 7.7

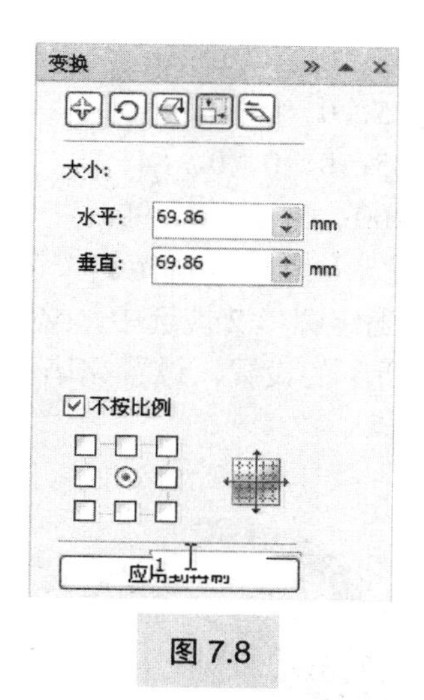

图 7.8

操作提示

由于下面步骤中还要缩小复制其他圆形，所以【大小】命令的泊坞窗暂时不用关闭。

（10）确定圆形 2 被选中，单击工具箱中的【渐变填充】工具按钮，或者按快捷键【F11】，打开【渐变填充】对话框，设置如图 7.9 所示。

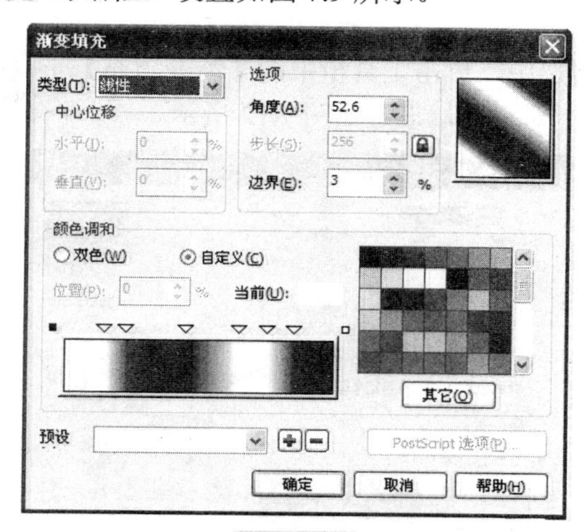

图 7.9

（11）其中,【颜色调和】选项区域中的渐变色条上的控制点位置及对应的 C、M、Y、K 颜色参数如下。

位置 0：0、0、0、0；

位置 15：0、0、0、2；

位置 23：0、0、0、80；

位置 45：0、0、0、100；

位置 65：0、0、0、0；

位置 75：0、0、0、0；

位置 85：0、0、0、84；

位置 100：0、0、0、90。

设置完毕，单击【确定】按钮，效果如图 7.10 所示。

（12）确定圆形 2 被选中，继续执行【大小】命令，在窗口右侧【变换】对话框中进行如图 7.11 所示的设置，设置完毕，单击【应用到再制】按钮，缩小复制出圆形 3。

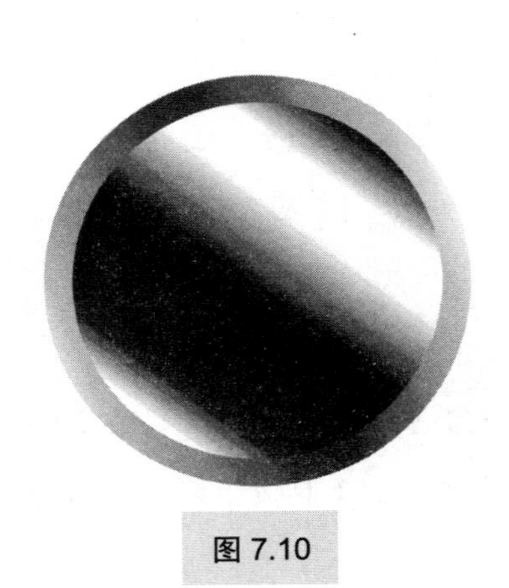

图 7.10

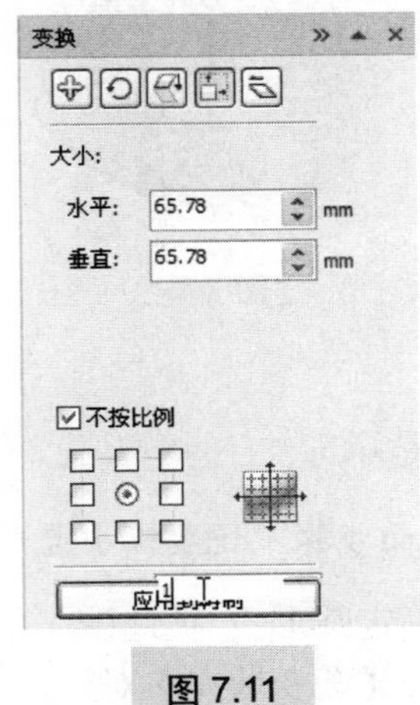

图 7.11

（13）确定圆形 3 被选中，单击工具箱中的【渐变填充】工具按钮，或者按快捷键【F11】，打开【渐变填充】对话框，设置如图 7.12 所示。

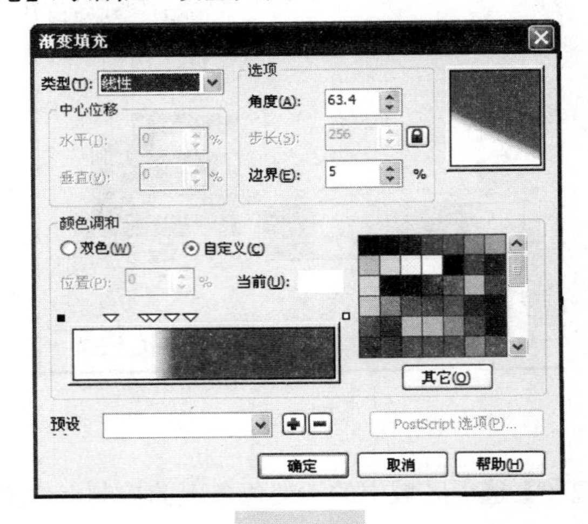

图 7.12

（14）其中，【颜色调和】选项区域中的渐变色条上的控制点位置及对应的 C、M、Y、K 颜色参数如下。

位置 0：0、0、0、0；

位置 15：0、0、0、2；

位置 28：0、0、0、0；
位置 31：0、0、0、10；
位置 38：0、0、0、61；
位置 45：0、0、0、70；
位置 100：0、0、0、70。
设置完毕，单击【确定】按钮，效果如图 7.13 所示。

（15）确定圆形 3 被选中，继续执行【大小】命令，在窗口右侧【变换】对话框中进行如图 7.14 所示的设置，设置完毕，单击【应用到再制】按钮，缩小复制出圆形 4。

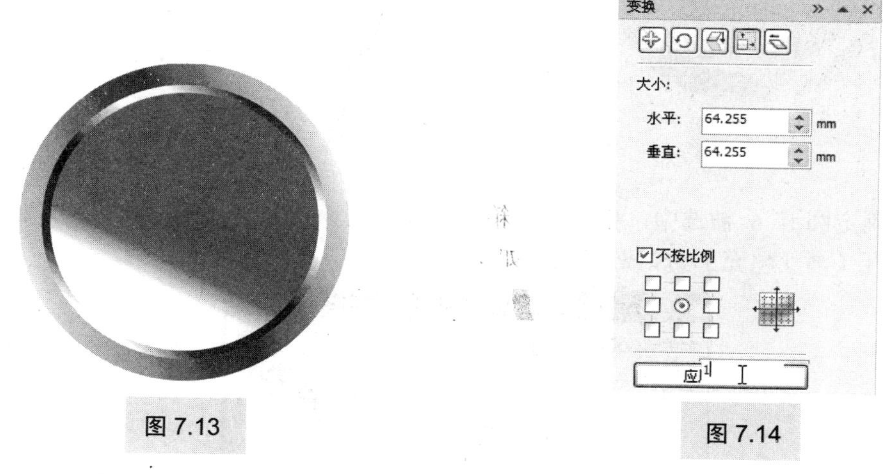

图 7.13

图 7.14

（16）填充圆形 4 的 C、M、Y、K 颜色参数为 0、0、0、50，效果如图 7.15 所示。

（17）确定圆形 4 被选中，继续执行【大小】命令，在窗口右侧【变换】对话框中进行如图 7.16 所示的设置，设置完毕，单击【应用到再制】按钮，缩小复制出圆形 5。

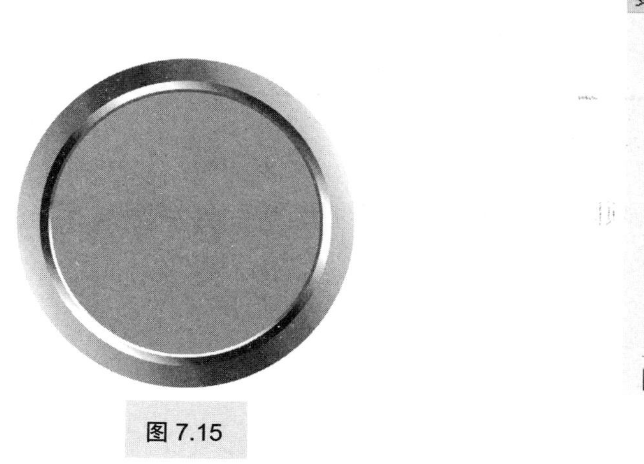

图 7.15

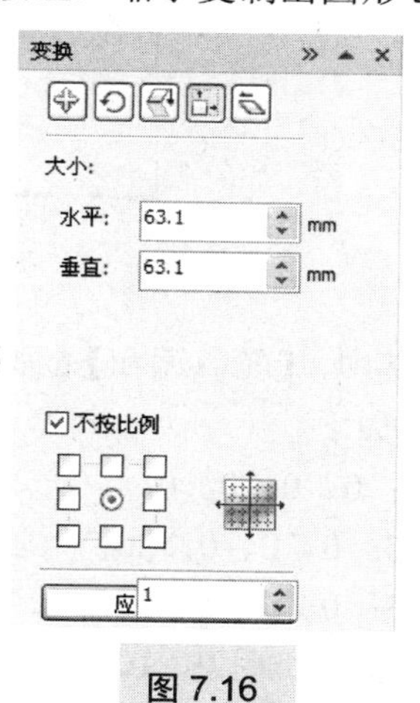

图 7.16

（18）填充圆形 5 的 C、M、Y、K 颜色参数为 0、0、0、70，效果如图 7.17 所示。

（19）确定圆形 5 被选中，继续执行【大小】命令，在窗口右侧【变换】对话框中进行如图 7.18 所示的设置，设置完毕，单击【应用到再制】按钮，缩小复制出圆形 6。

图 7.17

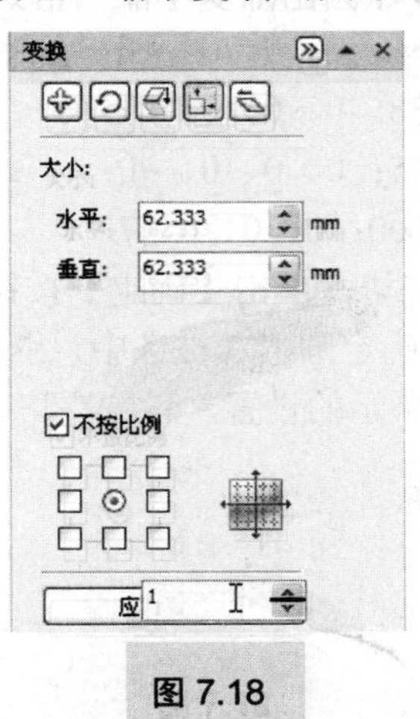

图 7.18

（20）确定圆形 6 被选中，单击工具箱中的【渐变填充】工具按钮，或者按快捷键【F11】，打开【渐变填充】对话框，设置如图 7.19 所示。

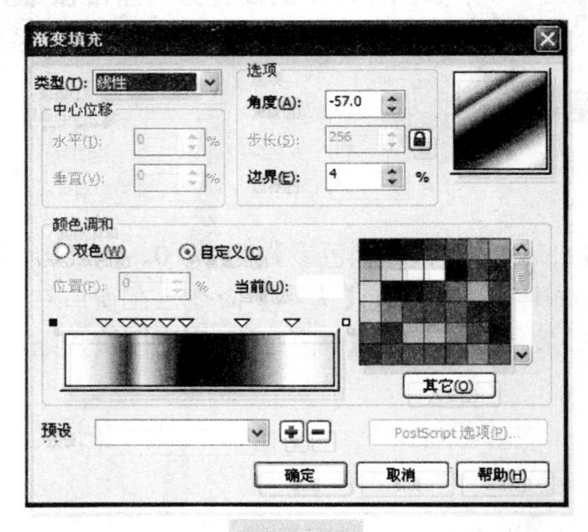

图 7.19

（21）其中，【颜色调和】选项区域中的渐变色条上的控制点位置及对应的 C、M、Y、K 颜色参数如下。

位置 0：0、0、0、0；
位置 15：0、0、0、20；
位置 23：0、0、0、80；
位置 28：0、0、0、10；
位置 31：0、0、0、20；
位置 38：0、0、0、61；
位置 45：0、0、0、100；
位置 66：0、0、0、80；

位置 84：0、0、0、0；

位置 100：0、0、0、20。

设置完毕，单击【确定】按钮，效果如图 7.20 所示。

（22）确定圆形 6 被选中，继续执行【大小】命令，在窗口右侧【变换】对话框中进行如图 7.21 所示的设置，设置完毕，单击【应用到再制】按钮，缩小复制出圆形 7。

图 7.20

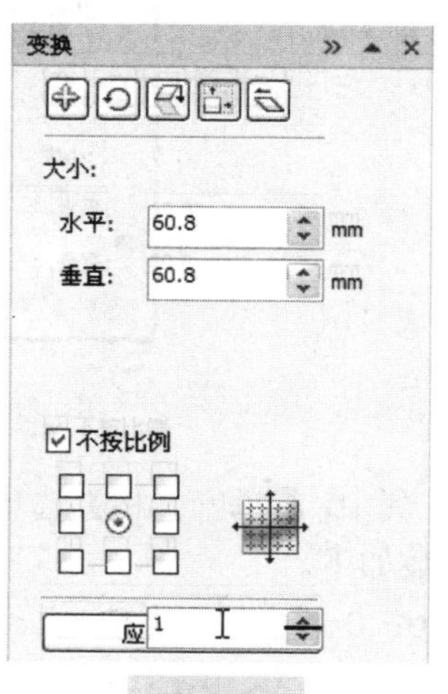

图 7.21

（23）填充圆形 7 的 C、M、Y、K 颜色参数为 0、0、0、30，效果如图 7.22 所示。

（24）确定圆形 7 被选中，继续执行【大小】命令，在窗口右侧【变换】对话框中进行如图 7.23 所示的设置，设置完毕，单击【应用到再制】按钮，缩小复制出圆形 8。

图 7.22

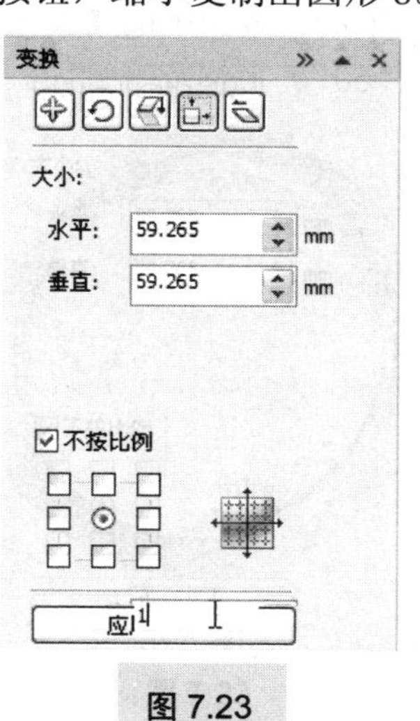

图 7.23

（25）确定圆形 8 被选中，单击工具箱中的【渐变填充】工具按钮，或者按快捷键【F11】，打开【渐变填充】对话框，设置如图 7.24 所示。

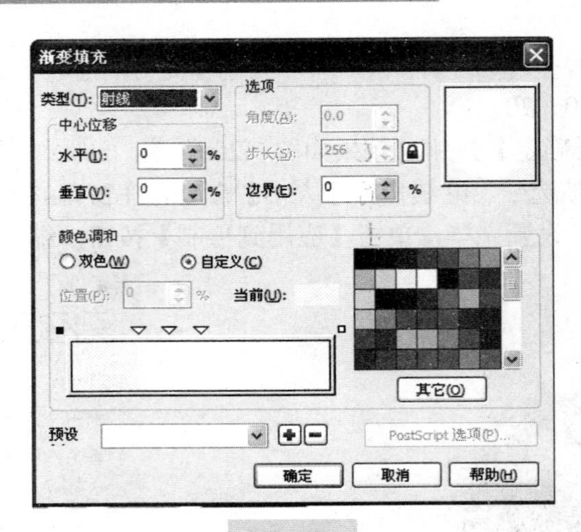

图 7.24

（26）其中，【颜色调和】选项区域中的渐变色条上的控制点位置及对应的 C、M、Y、K 颜色参数如下。

位置 0：0、0、0、10；

位置 26：0、0、0、10；

位置 38：0、0、0、2；

位置 50：0、0、0、4；

位置 100：0、0、0、10。

设置完毕，单击【确定】按钮，效果如图 7.25 所示。

（27）单击工具箱中的【文本】工具按钮字，在圆形 8 上方单击，当光标开始闪烁时，输入文字“60”，字体及字号如图 7.26 所示。

图 7.25

图 7.26

（28）单击工具箱中的【挑选】工具按钮，确定文字被选中，按住【Shift】键，单击选中圆形 8，单击属性栏中的【对齐与分布】按钮，在打开的【对齐与分布】对话框中进行如图 7.27 所示的设置，设置完毕单击【Apply】按钮应用设置，再单击【关闭】按钮关闭对话框，效果如图 7.28 所示。

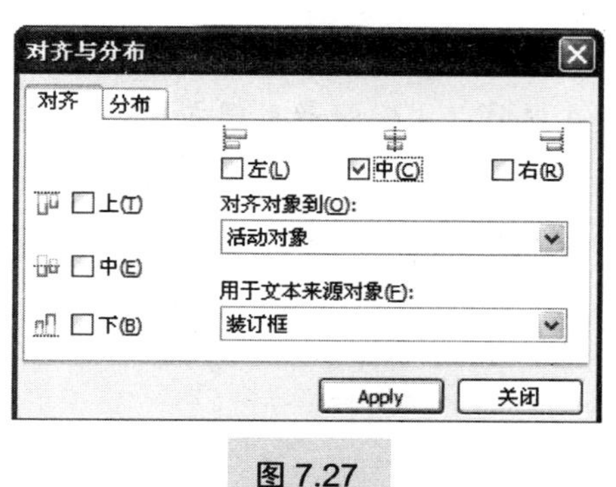

图 7.27

图 7.28

（29）执行【工具栏】|【贴齐】|【贴齐对象】命令，此命令的快捷键是【Alt】+【Z】组合键。

（30）单击选中文字，再次单击文字，在旋转中心“⊙”上，按住鼠标左键，将其拖动至圆形 8 的中心点上（自动捕捉），释放鼠标。

（31）执行【菜单栏】|【窗口】|【泊坞窗】|【变换】|【旋转】命令，此命令的快捷键是【Alt】+【F8】组合键。在窗口右侧打开的【变换】对话框中进行如图 7.29 所示的设置，设置完毕，单击【应用到再制】按钮，效果如图 7.30 所示。

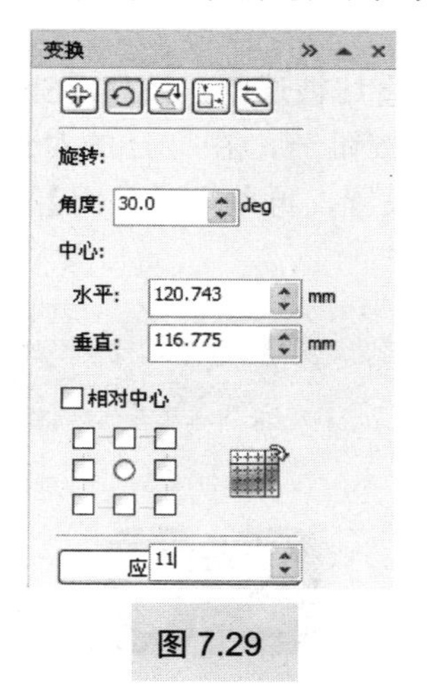

图 7.29

图 7.30

操作提示

图 7.29 中【中心】选项区域中的【水平】与【垂直】参数无需按照图中设置，默认即可。

（32）单击工具箱中的【文本】工具按钮字，按照顺时针方向，依次选中每一组数字进行文字内容的修改，效果如图 7.31 所示。

操作提示

在预修改的文字上按住鼠标左键拖动，文字被选中时，文字背景呈现灰色。

（33）单击工具箱中的【手绘】工具按钮，按住【Ctrl】键，绘制一条垂直线，尺寸与文字“60”的高度相当，在属性栏中设置【轮廓宽度】，如图 7.32 所示。

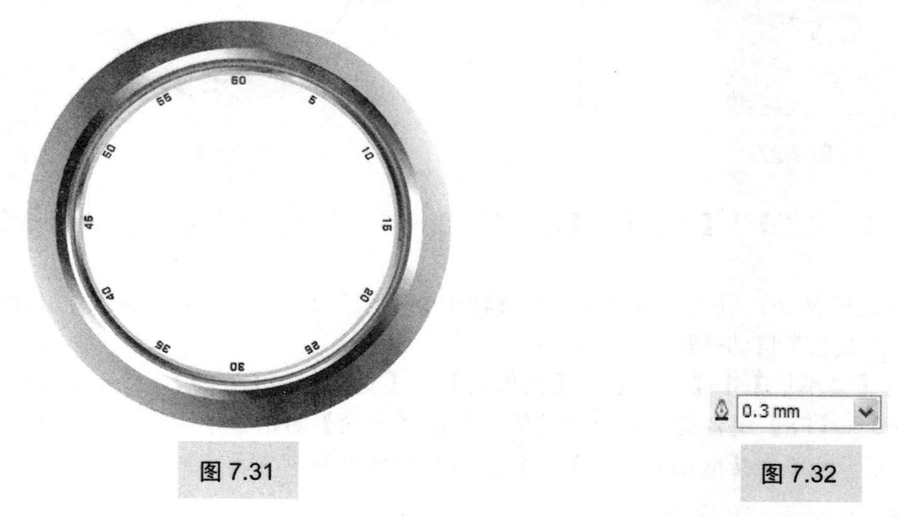

图 7.31　　图 7.32

（34）单击工具箱中的【挑选】工具按钮，确定垂直线被选中，按住【Shift】键，单击选中文字“60”，再单击属性栏中的【对齐与分布】按钮，在打开的对话框进行如图 7.33 所示的设置，设置完毕单击【Apply】按钮应用设置，再单击【关闭】按钮关闭对话框，效果如图 7.34 所示。

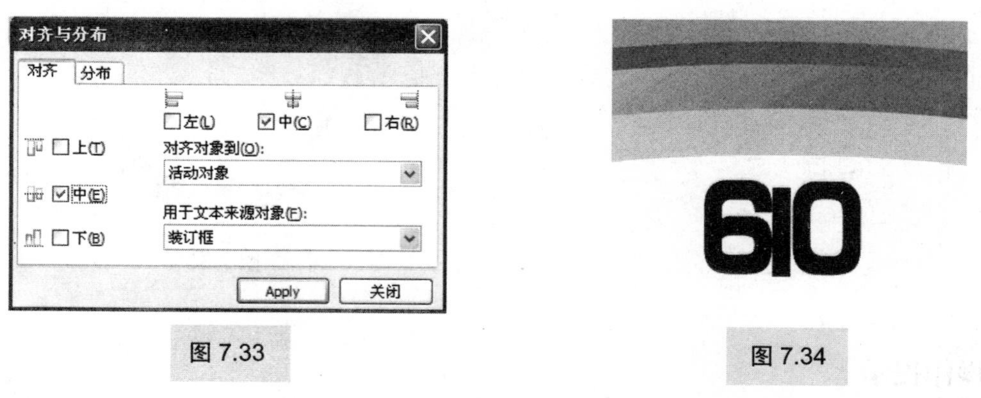

图 7.33　　图 7.34

（35）在空白处单击，取消对图形的选择。单击选中垂直线，再次单击垂直线，在旋转中心“⊙”上，按住鼠标左键，将其拖动至圆形 8 的中心点上（自动捕捉），释放鼠标。

（36）执行【菜单栏】|【窗口】|【泊坞窗】|【变换】|【旋转】命令，此命令的快捷键是【Alt】+【F8】组合键。在窗口右侧打开的【变换】对话框中进行如图 7.35 所示的设置，设置完毕，单击【应用到再制】按钮，效果如图 7.36 所示。

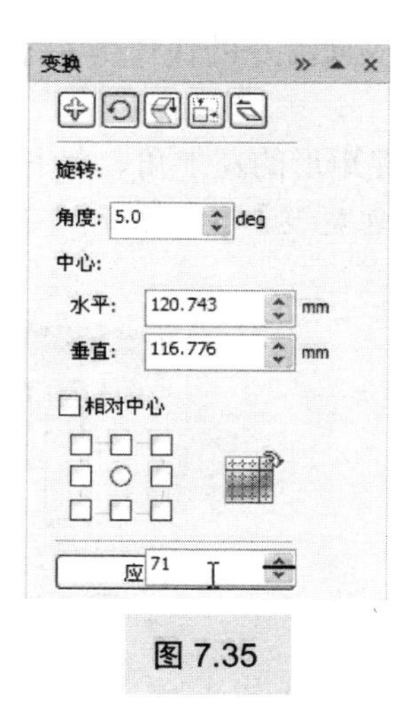

图 7.35

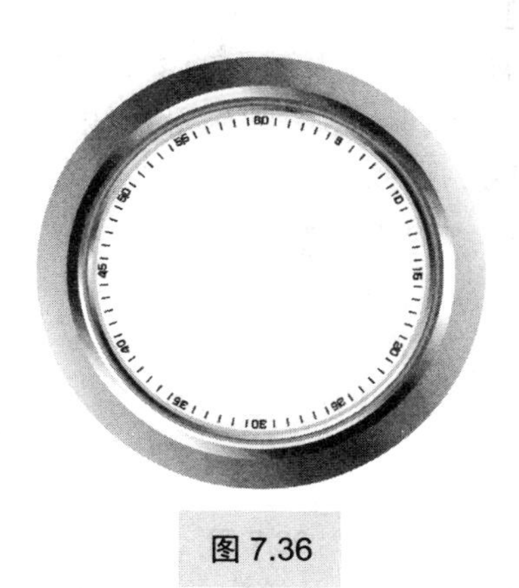

图 7.36

操作提示

图 7.35 中【中心】选项区域中的【水平】与【垂直】参数无需按照图中设置，默认即可。

(37) 依次单击选中表盘周围数字中间的垂直线，按【Delete】键将它们删除，效果如图 7.37 所示。

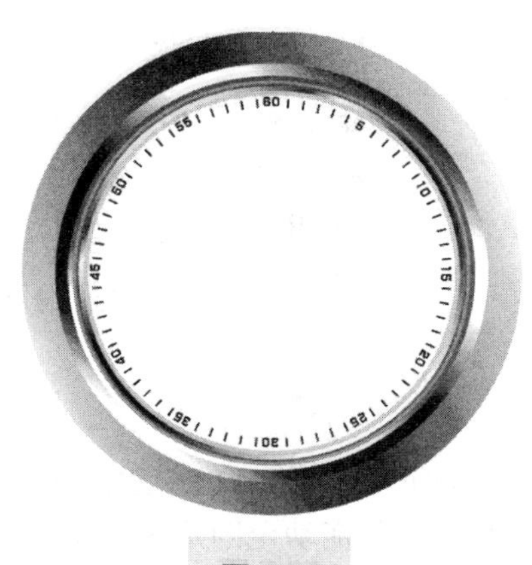

图 7.37

(38) 单击工具箱中的【矩形】工具按钮，绘制一个矩形，其大小如图 7.38 所示，在属性栏中设置【轮廓宽度】，如图 7.39 所示。

图 7.38　　图 7.39

(39) 单击工具箱中的【挑选】工具按钮，拖动矩形至文字“60”下方，如图 7.40 所示。

（40）执行【工具栏】|【贴齐】|【贴齐对象】命令，此命令的快捷键是【Alt】+【Z】组合键。

（41）单击工具箱中的【手绘】工具按钮，通过捕捉矩形的左上角、左下角、右下角的节点，绘制一条“L”形折线，在属性栏中设置【轮廓宽度】，如图 7.41 所示，效果如图 7.42 所示。

图 7.40　　图 7.41　　图 7.42

（42）单击工具箱中的【挑选】工具按钮，确定 L 形折线被选中，按住【Shift】键，单击选中矩形，单击属性栏中的【群组】按钮。

（43）确定群组图形被选中，按住【Shift】键，单击选中文字“60”，再单击属性栏中的【对齐与分布】按钮，在打开的对话框中进行如图 7.43 所示的设置，设置完毕单击【Apply】按钮应用设置，再单击【关闭】按钮关闭对话框。

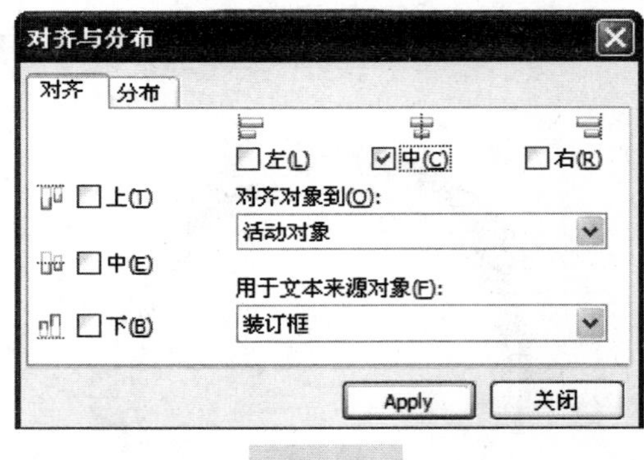

图 7.43

（44）在空白处单击，取消对图形的选择，单击选中群组图形，再单击群组图形，在旋转中心“⊙”上，按住鼠标左键，将其拖动至圆形 8 的中心点上（自动捕捉），释放鼠标。

操作提示

在步骤（40）中，【贴齐对象】的命令已经执行，所以此处可以继续自动捕捉对象。另外，【贴齐对象】命令的快捷键【Alt】+【Z】组合键须记住，可根据作图需要随时用此快捷键打开或者关闭，可以提高作图效率。

（45）执行【菜单栏】|【窗口】|【泊坞窗】|【变换】|【旋转】命令，此命令的快捷键是【Alt】+【F8】组合键。在窗口右侧打开【变换】的对话框中进行如图 7.44 所示的设置，设置完毕，单击【应用到再制】按钮，效果如图 7.45 所示。

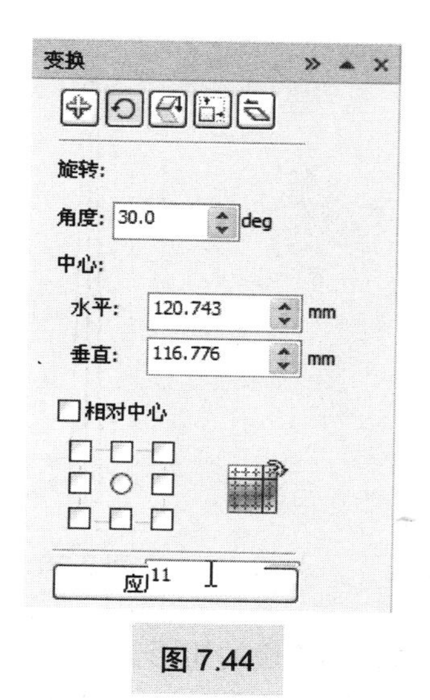

图 7.44

图 7.45

操作提示

图 7.44 中【中心】选项区域中的【水平】与【垂直】参数无需按照图中设置，默认即可。

（46）依次单击选中文字“60”下和文字“15”左边的群组图形，按【Delete】键，将它们删除，效果如图 7.46 所示。

（47）单击工具箱中的【矩形】工具按钮，绘制一个矩形，其大小如图 7.47 所示。

图 7.46

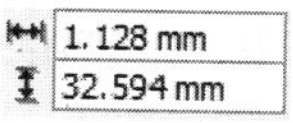

1.128 mm
32.594 mm

图 7.47

（48）单击属性栏中的【转换为曲线】按钮，再单击工具箱中的【形状】工具按钮，按住【Ctrl】键，在矩形的左上角节点上，按住鼠标左键向右拖动，效果如图 7.48 所示。

（49）执行【菜单栏】|【窗口】|【泊坞窗】|【变换】|【比例】命令，此命令的快捷键是【Alt】+【F9】组合键。在窗口右侧打开的【变换】对话框中进行如图 7.49 所示的设置，单击水平镜像按钮，设置完毕，单击【应用到再制】按钮，效果如图 7.50 所示。

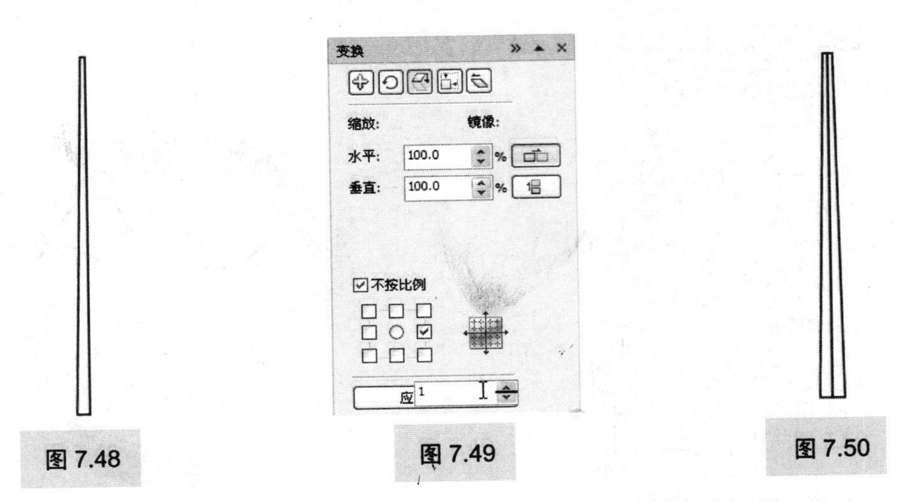

图 7.48　　图 7.49　　图 7.50

（50）单击工具箱中的【挑选】工具按钮，再单击选中左边的矩形。单击工具箱中的【渐变填充】工具按钮，或者按快捷键【F11】，打开【渐变填充】对话框，设置如图 7.51 所示。

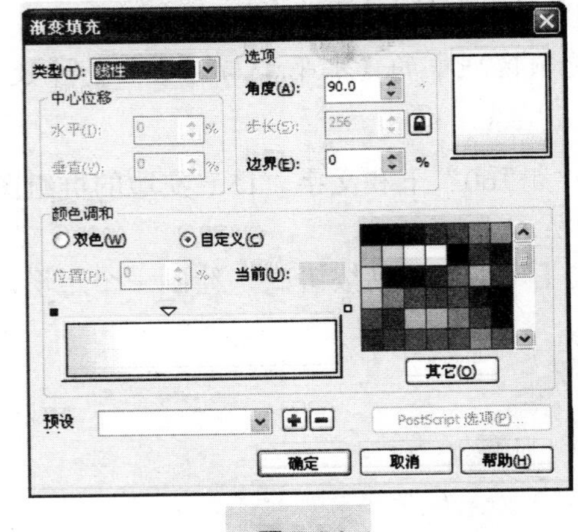

图 7.51

（51）其中，【颜色调和】选项区域中的渐变色条上的控制点位置及对应的 C、M、Y、K 颜色参数如下。

位置 0：0、0、0、20；

位置 38：0、0、0、0；

位置 100：0、0、0、0。

设置完毕，单击【确定】按钮，效果如图 7.52 所示。

（52）单击选中右边的矩形，再单击工具箱中的【渐变填充】工具按钮，或者按快捷键【F11】，打开【渐变填充】对话框，设置如图 7.53 所示。

（53）其中，【颜色调和】选项区域中的渐变色条上的控制点位置及对应的 C、M、Y、K 颜色参数如下。

位置 0：0、0、0、80；

位置 17：0、0、0、100；
位置 74：0、0、0、100；
位置 100：0、0、0、80。
设置完毕，单击【确定】按钮，效果如图 7.54 所示。

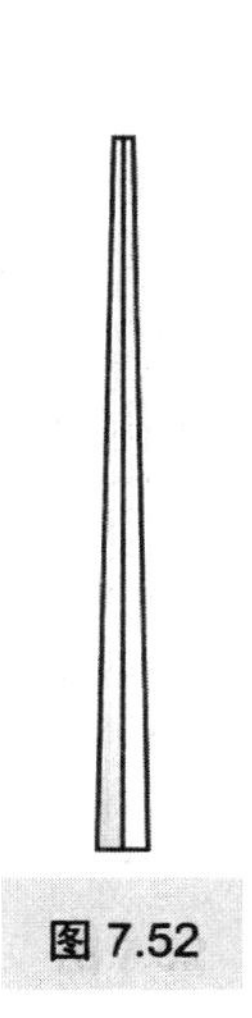

图 7.52

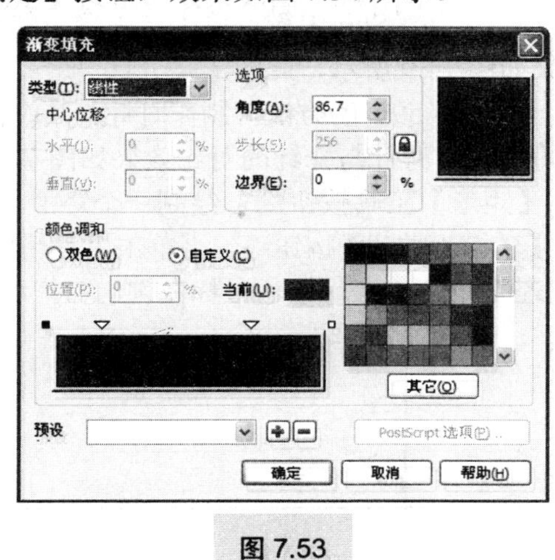

图 7.53

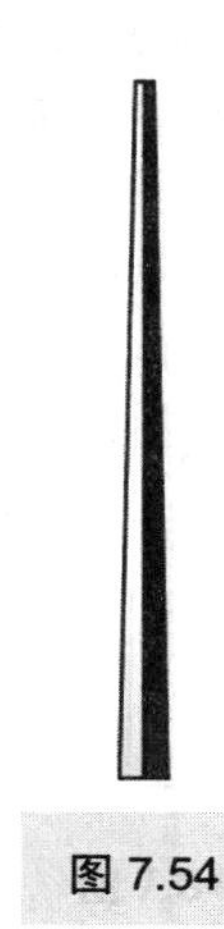

图 7.54

（54）框选左右两个矩形，右键单击调色板中的☒按钮，去掉轮廓色。
（55）确定左右两个矩形都被选中，单击属性栏中的【群组】按钮。
（56）单击工具箱中的【矩形】工具按钮，绘制一个矩形，其大小如图 7.55 所示。
（57）在属性栏中设置 4 个【边角圆滑度】如图 7.56 所示。

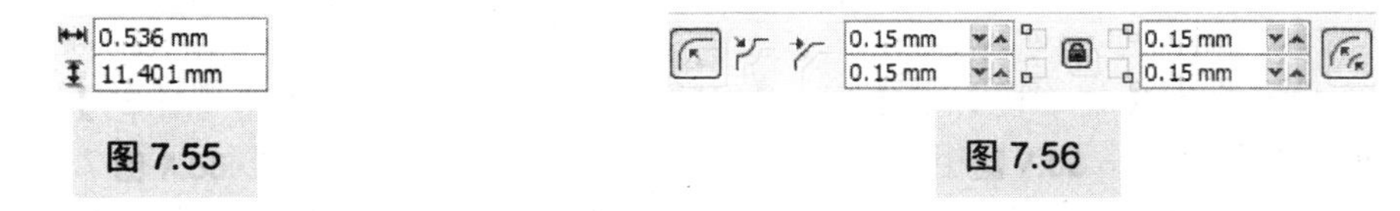

图 7.55　　图 7.56

（58）单击工具箱中的【挑选】工具按钮，选中倒角矩形，按住【Shift】键，单击选中群组的两个矩形，再单击属性栏中的【对齐与分布】按钮，在打开的对话框中进行如图 7.57 所示的设置，设置完毕单击【Apply】按钮应用设置，再单击【关闭】按钮关闭对话框，效果如图 7.58 所示。

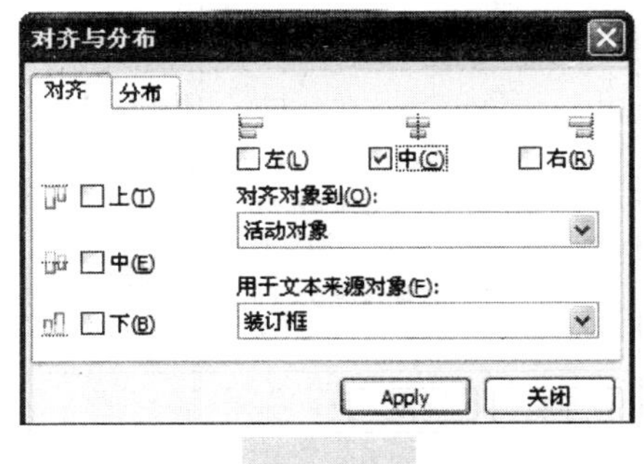

图 7.57

图 7.58

操作提示

倒角矩形与两个群组矩形的水平位置参照图 7.58 所示即可。

（59）单击选中倒角矩形，按住【Shift】键，单击选中群组的两个矩形，单击属性栏中的【后减前】按钮，效果如图 7.59 所示，此图形是分针。

（60）参照步骤（47）～步骤（59）的方法，制作时针。其中时针的底部尺寸与分针底部的尺寸一样，只是高度短一些。时针与分针的对比效果如图 7.60 所示。

（61）单击工具箱中的【矩形】工具按钮，绘制一个矩形，其大小如图 7.61 所示。

（62）单击属性栏中的【转换为曲线】按钮，再单击工具箱中的【形状】工具按钮，按住【Ctrl】键，在矩形的左下角节点上，按住鼠标左键向右拖动，效果如图 7.62 所示。

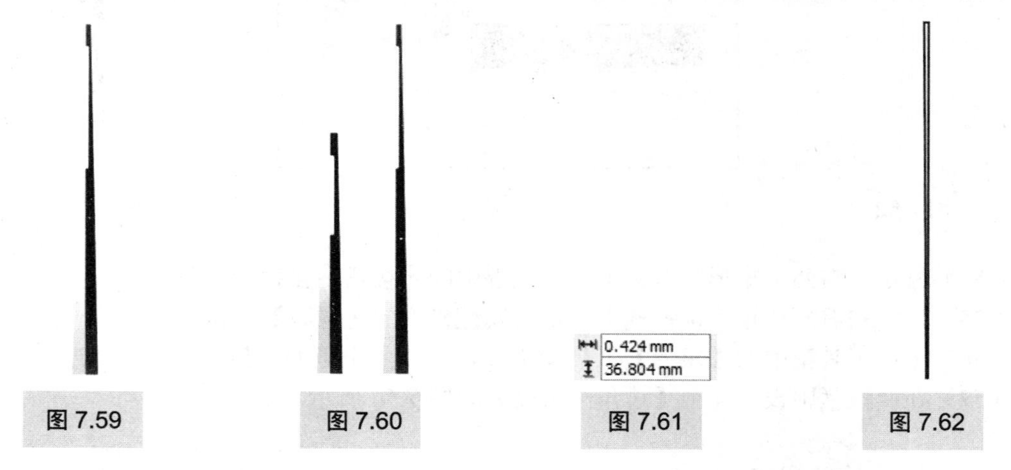

图 7.59　图 7.60　图 7.61　图 7.62

（63）执行【菜单栏】|【窗口】|【泊坞窗】|【变换】|【比例】命令，此命令的快捷键是【Alt】+【F9】组合键。在窗口右侧打开的对话框中进行如图 7.63 所示的设置，单击下水平镜像按钮，设置完毕，单击【应用到再制】按钮，效果如图 7.64 所示。

（64）单击工具箱中的【挑选】工具按钮，框选或者按住【Shift】键选中两个矩形，单击属性栏中的【焊接】按钮，效果如图 7.65 所示。

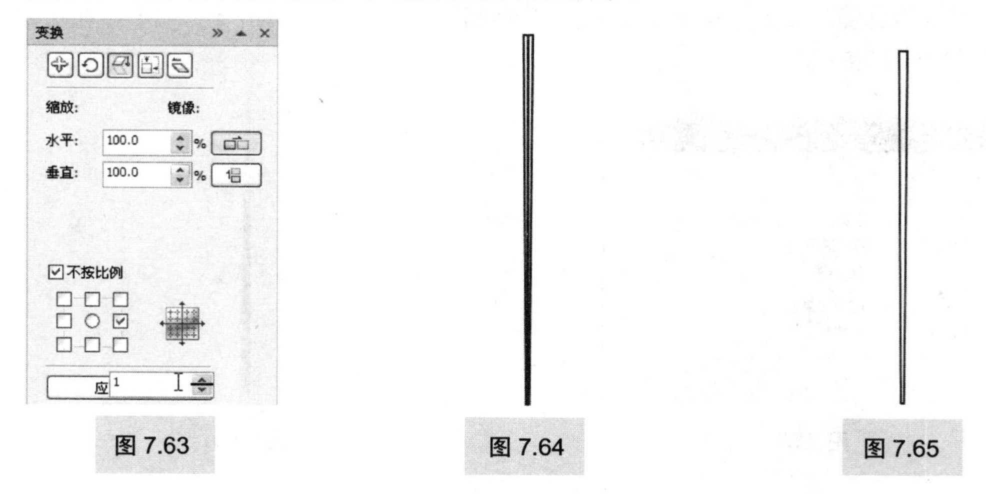

图 7.63　图 7.64　图 7.65

（65）单击工具箱中的【椭圆形】工具按钮，按住【Ctrl】键的同时按住鼠标左键拖动绘制一个小圆形（直径为 1.723mm）。

（66）单击工具箱中的【挑选】工具按钮，选中小圆形，按住【Shift】键，单击选中焊接的图形，再单击属性栏中的【对齐与分布】按钮，在打开的对话框中进行如图 7.66 所示的设置，设置完毕单击【Apply】按钮应用设置，再单击【关闭】按钮关闭对话框，效果如图 7.67 所示。

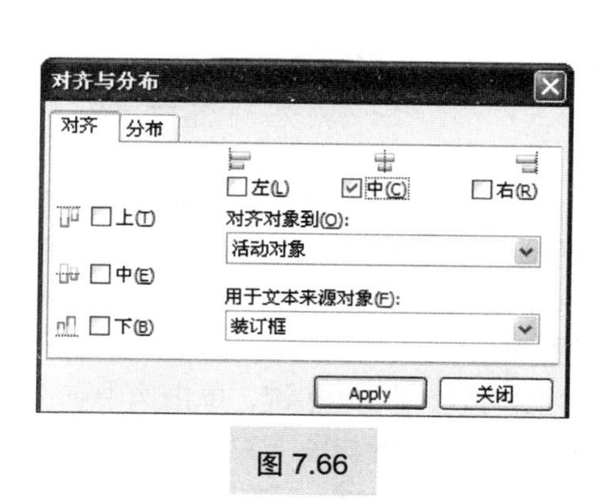

图 7.66

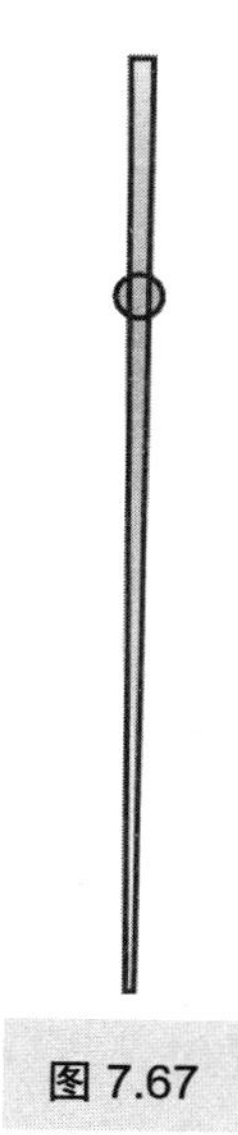

图 7.67

操作提示

小圆形与焊接图形的水平位置参照图 7.67 即可。

（67）框选或者按住【Shift】键选中圆形和焊接的图形，单击属性栏中的【焊接】按钮，效果如图 7.68 所示，此图形是秒针。

（68）确定秒针图形被选中，单击工具箱中的【渐变填充】工具按钮，或者按快捷键【F11】，打开【渐变填充】对话框，设置如图 7.69 所示。

（69）其中，【颜色调和】选项区域中的渐变色条上的控制点位置及对应的 C、M、Y、K 颜色参数如下。

位置 0：0、0、0、20；

位置 27：0、0、0、40；

位置 55：0、0、0、30；

位置 89：0、0、0、10；

位置 100：0、0、0、20。

设置完毕，单击【确定】按钮，同时右键单击调色板中的☒按钮，去掉轮廓色，效果如图 7.70 所示。

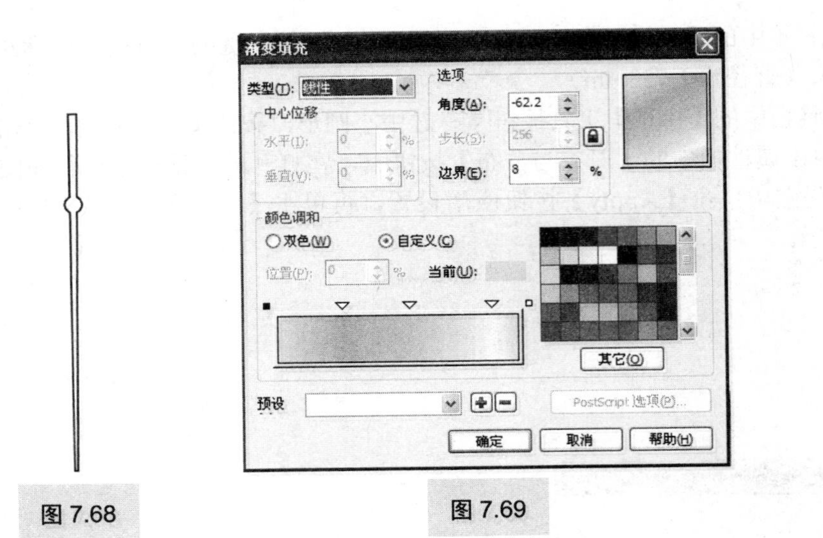

图 7.68　　图 7.69　　图 7.70

（70）继续使用工具箱中的【椭圆形】工具按钮，按住【Ctrl】键，绘制一个直径为0.361mm 的圆形，内部颜色及轮廓色均填充成【黑色】，将其拖动至如图 7.71 所示的位置。

（71）单击工具箱中的【挑选】工具按钮，选中刚刚绘制的黑色圆形，按住【Shift】键，单击选中秒针图形，再单击属性栏中的【群组】按钮。

（72）单击选中分针，按住鼠标左键拖动至表盘上，按住【Shift】键，单击选中圆形 8，单击属性栏中的【对齐与分布】按钮，在打开的对话框中进行如图 7.72 所示的设置，设置完毕单击【Apply】按钮应用设置，再单击【关闭】按钮关闭对话框，效果如图 7.73 所示。

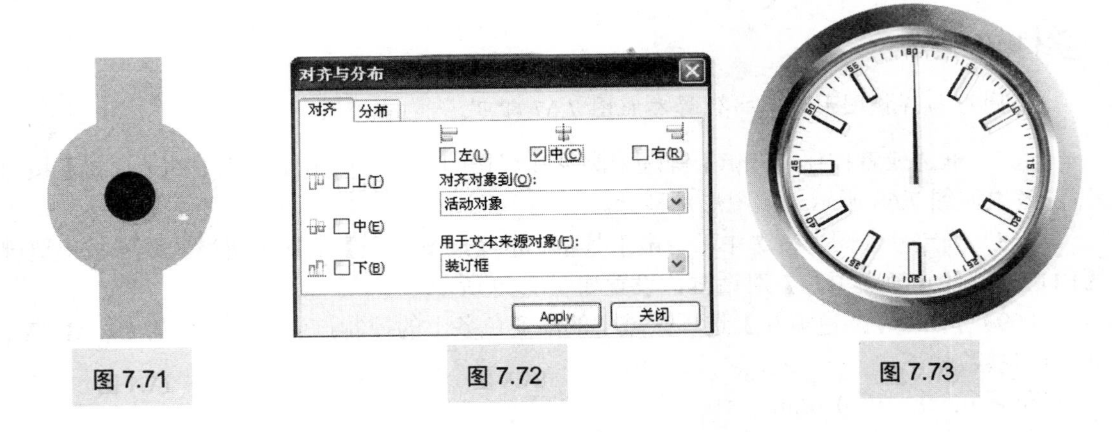

图 7.71　　图 7.72　　图 7.73

操作提示

分针与圆形 8 的水平位置参照图 7.73 即可。

（73）单击选中时针，按住【Shift】键，单击选中分针，再单击属性栏中的【对齐与分布】按钮，在打开的对话框中进行如图 7.74 所示的设置，设置完毕单击【Apply】按钮应用设置，再单击【关闭】按钮关闭对话框，效果如图 7.75 所示。

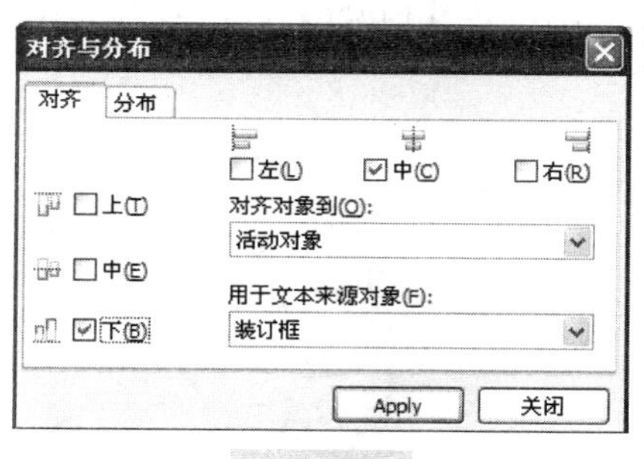

图 7.74

图 7.75

操作提示

此处分针与时针两个图形重合，图 7.75 中几乎分辨不出来，以下步骤会对两个图形进行旋转即可分辨清楚。

（74）执行【菜单栏】|【视图】|【贴齐对象】命令，此命令的快捷键是【Alt】+【Z】组合键，在如图 7.76 所示的页面上方水平标尺位置，按住鼠标左键拖动至出一条参考线，拖动此参考线至文字“45”的中心位置（自动捕捉），如图 7.77 所示，释放鼠标。

（75）在如图 7.78 所示的页面左侧垂直标尺位置，按住鼠标左键拖动出一条参考线，拖动此参考线至时针的垂直中心位置（自动捕捉），如图 7.79 所示，释放鼠标。

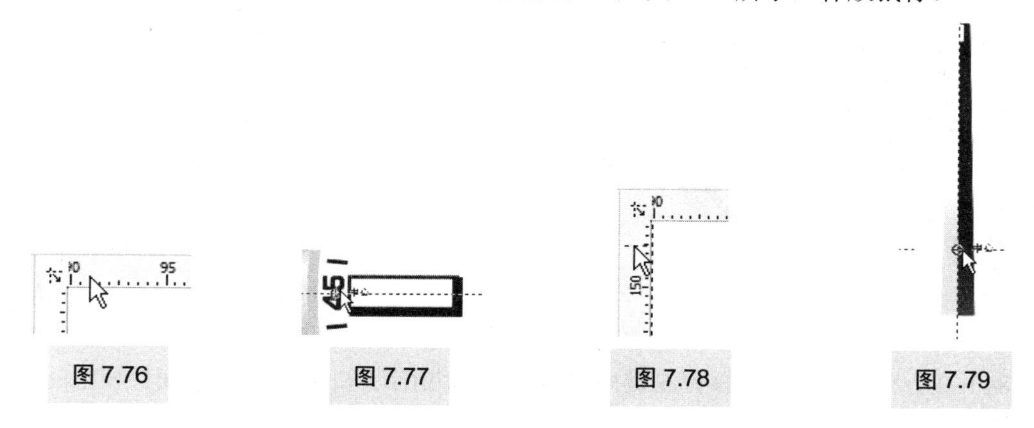

图 7.76　图 7.77　图 7.78　图 7.79

（76）这两条参考线的十字交叉点是表盘的中心点，同时也是时针、分针、秒针的旋转中心。

（77）执行【菜单栏】|【视图】|【贴齐辅助线】命令，此命令的快捷键是【Alt】+【Z】组合键。单击选中时针，再次单击，按住鼠标左键将旋转中心“⊙”拖动至参考线的十字交叉点上，释放鼠标。

（78）在属性栏中设置【旋转角度】如图 7.80 所示，按【Enter】键，效果如图 7.81 所示。

（79）单击选中分针，再次单击，按住鼠标左键将旋转中心“⊙”拖动至参考线的十字交叉点上，释放鼠标。

（80）在属性栏中设置【旋转角度】如图 7.82 所示，按【Enter】键，效果如图 7.83 所示。

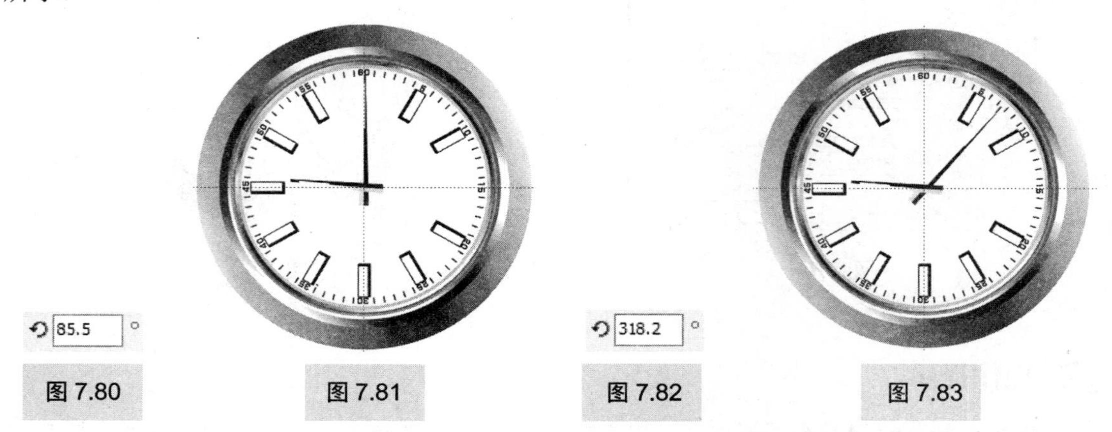

图 7.80　图 7.81　图 7.82　图 7.83

（81）单击选中秒针，在秒针黑色圆形中心“×”位置按住鼠标左键，拖动至参考线的十字交叉点上（自动捕捉），释放鼠标，效果如图 7.84 所示。

（82）分别单击两条参考线（选中情况下参考线呈红色），按【Delete】键，将它们删除。

（83）单击选中分针，单击工具箱中的【阴影】工具按钮，位置如图 7.85 所示。

图 7.84　图 7.85

（84）在分针的中间按住鼠标左键向右拖动，拖动出黑、白两个方块，属性栏中的设置如图 7.86 所示，效果如图 7.87 所示。

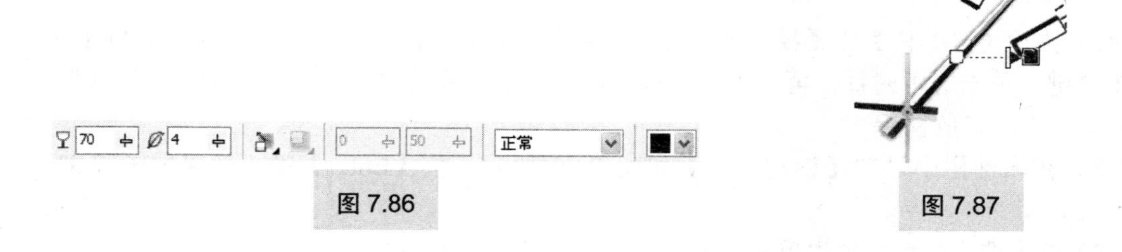

图 7.86　图 7.87

（85）单击选中时针，继续使用【阴影】工具，在时针的中间按住鼠标左键向下拖动，拖动出黑、白两个方块，属性栏中的设置如图 7.88 所示，效果如图 7.89 所示。

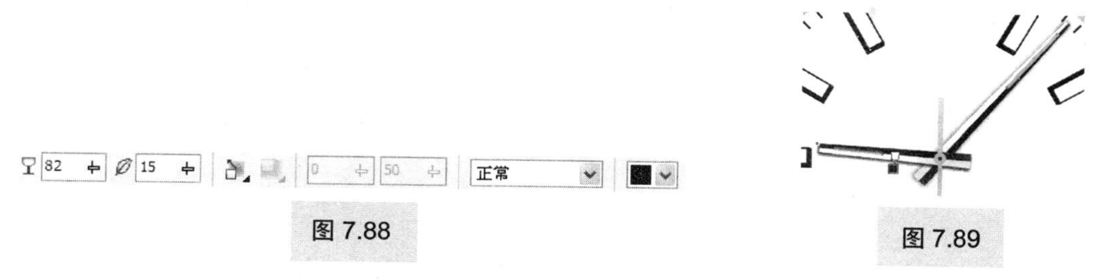

图 7.88

图 7.89

（86）单击选中秒针，继续使用【阴影】工具，在秒针的中间按住鼠标左键向右拖动，拖动出黑、白两个方块，属性栏中的设置如图 7.90 所示，效果如图 7.91 所示。

图 7.90

图 7.91

（87）单击属性栏中的【导入】按钮，在打开的对话框中找到本书配套的“腕表标志.cdr”电子文件，单击【导入】按钮。当鼠标变成“”时，在窗口中按住鼠标左键拖动出一个虚线框，导入标志，调整好标志的大小，拖动至如图 7.92 所示的位置。

（88）单击工具箱中的【挑选】工具按钮，选中标志，按住【Shift】键，单击选中圆形 8，再单击属性栏中的【对齐与分布】按钮，在打开的对话框中进行如图 7.93 所示的设置，设置完毕单击【Apply】按钮应用设置，再单击【关闭】按钮关闭对话框。

图 7.92

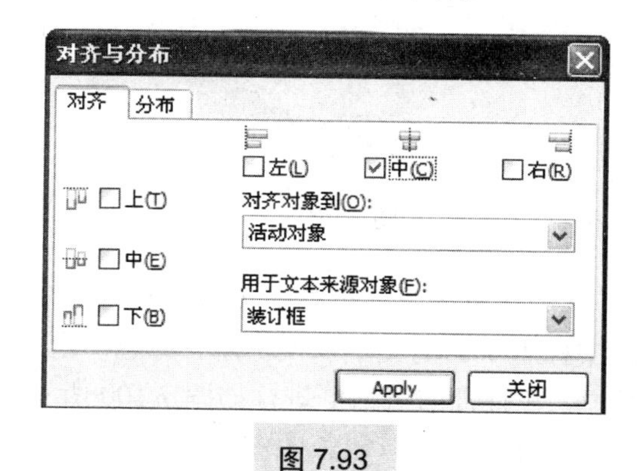

图 7.93

（89）单击工具箱中的【文本】工具按钮，在标志下面单击，当光标开始闪烁时，输入文字“CLOVERS”。按住鼠标左键从最右边的文字向左边拖动以选中文本，属性栏中的设置如图 7.94 所示，效果如图 7.95 所示。

Arial 6.708 pt

图 7.94

CLOVERS

图 7.95

（90）在刚刚输入的文本下面，再次使用【文本】工具字输入文字，如图 7.96 所示。行间距用【形状】工具调节。属性栏中的设置如图 7.97 所示。

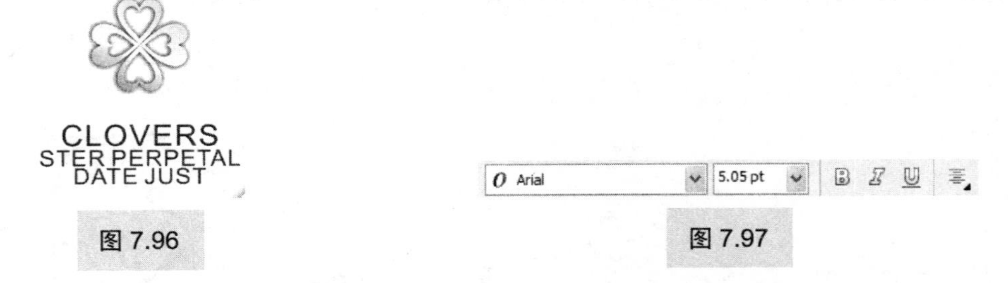

图 7.96

图 7.97

（91）继续使用【文本】工具字，在秒针处输入如图 7.98 所示的文字，调整好行间距，属性栏中的设置如图 7.99 所示。

图 7.98

图 7.99

（92）单击工具箱中的【挑选】工具按钮，选中秒针处文字，按住【Shift】键，单击选中标志下面的文字以及标志（标志一定是最后选择），单击属性栏中的【对齐与分布】按钮，在打开的对话框进行如图 7.100 所示的设置，设置完毕单击【Apply】按钮应用设置，再单击【关闭】按钮关闭对话框。

（93）单击选中秒针，执行【菜单栏】|【顺序】|【到图层前面】命令，此命令的快捷键是【Shift】+【Page Up】组合键，将秒针图形置于文字的上面，效果如图 7.101 所示。

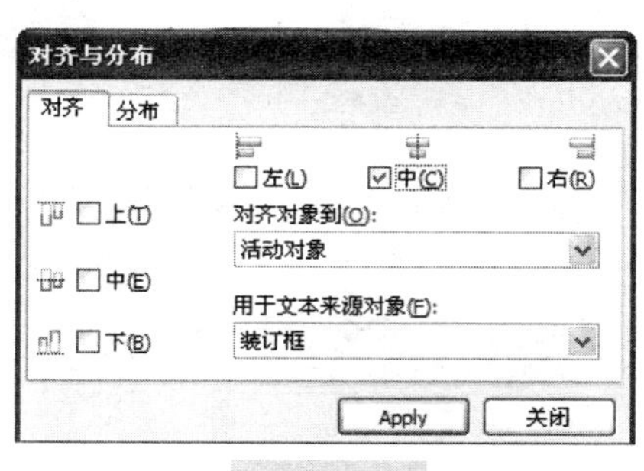

图 7.100

图 7.101

(94) 单击选中圆形 8，在原位置执行【复制】、【粘贴】命令，此两项命令的快捷键分别是【Ctrl】+【C】组合键、【Ctrl】+【V】组合键，复制出圆形 9，如图 7.102 所示。

(95)确定圆形 9 被选中，单击工具箱中的【渐变填充】工具按钮，或者按快捷键【F11】，打开【渐变填充】对话框，设置如图 7.103 所示。

图 7.102

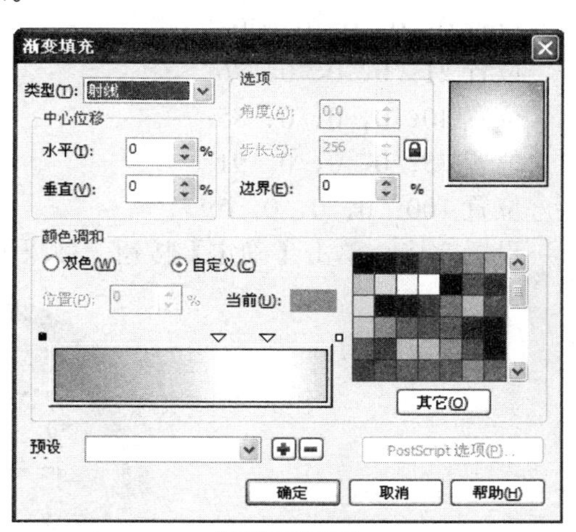

图 7.103

(96) 其中，【颜色调和】选项区域中的渐变色条上的控制点位置及对应的 C、M、Y、K 颜色参数如下。

位置 0：0、0、0、50；

位置 60：0、0、0、10；

位置 78：0、0、0、4；

位置 100：0、0、0、20。

设置完毕，单击【确定】按钮，效果如图 7.104 所示。

(97) 确定圆形 9 被选中，单击工具箱中的【透明度】工具按钮，在属性栏中单击【透明度操作】下拉按钮，在弹出的下拉菜单中选择【射线】选项，然后单击【编辑透明度】按钮，在打开的对话框中进行如图 7.105 所示的设置。

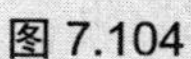

图 7.104

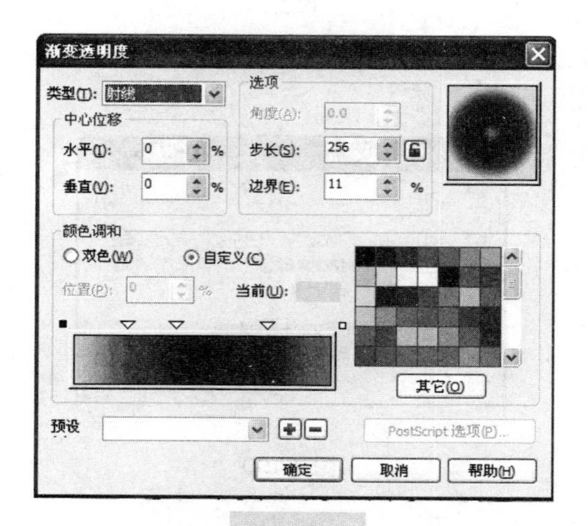

图 7.105

（98）其中，【颜色调和】选项区域中的渐变色条上的控制点位置及对应的 C、M、Y、K 颜色参数如下。

位置 0：0、0、0、20；

位置 21：0、0、0、76；

位置 40：0、0、0、85；

位置 75：0、0、0、91；

位置 100：0、0、0、59。

设置完毕，单击【确定】按钮，效果如图 7.106 所示。

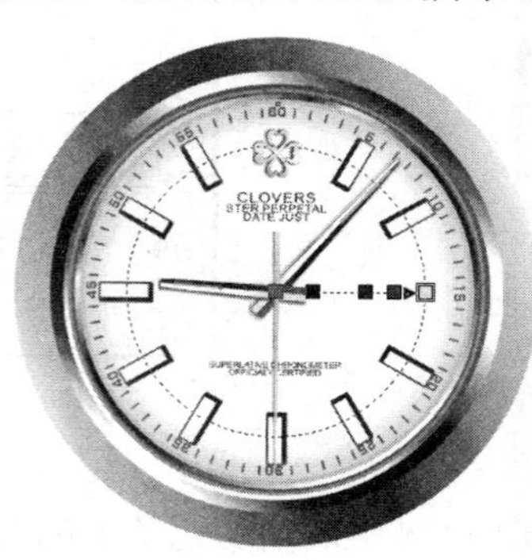

图 7.106

下面继续绘制表盘上的日历。

（99）单击工具箱中的【矩形】工具按钮，绘制一个矩形，其大小如图 7.107 所示。

（100）在属性栏中设置 4 个【边角圆滑度】，如图 7.108 所示。

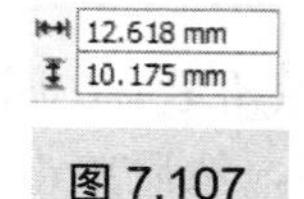

图 7.107

3.46 mm 3.46 mm 3.46 mm 3.46 mm

图 7.108

（101）确定此矩形被选中，按快捷键【F11】，打开【渐变填充】对话框，设置如图 7.109 所示。

（102）其中，【颜色调和】选项区域中的渐变色条上的控制点位置及对应的 C、M、Y、K 颜色参数如下。

位置 0：0、0、0、70；

位置 33：0、0、0、29；

位置 56：0、0、0、1；

位置 100：0、0、0、0。

设置完毕，单击【确定】按钮，效果如图 7.110 所示。

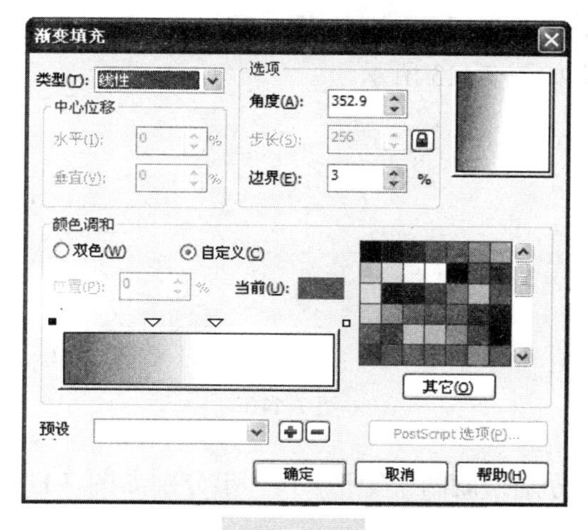

图 7.109

图 7.110

（103）确定倒角矩形被选中，单击工具箱中的【透明度】工具按钮，在属性栏中单击【透明度操作】下拉按钮，在打开的下拉菜单中选择【线性】选项，然后单击【编辑透明度】按钮，在打开的对话框中进行如图 7.111 所示的设置。

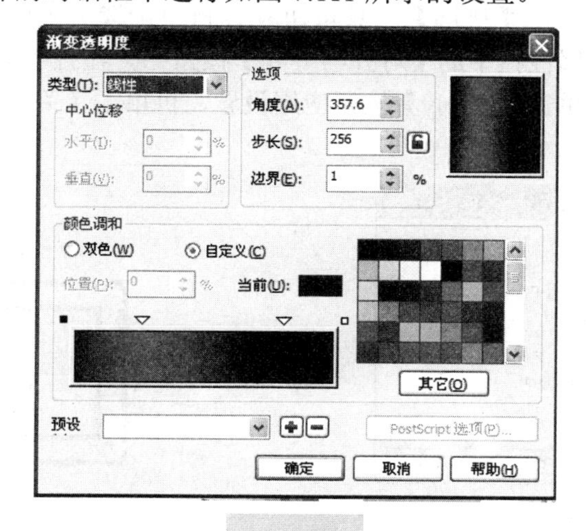

图 7.111

（104）其中，【颜色调和】选项区域中的渐变色条上的控制点位置及对应的 C、M、Y、K 颜色参数如下。

位置 0：0、0、0、85；

位置 26：0、0、0、59；

位置 81：0、0、0、91；

位置 100：0、0、0、85。

设置完毕，单击【确定】按钮，同时右键单击调色板中☒按钮，去掉轮廓色，效果如图 7.112 所示。

（105）单击工具箱中的【挑选】工具按钮，选中此倒角矩形，在原位置执行【复制】、【粘贴】命令，此两项命令的快捷键分别是【Ctrl】+【C】组合键、【Ctrl】+【V】组合键，然后单击属性栏中的【水平镜像】按钮，效果如图 7.113 所示。

图 7.112　　图 7.113

（106）单击工具箱中的【矩形】工具按钮，分别绘制两个矩形，其大小分别如图 7.114、图 7.115 所示。

图 7.114　　图 7.115

（107）单击工具箱中的【挑选】工具按钮，再单击选中大矩形，按住【Shift】键，单击选中小矩形。单击属性栏中的【对齐与分布】按钮，在打开的对话框进行如图 7.116 所示的设置，设置完毕单击【Apply】按钮应用设置，再单击【关闭】按钮关闭对话框，效果如图 7.117 所示。

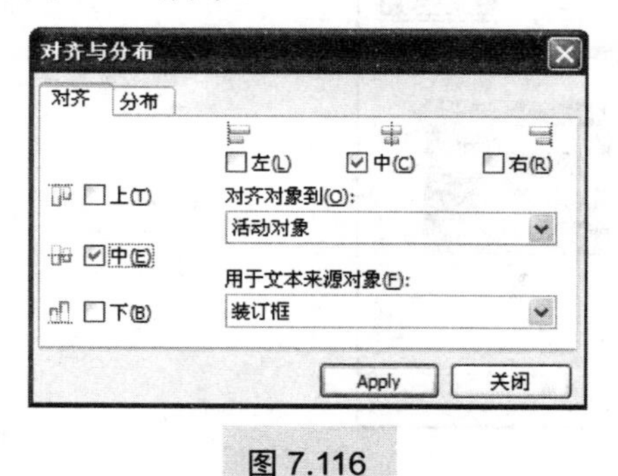

图 7.116

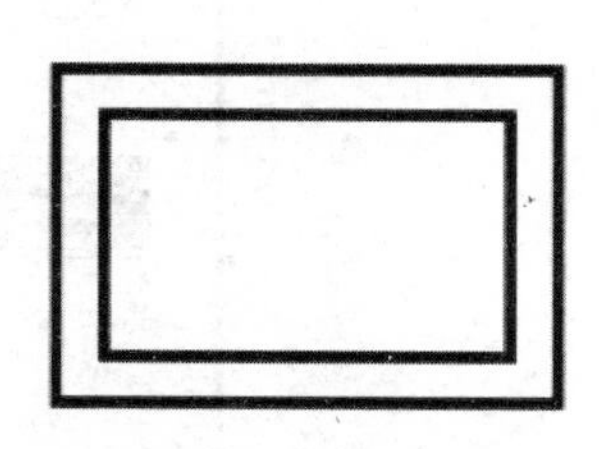

图 7.117

（108）确定两个矩形都被选中，单击属性栏中的【后减前】按钮，在右侧调色板中单击【30%黑色】色块填充内部颜色，右键单击调色板上方的☒按钮，去掉轮廓色，效果如图 7.118 所示。

（109）执行【工具栏】|【贴齐】|【贴齐对象】命令，此命令的快捷键是【Alt】+【Z】组合键。

（110）单击工具箱中的【手绘】工具按钮，在矩形框上捕捉节点，分别绘制两个梯形，效果如图 7.119 所示。

图 7.118　　图 7.119

（111）单击工具箱中的【挑选】工具按钮，按住【Shift】键，单击选中两个梯形，在右侧调色板中单击【10%黑色】色块填充内部颜色，右键单击调色板上方的☒按钮，去掉轮廓色，效果如图 7.120 所示。

（112）框选矩形框及两个梯形，单击属性栏中的【群组】按钮。

（113）确定群组图形被选中，单击工具箱中的【阴影】工具按钮，位置如图 7.121 所示。

图 7.120　　图 7.121

（114）在群组图形的中间按住鼠标左键拖动，使拖动出的黑、白两个方块重合，属性栏中的设置如图 7.122 所示，效果如图 7.123 所示。

（115）单击工具箱中的【矩形】工具按钮，贴齐矩形框的里侧左上角节点处按住鼠标左键向矩形框的里侧右下角节点处拖动鼠标，绘制一个大小如图 7.124 所示的矩形。

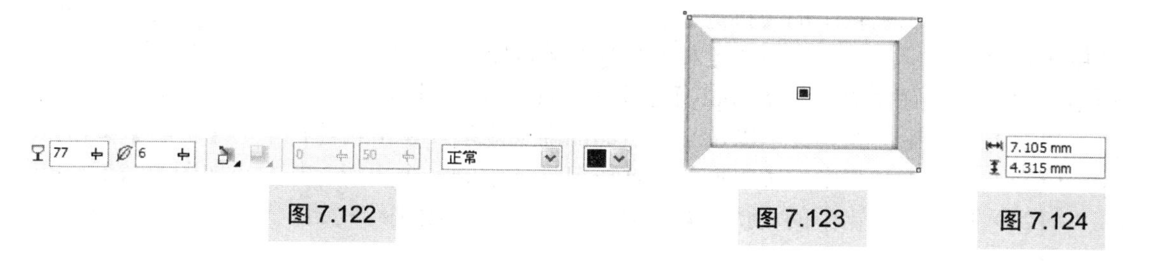

图 7.122　　图 7.123　　图 7.124

（116）确定刚刚绘制的矩形被选中，按快捷键【F11】，打开【渐变填充】对话框，设置如图 7.125 所示。

（117）其中，【颜色调和】选项区域中的渐变色条，【从】的颜色参数 C、M、Y、K 为：0、0、0、20，【到】的颜色参数 C、M、Y、K 为：0、0、0、0，设置完毕，单击【确定】按钮，同时右键单击调色板中的☒按钮，去掉轮廓色。

（118）确定刚刚绘制的矩形被选中，执行【菜单栏】｜【顺序】｜【置于此对象后】命令，当指针变成“➡”时，单击矩形框的阴影地方，将此矩形置于矩形框下层，效果如图 7.126 所示。

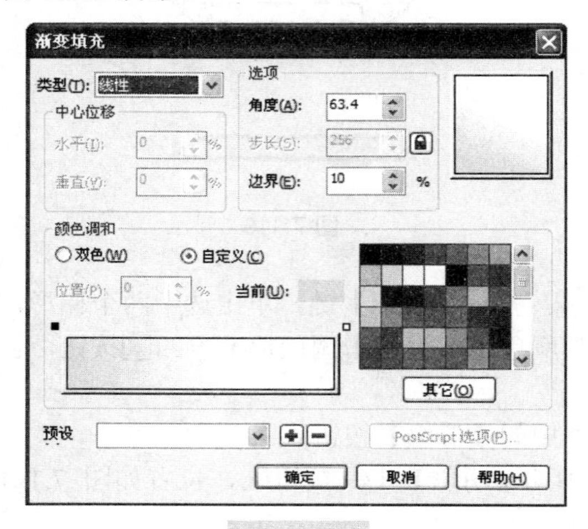

图 7.125

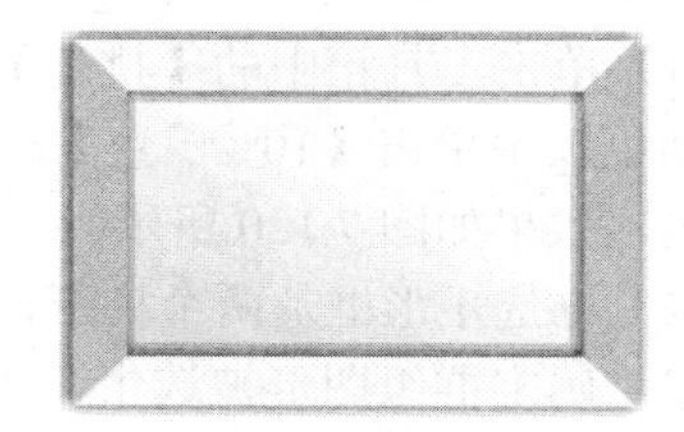

图 7.126

（119）单击工具箱中的【文本】工具按钮字，在矩形框里面单击，当光标开始闪烁时，输入文字“20”。按住鼠标左键从最右边的文字向左边拖动以选中文本，属性栏中的设置如图 7.127 所示，效果如图 7.128 所示。

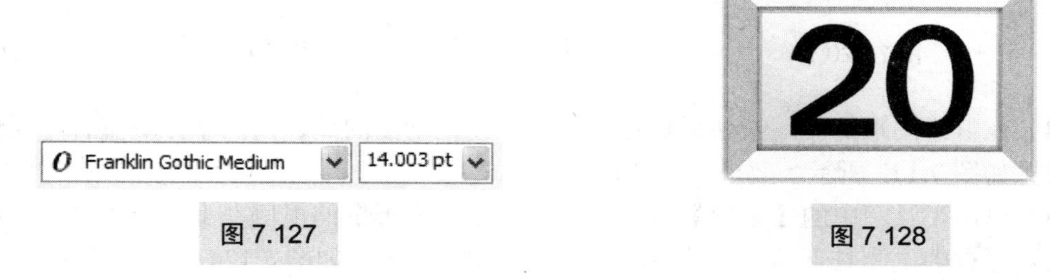

图 7.127

图 7.128

（120）单击工具箱中的【挑选】工具按钮，单击选中文字，按住【Shift】键，单击选中矩形框，再单击属性栏中的【对齐与分布】按钮，在打开的对话框中进行如图 7.129 所示的设置，设置完毕单击【Apply】按钮应用设置，单击【关闭】按钮关闭对话框。

（121）框选矩形框、文字以及文字后面的渐变矩形，单击属性栏中的【群组】按钮。

（122）单击工具箱中的【矩形】工具按钮，绘制一个矩形，其大小如图 7.130 所示。

（123）单击工具箱中的【挑选】工具按钮，确定刚刚绘制的矩形被选中，在属性栏

中设置【轮廓宽度】如图 7.131 所示，在右侧调色板中右键单击【白色】色块，填充轮廓色为白色。

（124）单击选中步骤（121）中群组的图形，执行【菜单栏】|【效果】|【图框精确剪裁】|【放置在容器中】命令，当指针变成“➡”时，单击刚刚绘制的矩形，效果如图 7.132 所示。

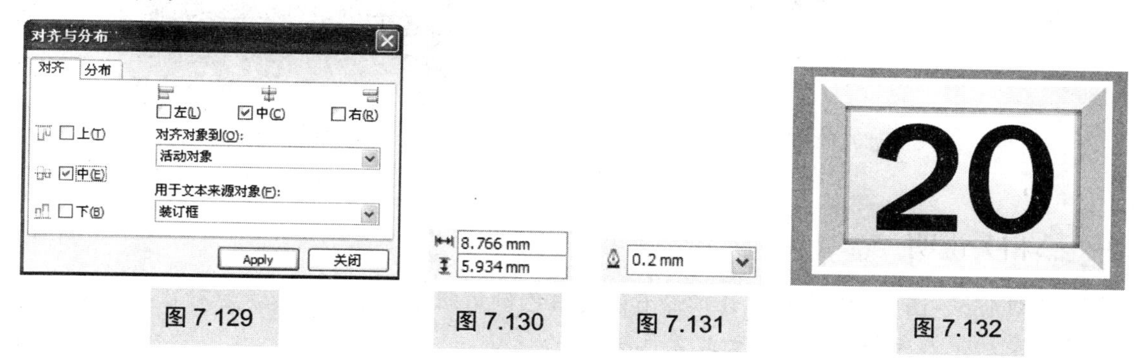

图 7.129　图 7.130　图 7.131　图 7.132

相关说明

图 7.132 中为了让读者看清楚白色轮廓线的矩形，暂时在后面设置了一个灰色块，在制作过程中并无此灰色块。

（125）确定白色轮廓线的矩形被选中，单击工具箱中的【阴影】工具按钮，在矩形的中间按住鼠标左键拖动，使拖动出的黑、白两个方块重合，属性栏中的设置如图 7.133 所示，效果如图 7.134 所示。

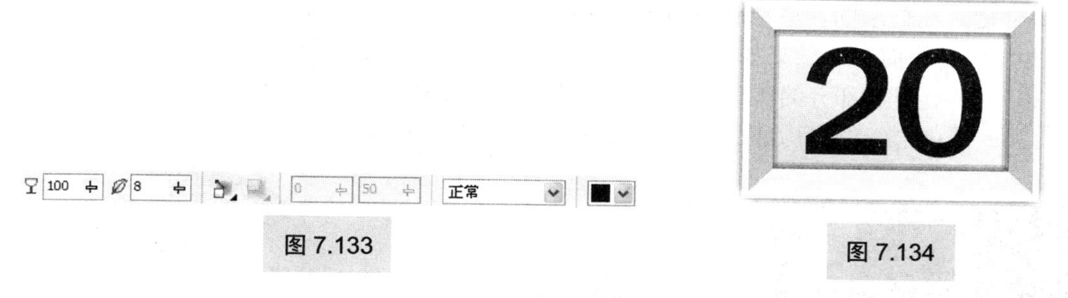

图 7.133　图 7.134

（126）单击工具箱中的【挑选】工具按钮，执行【菜单栏】|【视图】|【贴齐对象】命令，此命令的快捷键是【Alt】+【Z】组合键。

（127）单击选中白色轮廓线的矩形，在其中间的“×”处，按住鼠标左键拖动至步骤（105）中的图形上（在图形的中心处自动捕捉），释放鼠标，效果如图 7.135 所示。

（128）单击选中图 7.135 中的倒圆角矩形（即步骤 105 中的其中一个矩形），在原位置执行【复制】、【粘贴】命令，此两项命令的快捷键分别是【Ctrl】+【C】组合键、【Ctrl】+【V】组合键，在右侧调色板中单击【白色】色块，填充白色。

（129）单击工具箱中的【透明度】工具按钮，从白色倒圆角矩形的右上角向左下角拖动，效果如图 7.136 所示。

图 7.135

图 7.136

相关说明

图 7.136、图 7.137 中为了让读者看清楚白色倒角矩形的透明效果，暂时在后面设置了一个黑色块，在制作过程中并无此黑色块。

（130）单击工具箱中的【挑选】工具按钮，将此白色倒圆角矩形在原位置执行【复制】、【粘贴】命令，此两项命令的快捷键分别是【Ctrl】+【C】组合键、【Ctrl】+【V】组合键。

（131）单击属性栏中的【水平镜像】按钮、【垂直镜像】按钮各一次，效果如图 7.137 所示。

（132）单击选中左下角的白色倒圆角矩形，按键盘上的方向键【→】、【↑】各 3 次。

（133）框选两个白色倒圆角矩形，单击属性栏中的【群组】按钮。

（134）执行【菜单栏】|【视图】|【贴齐对象】命令，此命令的快捷键是【Alt】+【Z】组合键。在群组的白色倒圆角矩形中间的“×”处，按住鼠标左键拖动至白色轮廓线矩形中间（自动捕捉），效果如图 7.138 所示，此部分是表盘上的日历。

（135）框选日历部分的所有图形，单击属性栏中的【群组】按钮。

（136）选中群组的日历部分，将其拖动至如图 7.139 所示的位置。

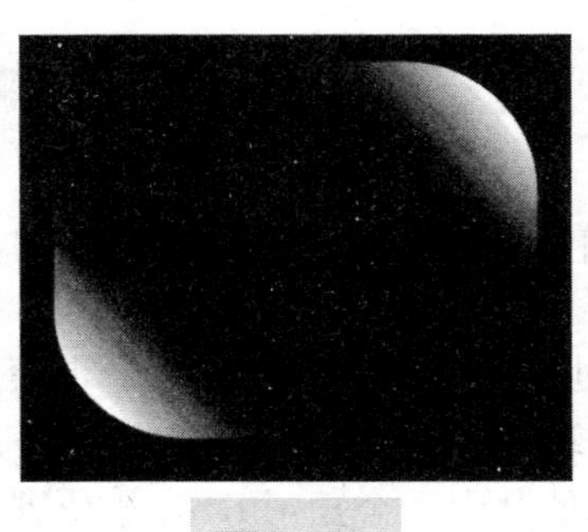

图 7.137

图 7.138

图 7.139

（137）单击选中日历，按住【Shift】键，单击选中圆形 9，再单击属性栏中的【对齐与分布】按钮，在打开的对话框中进行如图 7.140 所示的设置，设置完毕，单击【Apply】按钮应用设置，再单击【关闭】按钮关闭对话框。

下面绘制表盘周围的装饰。

（138）单击工具箱中的【手绘】工具按钮，绘制一个梯形，在右侧调色板中单击【黑色】色块，右键单击☒按钮，去掉轮廓色，效果如图 7.141 所示。

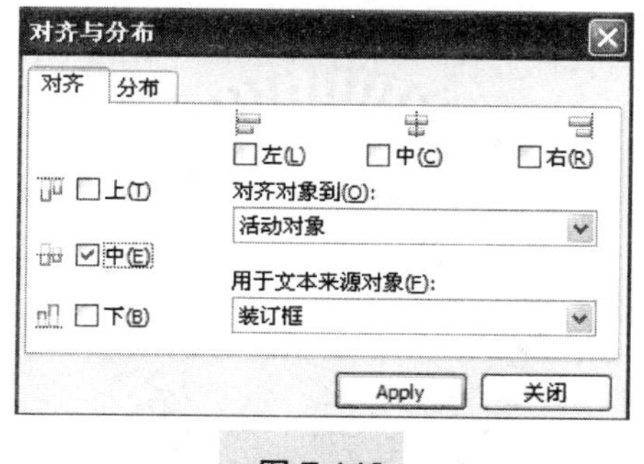

图 7.140

图 7.141

操作提示

绘制直线时，为了保持所绘制直线的方向稳定，绘制过程中按住【Ctrl】键。

（139）单击工具箱中的【挑选】工具按钮，选中黑色梯形，在其左侧中间控制点处，按住鼠标左键向右侧拖动，同时按住【Ctrl】键，当出现如图 7.142 所示的轮廓时，左键不松开，直接单击右键，快速镜像复制一个梯形，在右侧调色板中单击【白色】色块。

（140）框选两个梯形，单击属性栏中的【群组】按钮，将其拖动至表盘上方，如图 7.143 所示。此时群组的两个梯形的总尺寸为：3.246 mm×6.846 mm。

（141）确定群组梯形被选中，按住【Shift】键，单击选中圆形 9，再单击属性栏中的【对齐与分布】按钮，在打开的对话框中进行如图 7.144 所示的设置，设置完毕单击【Apply】按钮应用设置，再单击【关闭】按钮关闭对话框。

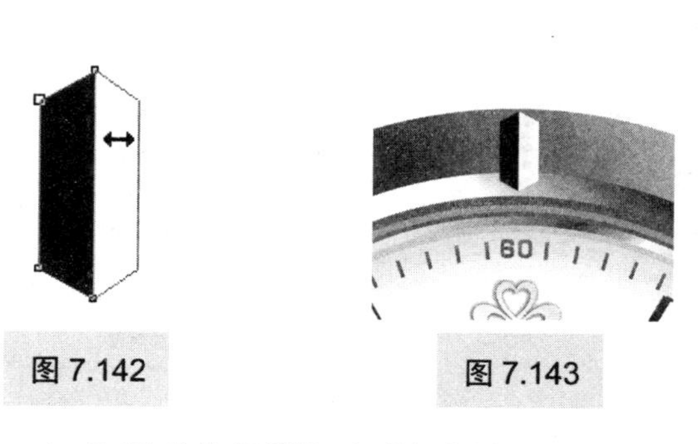

图 7.142　　图 7.143

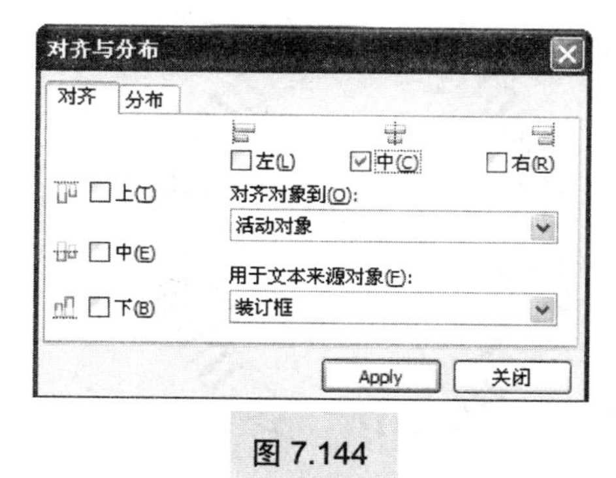

图 7.144

（142）执行【菜单栏】|【视图】|【贴齐对象】命令，此命令的快捷键是【Alt】+【Z】组合键。

（143）确定群组梯形被选中，再次单击，拖动旋转中心至圆形 9 的圆心上（自动捕捉），释放鼠标。

（144）执行【菜单栏】|【窗口】|【泊坞窗】|【变换】|【旋转】命令，此命令

的快捷键是【Alt】+【F8】组合键。在窗口右侧打开的【变换】对话框中进行如图 7.145 所示的设置，设置完毕，单击【应用到再制】按钮，效果如图 7.146 所示。

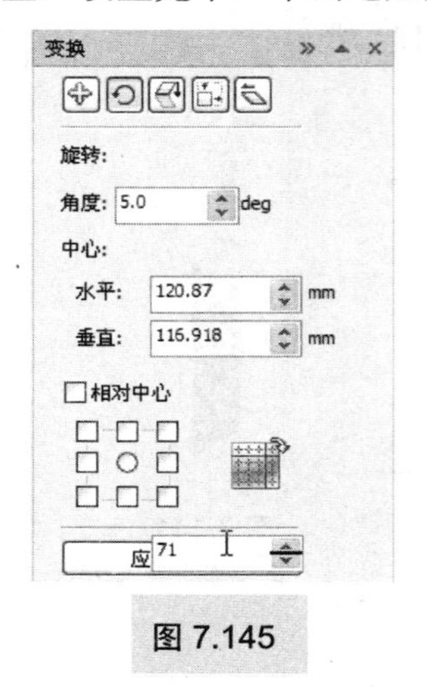

图 7.145

图 7.146

（145）分别单击选中每一组群组梯形里的单个梯形，选中一个后，在调色板中单击【灰色】色块，其中深色灰色是【70%黑色】，浅一点的灰色是【50%黑色】，最浅的灰色是【30%黑色】，效果如图 7.147 所示。

操作提示

图 7.146 中的黑白梯形是群组的，要选择群组中的某个对象时候，按住【Ctrl】键，单击选择即可，被选中后，该对象周围的 8 个控制点是“●”。

（146）单击选中圆形 1，在如图 7.148 指针所示的地方单击即可。

（147）单击工具箱中的【阴影】工具按钮，位置如图 7.149 所示。

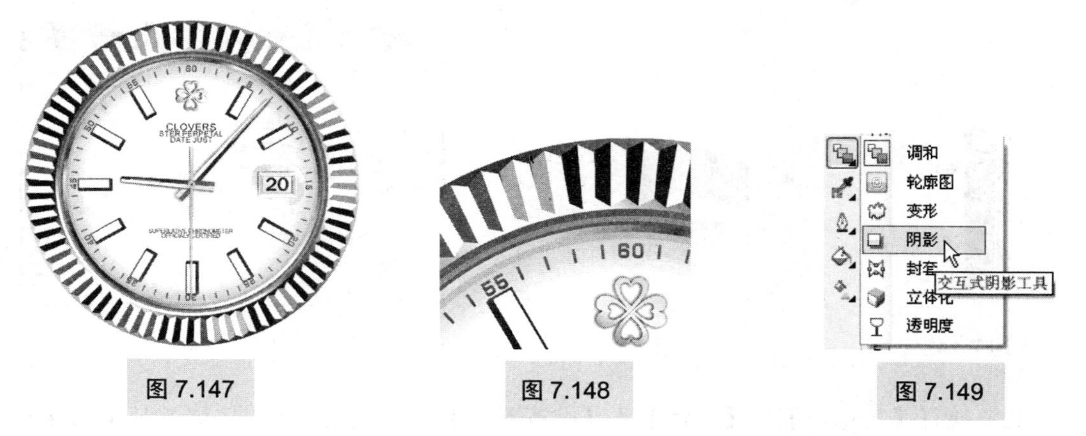

图 7.147　图 7.148　图 7.149

（148）在圆形 1 的中间“×”处按住鼠标左键拖动，使拖动出的黑、白两个方块重合，属性栏中的设置如图 7.150 所示，效果如图 7.151 所示。

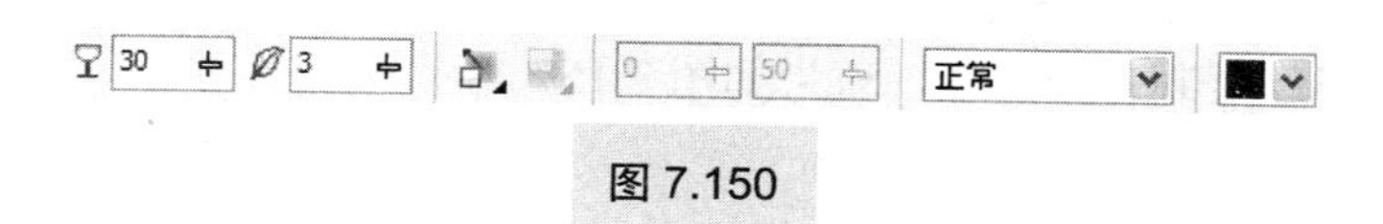

图 7.150

图 7.151

至此，表盘的绘制完毕，下面继续绘制表盘托及表链。

（149）单击工具箱中的【椭圆形】工具按钮，按住【Ctrl】键，按住鼠标左键拖动绘制一个圆形（直径为 80.76mm），此圆形为辅助圆形。

（150）执行【菜单栏】|【视图】|【贴齐对象】命令，此命令的快捷键是【Alt】+【Z】组合键。在如图 7.152 所示的页面上方水平标尺位置，按住鼠标左键拖动出一条参考线，拖动此参考线至辅助圆形的圆心位置（自动捕捉），如图 7.153 所示，释放鼠标。

（151）单击工具箱中的【贝塞尔】工具按钮，工具位置如图 7.154 所示。

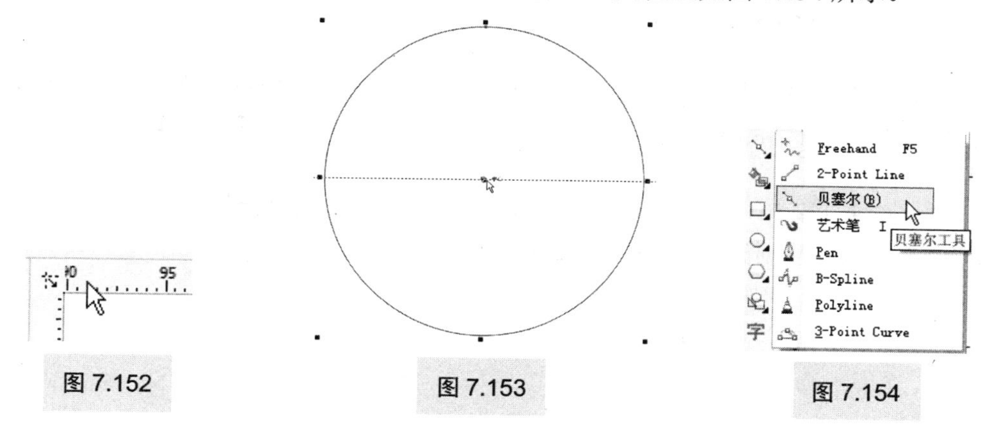

图 7.152　　图 7.153　　图 7.154

（152）执行【菜单栏】|【视图】|【贴齐辅助线】命令。

（153）在圆形左侧圆周上单击，定位起始点，绘制如图 7.155 所示的图形。

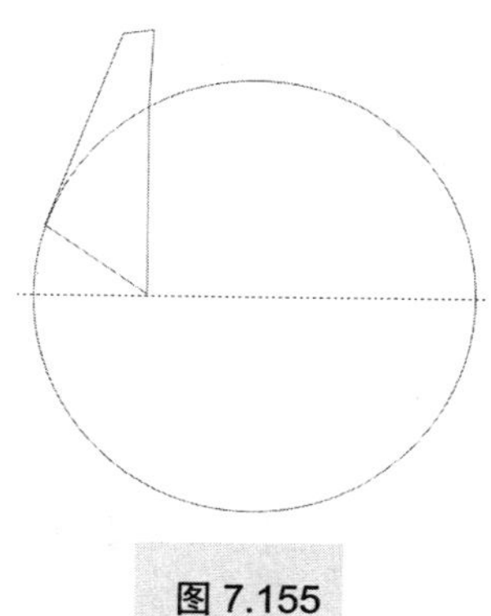

图 7.155

操作提示

在步骤（152）中执行了【贴齐辅助线】命令，所以在绘制图 7.155 中的图形时，最底端的节点一定要捕捉到辅助线上。

（154）单击工具箱中的【挑选】工具按钮，选中刚刚绘制的图形，在其上面中间控制点处，按住鼠标左键向下拖动，同时按住【Ctrl】键，当出现如图 7.156 所示的轮廓时，左键不松开，直接单击右键，快速镜像复制一个图形，效果如图 7.157 所示。

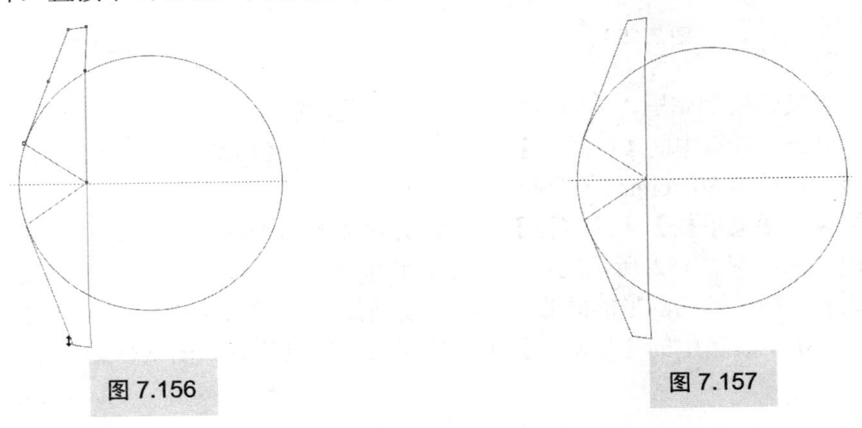

图 7.156　　图 7.157

（155）单击选中参考线（选中情况下参考线呈红色），按【Delete】键，将其删除。

（156）框选如图 7.157 所示的 3 个图形，单击属性栏中的【焊接】按钮，效果如图 7.158 所示。

（157）单击工具箱中的【手绘】工具按钮，在如图 7.159 指针所示的位置捕捉节点，单击定位起始点，绘制如图 7.159 所示的图形。

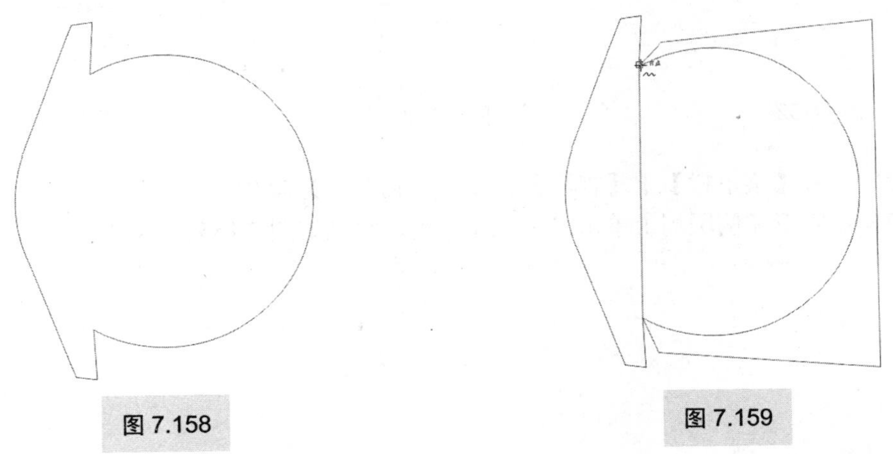

图 7.158　　图 7.159

（158）框选如图 7.159 所示的两个图形，单击属性栏中的【后减前】按钮，效果如图 7.160 所示。

（159）确定刚刚修剪的图形被选中，按快捷键【F11】，打开【渐变填充】对话框，设

置如图 7.161 所示。

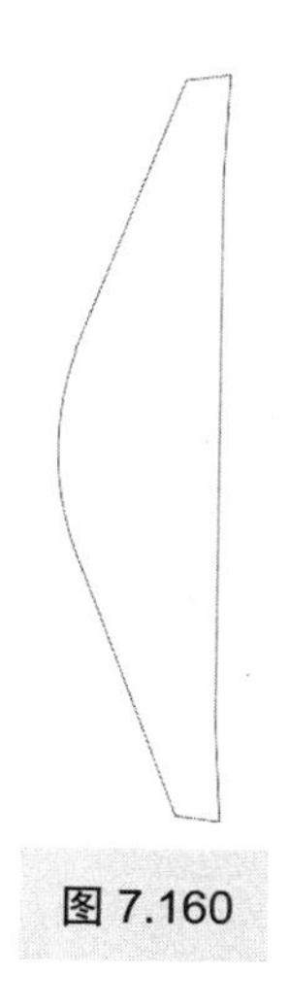

图 7.160

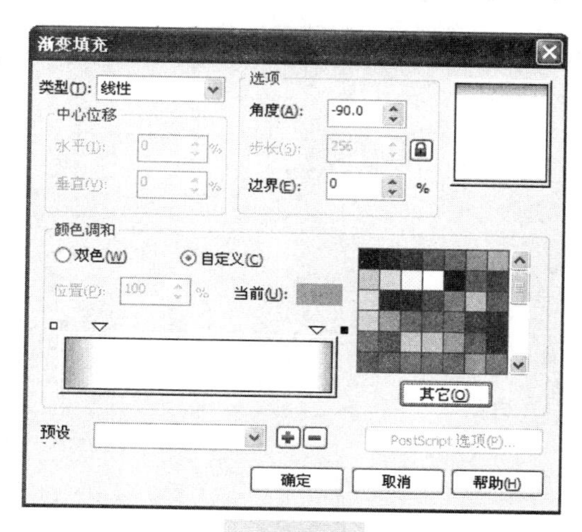

图 7.161

（160）其中，【颜色调和】选项区域中的渐变色条上的控制点位置及对应的 C、M、Y、K 颜色参数如下。

位置 0：0、0、0、50；

位置 13：0、0、0、0；

位置 94：0、0、0、6；

位置 100：0、0、0、50。

设置完毕，单击【确定】按钮，同时右键单击调色板中的☒按钮，去掉轮廓色，效果如图 7.162 所示。

（161）单击工具箱中的【挑选】工具按钮，选中刚刚的渐变图形（即图 7.160 所示的图形），在原位置执行【复制】、【粘贴】命令，此两项命令的快捷键分别是【Ctrl】+【C】组合键、【Ctrl】+【V】组合键，在右侧调色板中单击【60%黑色】色块填充内部颜色。

（162）单击工具箱中的【透明度】工具按钮，从复制图形的左上角向右下拖动，效果如图 7.163 所示，命名此图形为“透明度图形 1”。

（163）单击工具箱中的【挑选】工具按钮，选中透明度图形 1，在原位置执行【复制】、【粘贴】命令，此两项命令的快捷键分别是【Ctrl】+【C】组合键、【Ctrl】+【V】组合键，单击属性栏中的【垂直镜像】按钮，并用【透明度】工具调节黑、白两个方块的位置，如图 7.164 所示，命名此图形为“透明度图形 2”。

（164）单击选中透明度图形 2，在原位置复制、粘贴，命名此图形为“透明度图形 3”。

（165）确定透明度图形 3 被选中，单击工具箱中的【透明度】工具按钮，在属性栏中单击【清除透明度】按钮。

（166）单击工具箱中的【手绘】工具按钮，绘制如图 7.165 所示的图形。

（167）单击工具箱中的【挑选】工具按钮，选中刚刚绘制的图形，按住【Shift】键单击选中透明度图形 3，再单击属性栏中的【后减前】按钮，效果如图 7.166 所示。

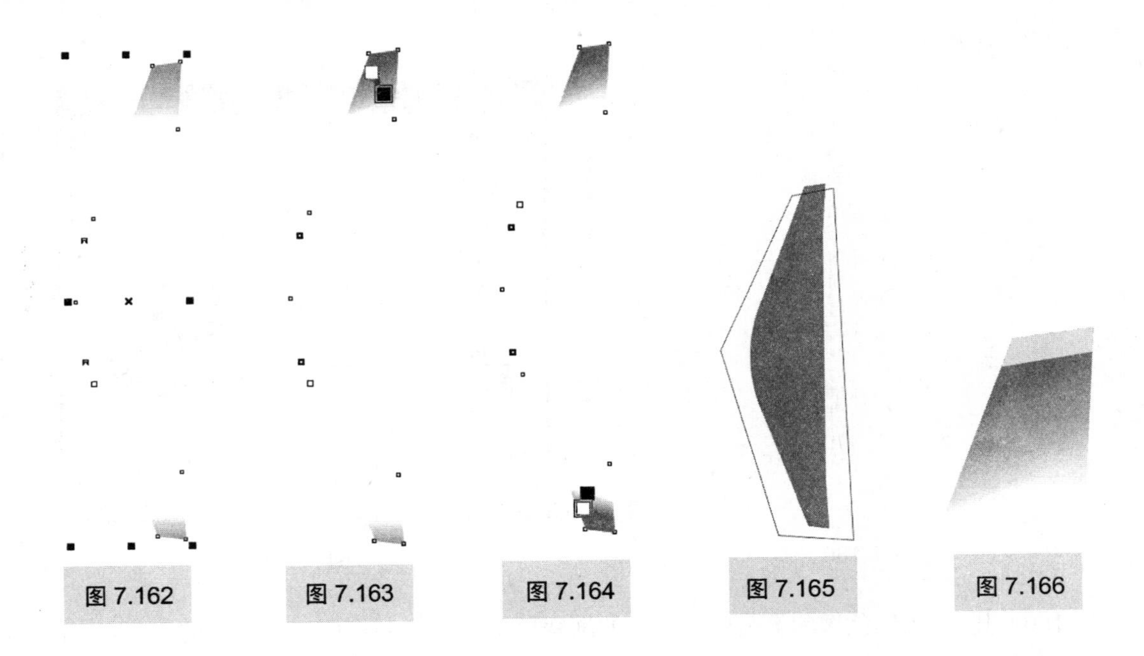

图 7.162　图 7.163　图 7.164　图 7.165　图 7.166

相关说明

在此为了让读者看清楚修剪后的透明度图形 3，在图 7.166 中先将该图形填充浅灰色。

（168）确定刚刚修剪的透明度图形 3 被选中，按快捷键【F11】，打开【渐变填充】对话框，设置如图 7.167 所示。

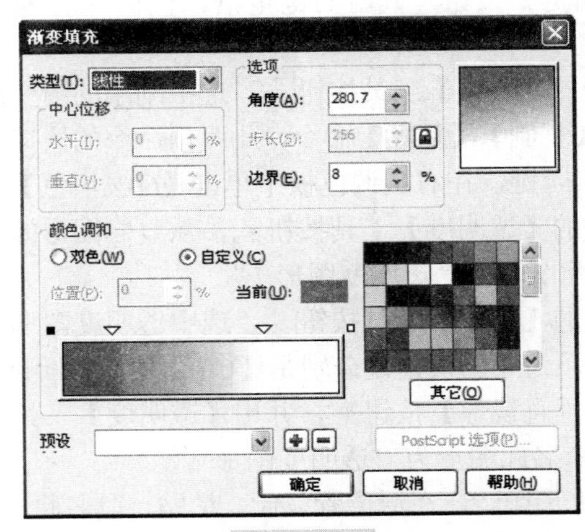

图 7.167

（169）其中，【颜色调和】选项区域中的渐变色条上的控制点位置及对应的 C、M、Y、K 颜色参数如下。

位置 0：0、0、0、60；

位置 18：0、0、0、60；

位置 73：0、0、0、4；

位置 100：0、0、0、0。

设置完毕，单击【确定】按钮，效果如图 7.168 所示。

（170）执行【菜单栏】|【视图】|【贴齐辅助线】命令。

（171）单击工具箱中的【贝塞尔】工具按钮，工具位置如图 7.169 所示，绘制如图 7.170 所示的图形。

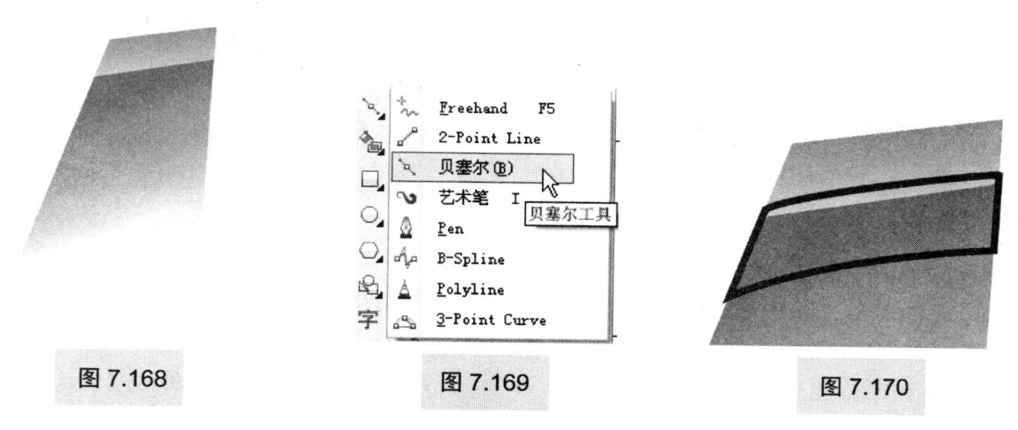

图 7.168　图 7.169　图 7.170

（172）按快捷键【F11】，打开【渐变填充】对话框，设置如图 7.171 所示。

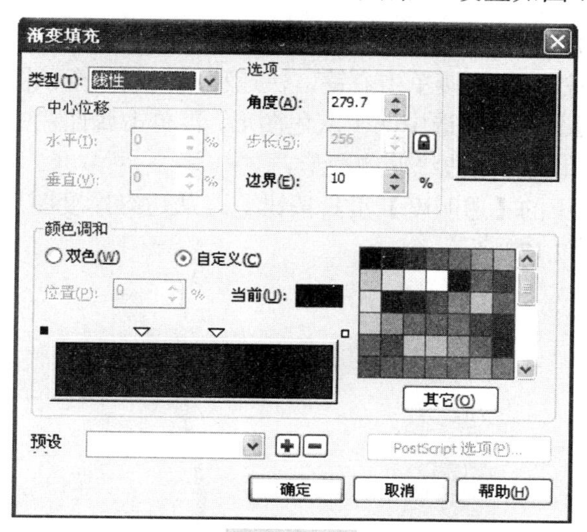

图 7.171

（173）其中【颜色调和】选项区域中的渐变色条上的控制点位置及对应的 C、M、Y、K 颜色参数如下。

位置 0：0、0、0、100；

位置 31：0、0、0、100；

位置 58：0、0、0、86；

位置 100：0、0、0、90。

设置完毕，单击【确定】按钮，同时右键单击调色板中的☒按钮，去掉轮廓色，效果如图 7.172 所示。

（174）单击工具箱中的【透明度】工具按钮，从渐变图形的中间向右下拖动，效果如图 7.173 所示。

图 7.172

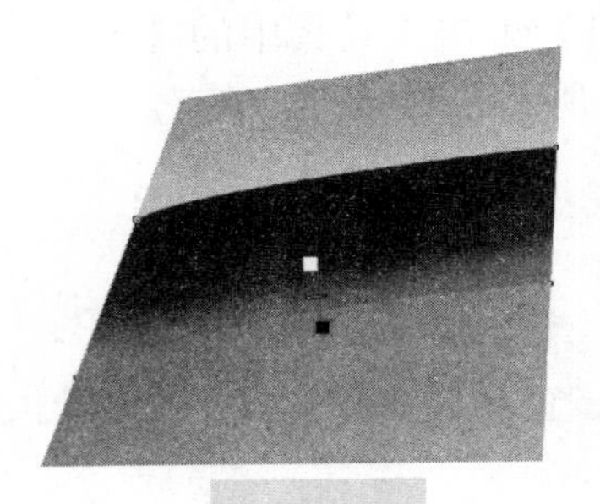

图 7.173

（175）单击工具箱中的【挑选】工具按钮，在如图 7.174 指针所示的位置单击，选中透明度图形 2。

（176）在原位置执行【复制】、【粘贴】命令，此两项命令的快捷键分别是【Ctrl】+【C】组合键、【Ctrl】+【V】组合键，单击工具箱中的【透明度】工具按钮，在属性栏中单击【清除透明度】按钮。

（177）按住【Ctrl】键，在图形上按住鼠标左键向右拖动一点距离，当出现如图 7.175 所示的轮廓时，左键不松开，直接单击右键，快速移动复制一个该图形。

（178）按住【Shift】键，单击选中两个灰色图形，再单击属性栏中的【后减前】按钮，效果如图 7.176 所示，此图形为边缘厚度图形。

（179）单击工具箱中的【透明度】工具按钮，从边缘厚度图形的左上向右下拖动，黑、白方块的位置如图 7.177 所示。

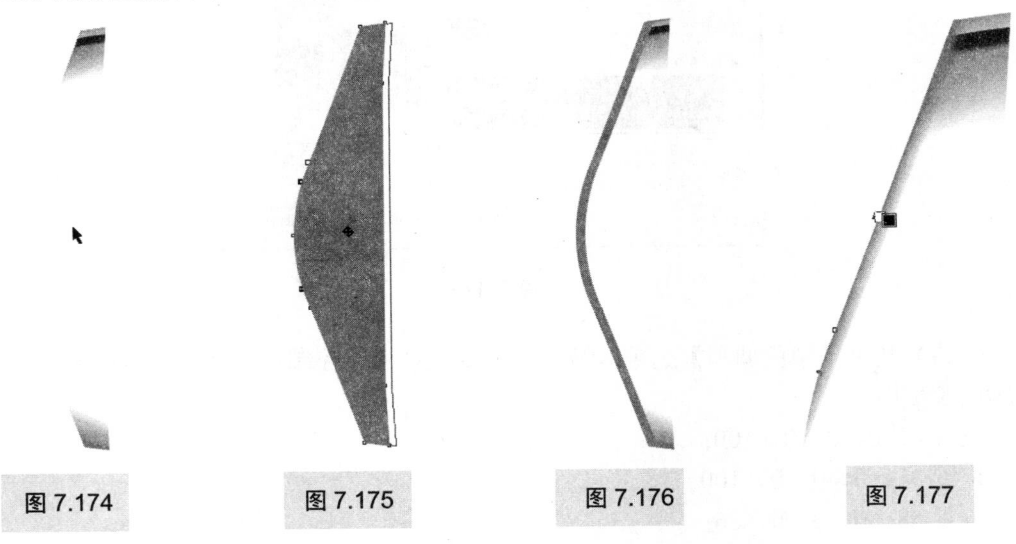

图 7.174　图 7.175　图 7.176　图 7.177

操作提示

由于边缘厚度图形比较细长，所以在进行透明度渐变时候，需要用放大镜放大足够的倍数进行操作。

（180）单击工具箱中的【挑选】工具按钮，再单击选中边缘厚度图形，按住【Shift】键，单击选中上面的两个渐变图形，在原位置执行【复制】、【粘贴】命令，此两项命令的快捷键分别是【Ctrl】+【C】组合键、【Ctrl】+【V】组合键，单击属性栏中的【垂直镜像】按钮，效果如图 7.178 所示。

（181）框选图 7.178 中所有图形，单击属性栏中的【群组】按钮。该图形的尺寸如图 7.179 所示，命名该群组图形为“表盘托”。

图 7.178

图 7.179

相关说明

制作本案例的时候没有严格限定具体尺寸，是根据腕表的正常比例来制作的，所以标出的尺寸小数点后有数值，不是整数。在练习的时候可以参考本案例中给出的尺寸，熟练了用法后，再制作的时候根据自己的审美标准选定尺寸，注意比例要准确、和谐、美观。

（182）拖动表盘托至表盘左侧，如图 7.180 所示。

（183）单击选中表盘托图形，按住【Shift】键，单击选中圆形 9，单击属性栏中的【对齐与分布】按钮，在打开的对话框中进行如图 7.181 所示的设置，设置完毕单击【Apply】按钮应用设置，再单击【关闭】按钮关闭对话框。

图 7.180

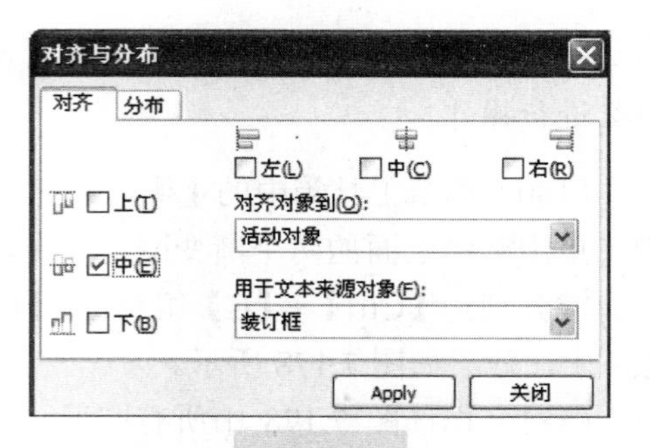

图 7.181

（184）单击工具箱中的【手绘】工具按钮，绘制如图 7.182 所示的图形。

（185）确定刚刚绘制的图形被选中，按快捷键【F11】，打开【渐变填充】对话框，设置如图 7.183 所示。

图 7.182

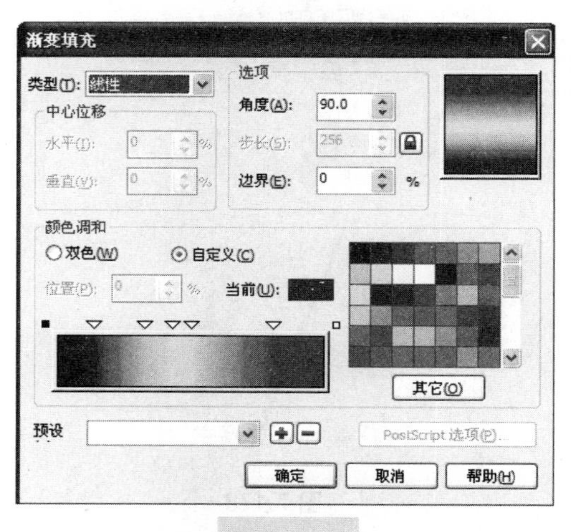

图 7.183

（186）其中【颜色调和】选项区域中的渐变色条上的控制点位置及对应的 C、M、Y、K 颜色参数如下。

位置 0：0、0、0、90；

位置 14：0、0、0、84；

位置 33：0、0、0、30；

位置 43：0、0、0、20；

位置 50：0、0、0、20；

位置 81：0、0、0、80；

位置 100：0、0、0、90。

设置完毕，单击【确定】按钮，同时右键单击调色板中的⊠按钮，去掉轮廓色，效果如图 7.184 所示。

（187）单击工具箱中的【挑选】工具按钮，单击选中该渐变图形，执行【菜单栏】|【排列】|【顺序】|【置于此对象后】命令，当指针变成“➡”时，单击圆形1的阴影部分，将此渐变图形置于表盘下层，效果如图7.185所示。

图7.184

图7.185

（188）执行【菜单栏】|【视图】|【贴齐对象】命令，此命令的快捷键是【Alt】+【Z】组合键。单击工具箱中的【手绘】工具按钮，贴近刚刚渐变填充图形的上面两个节点及边缘，绘制如图7.186所示的图形。

（189）在右侧调色板中单击【白色】色块，右键单击☒按钮，去掉轮廓色，效果如图7.187所示。

图7.186

图7.187

（190）单击工具箱中的【透明度】工具按钮，从白色图形的上面向下边缘拖动，效果如图7.188所示。

（191）单击工具箱中的【手绘】工具，贴近刚刚渐变填充图形的边缘，绘制如图7.189所示的图形。

图7.188

图7.189

（192）确定刚刚绘制的图形被选中，按快捷键【F11】，打开【渐变填充】对话框，设置如图 7.190 所示。

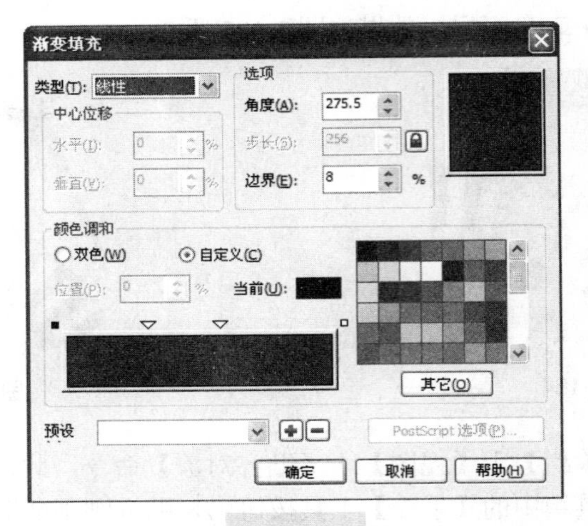

图 7.190

（193）其中，【颜色调和】选项区域中的渐变色条上的控制点位置及对应的 C、M、Y、K 颜色参数如下。

位置 0：0、0、0、100；

位置 31：0、0、0、100；

位置 58：0、0、0、86；

位置 100：0、0、0、90。

设置完毕，单击【确定】按钮，同时右键单击调色板中的☒按钮，去掉轮廓色，效果如图 7.191 所示。

（194）单击工具箱中的【透明度】工具按钮，从刚刚填充的渐变图形上面向下边缘拖动，效果如图 7.192 所示。

图 7.191

图 7.192

（195）单击工具箱中的【挑选】工具按钮，选中步骤（186）中渐变填充的图形，在原位置执行【复制】、【粘贴】命令，此两项命令的快捷键分别是【Ctrl】+【C】组合键、【Ctrl】+【V】组合键，并在右侧调色板中单击【70%黑色】色块。

（196）按住【Ctrl】键，在图形上按住鼠标左键向右拖动一点距离，当出现如图 7.193

所示的轮廓时，左键不松开，直接单击右键，快速移动复制一个该图形。

（197）按住【Shift】键，单击选中两个灰色图形，再单击属性栏中的【后减前】按钮，效果如图7.194所示，此图形为边缘厚度图形。

图7.193

图7.194

（198）单击工具箱中的【透明度】工具按钮，从边缘厚度图形的左侧外边缘向中间拖动，黑、白方块的位置如图7.195所示。

图7.195

操作提示

由于边缘厚度图形比较细长，所以在进行透明度渐变时，需要用放大镜放大足够的倍数进行操作。

（199）参考步骤（195）～步骤（198）的做法，制作如图7.196所示的边缘厚度。

图7.196

（200）框选步骤（184）～步骤（199）绘制的所有图形，单击属性栏中的【群组】按钮，命名该群组图形为“表链 1”。

（201）使用工具箱中【贝塞尔】工具结合【形状】工具，绘制如图 7.197 所示的图形。

（202）确定刚刚绘制的图形被选中，按快捷键【F11】，打开【渐变填充】对话框，设置如图 7.198 所示。

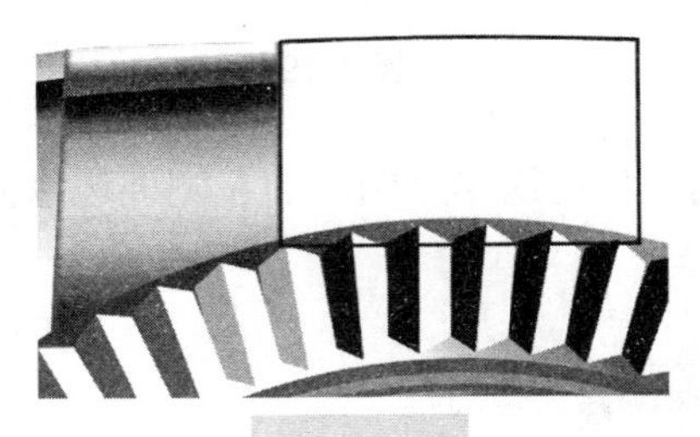

图 7.197

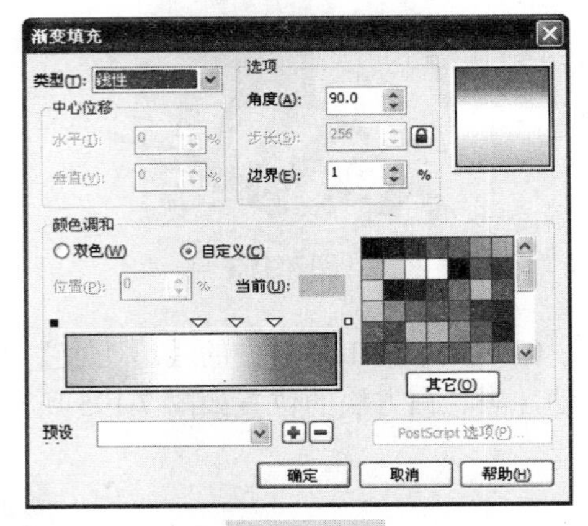

图 7.198

（203）其中，【颜色调和】选项区域中的渐变色条上的控制点位置及对应的 C、M、Y、K 颜色参数如下。

位置 0：0、0、0、30；

位置 49：0、0、0、0；

位置 63：0、0、0、14；

位置 77：0、0、0、56；

位置 100：0、0、0、60。

设置完毕，单击【确定】按钮，同时右键单击调色板中的☒按钮，去掉轮廓色，效果如图 7.199 所示。

（204）单击工具箱中的【挑选】工具按钮，单击选中该渐变图形，执行【菜单栏】|【排列】|【顺序】|【置于此对象后】命令。当指针变成“➡”时，单击圆形 1 的阴影部分，将此渐变图形置于表盘下层，效果如图 7.200 所示。

图 7.199

图 7.200

（205）执行【工具栏】|【贴齐】|【贴齐对象】命令，此命令的快捷键是【Alt】+【Z】组合键，使用工具箱中的【贝塞尔】工具结合【形状】工具，贴近刚刚渐变填充图形的上面两个节点及边缘，绘制如图 7.201 所示的图形。

（206）确定刚刚绘制的图形被选中，按快捷键【F11】，打开【渐变填充】对话框，设置如图 7.202 所示。

图 7.201

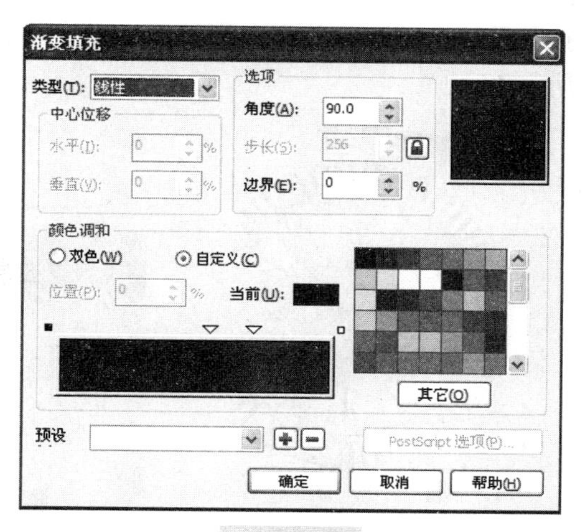

图 7.202

（207）其中，【颜色调和】选项区域中的渐变色条上的控制点位置及对应的 C、M、Y、K 颜色参数如下。

位置 0：0、0、0、100；

位置 56：0、0、0、100；

位置 72：0、0、0、86；

位置 100：0、0、0、90。

设置完毕，单击【确定】按钮，同时右键单击调色板中的☒按钮，去掉轮廓色，效果如图 7.203 所示。

（208）单击工具箱中的【透明度】工具按钮，从刚刚填充的渐变图形中间向下边缘拖动，效果如图 7.204 所示，命名此图形为“连接图形”。

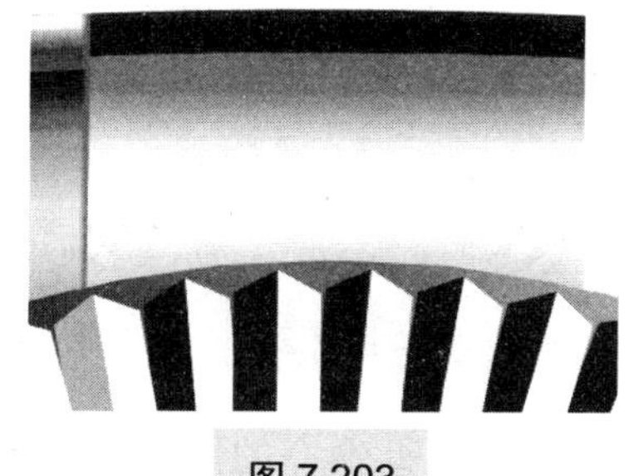

图 7.203

图 7.204

（209）单击工具箱中的【挑选】工具按钮，再单击选中步骤（181）中群组的“表盘托”图形，按住【Shift】键，单击选中步骤（200）中群组的“表链 1”图形。在表盘托左侧中间的控制点上，按住鼠标左键的同时按住【Ctrl】键，向右侧拖动，当出现如图 7.205 所示的轮廓时，左键不松开，直接单击右键，快速镜像复制一个该图形。

（210）执行【工具栏】|【贴齐】|【贴齐对象】命令，此命令的快捷键是【Alt】+【Z】组合键。将指针放于复制的表链 1 左上角节点处（自动捕捉），位置如图 7.206 所示，按住鼠标左键向右拖动此图形至“连接图形”的右上角节点处（自动捕捉），效果如图 7.207 所示。

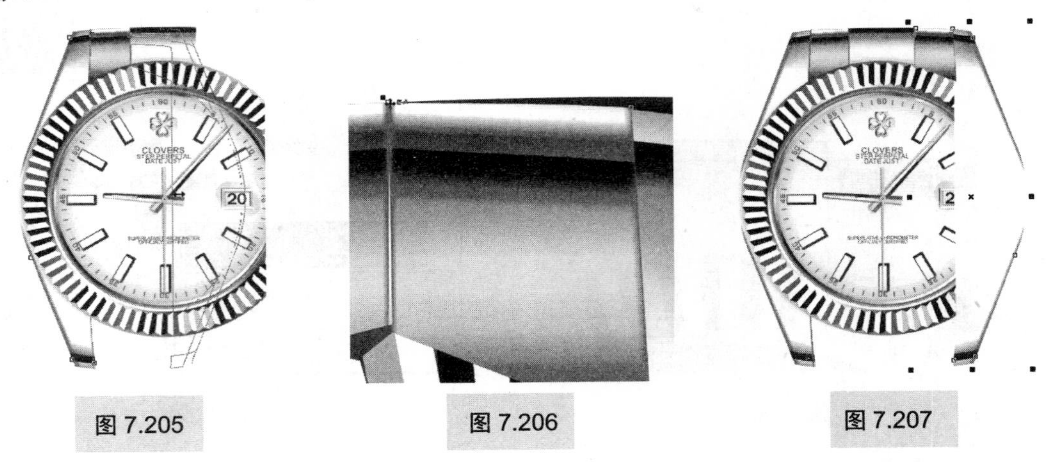

图 7.205　　图 7.206　　图 7.207

（211）确定图 7.207 所示的复制的两组图形被选中，按快捷键【Shift】+【Page Down】组合键，将它们置于表盘下层，效果如图 7.208 所示。

（212）单击选中“连接图形”（包括其上面的深色渐变图形），按住【Shift】，逐次单击选中其左右两侧的表链 1 和复制的表链 1，并按住【Ctrl】键，向上快速移动复制，移动复制的距离越过原有图形，如图 7.209 所示。

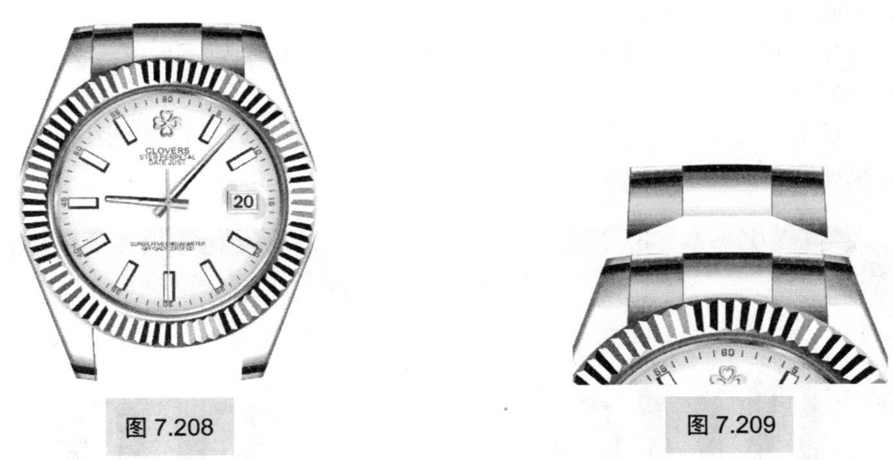

图 7.208　　图 7.209

（213）执行【工具栏】|【贴齐】|【贴齐对象】命令，此命令的快捷键是【Alt】+【Z】组合键。将指针放于如图 7.210 所示的位置（自动捕捉），按住鼠标左键向下拖动至中间“连接图形”的左上角节点处（自动捕捉），释放鼠标，效果如图 7.211 所示。

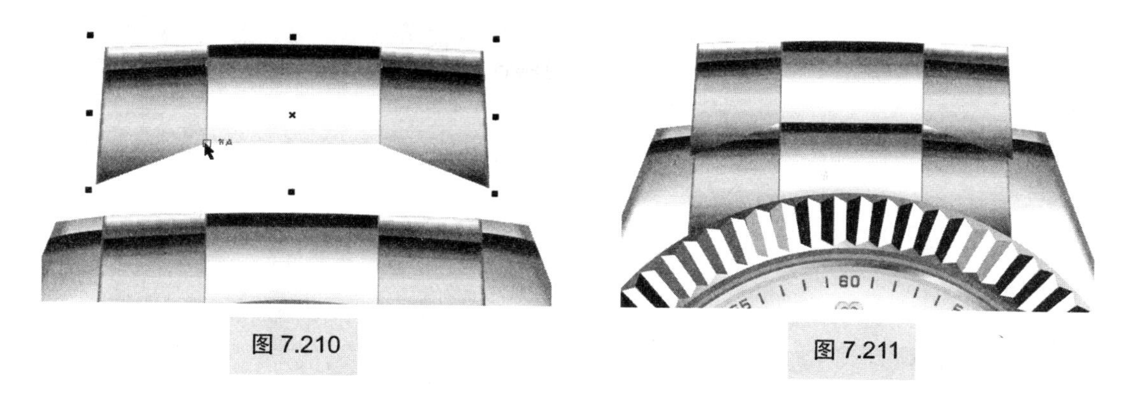

图 7.210　　图 7.211

（214）确定移动复制的 3 组图形被选中，按快捷键【Shift】+【Page Down】组合键，将它们置于底层，效果如图 7.212 所示。

（215）单击选中“连接图形”（不包括其上面的深色渐变图形），执行【菜单栏】|【窗口】|【泊坞窗】|【变换】|【大小】命令，此命令的快捷键是【Alt】+【F10】组合键。在窗口右侧打开的【变换】对话框中进行如图 7.213 所示的设置，设置完毕，单击【应用到再制】按钮，增大“连接图形”的高度，如图 7.214 所示。

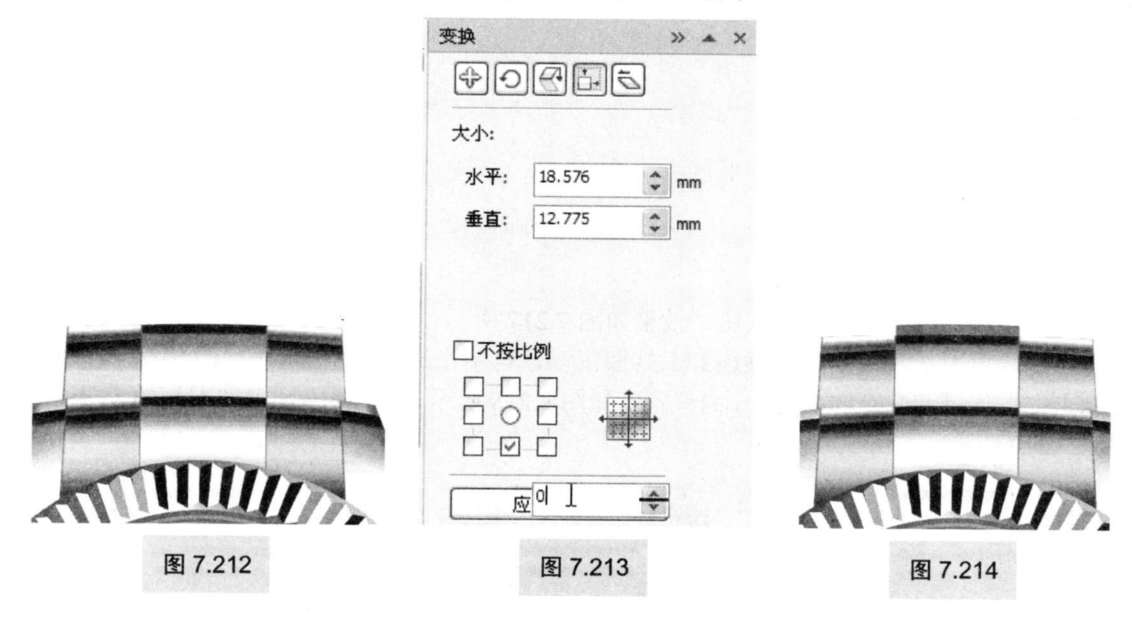

图 7.212　　图 7.213　　图 7.214

（216）执行【菜单栏】|【视图】|【贴齐对象】命令，此命令的快捷键是【Alt】+【Z】组合键。

（217）单击选中“连接图形”上面的深色渐变图形，在其左上角节点上（自动捕捉）按住鼠标拖动至“连接图形”左上角节点（自动捕捉），释放鼠标，效果如图 7.215 所示。

（218）单击选中“连接图形”（不包括其上面的深色渐变图形），按快捷键【F11】，打开【渐变填充】对话框，设置如图 7.216 所示。

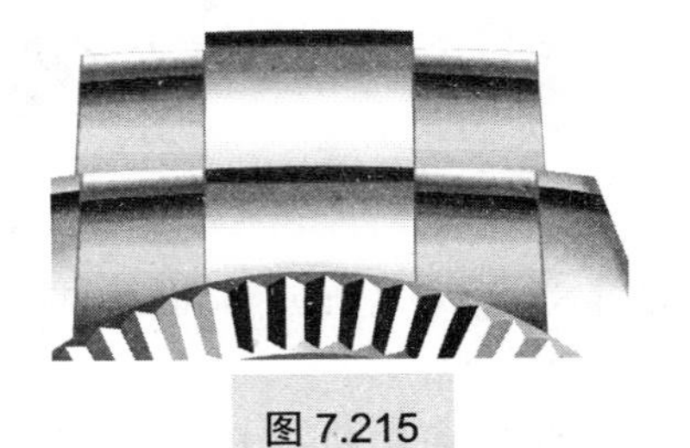

图 7.215

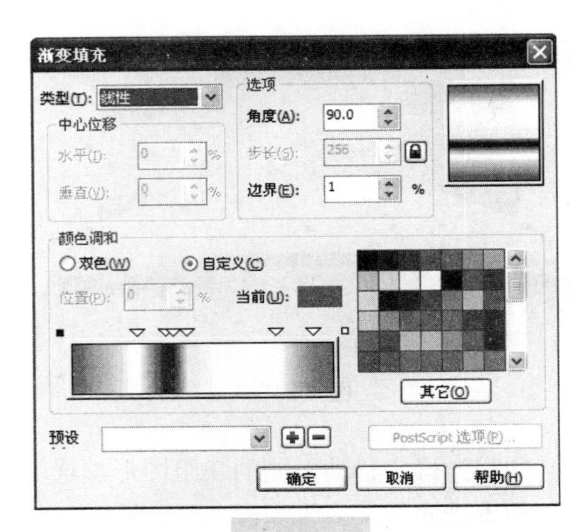

图 7.216

(219) 其中,【颜色调和】选项区域中的渐变色条上的控制点位置及对应的 C、M、Y、K 颜色参数如下。

位置 0:0、0、0、70;

位置 25:0、0、0、0;

位置 36:0、0、0、100;

位置 39:0、0、0、90;

位置 44:0、0、0、14;

位置 78:0、0、0、0;

位置 92:0、0、0、56;

位置 100:0、0、0、60。

设置完毕,单击【确定】按钮,效果如图 7.217 所示。

(220) 单击工具箱中的【挑选】工具按钮,再单击选中群组的表带 1,在左侧中间控制点上按住鼠标左键向右拖动,调整宽度如图 7.218 所示。用同样方法调整右侧的表带 1,如图 7.219 所示。

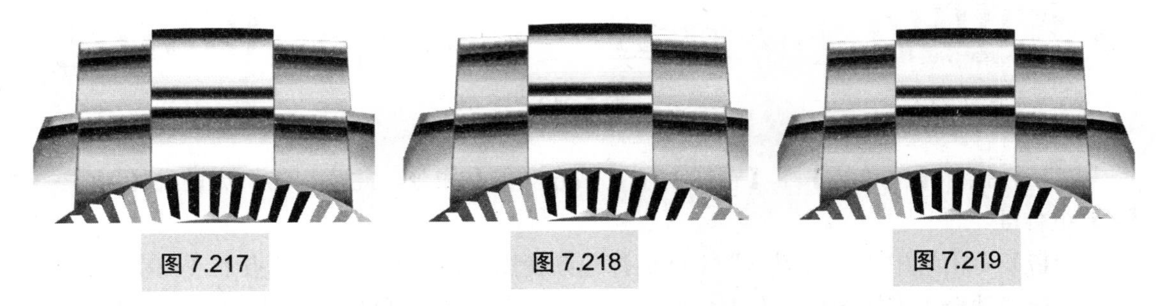

图 7.217　图 7.218　图 7.219

(221) 按住【Ctrl】键,单击左侧群组表带 1 中的底色渐变图形,如图 7.220 所示。

(222) 单击工具箱中的【形状】工具按钮,调整此图形形状如图 7.221 所示(此处为了看清楚调整的图形形状,先将其上面的黑、白图形及边缘厚度图形隐藏)。

（223）继续使用【形状】工具调整上面的黑、白图形，并调整好位置，效果如图 7.222 所示。

图 7.220　　图 7.221　　图 7.222

（224）将白色图形向下快速移动复制一个，并用【形状】工具调整形状，用【透明度】工具调整透明度，如图 7.223 所示。

（225）参考步骤（195）～步骤（198）的做法，重新制作如图 7.224 所示的边缘厚度。

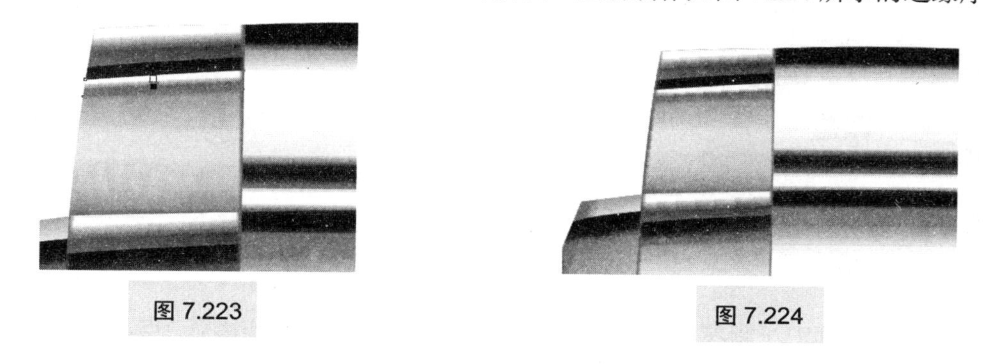

图 7.223　　图 7.224

（226）参考步骤（221）～步骤（225）的做法，制作右侧的表带 1，效果如图 7.225 所示。

图 7.225

操作提示

制作右侧的表带 1 的另一种方法：

由于左右两侧的表带 1 是一模一样的，所以可以将左侧的表带 1 图形进行镜像复制，通过捕捉节点的方式拖动到右侧。此方法简便易操作，读者可以试一试。

（227）参考步骤（212）～步骤（214）的做法，移动复制出一层表带，效果如图 7.226 所示。

（228）单击工具箱中的【挑选】工具按钮，选中中间的“连接图形”（包括其上面的深色渐变图形），执行【菜单栏】|【窗口】|【泊坞窗】|【变换】|【大小】命令，此命令的快捷键是【Alt】+【F10】组合键。在窗口右侧打开的【变换】对话框中进行如图 7.227 所示的设置，设置完毕，单击【应用到再制】按钮，缩短“连接图形”的高度，如图 7.228 所示。

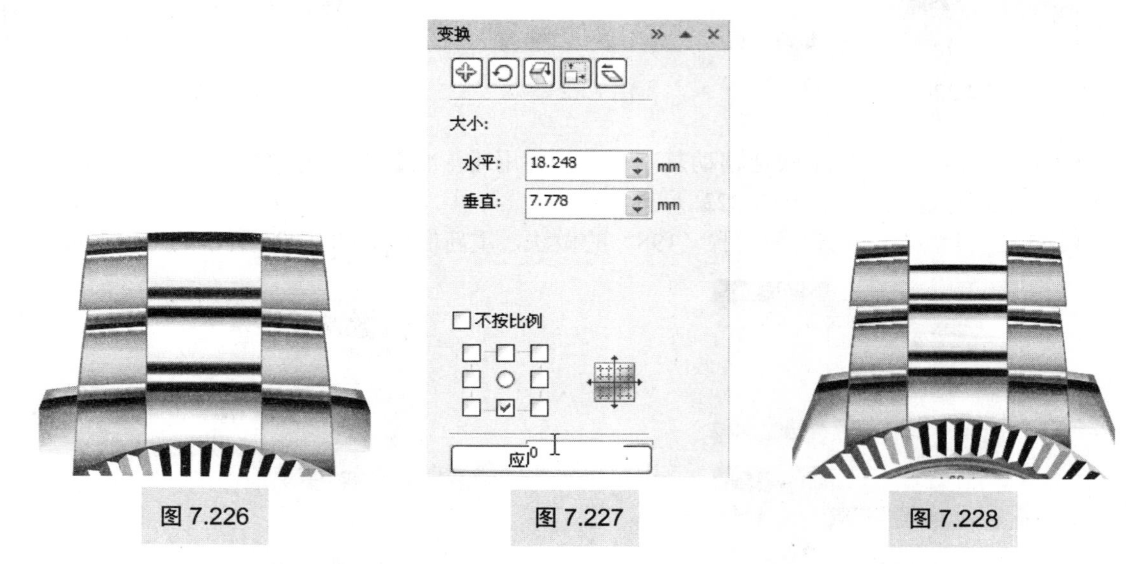

图 7.226　图 7.227　图 7.228

（229）单击选中左侧表带 1 图形，分别拖动上中控制点和左中控制点，调整其高度和宽度，效果如图 7.229 所示。

（230）单击选中右侧表带 1 图形，分别拖动上中控制点和右中控制点，调整其高度和宽度，效果如图 7.230 所示。

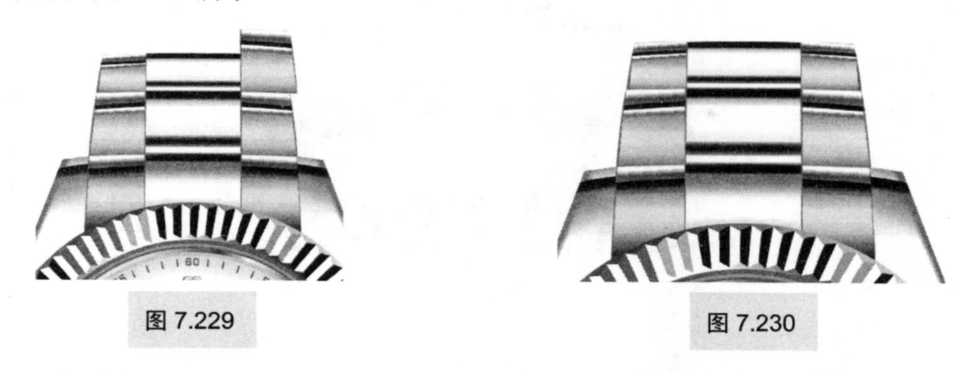
图 7.229　图 7.230

（231）框选如图 7.231 所示的图形，在上中控制点处，按住鼠标左键的同时按住【Ctrl】键，向下拖动，当出现如图 7.232 所示的轮廓时，左键不松开，直接单击右键，快速镜像复制一个该图形。

（232）拖动复制的图形至如图 7.233 所示的位置。

（233）参考步骤（227）～步骤（230）的做法，制作一层表带，效果如图 7.234 所示。

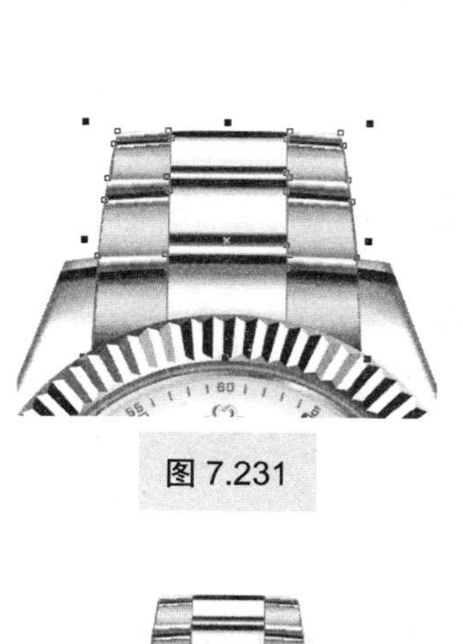

图 7.231

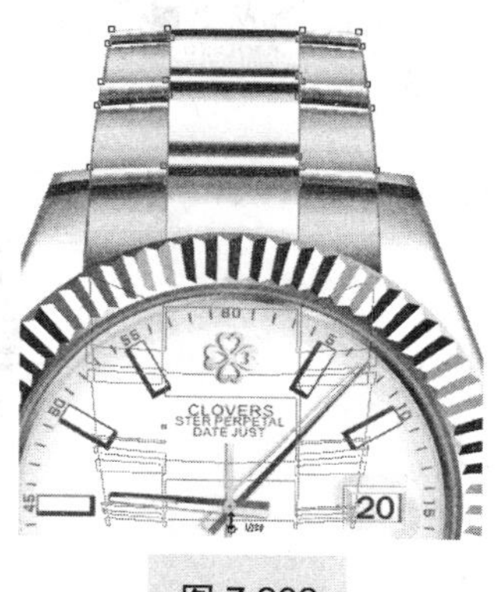

图 7.232

图 7.233

图 7.234

（234）使用工具箱中的【贝塞尔】工具结合【形状】工具，绘制如图 7.235 所示的图形，并填充黑色。

（235）单击工具箱中的【挑选】工具按钮，拖动刚刚绘制的图形至如图 7.236 所示的位置，并调整好大小。

图 7.235

图 7.236

（236）确定黑色图形被选中，执行【菜单栏】|【排列】|【顺序】|【置于此对象后】命令，当指针变成“➡”时，单击圆形 1 的阴影部分，将此渐变图形置于表盘下层，效果如图 7.237 所示。

图 7.237

（237）单击工具箱中的【阴影】工具按钮，在黑色图形的中间按住鼠标左键向下拖动，使拖动出的轮廓线与黑色图形轮廓重合，属性栏中的设置如图 7.238 所示，效果如图 7.239 所示。

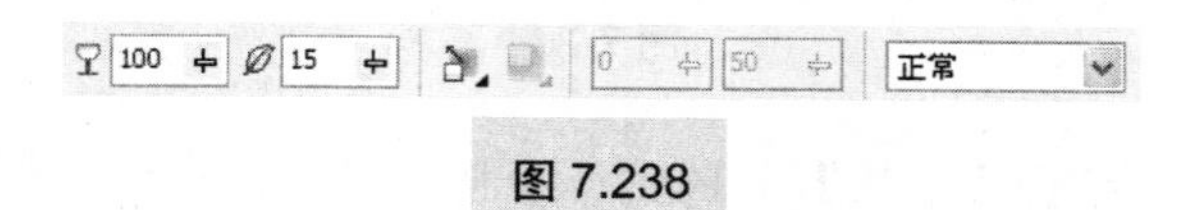

图 7.238

图 7.239

（238）按照步骤（234）～步骤（237）的做法，制作右侧的黑色图形及阴影部分，效果如图 7.240 所示。

图 7.240

操作提示

制作右侧的黑色图形及阴影的另一种方法：

由于左右两侧的该图形是一模一样的，所以可以将左侧的图形进行镜像复制，再拖动到右侧，需要注意的是复制后的图形也要执行【顺序】命令。

至此，表盘托及表链绘制完毕，下面绘制调整时间的旋钮。

（239）单击工具箱中的【矩形】工具按钮，绘制一个矩形，其大小如图 7.241 所示。

（240）确定刚刚绘制的图形被选中，按快捷键【F11】，打开【渐变填充】对话框，设置如图 7.242 所示。

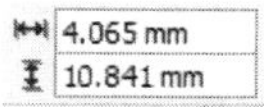

4.065 mm
10.841 mm

图 7.241

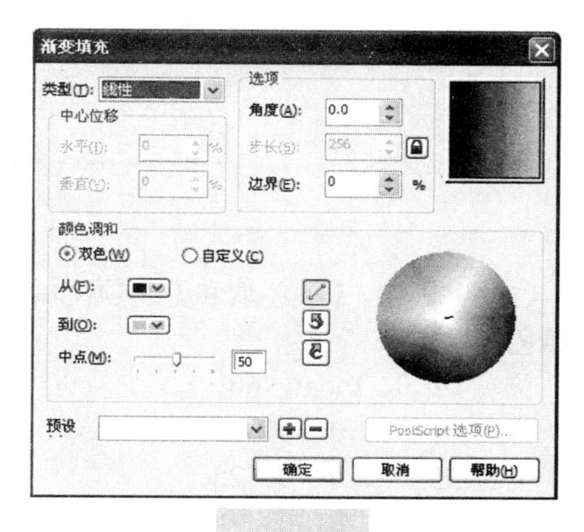

图 7.242

（241）其中，【颜色调和】选项区域中的【从】的颜色为【黑色】，【到】的颜色为【30%黑色】。设置完毕，单击【确定】按钮。右键单击调色板中的☒按钮，去掉轮廓色，效果如图 7.243 所示。

（242）在此矩形的右中控制点处，按住鼠标左键向左拖动，当拖动出如图 7.244 所示的轮廓，左键不松开，直接单击右键，复制出一个矩形。

（243）确定复制的矩形被选中，单击属性栏中的【转换为曲线】按钮。

（244）单击工具箱中的【形状】工具按钮，选中复制矩形的左上角节点，按键盘上的方向键【↓】9 次，再单击选中左下角的节点，按键盘上的方向键【↑】9 次，效果如图 7.245 所示，命名此图形为“梯形 1”。

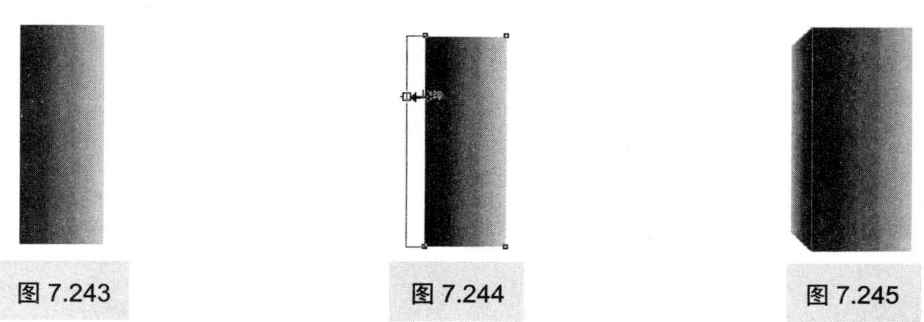

图 7.243　　图 7.244　　图 7.245

（245）确定“梯形 1”被选中，按快捷键【F11】，打开【渐变填充】对话框，设置如图 7.246 所示。

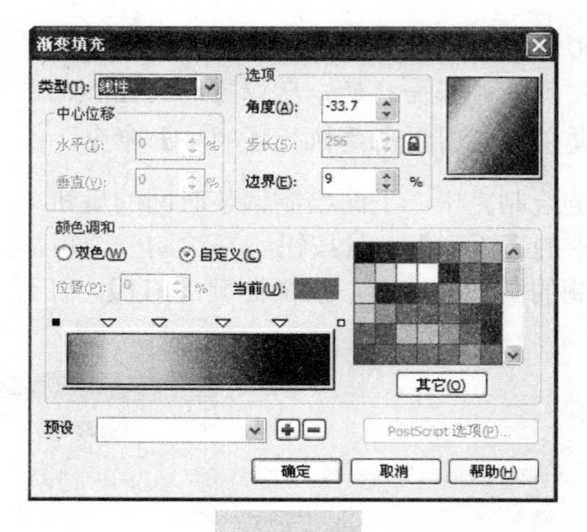

图 7.246

（246）其中，【颜色调和】选项区域中的渐变色条上的控制点位置及对应的 C、M、Y、K 颜色参数如下。

位置 0：0、0、0、60；

位置 16：0、0、0、20；

位置 35：0、0、0、25；

位置 59：0、0、0、70；

位置 81：0、0、0、100；

位置 100：0、0、0、100。

设置完毕，单击【确定】按钮，效果如图 7.247 所示。

（247）按照步骤（242）～步骤（244）的做法，制作如图 7.248 所示的“梯形 2”。

（248）确定“梯形 2”被选中，按快捷键【F11】，打开【渐变填充】对话框，设置如图 7.249 所示。

图 7.247

图 7.248

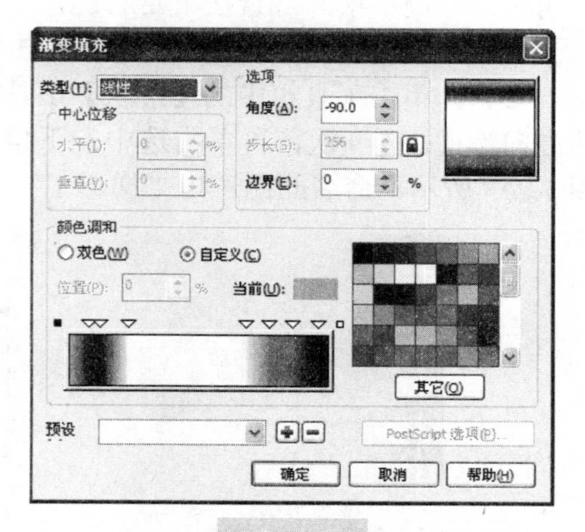

图 7.249

（249）其中，【颜色调和】选项区域中的渐变色条上的控制点位置及对应的C、M、Y、K颜色参数如下。

位置0：0、0、0、40；

位置8：0、0、0、16；

位置12：0、0、0、98；

位置23：0、0、0、2；

位置68：0、0、0、10；

位置77：0、0、0、60；

位置86：0、0、0、70；

位置96：0、0、0、100；

位置100：0、0、0、100。

设置完毕，单击【确定】按钮，效果如图7.250所示。

（250）单击工具箱中的【挑选】按钮工具，选中矩形，在原位置执行【复制】、【粘贴】命令，此两项命令的快捷键分别是【Ctrl】+【C】组合键、【Ctrl】+【V】组合键，并在右侧调色板中单击【80%黑色】色块。

（251）按住【Ctrl】键，在图形上按住鼠标左键向左拖动一点距离，当出现如图7.251所示的轮廓，左键不松开，直接单击右键，快速移动复制一个矩形。

（252）按住【Shift】键，单击选中两个灰色矩形，单击属性栏中的【后减前】按钮，效果如图7.252所示，此图形为边缘厚度图形。

（253）单击工具箱中的【透明度】工具按钮，从边缘厚度图形的右侧边缘向左侧边缘拖动，黑、白方块的位置如图7.253所示。

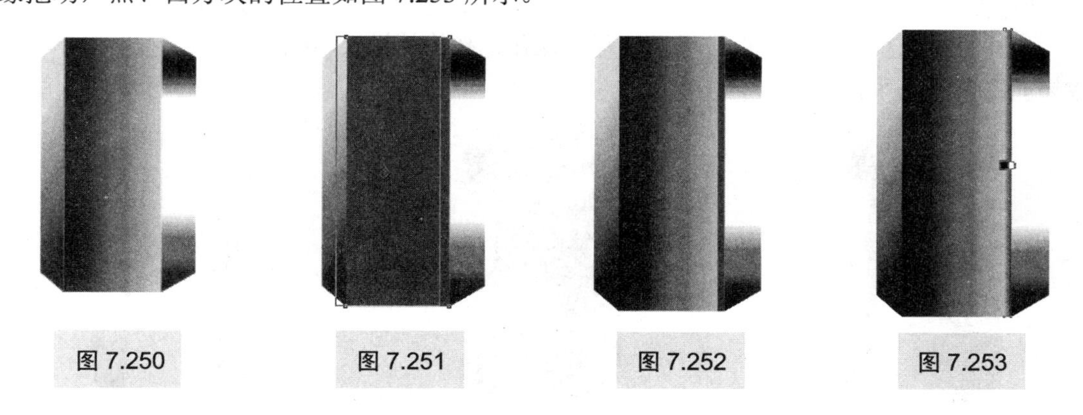

图7.250　图7.251　图7.252　图7.253

操作提示

由于边缘厚度图形比较细长，所以在进行透明度渐变时候，需要用放大镜放大足够的倍数进行操作。

（254）参照步骤（250）～步骤（253）的做法，制作“梯形2”的两侧边缘厚度图形，其中梯形2右侧的边缘厚度图形为白色，效果如图7.254所示。

图 7.254

操作提示

梯形 2 两侧的边缘厚度图形制作方法：

可以将梯形 2 原位置复制一个，将中间的矩形快速移动复制，并将其与复制的梯形 2 进行修剪。

（255）参照步骤（138）～步骤（139）的做法，制作如图 7.255 所示的图形，其中深灰为【40%黑色】，浅灰为【10%黑色】。

（256）单击工具箱中的【挑选】工具按钮，框选两个梯形，单击属性栏中的【群组】按钮。

（257）执行【菜单栏】|【视图】|【贴齐对象】命令，此命令的快捷键是【Alt】+【Z】组合键。在群组图形的左上角节点（自动捕捉）按住鼠标左键拖动至左下角的节点上（自动捕捉），左键不松开，直接单击右键，快速移动复制一组图形，如图 7.256 所示。

（258）快速移动复制之后，不进行任何操作，按快捷键【Ctrl】+【R】组合键 6 次，效果如图 7.257 所示。

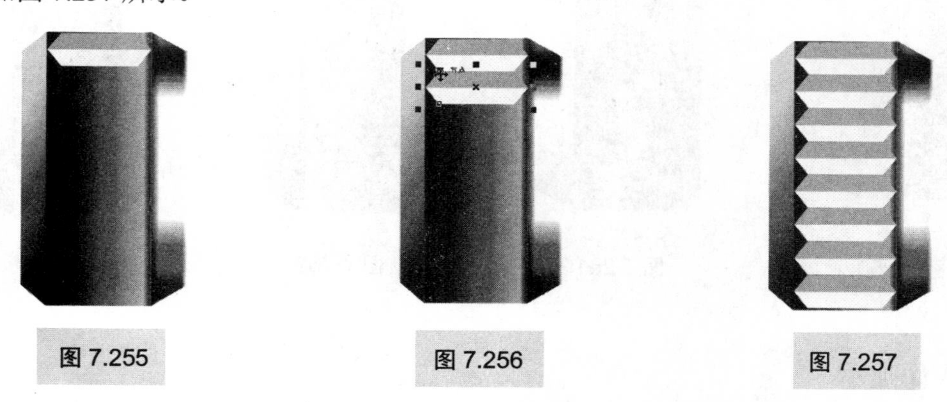

图 7.255　　图 7.256　　图 7.257

（259）按住【Ctrl】键，分别单击群组里的单个梯形，在调色板中单击不同明度的灰色，其中深色灰色是【70%黑色】，浅一点的灰色是【50%黑色】，最浅的灰色是【30%黑色】，效果如图 7.258 所示。

（260）按住【Shift】键，单击选中所有梯形，执行【菜单栏】|【排列】|【顺序】|【置于此对象后】命令，当指针变成“➡”时，单击矩形的边缘厚度图形，将此渐变图形置于其下层，效果如图 7.259 所示，此图形命名为“旋钮”。

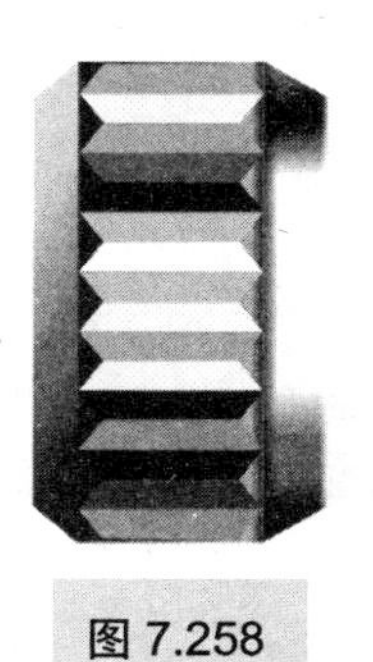

图 7.258

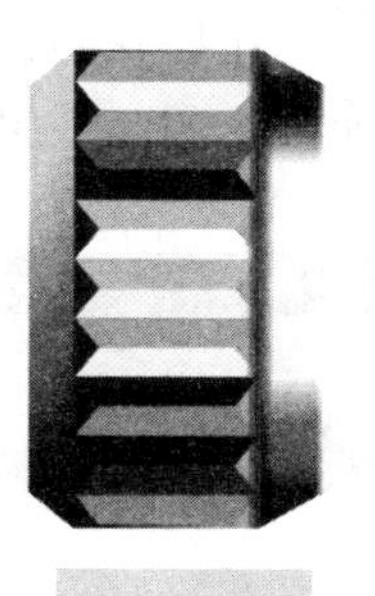

图 7.259

（261）框选图 7.259 中的所有图形，单击属性栏中的【群组】按钮，并拖动至如图 7.260 所示的位置。

（262）单击选中旋钮，按住【Shift】键，单击选中圆形 9，再单击属性栏中的【对齐与分布】按钮，在打开的对话框中进行如图 7.261 所示的设置，设置完毕单击【Apply】按钮应用设置，再单击【关闭】按钮关闭对话框。

图 7.260

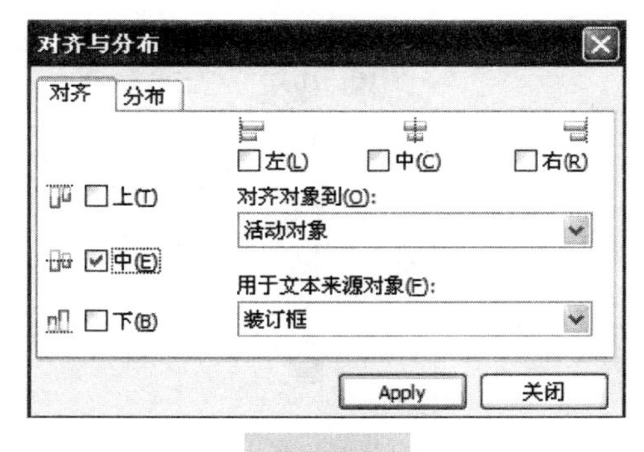

图 7.261

（263）框选腕表的所有图形，单击属性栏中的【群组】按钮，并在属性栏中的【旋转角度】文本框中输入 82.6°，效果如图 7.262 所示。

图 7.262

（264）将腕表进行垂直镜像复制，执行【菜单栏】|【位图】|【转换为位图 Convert

to Bitmap】命令，在打开的对话框中进行如图 7.263 所示的设置，单击【OK】按钮，将矢量图的腕表转换为位图，效果如图 7.264 所示。

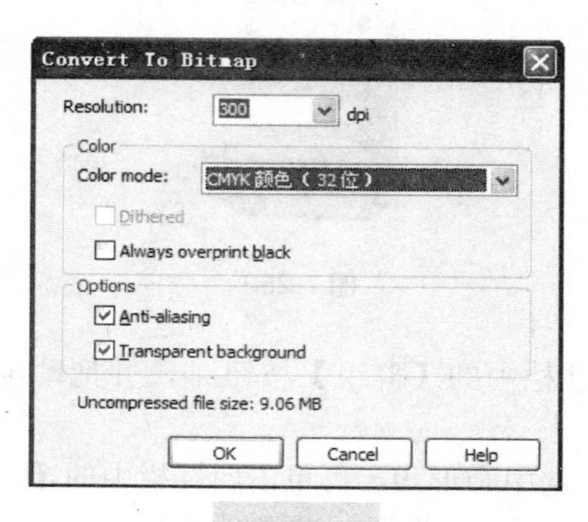

图 7.263

图 7.264

（265）确定位图的腕表被选中，单击工具箱中的【透明度】工具按钮，从上面腕表的日历处向下拖动，黑、白方块的位置如图 7.265 所示。

腕表的最终整体效果如图 7.266 所示。

图 7.265

图 7.266

读者可以自己尝试利用渐变工具为腕表添加一个背景环境，如图 7.267 所示。

图 7.267

7.3 上机实战

利用本章所学知识，参照制作如图 7.268 所示的腕表。读者只需参考图片即可，尽量绘制的效果一样。

图 7.268

操作提示

（1）仔细观察表盘的圆周，用【渐变填充】制作效果。

（2）表盘中的图形对象设计利用【旋转、复制】命令进行制作，方便快捷。

（3）表带的绘制可以参考案例中的钢表带，主要练习用【渐变填充】工具和【透明度】工具的配合使用。

（4）为了更好的渲染产品，可以为产品添加背景，烘托氛围，背景效果的制作可以利用【渐变填充】工具。

第8章　汽车造型及外观设计

教学要求：

- 熟练掌握【渐变填充】工具的用法。
- 熟练掌握【透明度】工具的高级用法。
- 熟练掌握【网状填充】工具的用法。

教学难点：

- 熟练掌握【透明度】工具的高级用法。
- 熟练掌握【网状填充】工具的用法。

建议学时：

- 总计学时：12 学时。
- 理论学时：6 学时。
- 实践学时：6 学时。

相关说明

本章的案例绘制比较烦琐，步骤非常多，有时候一样的图形对象会被复制多次，请读者仔细慎重地阅读，并需要有足够耐心和信心去对待完成。

8.1　设计工具及其用法

本章案例设计主要用到的工具有【透明度】工具、【网状填充】工具、【交互式阴影】工具等。【透明度】工具在第 7 章已进行了介绍，在此不再说明。在第 1 章介绍了【网状填充】工具的用法，读者可以到第 1 章里复习，在此也不再说明。

8.2　案例详解

本节以一款轿车的外观设计为例，介绍设计步骤，案例效果图及其具体设计步骤如下。

8.2.1 案例效果图

轿车外观设计效果如图 8.1 所示。

图 8.1

8.2.2 案例步骤详解

（1）打开 CorelDRAW X5 软件，在【WELCOME】（欢迎）窗口中，单击右侧【Quick Start】（快速启动）标签，如图 8.2 所示。

图 8.2

（2）在【Quick Start】（快速启动）窗口中，选择【New blank document】（新建空白文件）选项，如图 8.3 所示。

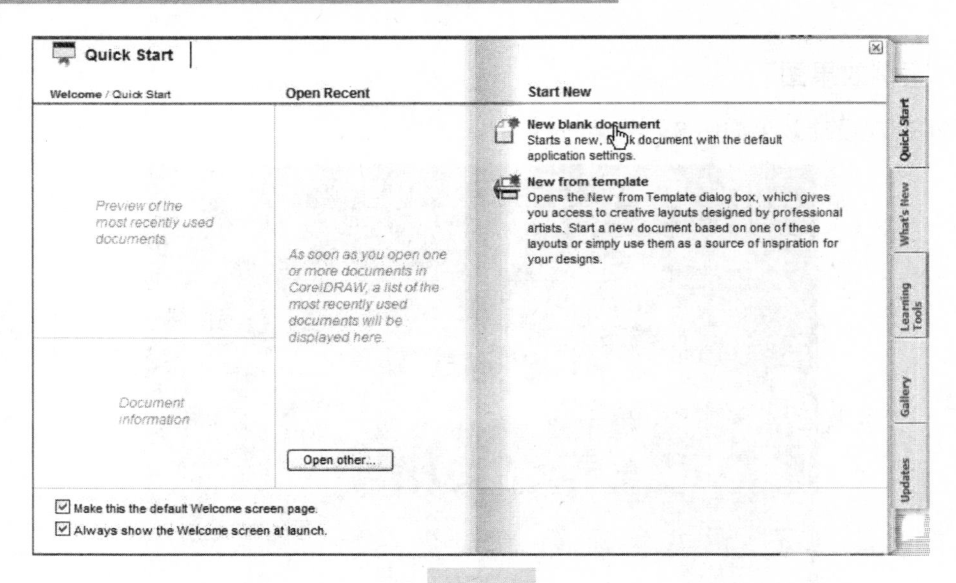

图 8.3

（3）在打开的【Create a New Document】（创建一个新文件）对话框中，依次设置【Name】（文件名称），【Preset destination】（预设），【Size】（页面尺寸），【Width】（页面宽度），【Height】（页面高度），【Primary color mode】（色彩模式），【Rendering resolution】（渲染像素），【Preview mode】（预览模式）。设置如图 8.4 所示，单击【OK】按钮，创建一个空白文件。

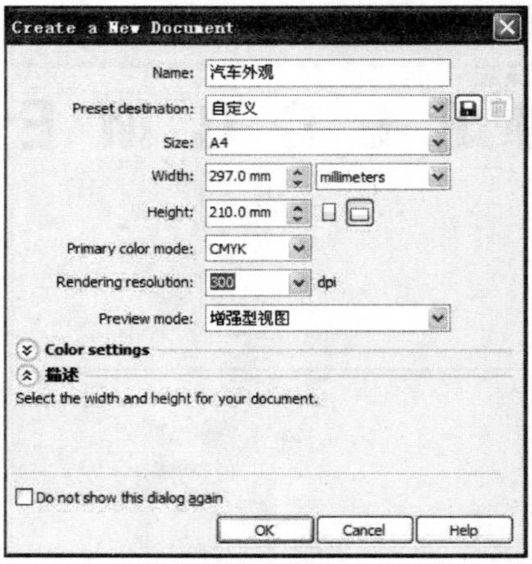

图 8.4

操作提示

绘制此汽车时，读者可以将作者绘制的汽车图片导入到自己的绘图窗口，在上面按照车体的造型轮廓进行线框描绘。在掌握了技巧之后，可以自行设计一款汽车进行制作。

（4）单击工具箱中的【椭圆形】工具按钮，按住【Ctrl】键，在页面中按住鼠标左键拖动，绘制一个正圆形（直径接近 47.872mm）。

（5）单击工具箱中的【填充】工具按钮，在弹出的下拉菜单中选择【渐变】选项，如图 8.5 所示。

（6）打开【渐变填充】对话框，【从】后的颜色设置为 100%黑色，【到】后的颜色参数设置为 C、M、Y、K：100、100、100、100，其他设置如图 8.6 所示，设置完毕，单击【确定】按钮。

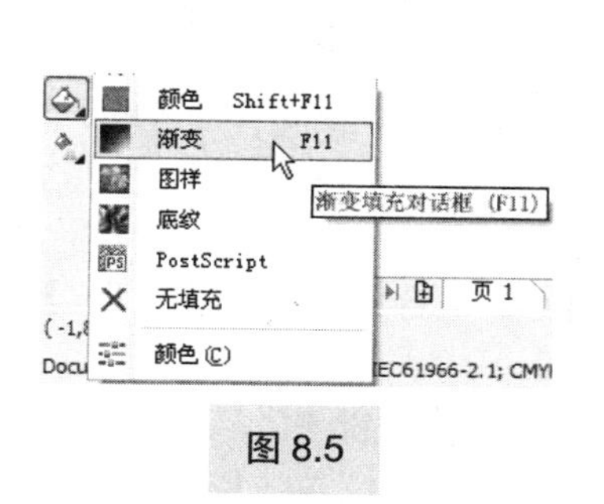

图 8.5

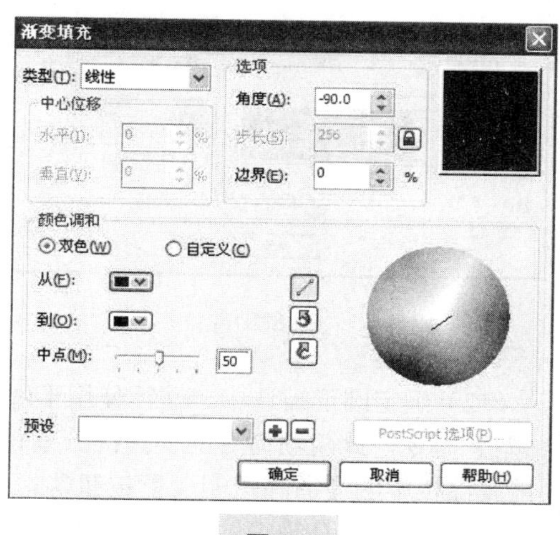

图 8.6

（7）在窗口右侧的调色板中右键单击⊠按钮，去掉轮廓色，填充效果如图 8.7 所示。

（8）确定圆形被选中，单击工具箱中的【透明度】工具按钮，在属性栏中单击【透明度类型】下拉按钮，在打开的下拉菜单中的选择如图 8.8 所示，效果如图 8.9 所示。

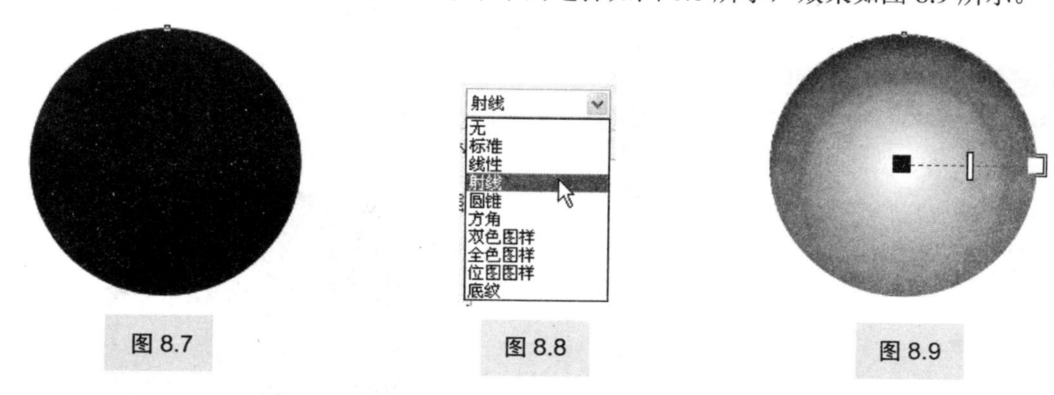

图 8.7　图 8.8　图 8.9

（9）单击属性栏中的【编辑透明度】按钮，在弹出的对话框中进行如图 8.10 所示的设置。

（10）其中，【颜色调和】选项区域中渐变色条位置 0 的颜色为白色，位置 100 的颜色参数为 C、M、Y、K：100、100、100、100。

（11）在渐变色条位置 0～100 之间双击，分别添加两个控制点，如图 8.10 所示。其中左边的控制点位置为 30%，颜色为白色，右边的控制点位置为 38%，颜色为 90%黑色。设置完毕，单击【确定】按钮，效果如图 8.11 所示。

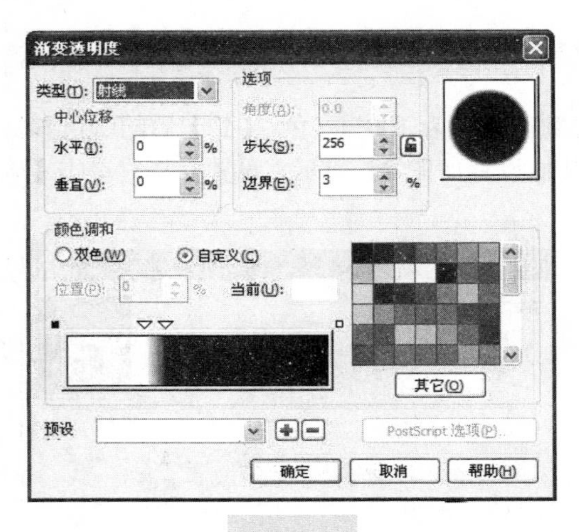

图 8.10

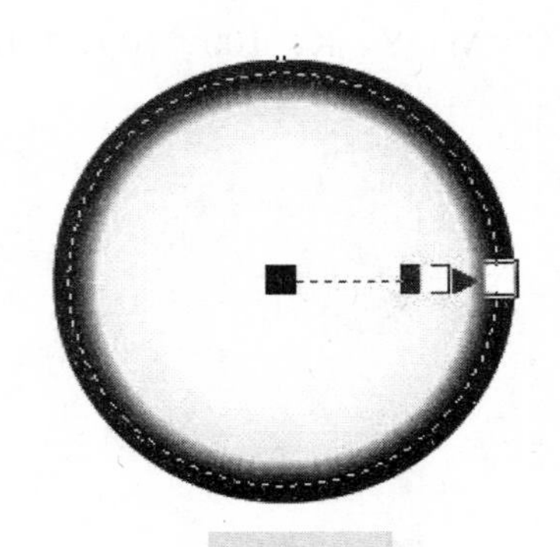

图 8.11

（12）确定圆形被选中，继续使用【透明度】工具，将此圆形在原位置执行【复制】、【粘贴】命令，此两项命令的快捷键分别是【Ctrl】+【C】组合键、【Ctrl】+【V】组合键。单击属性栏中的【清除透明度】按钮，去除透明效果。

（13）单击工具箱中的【渐变填充】工具按钮，或按快捷键 F11，打开【渐变填充】对话框，【从】后的颜色设置为 80%黑色，【到】的颜色为 C、M、Y、K：100、100、100、100，其他设置如图 8.12 所示，设置完毕，单击【确定】按钮。

（14）单击工具箱中的【挑选】工具按钮，确定复制的圆形被选中，执行【菜单栏】|【排列】|【顺序】|【到图层后面】命令，此命令的快捷键是【Shift】+【Page Down】组合键。将此圆形置于原来的圆形之后，效果如图 8.13 所示。

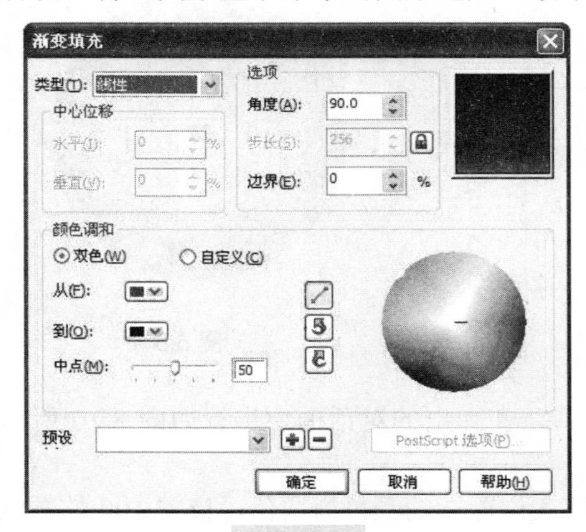

图 8.12

图 8.13

（15）单击选中透明度圆形（即图 8.11 所示图形），执行【菜单栏】|【窗口】|【泊坞窗】|【变换】|【大小】命令，此命令的快捷键是【Alt】+【F10】组合键。在窗口右侧打开的【变换】对话框中进行如图 8.14 所示的设置，设置完毕，单击【应用到再制】按钮。

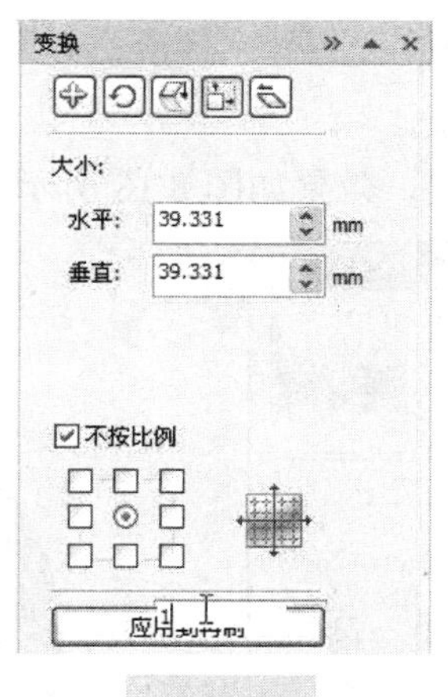

图 8.14

(16) 确定复制的小圆被选中，单击工具箱中【透明度】工具按钮，然后单击属性栏中的【编辑透明度】按钮，在弹出的对话框中进行如图 8.15 所示的设置。其中渐变条上的两个控制点的位置参数：左边的三角位置为 26%，右边的三角位置为 31%，渐变条上的颜色无变化，设置完毕，单击【确定】按钮，效果如图 8.16 所示。

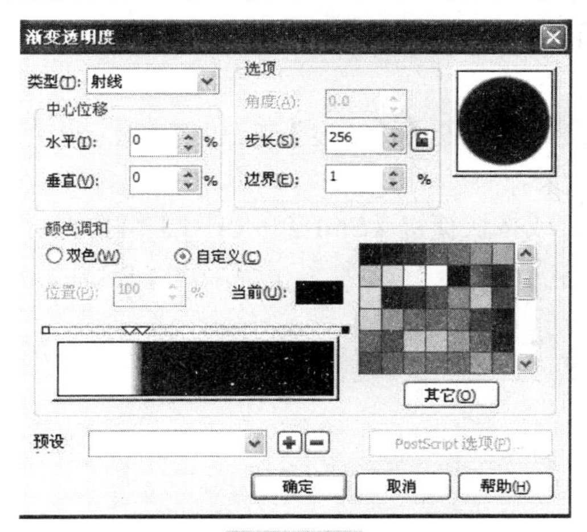

图 8.15

图 8.16

(17) 确定小圆被选中，单击工具箱中的【渐变填充】工具按钮，或按快捷键 F11，打开【渐变填充】对话框，设置如图 8.17 所示。

(18) 其中，【颜色调和】选项区域中的渐变色条上的控制点位置及对应的 R、G、B 颜色参数如下。

位置 0：R207，G208，B213；

位置 11：R204，G205，B210；

位置 40：R66，G68，B83；

位置 49：R33，G32，B39；

位置 57：R80，G80，B85；

位置 75：R242，G242，B242；

位置 100：R255，G255，B255。

设置完毕，单击【确定】按钮，效果如图 8.18 所示。

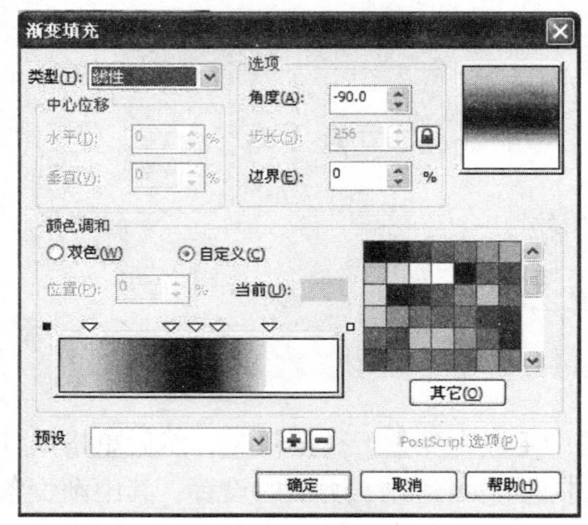

图 8.17

图 8.18

（19）确定小圆形被选中，在原位置执行【复制】、【粘贴】命令，此两项命令的快捷键分别是【Ctrl】+【C】组合键、【Ctrl】+【V】组合键。

（20）确定刚刚复制的小圆形被选中，单击工具箱中的【透明度】工具按钮，再单击属性栏中的【清除透明度】按钮，去除透明效果。

（21）单击工具箱中的【颜色】工具按钮，或按快捷键【Shift】+【F11】组合键，工具位置如图 8.19 所示。

图 8.19

操作提示

调色板中如果没有想要的颜色，可以单击工具箱中的【颜色】工具按钮，在打开的【均匀填充】对话框中设置颜色的数值。

（22）在打开的【均匀填充】对话框中，设置如图 8.20 所示，设置完毕，单击【确定】按钮。然后按【Ctrl】+【Page Down】组合键，使这个复制的圆形置于透明小圆下层，效果如图 8.21 所示。

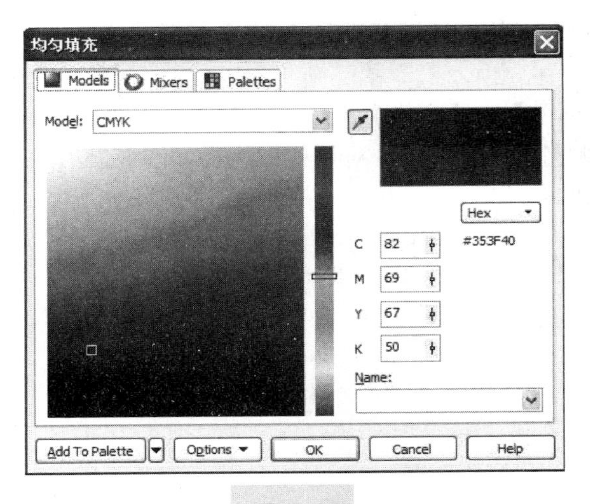

图 8.20

图 8.21

（23）再次单击选中透明小圆形，执行【菜单栏】|【窗口】|【泊坞窗】|【变换】|【大小】命令，此命令的快捷键是【Alt】+【F10】组合键。在窗口右侧打开的【变换】对话框中进行如图 8.22 所示的设置，设置完毕，单击【应用到再制】按钮。

（24）确定刚刚缩小复制的小圆形被选中，单击工具箱中的【透明度】工具按钮，再单击属性栏中的【清除透明度】按钮，去除原来的透明效果。

（25）在属性栏中单击【透明度类型】下拉按钮，在弹出的下拉菜单中选择【线性】选项，然后单击属性栏中的【编辑透明度】按钮，在打开的对话框中进行如图 8.23 所示的设置。

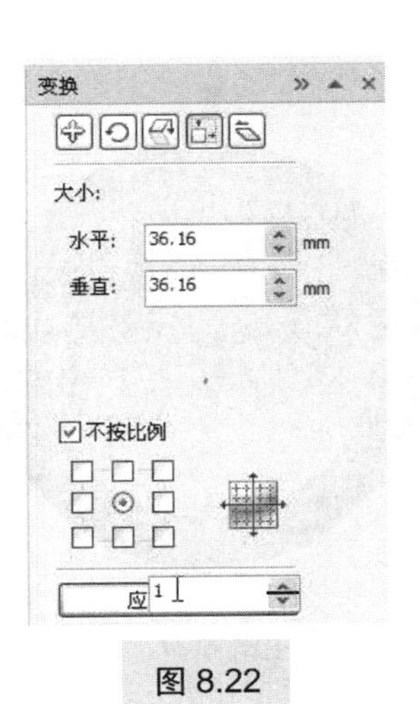

图 8.22

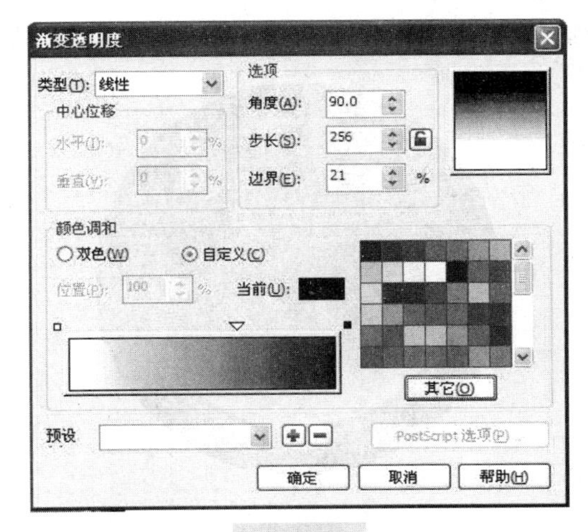

图 8.23

（26）渐变条上的控制点的位置参数及颜色：左边的 0%位置——白色，中间的 63%位置——40%黑色，右边的 100%位置——R25、G24、B32，设置完毕，单击【确定】按钮，效果如图 8.24 所示。

（27）确定刚刚缩小复制的小圆形被选中（步骤（24）～步骤（26）中所编辑的小圆形），

在原位置执行【复制】、【粘贴】命令，此两项命令的快捷键分别是【Ctrl】+【C】组合键、【Ctrl】+【V】组合键。

（28）执行【菜单栏】|【窗口】|【泊坞窗】|【变换】|【大小】命令，此命令的快捷键是【Alt】+【F10】组合键。在窗口右侧打开的【变换】对话框中进行如图 8.25 所示的设置，设置完毕，单击【应用到再制】按钮。

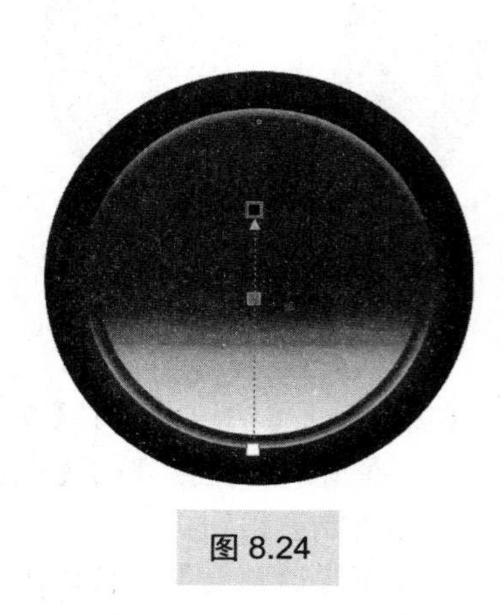

图 8.24

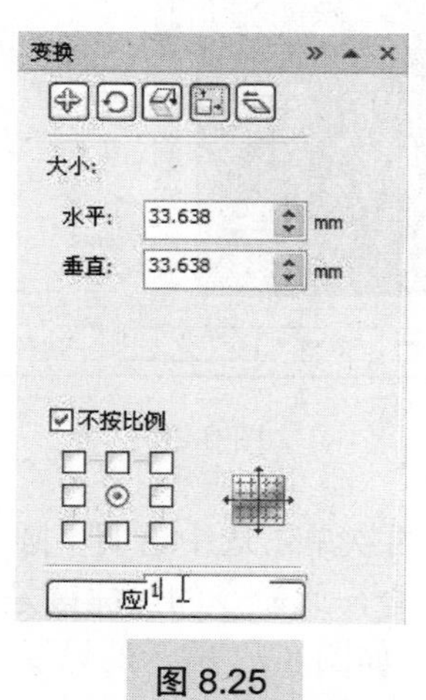

图 8.25

（29）单击选中步骤（27）中复制的小圆形，按住【Shift】键，单击选中缩小复制的小圆形（步骤（28）中缩小复制的小圆形），在属性栏中单击【后减前】按钮，得到一个圆环，如图 8.26 所示。

（30）确定圆环被选中，单击工具箱中的【透明度】工具按钮，调整图形上的“方块”，如图 8.27 所示。这样调整使得环形看得更加清晰。

图 8.26

图 8.27

下面绘制车轮中间发射式的轮毂。

（31）使用工具箱中的【贝塞尔】工具结合【形状】工具，绘制如图 8.28 所示的曲线。

（32）执行【菜单栏】|【窗口】|【泊坞窗】|【变换】|【比例】命令，此命令的

快捷键是【Alt】+【F9】组合键。在窗口右侧打开的【变换】对话框中，按下水平镜像按钮，其他设置如图 8.29 所示，设置完毕，单击【应用到再制】按钮。

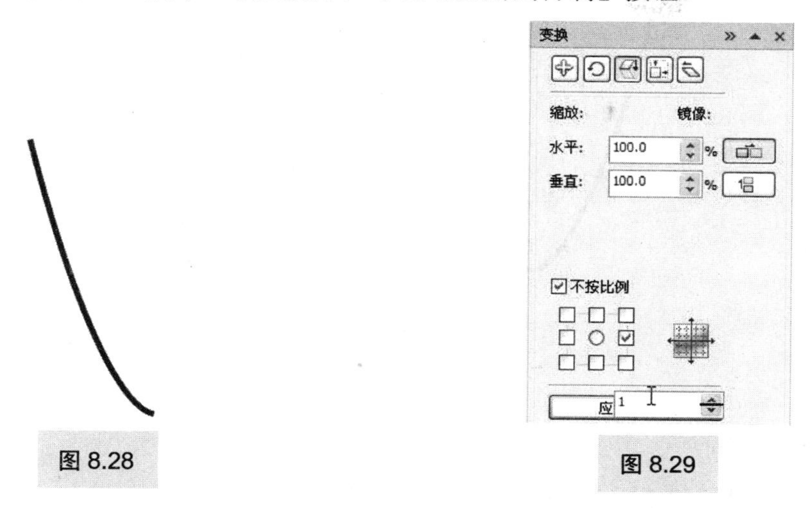

图 8.28

图 8.29

（33）单击工具箱中的【挑选】工具按钮，按住【Shift】键，单击选中两段弧形，再单击属性栏中的【焊接】按钮。

（34）单击工具箱中的【形状】工具按钮，框选如图 8.30 所示的节点，单击属性栏中的【连接两个节点】按钮，连接后的节点属性如图 8.31 所示。

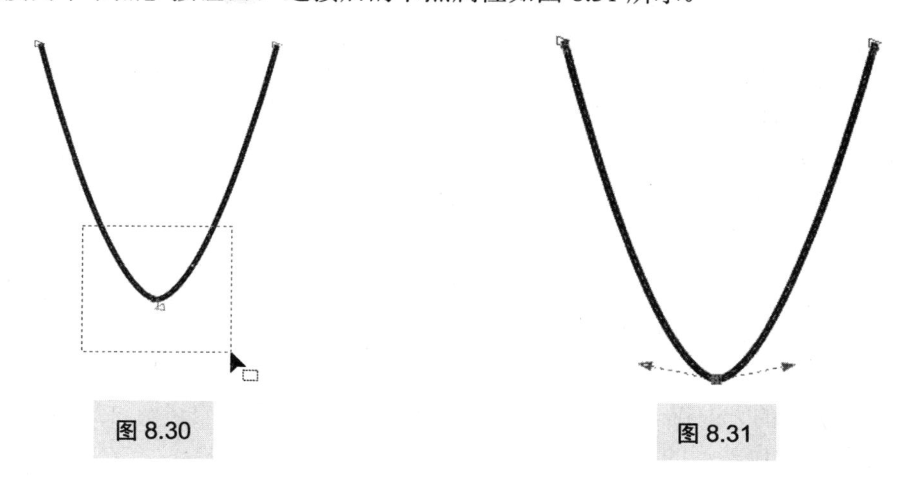

图 8.30

图 8.31

操作提示

（1）V 形曲线用镜像复制的方法得到，目的是使得左右两侧的曲线能够完全成对称状态。

（2）框选图 8.30 所示的节点，目的是将此处的两个节点闭合成为一个节点，闭合前后的区别在图 8.30 与图 8.31 中可以看出来。

（35）单击工具箱中的【挑选】工具按钮，再单击选中刚刚绘制的 V 形曲线，在中间“×”处按住鼠标左键，同时按住【Ctrl】键，向右拖动一段距离至适当位置（有蓝色轮廓)。左键不松开，直接单击右键，快速移动复制一条曲线，效果如图 8.32 所示。

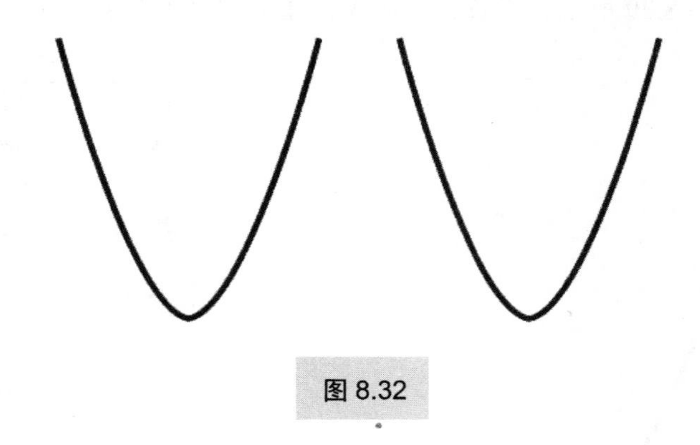

图 8.32

操作提示

(1) 移动时按住【Ctrl】键，目的是保持水平移动。

(2) 步骤(35)复制对象的方法同样适合于放大缩小复制、旋转复制、镜像复制等，只需在已选对象的不同控制点上操作即可。具体方法是：

① 快速放大缩小复制：单击选中对象，将指针放于对象 4 个顶角控制点的任一位置均可，按住【Ctrl】键，按住鼠标左键拖动至适当位置（有蓝色轮廓），左键不松开，同时单击右键。

② 快速旋转复制：单击选中对象，再次单击对象，将指针放于对象 4 个顶角控制点的任一位置均可，当指针变成"↻"时，按住左键旋转至适合角度（有蓝色轮廓），左键不松开，同时单击右键；

③ 快速镜像复制：单击选中对象，将指针放于对象 4 个非顶角控制点的任一位置均可，按住【Ctrl】键，按住左键向控制点的反方向拖动鼠标至适当位置（有蓝色轮廓），左键不松开，同时单击右键。

(36) 单击工具箱中的【形状】工具按钮，在复制的 V 形曲线上，单击选中左上角的节点，按键盘上的方向键【→】15 次；单击选中右上角的节点，按键盘上的方向键【←】15 次；单击选中最下端的节点，按键盘上的方向键【↓】15 次；单击选中下端节点左侧的句柄，按键盘上的方向键【→】4 次；单击选中下端节点右侧的句柄，按键盘上的方向键【←】4 次。几次调整后的 V 形曲线如图 8.33 右边所示。

(37) 单击工具箱中的【挑选】工具按钮，执行【菜单栏】|【视图】|【贴齐对象】命令，此命令的快捷键是【Alt】+【Z】组合键。单击选中调整后的 V 形曲线，再次单击，并在图形中心位置的旋转中心"⊙"上，按住鼠标左键拖动至左上角的控制点上（自动捕捉），如图 8.34 所示。

(38) 在属性栏中的【旋转角度】文本框中输入"330.0"，效果如图 8.35 所示。

(39) 单击工具箱中的【椭圆形】工具按钮，按住【Ctrl】键，在页面中按住鼠标左键拖动，绘制一个正圆形（尺寸接近 36mm）。

(40) 单击工具箱中的【挑选】工具按钮，拖动开始绘制的 V 形曲线至圆形上，位置如图 8.36 所示。

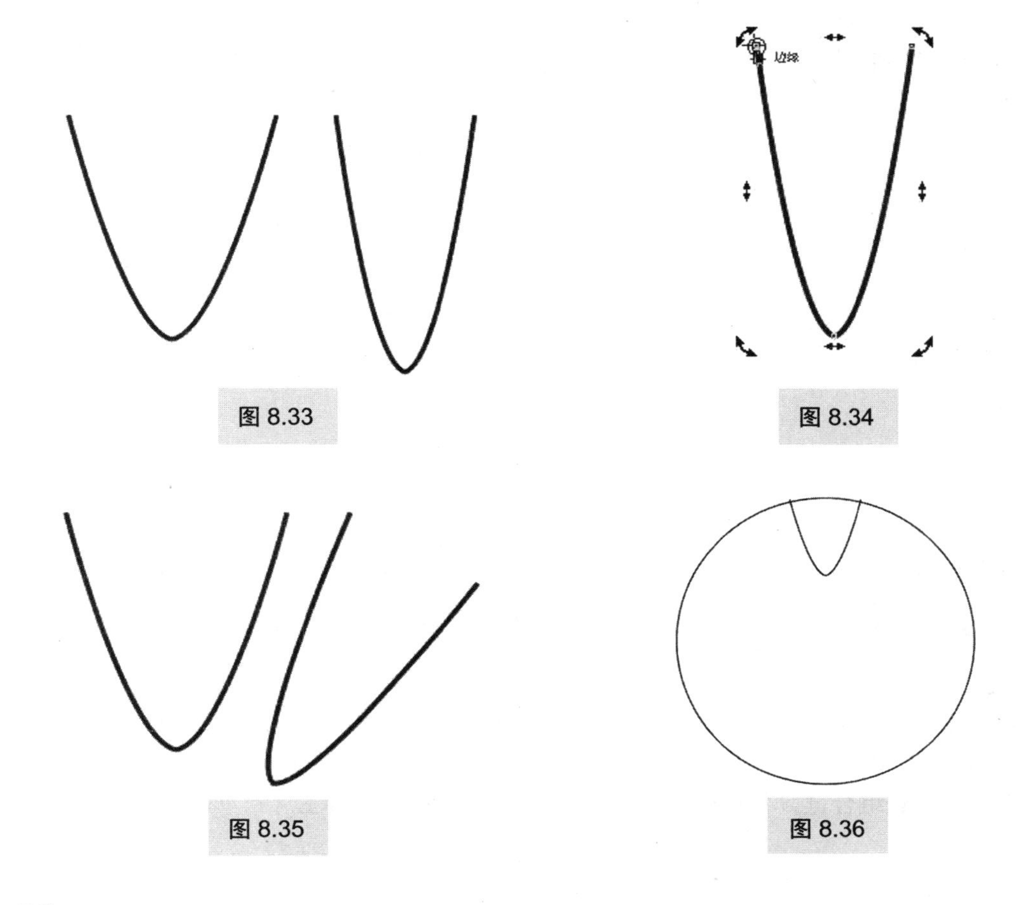

图 8.33

图 8.34

图 8.35

图 8.36

操作提示

此处注意：在拖动两个 V 形曲线到圆形上之前，调整好两个 V 形曲线与圆形的大小关系。

（41）单击选中 V 形曲线，按住【Shift】键，单击选中圆形，再单击属性栏中的【对齐与分布】按钮，在打开的对话框中进行如图 8.37 所示的设置，设置完毕单击【Apply】按钮应用设置，再单击【关闭】按钮关闭对话框。

图 8.37

（42）单击选中调整后的V形曲线，拖动至如图8.38所示的位置。将这两个V形曲线分别快速移动复制，置于一边备用。

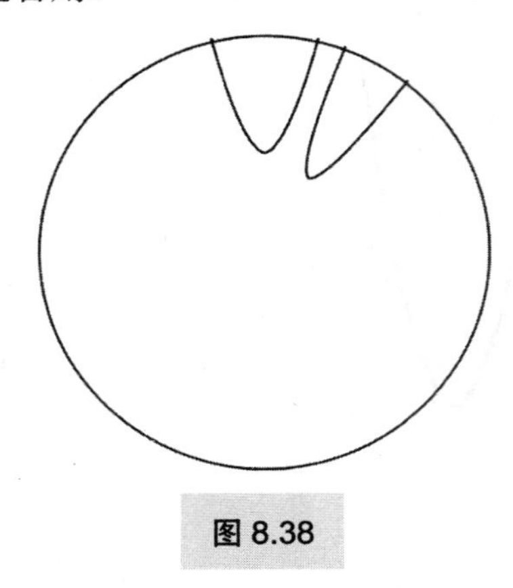

图 8.38

操作提示

此处注意：两个V形曲线的顶端都需要露在圆形轮廓之外一点，为后面的图形运算做准备。

（43）按住【Shift】键，单击选中两个V形曲线，单击属性栏中的【群组】按钮。再次单击群组的V形，执行【菜单栏】|【视图】|【贴齐对象】命令，此命令的快捷键是【Alt】+【Z】组合键，将旋转中心“⊙”拖动至圆形的圆心上（自动捕捉），如图8.39所示。

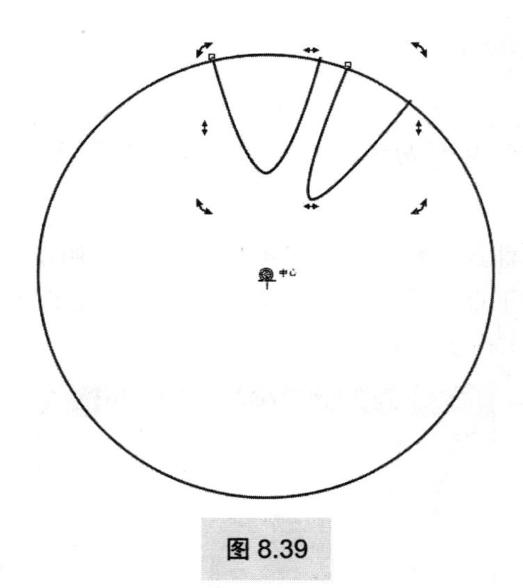

图 8.39

（44）执行【菜单栏】|【窗口】|【泊坞窗】|【变换】|【旋转】命令，此命令的快捷键是【Alt】+【F8】组合键。在窗口右侧打开的【变换】对话框中，进行如图8.40所示的设置（图中水平和垂直的参数默认即可），设置完毕，单击【应用到再制】按钮5次，效果如图8.41所示。

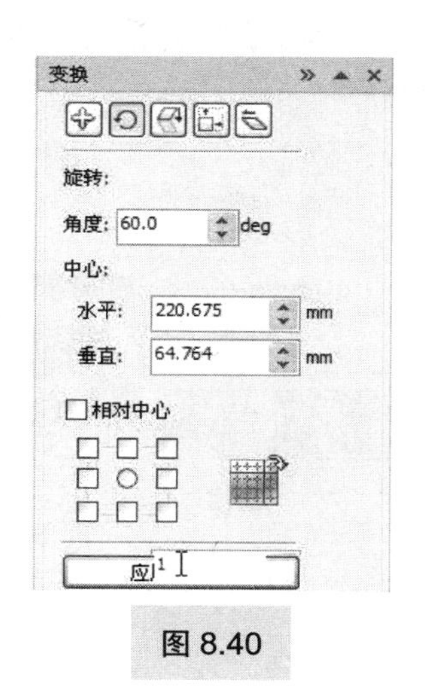

图 8.40

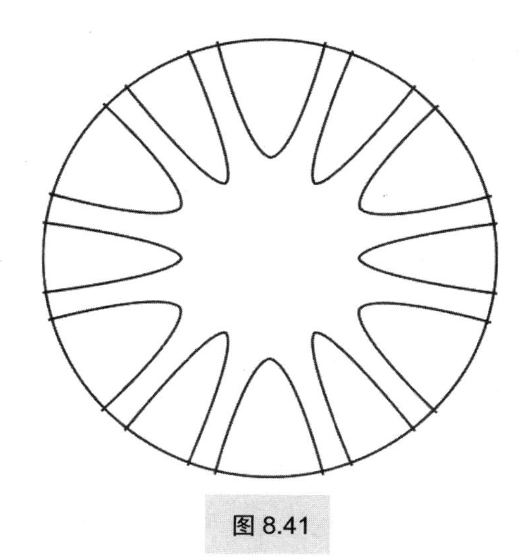

图 8.41

（45）按住【Shift】键，单击选中所有 V 形曲线，再单击属性栏中的【焊接】按钮，使所有 V 形曲线焊接成为一个对象，下面把焊接后的图形称为轮毂。

（46）确定轮毂被选中，按住【Shift】键，单击选中圆形，再单击属性栏中的【修剪】按钮。

（47）在空白处单击，取消对图形的选择，再单击轮毂部分，按住左键拖动向右拖动，可以看出修剪后的图形被分成如图 8.42 所示的两部分。

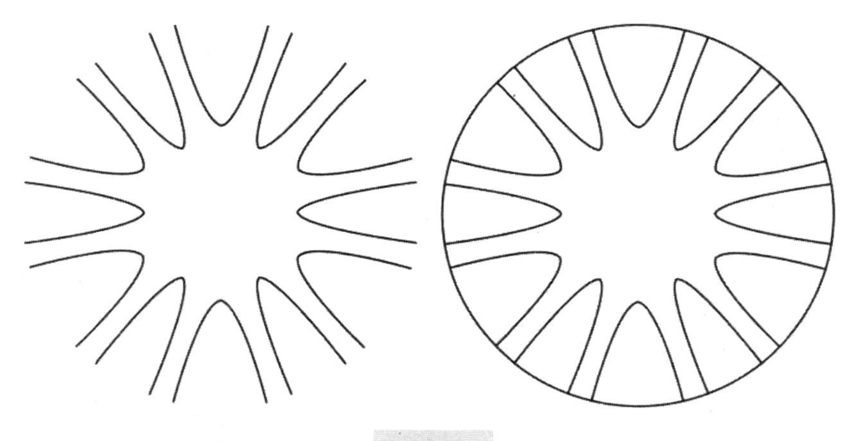

图 8.42

（48）单击选中图 8.42 中左侧的轮毂图形，按【Delete】键将其删除。

（49）单击选中留下的轮毂图形，执行【菜单栏】|【排列】|【拆分】命令，此命令的快捷键是【Ctrl】+【K】组合键。

（50）在空白处单击，取消对图形的选择，再分别单击所有的 V 形曲线图形，并按【Delete】键依次删除，得到想要的轮毂图形，效果如图 8.43 所示。

（51）单击选中轮毂，单击工具箱中的【渐变填充】工具按钮，或按快捷键【F11】，打开【渐变填充】对话框，设置如图 8.44 所示。

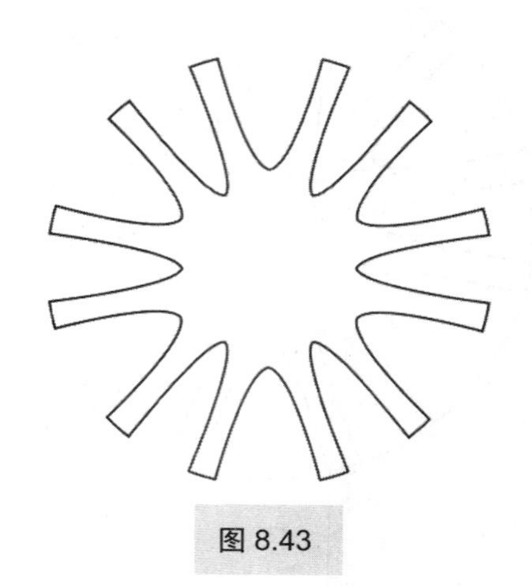

图 8.43

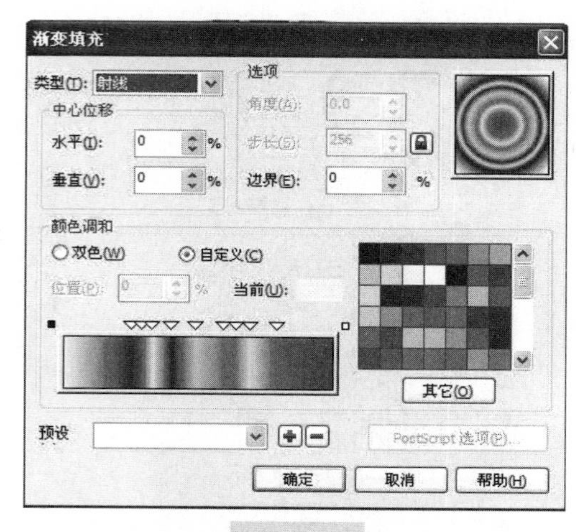

图 8.44

（52）其中，【颜色调和】选项区域中的渐变色条上的控制点位置及对应的颜色参数如下。

位置 0：10%黑色；

位置 25：90%黑色；

位置 29：R、G、B 为 117、116、117；

位置 33：R、G、B 为 220、221、221；

位置 40：90%黑色；

位置 49：30%黑色；

位置 59：60%黑色；

位置 64：60%黑色；

位置 69：20%黑色；

位置 79：70%黑色；

位置 100：80%黑色。

设置完毕，单击【确定】按钮，效果如图 8.45 所示。

（53）单击工具箱中的【挑选】工具按钮，执行【菜单栏】|【视图】|【贴齐对象】命令，此命令的快捷键是【Alt】+【Z】组合键。将指针放在轮毂中心点上（自动捕捉），拖动至轮胎中心点上（自动捕捉），效果如图 8.46 所示。

图 8.45

图 8.46

（54）确定轮毂被选中，在原位置执行【复制】、【粘贴】命令，此两项命令的快捷键分别是【Ctrl】+【C】组合键、【Ctrl】+【V】组合键。

（55）确定复制的轮毂被选中，单击工具箱中的【透明度】工具按钮，再单击属性栏中的【编辑透明度】按钮。在打开的【渐变透明度】对话框中进行如图 8.47 所示的设置，其中渐变条上的控制点位置及对应的颜色参数 R、G、B 设置如下。

位置 0：25、24、32；

位置 8：254、254、254；

位置 25：254、254、254；

位置 46：95、93、93；

位置 58：30、24、24；

位置 100：25、24、32。

设置完毕，单击【确定】按钮，效果如图 8.48 所示。

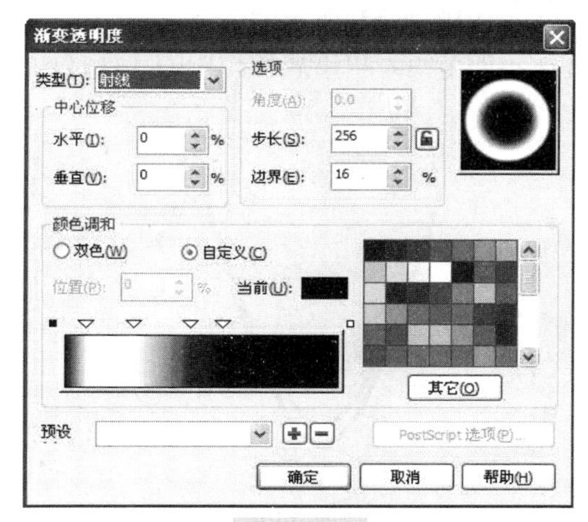

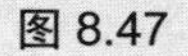

图 8.47

图 8.48

（56）单击工具箱中的【挑选】工具按钮，按住【Shift】键，单击选中两个轮毂图形，单击属性栏中的【群组】按钮。

操作提示

此处为两个尺寸一样的轮毂图形，复制后的轮毂图形把下层的轮毂图形全部覆盖住了，在选择被上层图形覆盖住的图形对象时，可以按住【Alt】键单击选择即可。

（57）单击选择步骤（42）中快速复制的 V 形曲线中的一个，再次向上快速移动复制一个 V 形曲线，位置如图 8.49 所示。

（58）单击工具箱中的【形状】工具按钮，执行【菜单栏】|【视图】|【贴齐对象】命令，此命令的快捷键是【Alt】+【Z】组合键，在复制的 V 形曲线上，单击选中左上角的节点，拖动至下面曲线的左上角节点上（自动捕捉）；再单击选中复制的 V 形曲线右上角的节点，拖动至下面曲线的右上角节点上（自动捕捉），效果如图 8.50 所示。

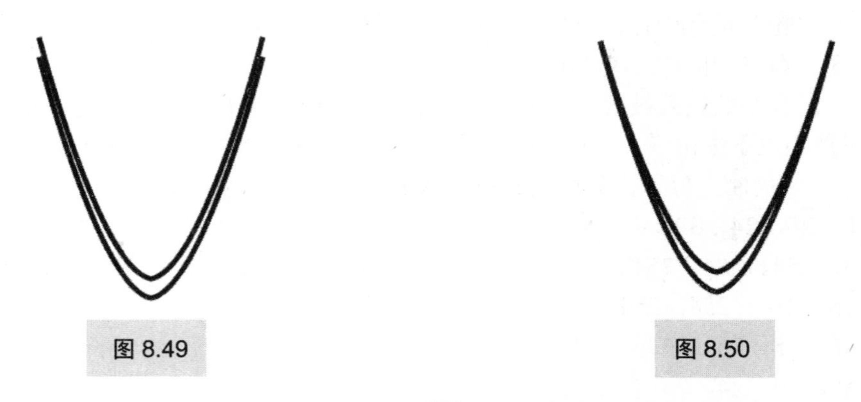

图 8.49　　图 8.50

（59）单击工具箱中的【挑选】工具按钮，框选图 8.50 的两个 V 形曲线，单击属性栏中的【焊接】按钮。

（60）单击工具箱中的【形状】工具按钮，框选如图 8.51 所示的节点，单击属性栏中的【连接两个节点】按钮；再框选如图 8.52 所示的节点，单击属性栏中的【连接两个节点】按钮，使得 V 形图形封闭。

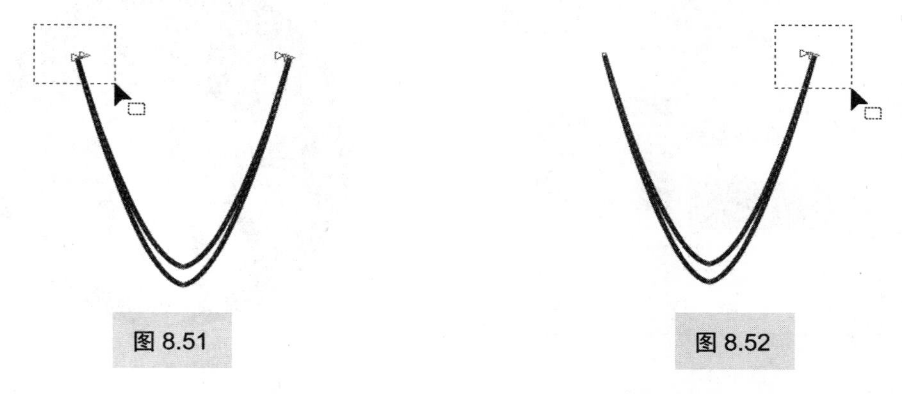

图 8.51　　图 8.52

（61）单击工具箱中的【挑选】工具按钮，在窗口右侧的调色板中，单击【白色】色块，填充焊接的 V 形图形为白色，轮廓色设置为【无】，并拖动此图形至如图 8.53 所示的位置。

图 8.53

（62）确定白色 V 形被选中，单击工具箱中的【透明度】工具按钮，按住【Ctrl】键，从图形下方向上方拖动，如图 8.54 所示。

（63）参照步骤（57）～步骤（62）的方法，制作其他 4 个轮毂的厚度高光，效果如图 8.55 所示。

图 8.54

图 8.55

（64）单击工具箱中的【多边形】工具按钮，在属性栏中的【点数或边数】文本框中设置 5，按住【Ctrl】键，绘制一个正五边形，大小参考如图 8.56 所示，并在属性栏中的【旋转角度】文本框中设置 328.1 °。

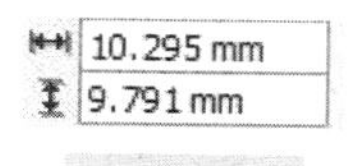

图 8.56

（65）确定正五边形被选中，单击工具箱中的【渐变填充】工具按钮，或按快捷键【F11】，打开【渐变填充】对话框，设置如图 8.57 所示。其中，【颜色调和】选项区域中的【从】的颜色为【100%黑色】，【到】的颜色为【60%黑色】，效果如图 8.58 所示。

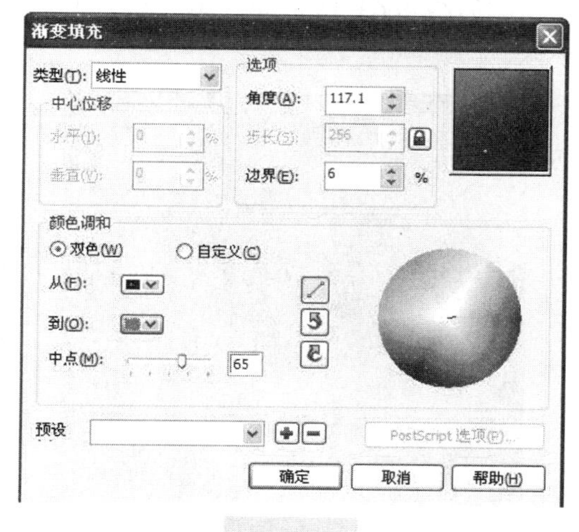

图 8.57

图 8.58

（66）单击工具箱中的【手绘】工具按钮，执行【菜单栏】|【视图】|【贴齐对象】命令，此命令的快捷键是【Alt】+【Z】组合键。贴近五边形的下两条边绘制一条折线。在属性栏中设置【轮廓宽度】为 1.5 mm，效果如图 8.59 所示。

（67）单击工具箱中的【交互式阴影】工具按钮，在折线上按住鼠标左键拖动，当拖动轮廓与折线重合时，如图 8.60 所示，释放鼠标。

图 8.59

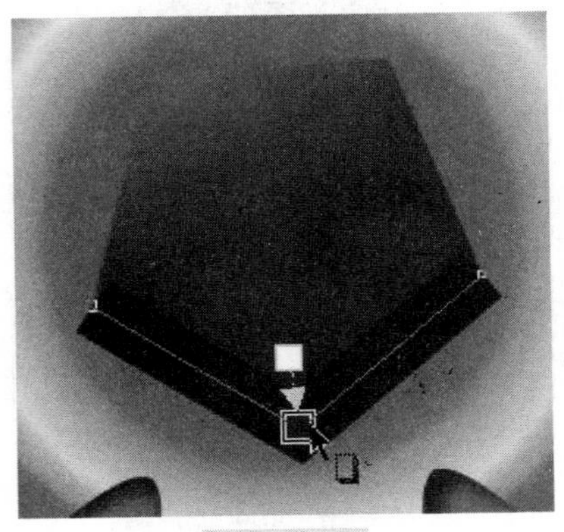

图 8.60

（68）属性栏中的设置如图 8.61 所示。

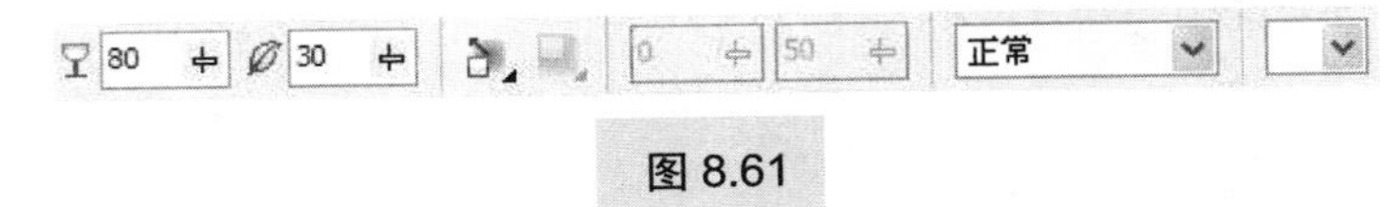

图 8.61

（69）执行【菜单栏】|【排列】|【拆分】命令，此命令的快捷键是【Ctrl】+【K】组合键。

（70）在空白处单击，取消对图形的选择，再次单击黑色折线，并按【Delete】键删除，效果如图 8.62 所示。

（71）参照步骤（66）～步骤（70）的做法，绘制如图 8.63 所示的效果，其中【轮廓宽度】为 1.0 mm，阴影属性的设置如图 8.64 所示。

图 8.62

图 8.63

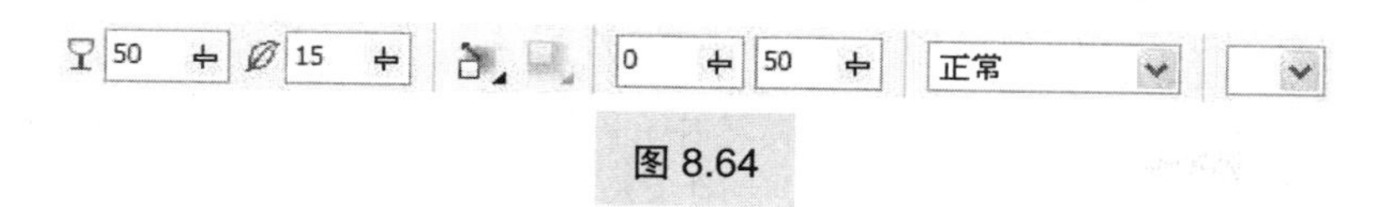

图 8.64

（72）使用工具箱中的【椭圆形】工具和【多边形】工具，绘制如图 8.65 所示的图形，尺寸自定，比例正确即可。使两个图形中心对齐，此处为螺钉。正圆形填充颜色为【90%黑色】，正五边形填充颜色为【70%黑色】，外轮廓颜色均为【无】。

（73）单击工具箱中的【挑选】工具按钮，再单击选中小五边形，按住【Shift】选中小圆形，单击属性栏中的【群组】按钮。

（74）单击工具箱中的【交互式阴影】工具按钮，在群组螺钉上按住鼠标左键向大五边形的中心拖动，如图 8.66 所示，属性栏中参数默认即可。

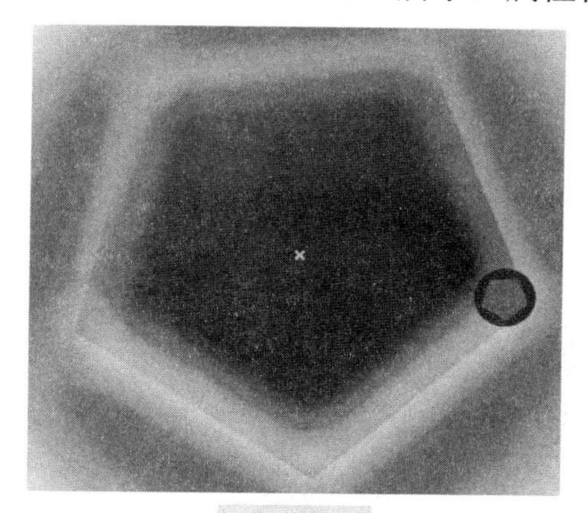

图 8.65

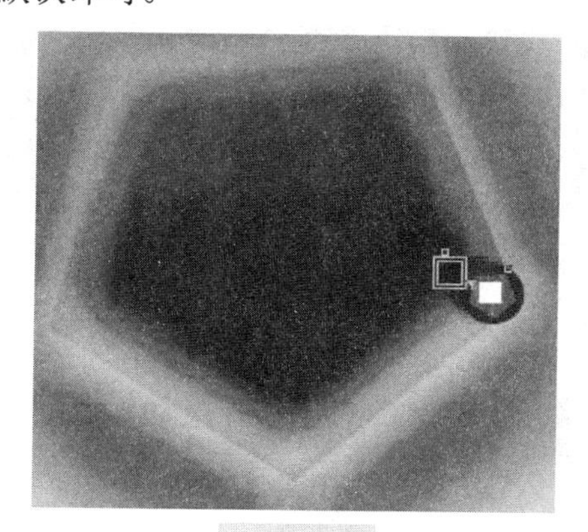

图 8.66

（75）快速移动复制螺钉部分，并使用【交互式阴影】工具调节其他螺钉的阴影角度（阴影角度均向大五边形的中心方向），效果如图 8.67 所示。

（76）单击工具箱中的【椭圆形】工具按钮，绘制一个椭圆形，位置及大小如图 8.68 所示。

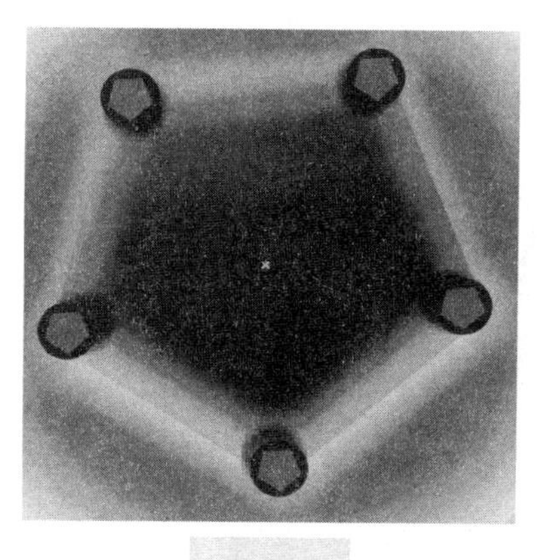

图 8.67

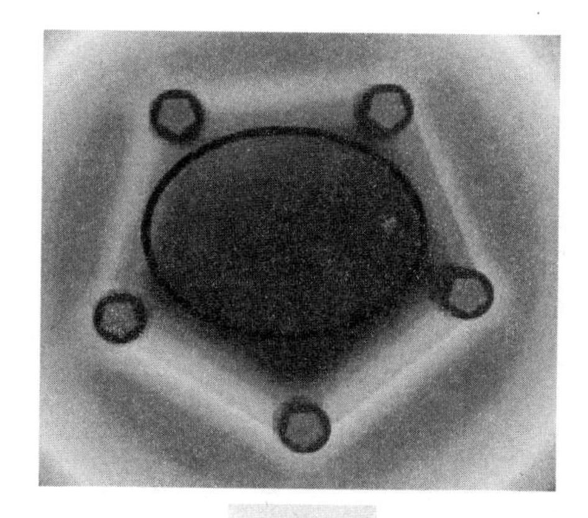

图 8.68

（77）单击工具箱中的【挑选】工具按钮，确定椭圆形被选中，在右侧调色板中设置椭圆的轮廓颜色为【无】。

（78）确定椭圆形被选中，单击工具箱中的【渐变填充】工具按钮，或按快捷键【F11】，打开【渐变填充】对话框，设置如图 8.69 所示。其中渐变条上的控制点位置及对应的颜色参数 R、G、B 设置如下。

位置 0：25、24、32；

位置 12：30、24、24；

位置 49：196、199、204；

位置 76：213、234、216；

位置 100：117、118、136。

设置完毕，单击【确定】按钮。效果如图 8.70 所示。

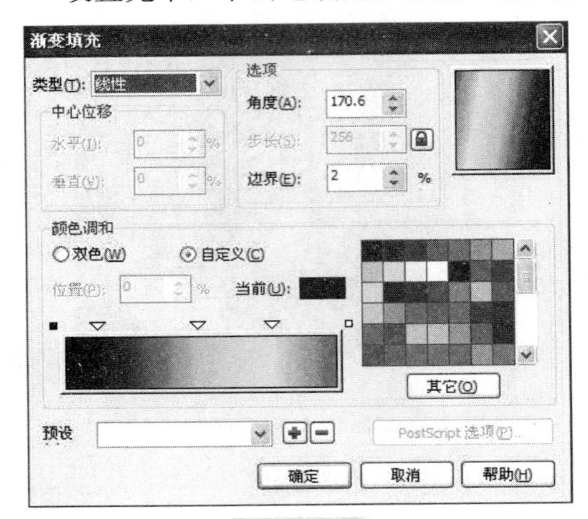

图 8.69

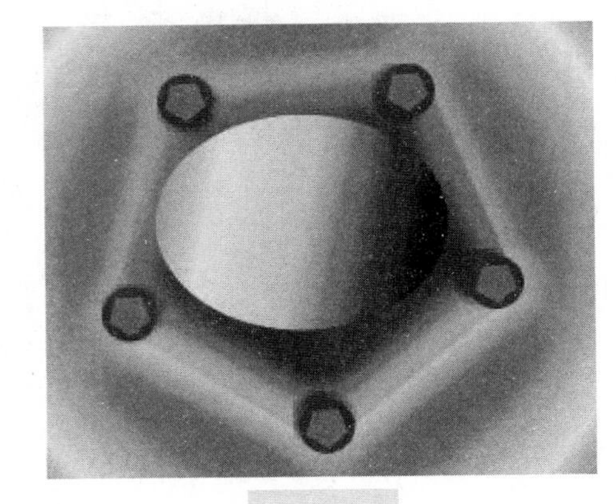

图 8.70

（79）确定椭圆形被选中，单击工具箱中的【透明度】工具按钮，从图形上方向下方拖动，如图 8.71 所示。

（80）单击工具箱中的【椭圆形】工具按钮，再绘制一个椭圆形，位置及大小如图 8.72 所示。

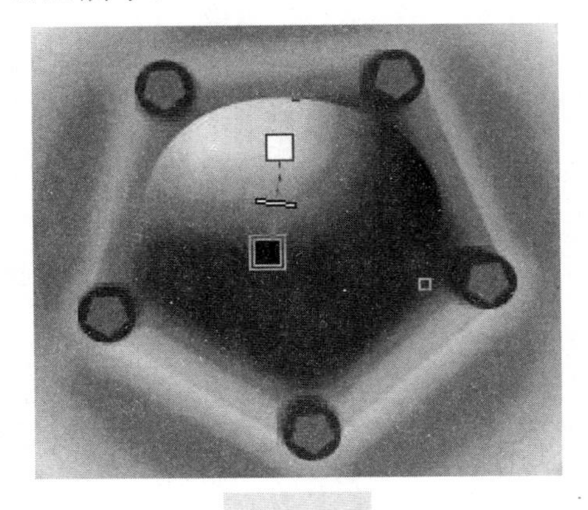

图 8.71

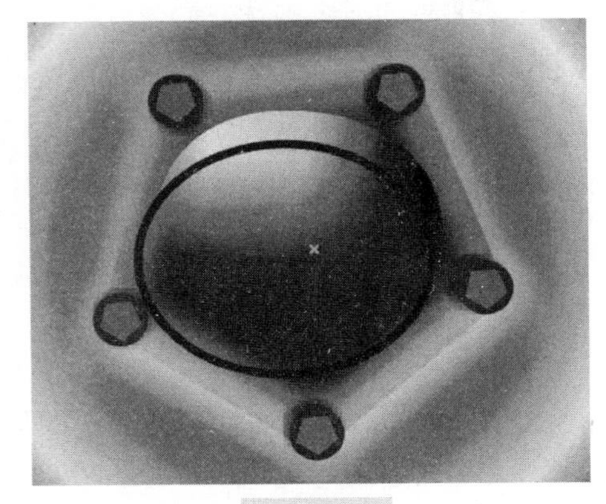

图 8.72

（81）在右侧调色板中设置椭圆的轮廓颜色为【无】。

（82）确定椭圆形被选中，单击工具箱中的【渐变填充】工具按钮，或按快捷键【F11】，打开【渐变填充】对话框，设置如图 8.73 所示。其中，【颜色调和】选项区域中的【从】的颜色为【60%黑色】，【到】的颜色参数为 C、M、Y、K：100、100、100、100，效果如图 8.74 所示。

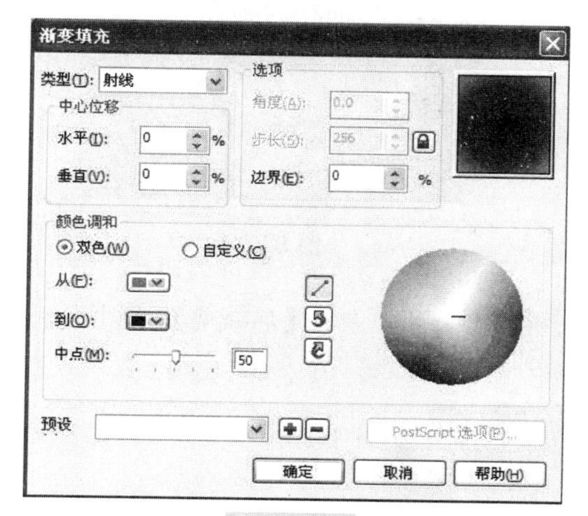

图 8.73

图 8.74

（83）单击工具箱中的【交互式阴影】工具按钮，在椭圆上按住鼠标左键向右下方拖动一点，属性栏中设置如图 8.75 所示，其中阴影颜色为【30%黑色】，效果如图 8.76 所示。

图 8.75

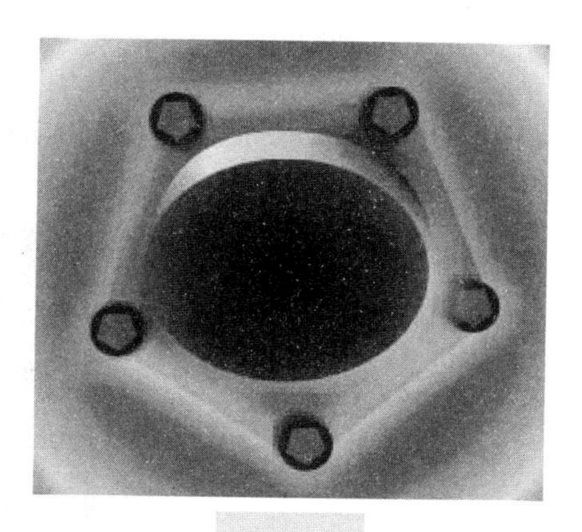

图 8.76

（84）单击工具箱中的【椭圆形】工具按钮，绘制一个圆形，尺寸比例及位置如图 8.77 所示。

（85）快速移动复制此圆形，位置如图 8.78 所示。

图 8.77

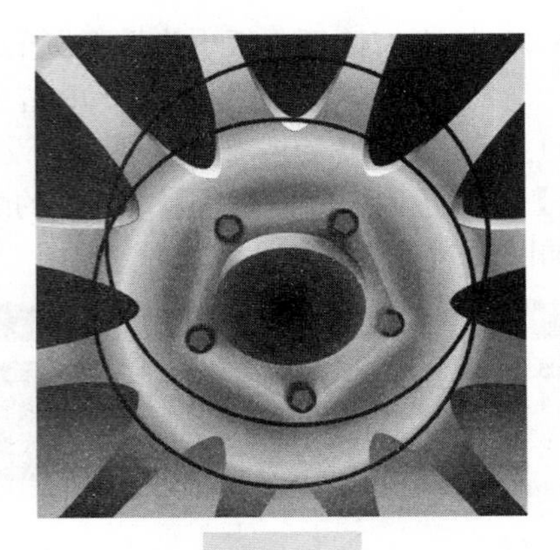

图 8.78

（86）按住【Shift】键，单击选中两个圆形，再单击属性栏中的【后减前】按钮，修剪出一个月牙形，先填充任意一种颜色，如图 8.79 所示。

图 8.79

（87）单击工具箱中的【交互式阴影】工具按钮，在月牙底部按住鼠标左键向上方拖动，当拖动的轮廓与月牙轮廓重合时释放鼠标，属性栏中设置如图 8.80 所示，效果如图 8.81 所示。

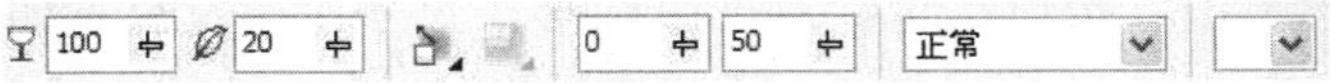

100 20 0 50 正常

图 8.80

图 8.81

（88）执行【菜单栏】|【排列】|【拆分】命令，此命令的快捷键是【Ctrl】+【K】组合键。

（89）在空白处单击，取消对图形的选择，再单击月牙图形，并按【Delete】键删除，留下白色阴影，调整好大小，效果如图 8.82 所示。

（90）单击工具箱中的【挑选】工具按钮，单击选中白色月牙阴影，按住【Ctrl】键，在如图 8.83 所示的月牙图形下方中间的控制点上，按住鼠标左键上正上方拖动，左键不松开，同时单击右键，快速镜像复制一个月牙。

图 8.82

图 8.83

（91）填充复制的月牙颜色参数为 R、G、B：117、118、136，调整好位置，效果如图 8.84 所示。

图 8.84

（92）单击选中群组的轮毂图形（步骤（56）中群组的两个轮毂图形），单击工具箱中的【交互式阴影】工具按钮，从轮毂中心点向右侧稍微拖动，如图 8.85 所示，属性栏的设置如图 8.86 所示。

图 8.85

图 8.86

（93）单击如图 8.87 指针所示的位置，选中步骤（17）、（18）中填充的圆形，将其在原位置执行【复制】、【粘贴】命令，此两项命令的快捷键分别是【Ctrl】+【C】组合键、【Ctrl】+【V】组合键，复制后的效果如图 8.88 所示。

图 8.87　　图 8.88

（94）单击选中刚刚复制的圆形，在原位置执行【复制】、【粘贴】命令，此两项命令的快捷键分别是【Ctrl】+【C】组合键、【Ctrl】+【V】组合键。

（95）单击工具箱中的【透明度】工具按钮，再单击属性栏中的【清除透明度】按钮，去除原来的透明效果，此时效果如图 8.89 所示。

（96）单击工具箱中的【挑选】工具按钮，向上快速移动复制此圆形，位置如图 8.90 所示，两个圆形的位置只错位一点而已。

图 8.89

图 8.90

（97）按住【Shift】键，单击选中两个圆形，再单击属性栏中的【前减后】按钮，修剪出一个月牙形，填充白色，如图 8.91 所示。

（98）框选车轮部分所有图形，单击属性栏中的【群组】按钮。

至此，车轮的部分制作完毕，效果如图 8.92 所示。

图 8.91

图 8.92

车轮部分的绘制比较麻烦。在步骤里，提到的圆形有很多，书中尽可能用直白的语言为圆形命名，使读者朋友能够看明白。请读者仔细阅读每一步骤，如有一个步骤混乱，则轮胎的逼真效果就制作不出来。下面继续绘制汽车主体部分。

（99）使用工具箱中的【贝塞尔】工具，结合【形状】工具，绘制如图 8.93 所示的车体部分，这里不做过多的操作说明，需要注意的是曲线的平滑度和节点的属性。

操作提示

绘制此汽车时，读者可以将书中绘制的汽车图片导入到自己的绘图窗口，在上面按照车体的造型轮廓进行线框描绘。在掌握了技巧之后，可以自行设计一款汽车进行制作。这个描绘过程比较枯燥，需要读者有足够的耐心和信心。

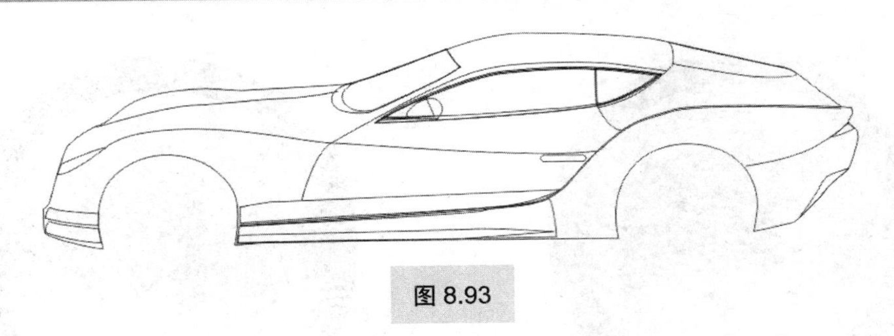

图 8.93

下面从一些比较大的孔洞及安装附加物开始制作，如汽车的车灯、玻璃、把手、后视镜等。

在进行车体颜色填充前，先要设置 7 个调色板中没有的颜色，并且保存到调色板中，这样在进行颜色填充时，就不用每一次都对新颜色进行参数的设置。

（100）单击调色板上方的▶按钮，在弹出的下拉菜单中选择【Edit Color】（颜色编辑）选项，在打开的【Palette Editor】对话框中，单击右上部的【Add Color】（添加颜色）按钮，如图 8.94 所示。

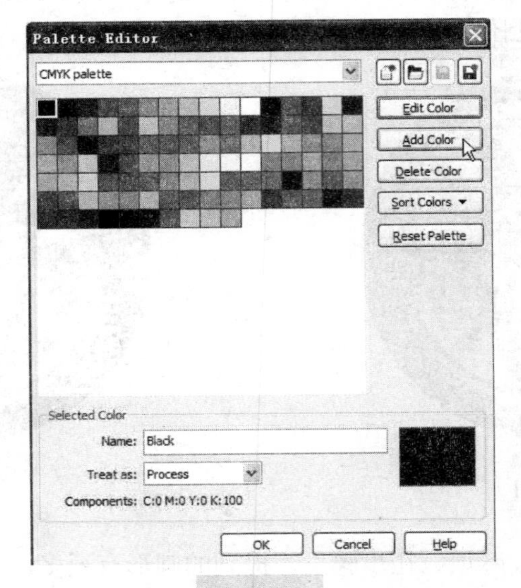

图 8.94

（101）在打开的【Select Color】（选择颜色）对话框中，将【Models】（模型）设置为【RGB】，分别输入 R、G、B 的数值，如图 8.95 所示。每次设置完一种颜色就单击一次【OK】按钮，将颜色添加到调色板中。新增的 7 种颜色参数分别如下。

① R、G、B：0、0、0

② R、G、B：25、24、32

③ R、G、B：66、68、83

④ R、G、B：117、118、136

⑤ R、G、B：207、208、213

⑥ R、G、B：196、199、204

⑦ R、G、B：179、177、190

添加后的颜色如图 8.96 所示，添加完毕单击【OK】按钮，关闭对话框。

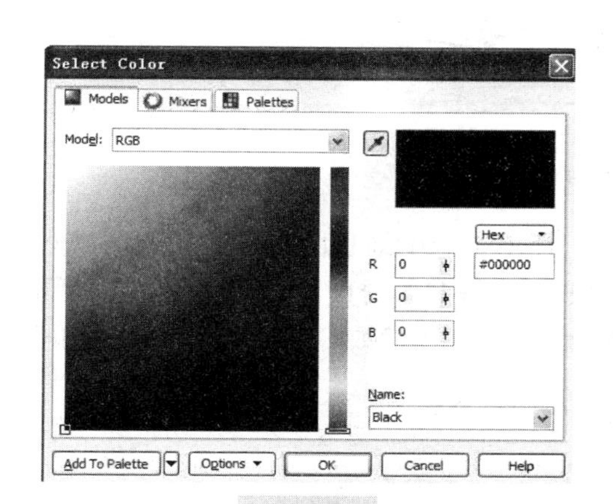

图 8.95

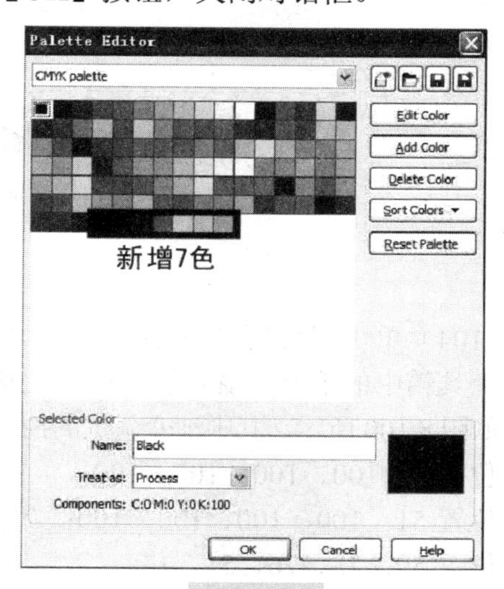

图 8.96

（102）单击工具箱中的【挑选】工具按钮，再单击选中前轮右侧的细长图形，然后单击工具箱中的【渐变填充】工具按钮，或按快捷键【F11】，打开【渐变填充】对话框，设置如图 8.97 所示。其中渐变条上的控制点位置及对应的颜色参数 C、M、Y、K 设置如下。

位置 0：100、100、100、100；

位置 48：100、100、100、100；

位置 51：78、76、51、13；

位置 52：0、0、0、100；

位置 100：0、0、0、60。

右键单击右侧调色板中的☒按钮，去掉轮廓色，效果如图 8.98 所示。

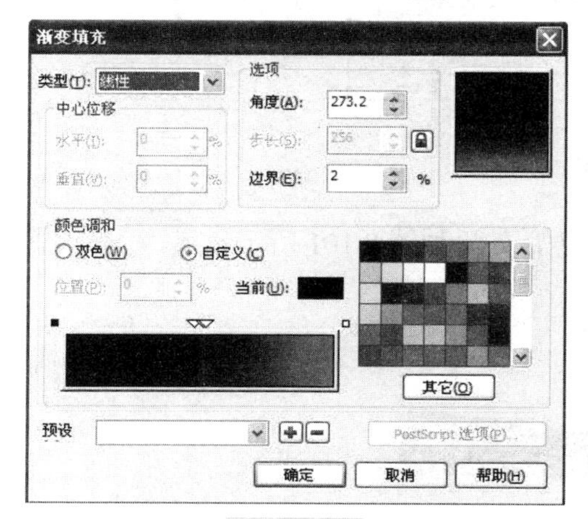

图 8.97

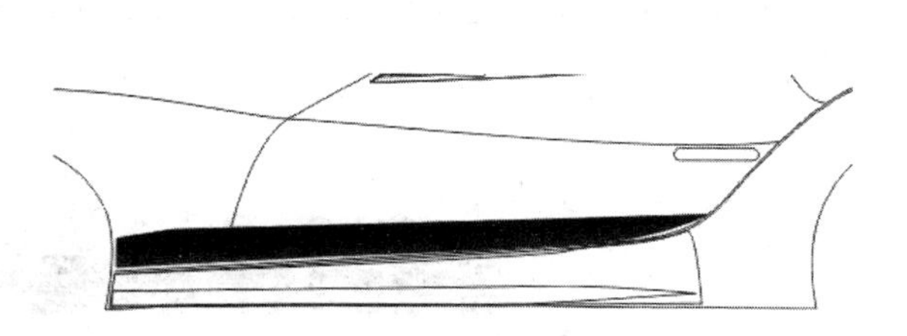

图 8.98

（103）单击工具箱中的【透明度】工具按钮，按住【Ctrl】键，从图形左侧向右侧拖动，如图 8.99 所示。

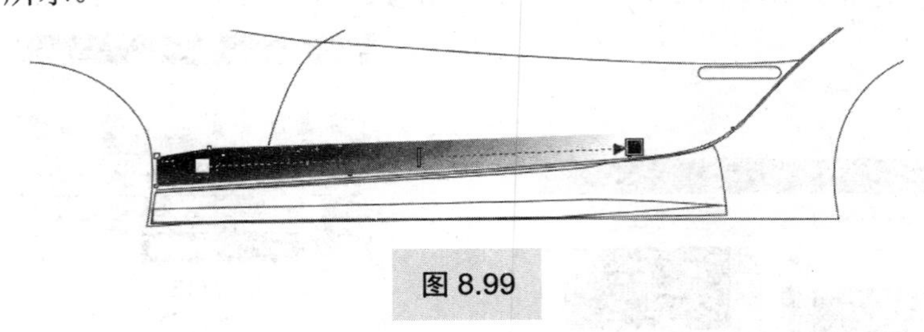

图 8.99

（104）单击工具箱中的【挑选】工具按钮，再单击选中细长图形下面的图形，然后单击工具箱中的【渐变填充】工具按钮，或按快捷键【F11】，打开【渐变填充】对话框，设置如图 8.100 所示。其中渐变条上的控制点位置及对应的颜色参数 C、M、Y、K 设置如下。

位置 0：100、100、100、100；

位置 51：100、100、100、100；

位置 59：78、76、51、13；

位置 83：7、7、5、92；

位置 100：0、0、0、100。

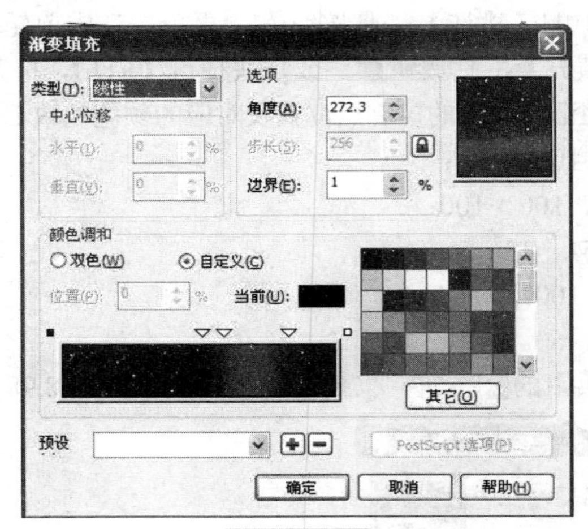

图 8.100

右键单击右侧调色板中的☒按钮，去掉轮廓色，效果如图 8.101 所示。

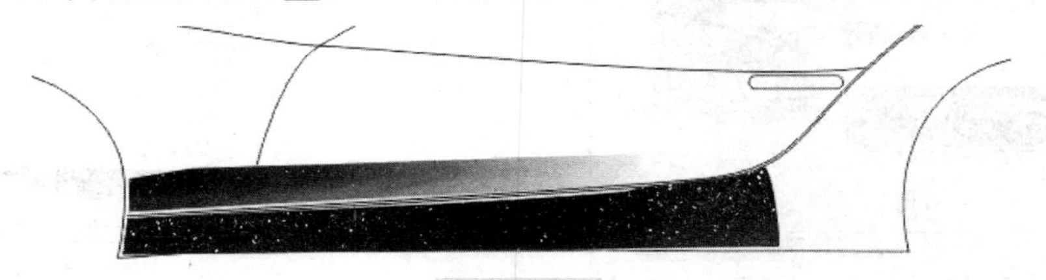

图 8.101

（105）单击工具箱中的【透明度】工具按钮，按住【Ctrl】键，从图形左侧向右侧拖动，如图 8.102 所示。

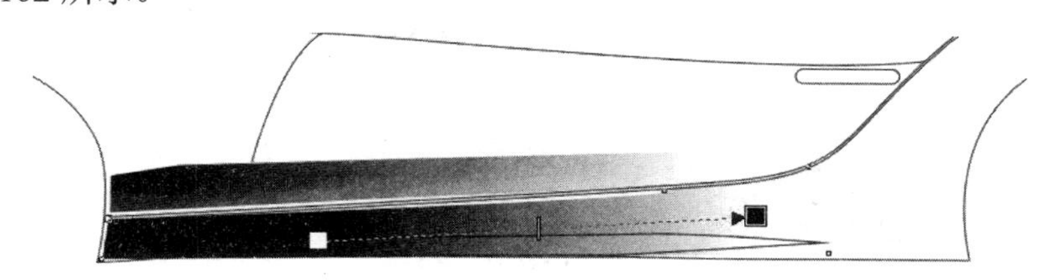

图 8.102

（106）单击工具箱中的【挑选】工具按钮，再单击选中最下面的剑形图形，然后单击工具箱中的【渐变填充】工具按钮，或按快捷键【F11】，打开【渐变填充】对话框，设置如图 8.103 所示。其中渐变条上的控制点位置及对应的颜色参数 C、M、Y、K 设置如下。

位置 0：60、51、46、0；

位置 47：59、51、45、0；

位置 49：20、15、12、0；

位置 50：37、30、20、0；

位置 100：38、31、20、0。

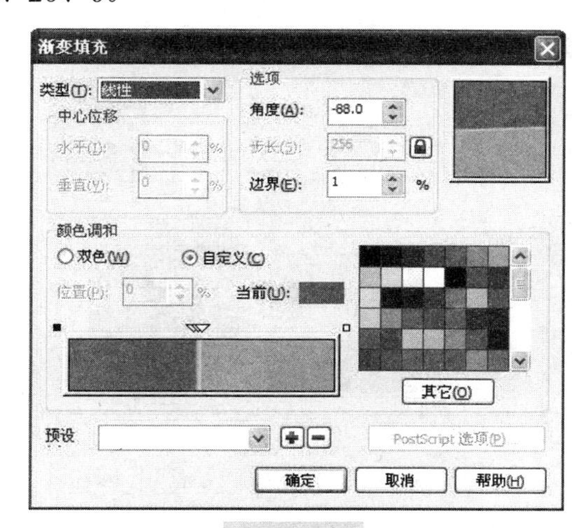

图 8.103

右键单击右侧调色板中的☒按钮，去掉轮廓色，效果如图 8.104 所示。

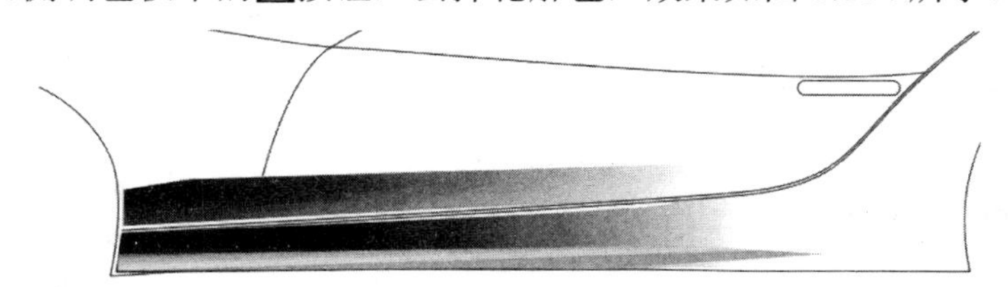

图 8.104

（107）单击工具箱中的【透明度】工具按钮，按住【Ctrl】键，从图形下方向上方拖动，如图 8.105 所示。

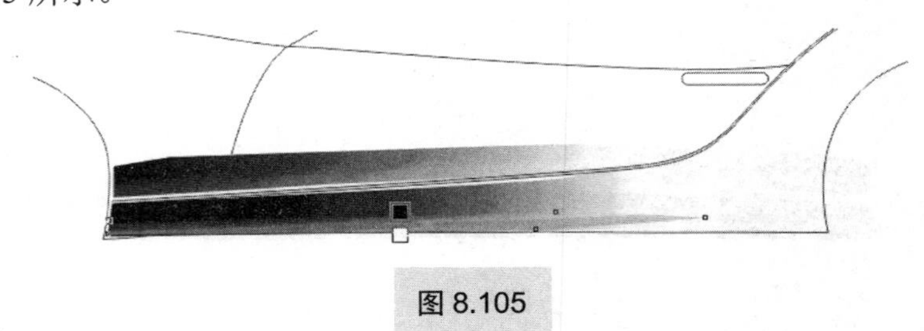

图 8.105

（108）单击工具箱中的【挑选】工具按钮，再单击选中前轮左侧的上面图形，然后单击工具箱中的【渐变填充】工具按钮，或按快捷键【F11】，打开【渐变填充】对话框，设置如图 8.106 所示。其中渐变条上的控制点位置及对应的颜色参数 C、M、Y、K 设置如下。

位置 0：94、91、82、76；

位置 47：100、100、100、100；

位置 52：78、76、51、13；

位置 71：7、7、5、92；

位置 100：0、0、0、100。

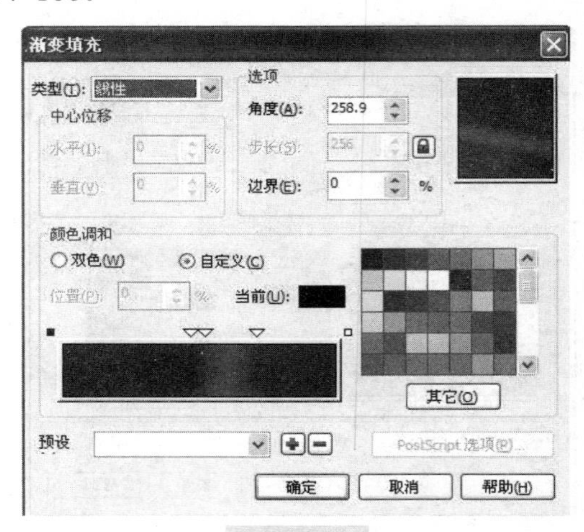

图 8.106

右键单击右侧调色板中的⊠按钮，去掉轮廓色，效果如图 8.107 所示。

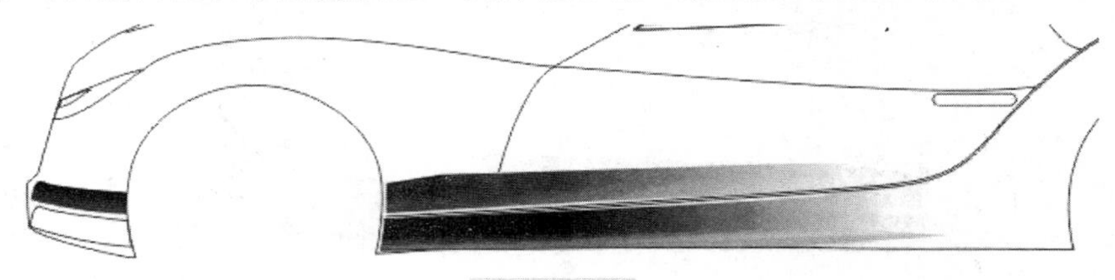

图 8.107

（109）单击工具箱中的【挑选】工具按钮，再单击选中前轮左侧的下面图形，然后单击工具箱中的【渐变填充】工具按钮，或按快捷键【F11】，打开【渐变填充】对话框，设置如图 8.108 所示。其中渐变条上的控制点位置及对应的颜色参数 C、M、Y、K 设置如下。

位置 0：94、91、82、76；

位置 47：100、100、100、100；

位置 56：78、76、51、13；

位置 71：7、7、5、92；

位置 100：0、0、0、100。

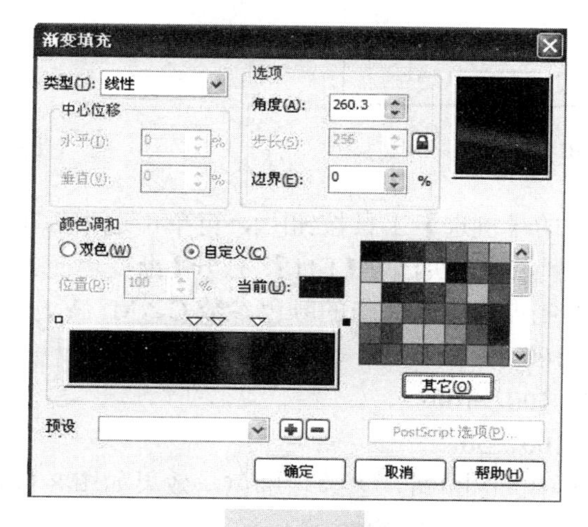

图 8.108

右键单击右侧调色板中的☒按钮，去掉轮廓色，效果如图 8.109 所示。

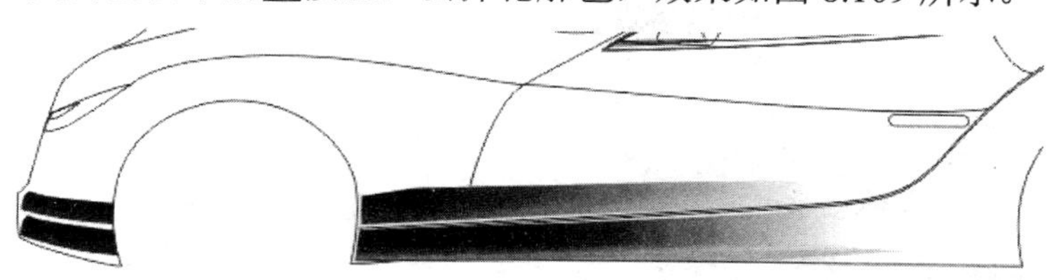

图 8.109

（110）单击工具箱中的【挑选】工具按钮，再单击选中后轮右侧的下面图形，然后单击工具箱中的【渐变填充】工具按钮，或按快捷键【F11】，打开【渐变填充】对话框，设置如图 8.110 所示。其中渐变条上的控制点位置及对应的颜色参数 C、M、Y、K 设置如下。

位置 0：0、0、0、100；

位置 40：0、0、0、100；

位置 58：0、0、0、44；

位置 100：0、0、0、40。

右键单击右侧调色板中的☒按钮，去掉轮廓色，效果如图 8.111 所示。

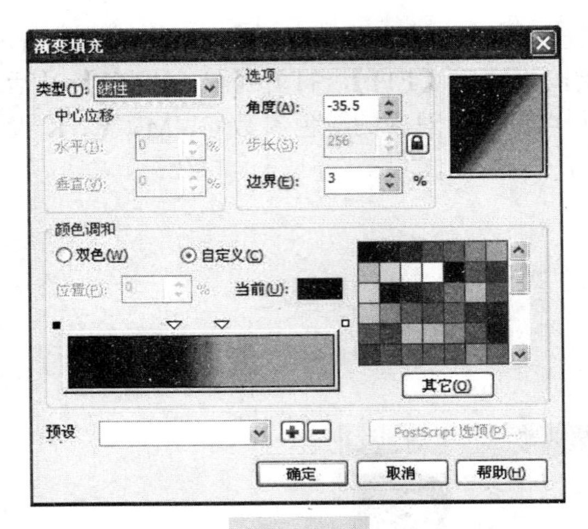

图 8.110

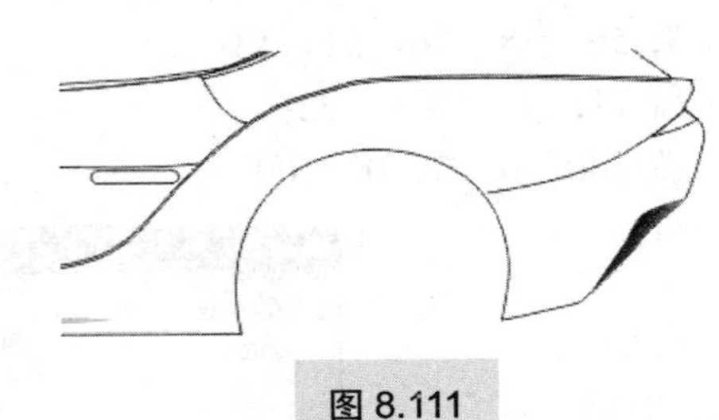

图 8.111

（111）单击工具箱中的【挑选】工具按钮，再单击选中后车灯，然后单击工具箱中的【渐变填充】工具按钮，或按快捷键【F11】，打开【渐变填充】对话框，设置如图 8.112 所示。其中渐变条上的控制点位置及对应的颜色参数 C、M、Y、K 设置如下。

位置 0：100、100、100、100；

位置 67：100、100、100、100；

位置 100：0、100、100、50。

右键单击右侧调色板中的☒按钮，去掉轮廓色，效果如图 8.113 所示。

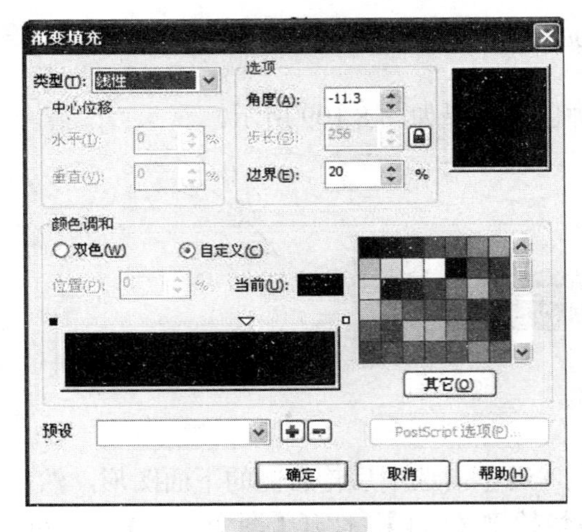

图 8.112

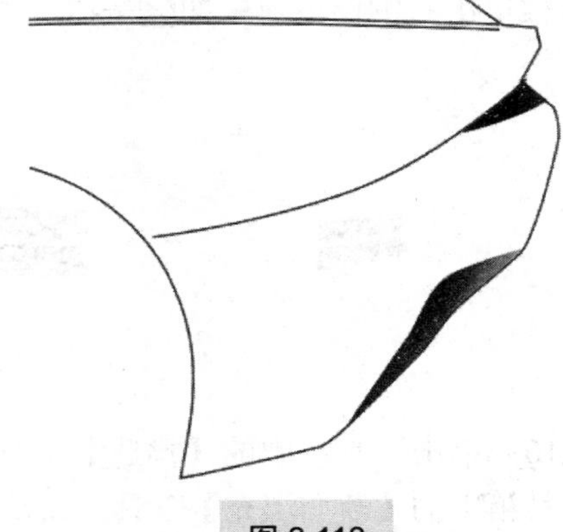

图 8.113

（112）单击工具箱中的【挑选】工具按钮，再单击选中前车灯，然后单击工具箱中的【渐变填充】工具按钮，或按快捷键【F11】，打开【渐变填充】对话框，设置如图 8.114 所示。其中渐变条上的控制点位置及对应的颜色参数 C、M、Y、K 设置如下。

位置 0：0、0、0、80；

位置 29：0、0、0、100；

位置 44：0、0、0、96；

位置 56：5、5、0、61；

位置 76：14、12、0、3；

位置 100：0、0、0、80。

右键单击右侧调色板中的☒按钮，去掉轮廓色，效果如图 8.115 所示。

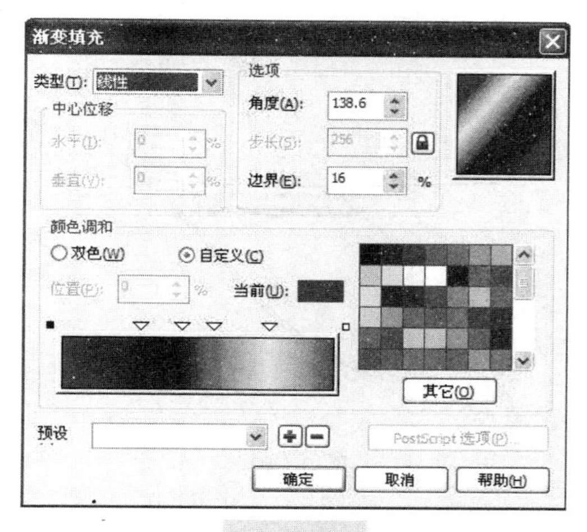

图 8.114

图 8.115

（113）单击工具箱中的【挑选】工具按钮，确定前车灯被选中，快速缩小复制一个此图形（此方法在前面的操作提示中有说明），并设置颜色参数为 C、M、K、Y：18、14、0、0，效果如图 8.116 所示。

（114）单击工具箱中的【透明度】工具按钮，从图形左侧向右侧拖动，如图 8.117 所示。

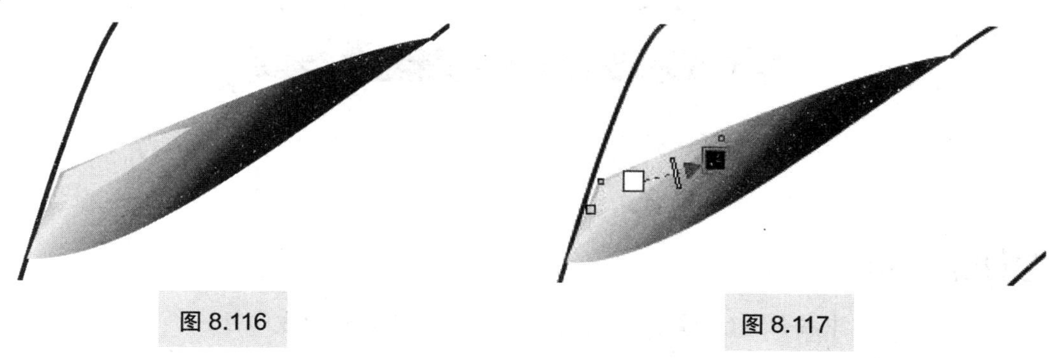

图 8.116

图 8.117

（115）单击工具箱中的【挑选】工具按钮，选中车门把手，单击工具箱中的【渐变填充】工具按钮，或按快捷键【F11】，打开【渐变填充】对话框，设置如图 8.118 所示。其中渐变条上的控制点位置及对应的颜色参数 C、M、Y、K 设置如下。

位置 0：83、78、58、27；

位置 23：22、16、13、0；

位置 32：12、11、0、3；

位置 69：94、91、82、76；

位置 80：94、91、82、76；

位置 100：83、78、58、27。

右键单击右侧调色板中的☒按钮，去掉轮廓色，效果如图 8.119 所示。

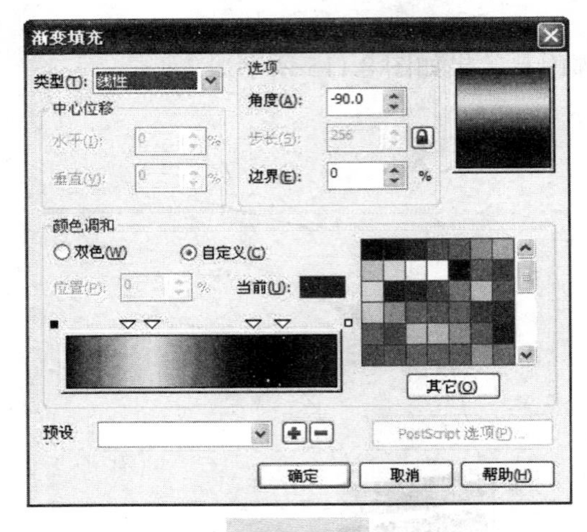

图 8.118

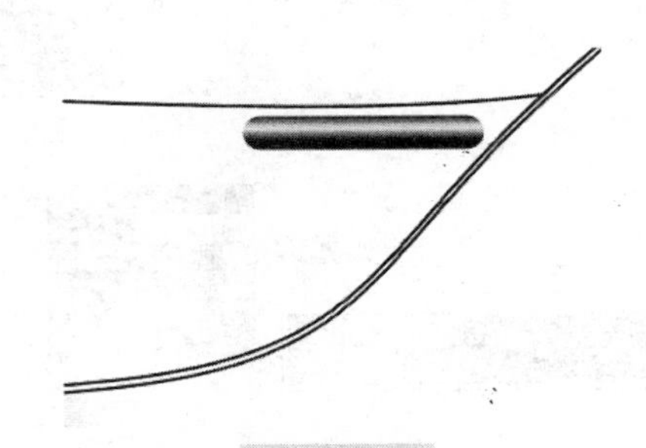

图 8.119

（116）单击工具箱中的【挑选】工具按钮，确定选中车门把手，在原位置对把手执行【复制】、【粘贴】命令，此两项命令的快捷键分别是【Ctrl】+【C】组合键、【Ctrl】+【V】组合键，复制一个把手 1。

（117）按住【Ctrl】键，再将复制的把手 1 向左快速移动复制一个把手 2，复制的位置如图 8.120 所示。

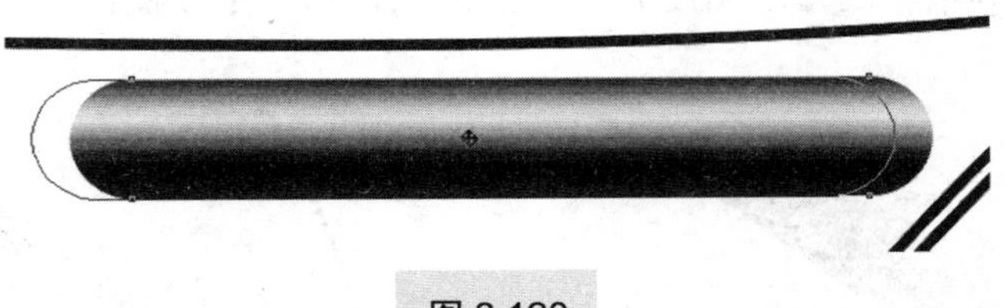

图 8.120

操作提示

步骤（117）中按住【Ctrl】键，目的是为了保持复制时的方向性。

（118）确定把手 2 被选中，按住【Shift】键，单击选中把手 1，单击属性栏中的【后减前】按钮，修剪出一个月牙形，并设置颜色参数为 C、M、K、Y：94、91、82、76，效果如图 8.121 所示。

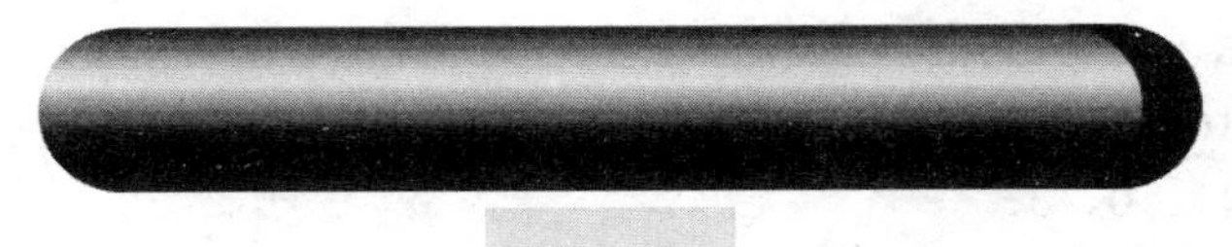

图 8.121

（119）单击工具箱中的【透明度】工具按钮，从月牙形的右侧向左侧拖动，如图 8.122 所示。

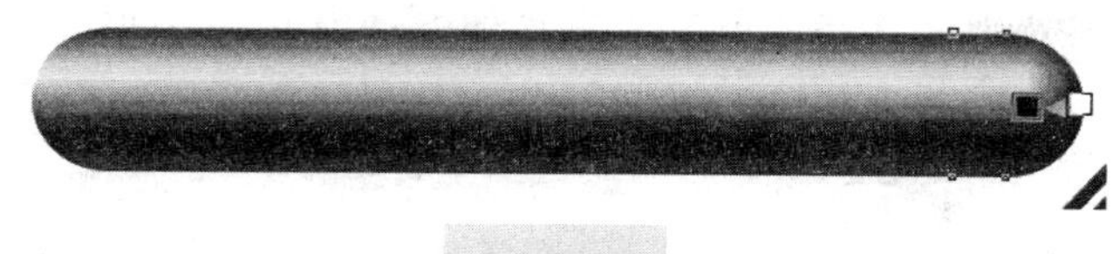

图 8.122

（120）参照步骤（116）～步骤（119）的方法，制作把手另外一侧的月牙形，效果如图 8.123 所示。

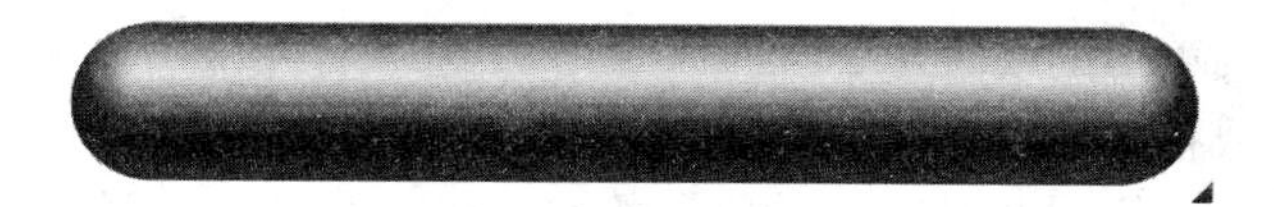

图 8.123

此时的把手两侧因为各有一个月牙形的暗面，所以把手看起来是一个弧面了。

（121）单击工具箱中的【挑选】工具按钮，再次选中把手，在下方中间的控制点上，如图 8.124 中指针所示的控制点上，按住左键向下拖动，左键不松开，直接单击右键，快速放大复制一个把手 3，大小如图 8.125 所示。

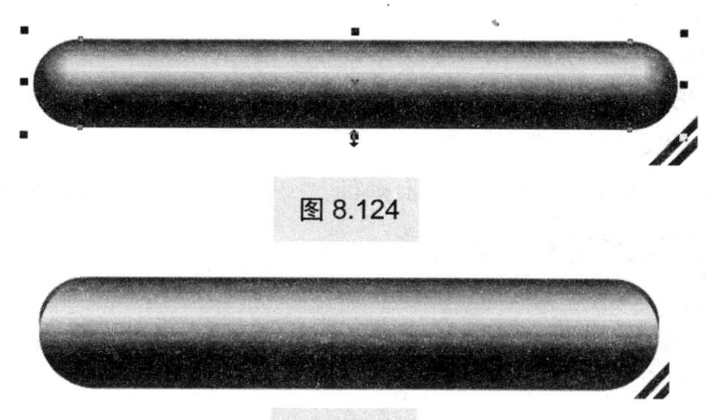

图 8.124

图 8.125

（122）填充把手 3 为黑色，并置于把手的下层，按快捷键【Ctrl】+【Page Down】组合键几次即可，效果如图 8.126 所示。

图 8.126

（123）选中黑色把手 3，在原位置执行【复制】、【粘贴】命令，此两项命令的快捷键分别是【Ctrl】+【C】组合键、【Ctrl】+【V】组合键，并填充白色，并按快捷键【Ctrl】+

【Page Down】组合键几次，将其调整到把手 1、把手 2 两侧月牙形的下层，同时位于把手 3 的上层。

（124）单击工具箱中的【透明度】工具按钮，从白色图形的下方向上方拖动，如图 8.127 所示。

图 8.127

（125）单击工具箱中的【挑选】工具按钮，选中后视镜，单击工具箱中的【渐变填充】工具按钮，或按快捷键【F11】，打开【渐变填充】对话框，设置如图 8.128 所示。其中渐变条上的控制点位置及对应的颜色参数 C、M、Y、K 设置如下。

位置 0：83、78、58、27；

位置 8：0、0、0、87；

位置 20：64、55、38、0；

位置 36：0、0、0、0；

位置 56：0、0、0、10；

位置 76：83、78、58、27；

位置 83：94、91、82、76；

位置 93：83、78、58、27；

位置 100：83、78、58、27。

右键单击右侧调色板中的按钮，去掉轮廓色，效果如图 8.129 所示。

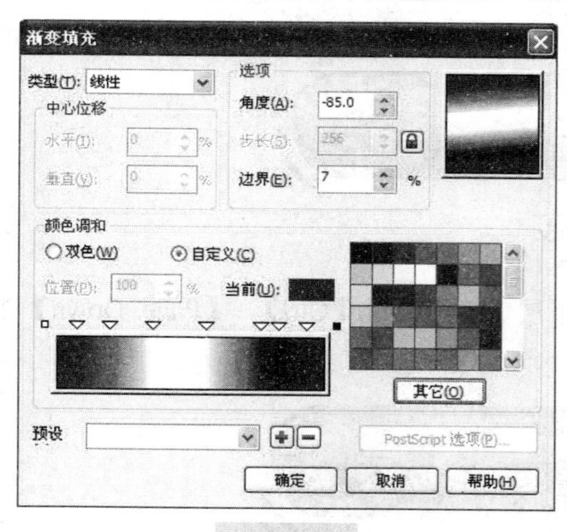

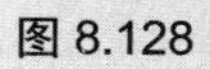

图 8.128

图 8.129

（126）参照步骤（116）～步骤（119）的方法，制作后视镜左右两侧、上下共 4 个月牙图形，其中上面的月牙形填充颜色参数为 C、M、Y、K：83、78、58、27，其他 3 个月牙颜色同把手的月牙颜色，并用【透明度】工具调整效果，如图 8.130 所示。

图 8.130

（127）单击工具箱中的【挑选】工具按钮，按住【Shift】键，单击选中后视镜的所有图形（包括后视镜、上下左右 4 个月牙图形），再单击属性栏中的【群组】按钮。

（128）单击工具箱中的【交互式阴影】工具按钮，从后视镜的中心点向左下方拖动，如图 8.131 所示，属性栏的设置如图 8.132 所示，其中【阴影羽化方向】选择【向外】。

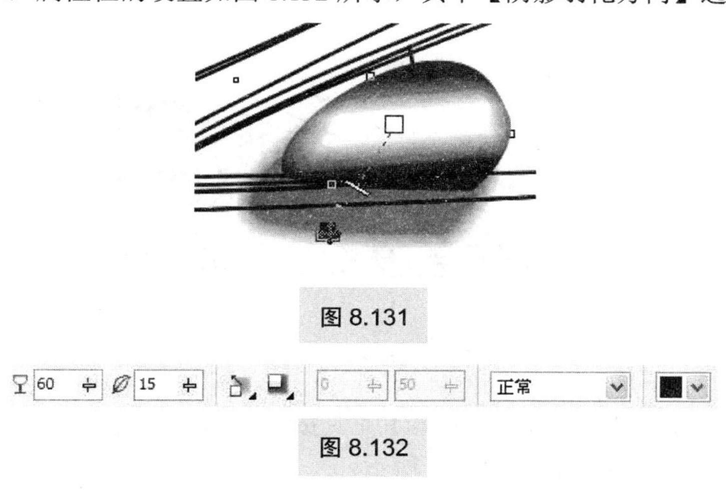

图 8.131

图 8.132

（129）单击工具箱中的【挑选】工具按钮，选中侧门玻璃，单击工具箱中的【渐变填充】工具按钮，或按快捷键【F11】，打开【渐变填充】对话框，设置如图 8.133 所示。其中【颜色调和】选项区域中的【从】的颜色为【100%黑色】，【到】的颜色参数为 C、M、Y、K：51、43、25、0。

右键单击右侧调色板中的☒按钮，去掉轮廓色，效果如图 8.134 所示。

（130）单击工具箱中的【挑选】工具按钮，选中后视镜下层的三角图形，填充颜色参数为 C、M、Y、K：100、100、65、80，右键单击右侧调色板中的☒按钮，去掉轮廓色，效果如图 8.135 所示。

操作提示

为对象填充颜色时，如果色板中没有预添加的颜色，除了可以用工具箱中的【颜色】工具外，也可以在窗口右下角位置 ☒无 双击☒按钮，即可打开【均匀填充】对话框，对颜色进行参数设置。

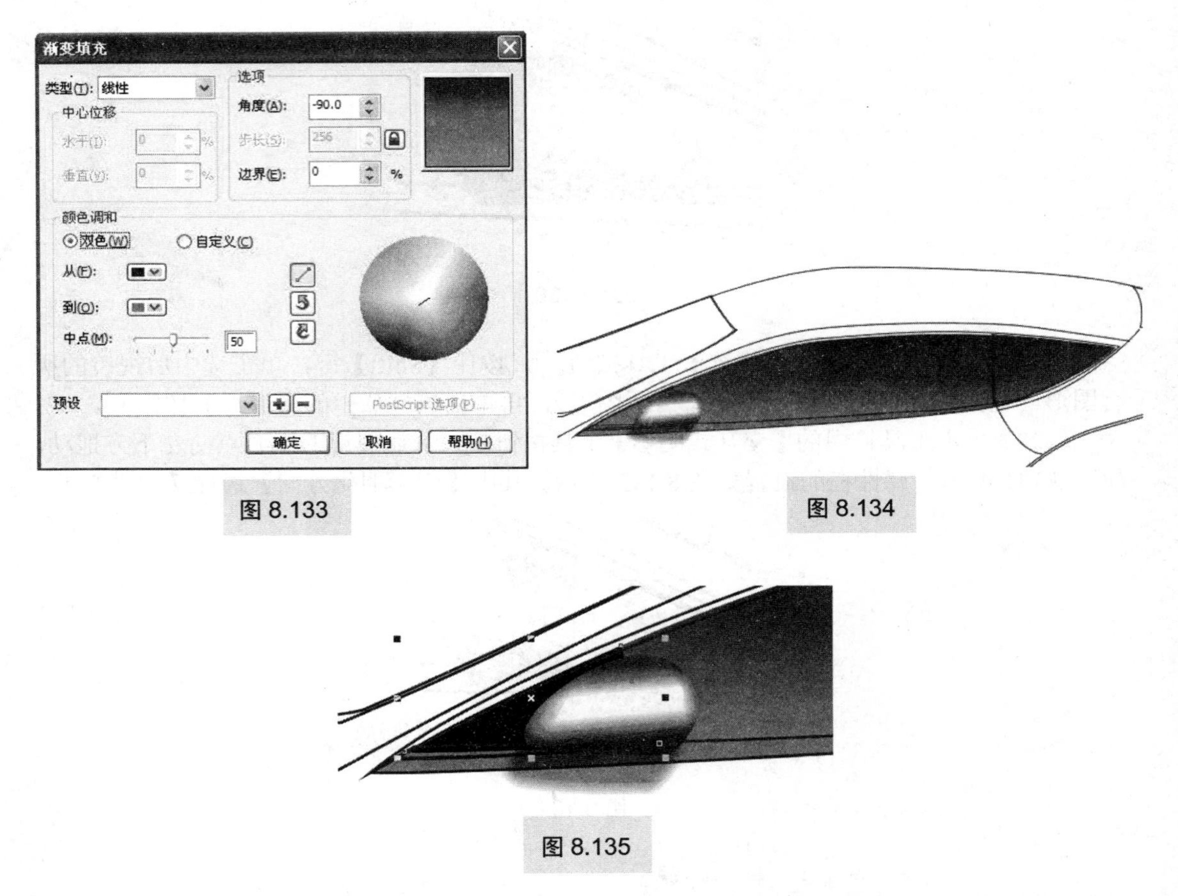

图 8.133

图 8.134

图 8.135

（131）单击工具箱中的【交互式阴影】工具按钮，从三角形的左侧向右侧拖动，如图 8.136 所示，属性栏的设置如图 8.137 所示。

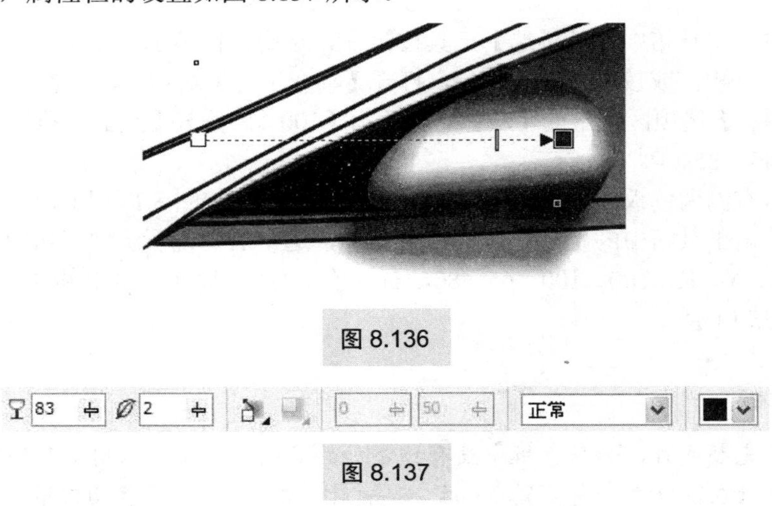

图 8.136

图 8.137

（132）单击工具箱中的【挑选】工具按钮，选中侧门玻璃上面的图形，图形形状如图 8.138 所示，这里为了让读者看清楚此图形，将此图形之外的其他部分先隐藏。此图形

填充颜色参数为C、M、Y、K：89、90、71、60，右键单击右侧调色板中的☒按钮，去掉轮廓色，效果如图8.139所示。

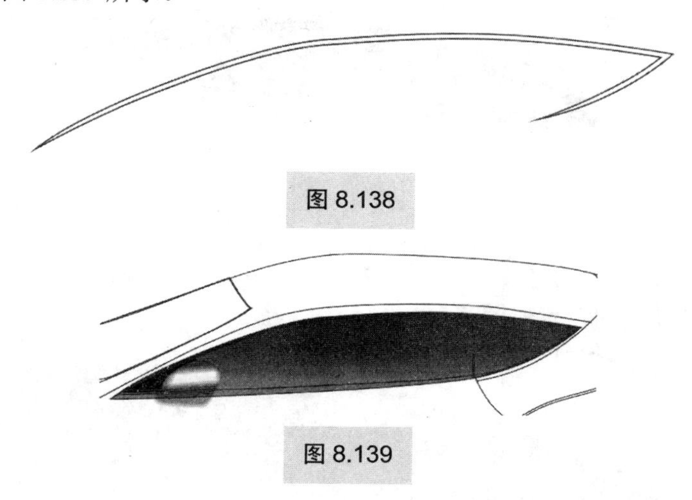

图8.138

图8.139

（133）单击工具箱中的【挑选】工具按钮，选中后视镜下面的细长图形，图形形状如图8.140所示，这里为了让读者看清楚此图形，将此图形之外的其他部分先隐藏。单击工具箱中的【渐变填充】工具按钮，或按快捷键【F11】，打开【渐变填充】对话框，设置如图8.141所示。其中渐变条上的控制点位置及对应的颜色参数C、M、Y、K设置如下。

位置0：83、78、58、27；

位置33：75、69、39、2；

位置78：2、2、1、19；

位置100：0、0、0、20。

图8.140

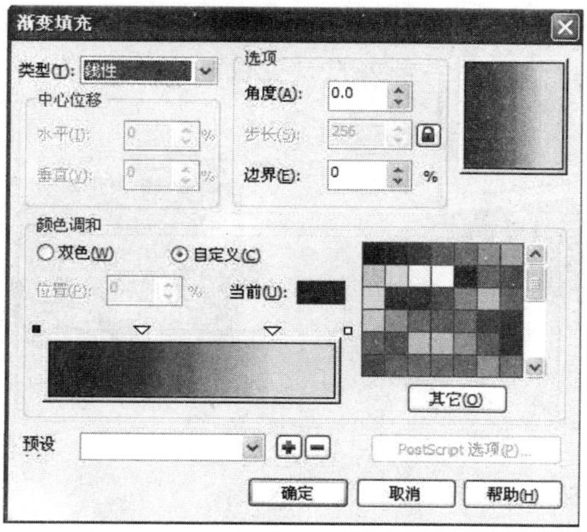

图8.141

右键单击右侧调色板中的☒按钮，去掉轮廓色，效果如图 8.142 所示。

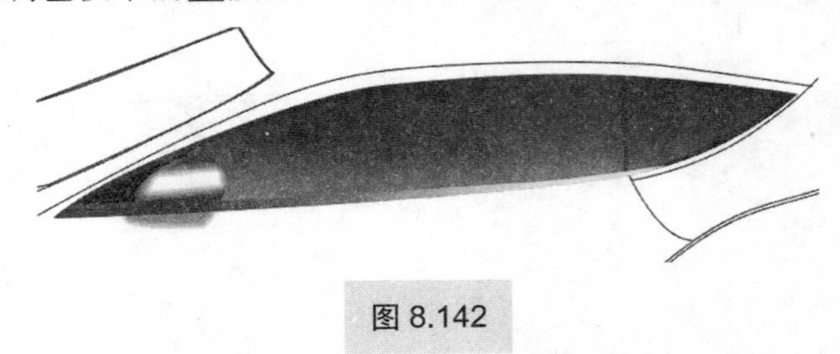

图 8.142

（134）单击工具箱中的【交互式阴影】工具按钮，从图形的下方向上方拖动，如图 8.143 所示，属性栏的设置如图 8.144 所示。

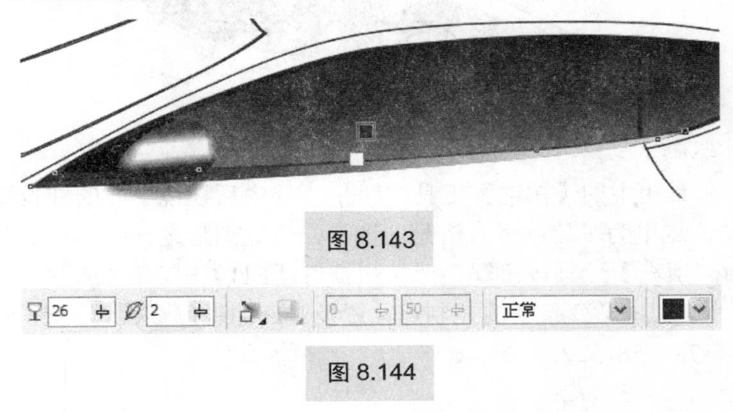

图 8.143

26	2		0	50	正常	

图 8.144

（135）单击工具箱中的【挑选】工具按钮，依次单击选中侧门玻璃后面的三角形和三角形前面的竖窄条图形，分别填充颜色参数为 C、M、Y、K：94、91、82、76，右键单击右侧调色板中的☒按钮，去掉轮廓色，效果如图 8.145 所示。因为此处两个图形填充的颜色一样，所以在图中区分不出来，在下面的步骤中即可分辨出来。

（136）按住【Shift】键，单击选中三角形和前面的竖窄条图形，再单击属性栏中的【群组】按钮。

（137）单击工具箱中的【透明度】工具按钮，从群组图形的左外侧向右内侧拖动，如图 8.146 所示，使此玻璃呈现出一种若有若无的状态。

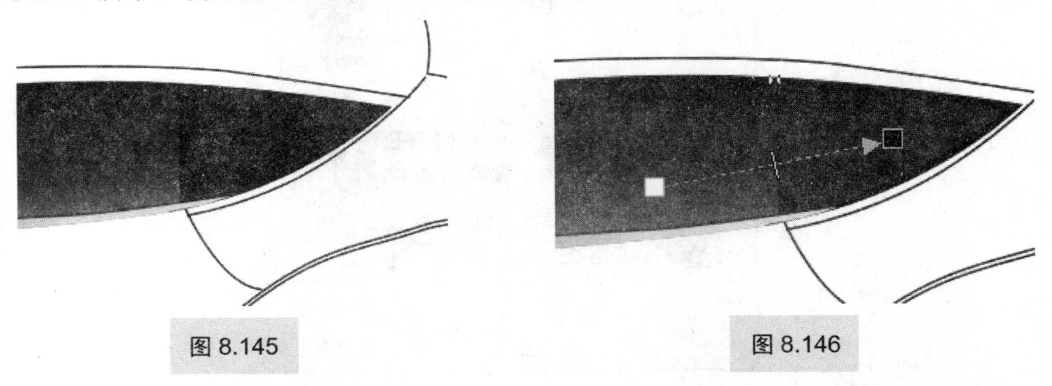

图 8.145　　图 8.146

车门玻璃的整体效果如图 8.147 所示。

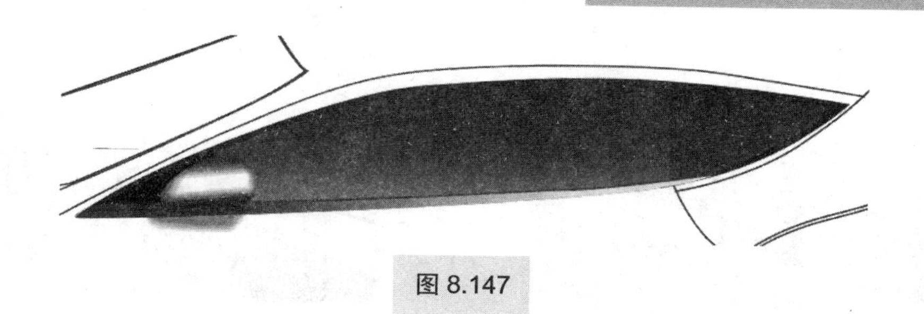

图 8.147

下面绘制前风挡玻璃。

（138）单击工具箱中的【挑选】工具按钮，选中前风挡玻璃图形，单击工具箱中的【渐变填充】工具按钮，或按快捷键【F11】，打开【渐变填充】对话框，设置如图 8.148 所示。其中渐变条上的控制点位置及对应的颜色参数 C、M、Y、K 设置如下。

位置 0：0、0、0、100；

位置 17：37、29、24、0；

位置 34：18、14、9、0；

位置 44：49、40、27、0；

位置 55：82、79、50、33；

位置 67：100、100、100、100；

位置 100：100、100、61、47。

右键单击右侧调色板中的按钮，去掉轮廓色，效果如图 8.149 所示。

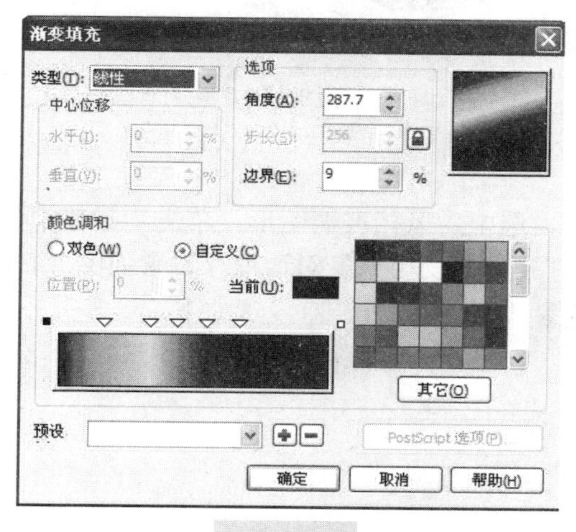

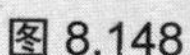

图 8.148

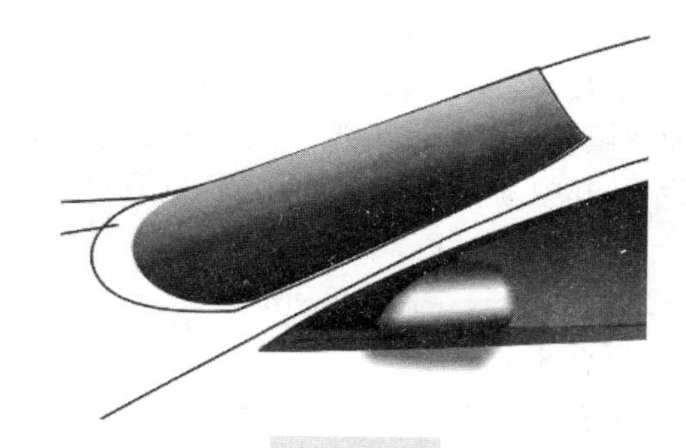

图 8.149

（139）使用工具箱中的【贝塞尔】工具结合【形状】工具，绘制如图 8.150 所示的图形，此图形为前风挡的高光。

（140）填充此图形颜色为白色，右键单击右侧调色板中的按钮，去掉轮廓色。

（141）单击工具箱中的【透明度】工具按钮，从高光图形的下方向上方拖动，如图 8.151 所示。

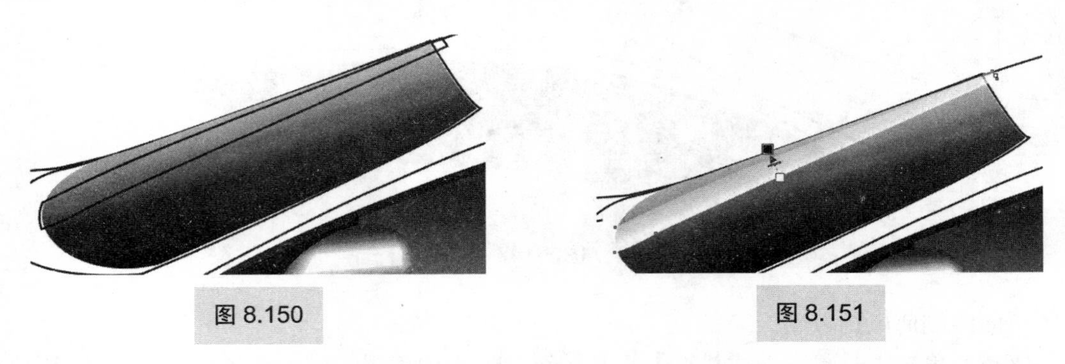

图 8.150　　图 8.151

（142）单击工具箱中的【挑选】工具按钮，执行【菜单栏】|【效果】|【图框精确剪裁】|【放置在容器中】命令。当指针变成“➡”时，单击前风挡图形，使此高光图形内置到前风挡图形内部，效果如图 8.152 所示。

（143）单击选中前风挡下面的图形，填充颜色参数为 C、M、Y、K：100、100、65、80，右键单击右侧调色板中的☒按钮，去掉轮廓色，效果如 8.153 所示。

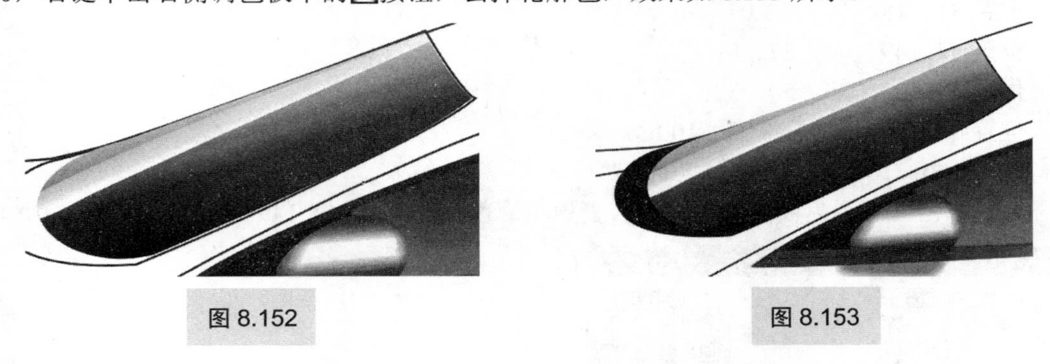

图 8.152　　图 8.153

下面绘制后风挡玻璃。

（144）单击工具箱中的【挑选】工具按钮，选中后风挡玻璃图形，单击工具箱中的【渐变填充】工具按钮，或按快捷键【F11】，打开【渐变填充】对话框，设置如图 8.154 所示。其中渐变条上的控制点位置及对应的颜色参数 C、M、Y、K 设置如下。

位置 0：0、0、0、100；

位置 38：1、1、1、96；

位置 42：18、14、9、0；

位置 48：49、40、27、0；

位置 55：82、79、50、33；

位置 67：100、100、100、100；

位置 100：100、100、61、47。

右键单击右侧调色板中的☒按钮，去掉轮廓色，效果如图 8.155 所示。

（145）使用工具箱中的【贝塞尔】工具，结合【形状】工具，绘制如图 8.156 所示的图形，此图形为后风挡的高光。

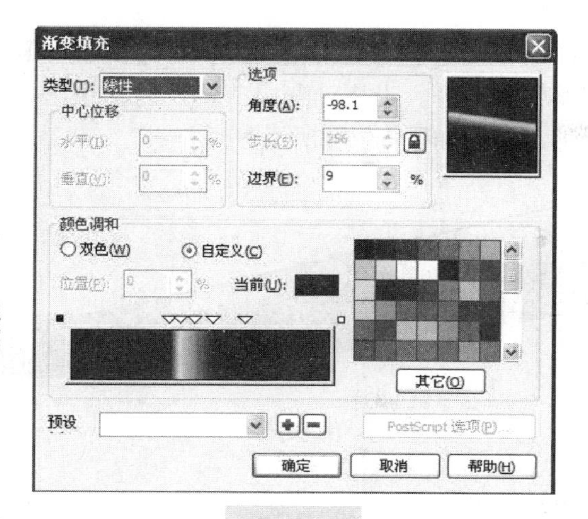

图 8.154

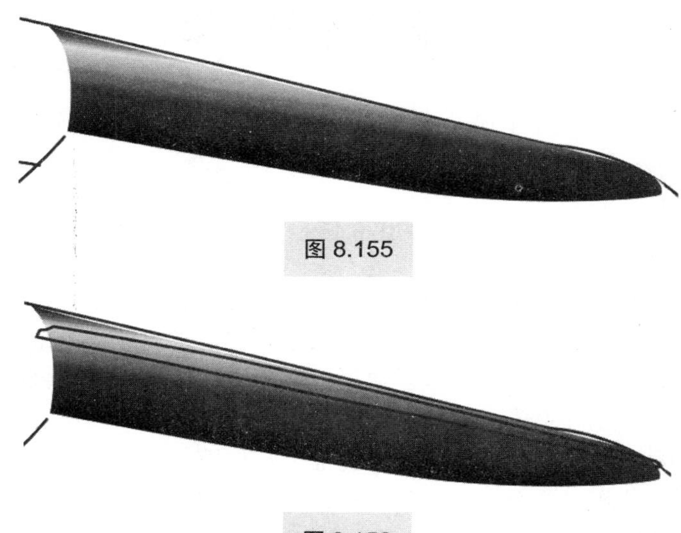

图 8.155

图 8.156

（146）填充此图形颜色为白色，右键单击右侧调色板中的☒按钮，去掉轮廓色。

（147）单击工具箱中的【透明度】工具按钮，从高光图形的下方向上方拖动，如图 8.157 所示。

图 8.157

（148）单击工具箱中的【挑选】工具按钮，执行【菜单栏】|【效果】|【图框精确剪裁】|【放置在容器中】命令。当指针变成“➡”时，单击后风挡图形，使此高光图形内置到后风挡图形内部，效果如图 8.158 所示。

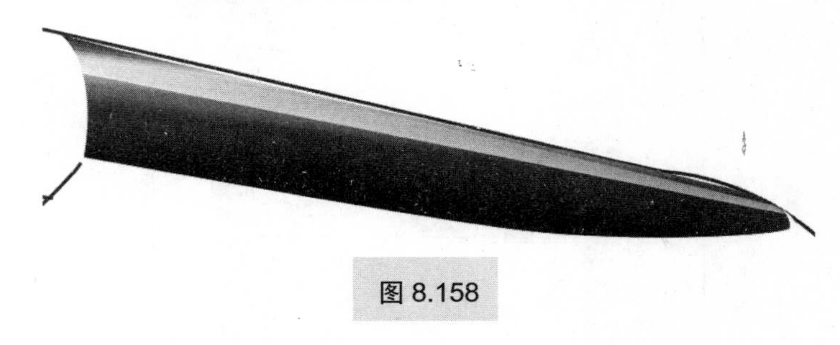

图 8.158

此时的车身整体效果如图 8.159 所示。

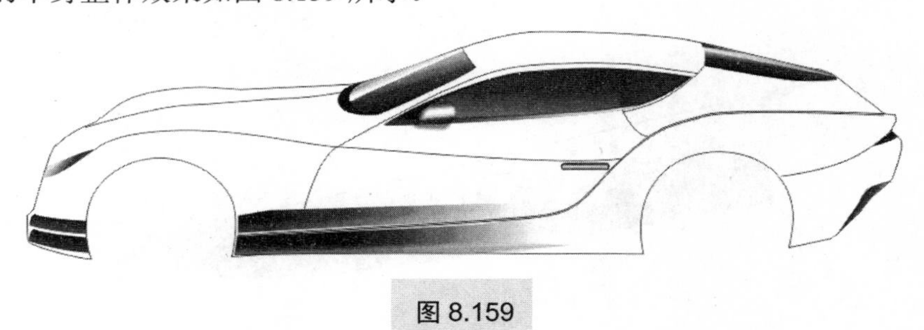

图 8.159

以上细节部分的制作只能说是达到某种神似的程度，完全可以继续深入制作，但是需要更多的操作及繁琐的说明，在这里不能一一叙述。要追求更逼真的效果，需要读者有更加敏锐及细致的洞察力去继续完成。可以通过上面步骤的反复操作，熟练掌握技巧，在以后的深入制作过程中再逐一完善。

下面继续制作本案例最复杂也最出效果的部分，使用【网状填充】工具为此车制作漂亮的车体金属外壳。其实，这个部分的叙述非常简单，但是操作的难度是比较高的，设计者要有一定的绘画基础知识，才可以掌控颜色的明暗过渡。但是只要用心体会，反复练习，相信会渡过这个难关。这个过程就像绘画一样，在适当的地方填上合适的颜色，然后调整颜色间的过渡效果。

最有效的方法是：

① 根据车体的结构转折确定大的明暗层次关系，最重要的是明暗交接面的位置。由于车体外壳是多曲面的结合，所以明暗交界面有很多，需要读者理性的去分析形体；

② 从车体明暗交接面开始，按局部向两边推进，进行较细致的节点编辑和颜色填充；

③ 进行整体效果的协调处理。

在步骤（100）中，已经在调色板中新添加了 7 种颜色，为了填充时在调色板中方便选择颜色，将调色板拖曳出来成为一个矩形的浮动面板，可以随时拖动至窗口中合适的位置（以不挡住自己绘图为原则）。新增的 7 个颜色位置如图 8.160 所示。

（149）不选择任何图形，单击工具箱中的【网状填充】工具按钮，该工具位于工具箱最下端【交互式填充】工具的子工具下，如图 8.161 所示。

（150）在属性栏中设置网格数目如图 8.162 所示，然后单击车体轮廓，此时网格结构状态如图 8.163 所示。

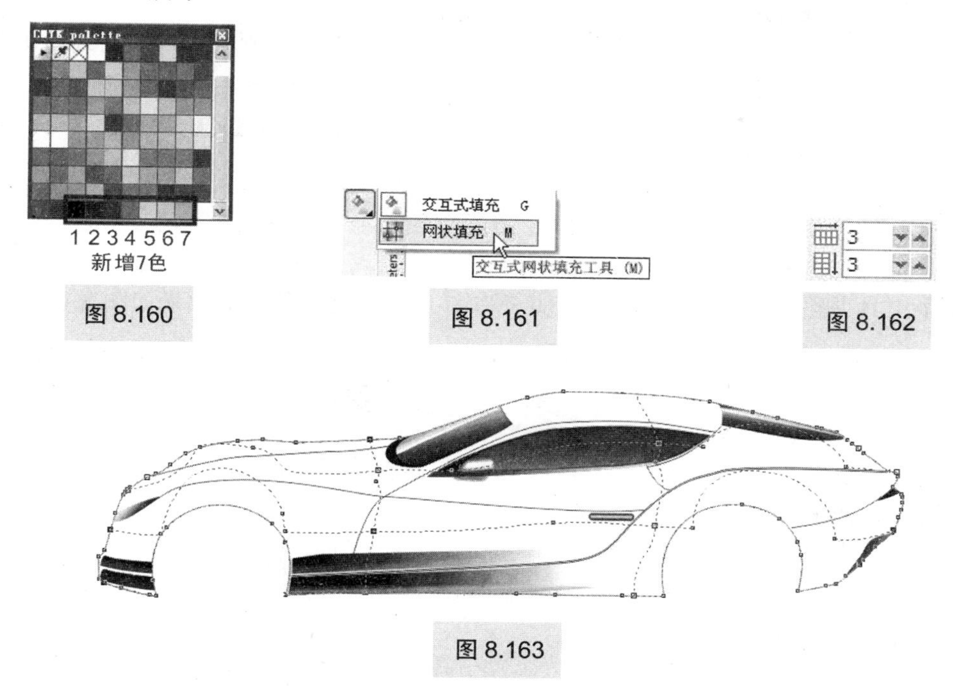

图 8.160　图 8.161　图 8.162

图 8.163

（151）继续使用【网状填充】工具，在多余的节点上双击，将其删除。删除多余节点后的网格结构状态如图 8.164 所示。

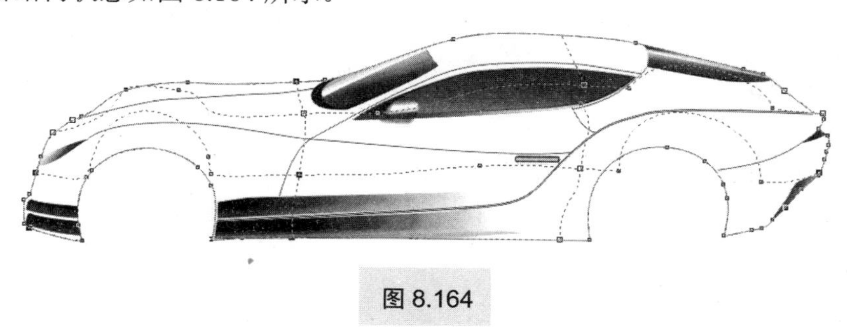

图 8.164

操作提示

（1）节点过多影响填充时的颜色过渡，所以尽量把不起到结构转折的节点删除掉，而处于结构转折位置的节点必须保留。

（2）【网状填充】工具删除、添加节点的方法：

删除节点：将指针放于预删除的节点上，当指针变成“”时，双击即可；

添加节点：指针放于预添加节点的位置上，当指针变成“”时，双击即可。

操作提示

删除节点时，读者可以仔细观察删除一个节点后，该节点两侧的曲线有无大的变化。如果曲线变化基本看不出来，则该节点可以删除；如果该节点删除后，曲线有一定的变化，则不可以删除，它是处于结构转折位置的关键节点，按【Ctrl】+【Z】组合键后退，恢复该节点。

（152）继续使用【网状填充】工具，将两个轮眉上方的网格线向轮眉靠近。方法是单击选中节点拖动，有时候需要拖动节点两侧的句柄来调节曲线的曲度。此处节点的用法与【形状】工具调整节点的用法一样，在此不作详述。网格调整后的效果如图 8.165 所示。

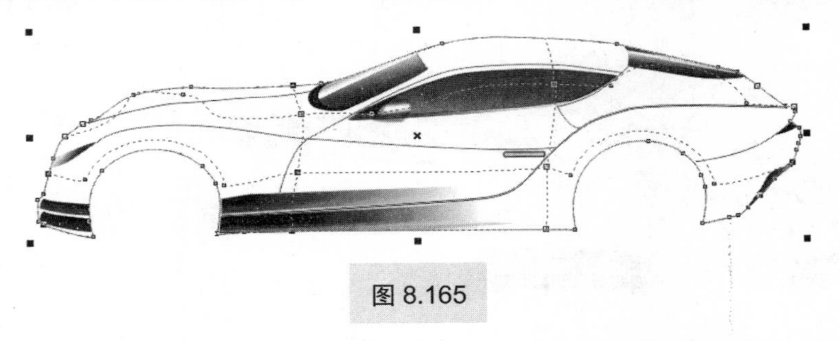

图 8.165

（153）继续调整轮眉上方的网格线，使得左侧线的曲度与前机盖的形状基本吻合，右侧线的曲度与车体后部的形状基本吻合，效果如图 8.166 所示。

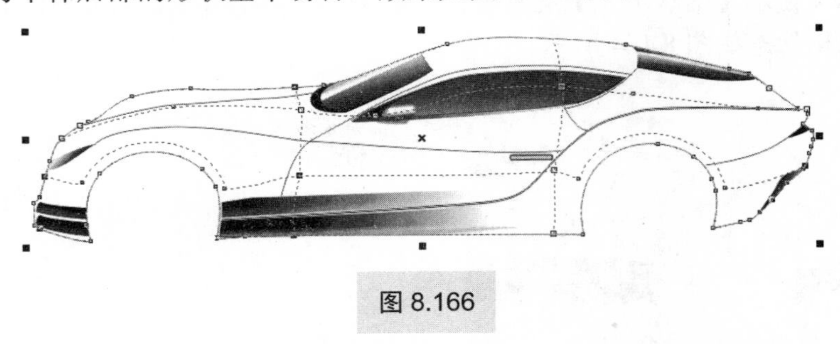

图 8.166

（154）在轮眉和轮眉上方的网格线之间添加 5 条横向网格线，方法是在如图 8.167 指针所示的垂直网格线上依次双击即可。然后调整这 5 条网格线的位置，大概与图 8.168 所示的位置相似，不必和图 8.168 中调节的完全一样。

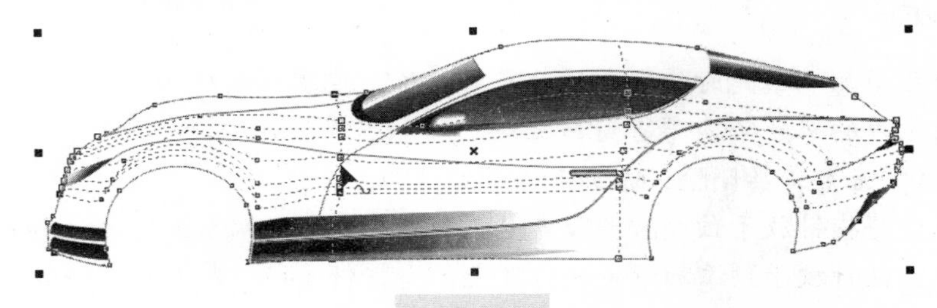

图 8.167

此处为了让读者看清楚网格线的位置，暂时将车窗、后视镜、车体轮廓线等先隐藏。

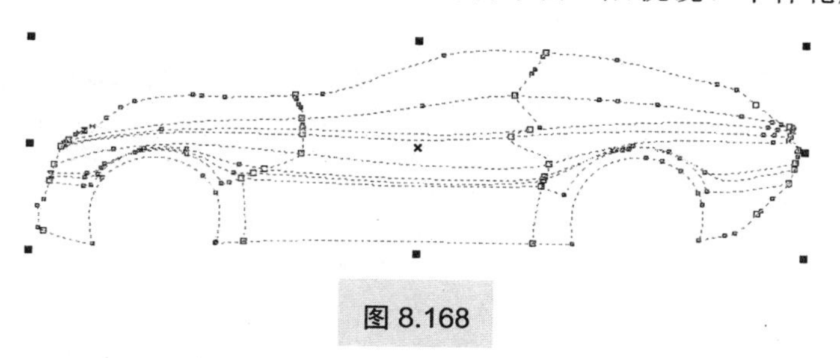

图 8.168

（155）在靠近上方的两条网格线之间添加 3 条横向网格线，方法是在如图 8.169 指针所示的垂直网格线上依次双击即可。然后调整这 3 条网格线的位置，大概与图 8.170 所示的位置相似。

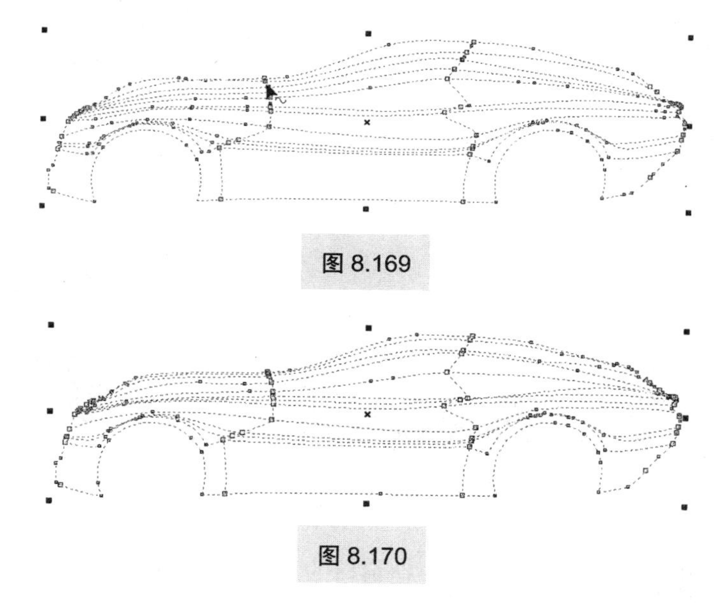

图 8.169

图 8.170

（156）继续使用【网状填充】工具，框选如图 8.171 所示的节点，在窗口的浮动调色板中单击新添加的第 2 个颜色，效果如图 8.172 所示。

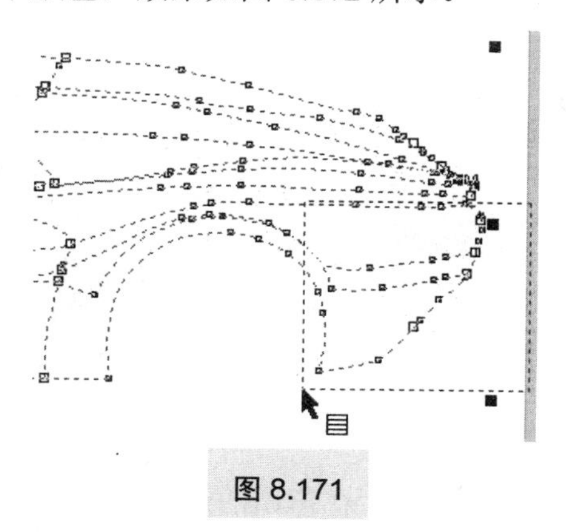

图 8.171

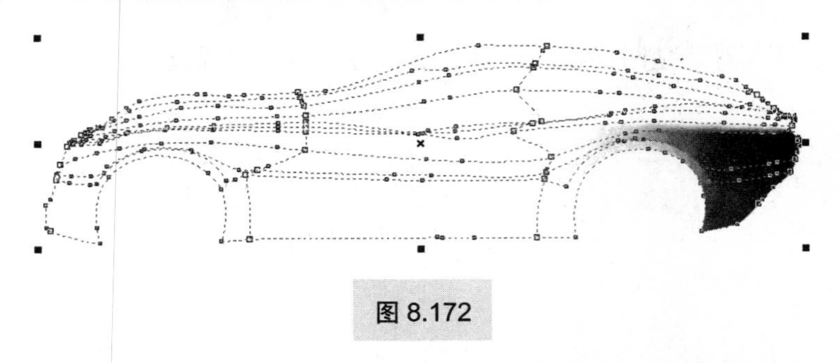

图 8.172

（157）框选如图 8.173 所示的节点，在窗口的浮动调色板中单击新添加的第 2 个颜色，效果如图 8.174 所示。

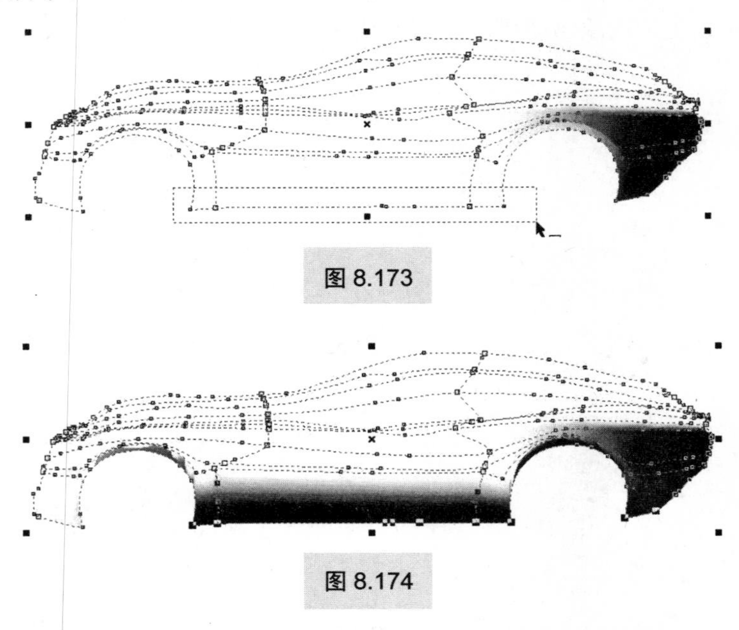

图 8.173

图 8.174

（158）框选如图 8.175 所示的节点，在窗口的浮动调色板中单击新添加的第 2 个颜色，效果如图 8.176 所示。

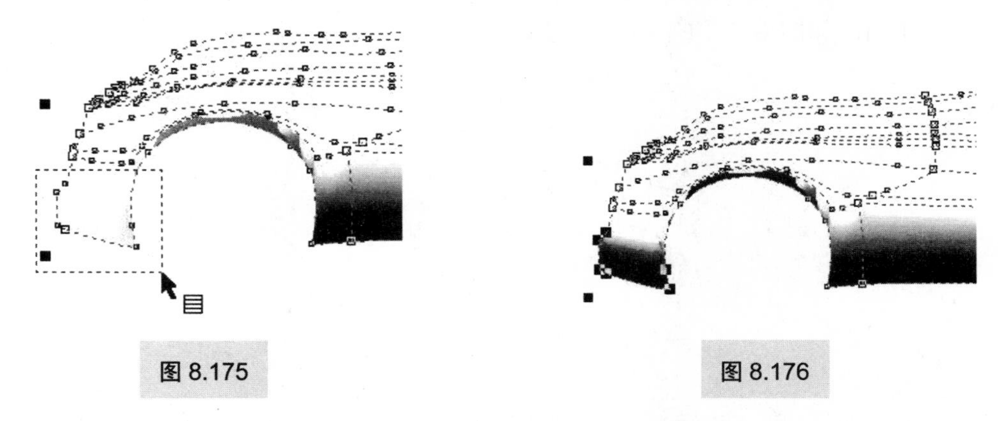

图 8.175

图 8.176

（159）框选如图 8.177 所示的节点，在窗口的浮动调色板中单击新添加的第 3 个颜色，

效果如图 8.178 所示。

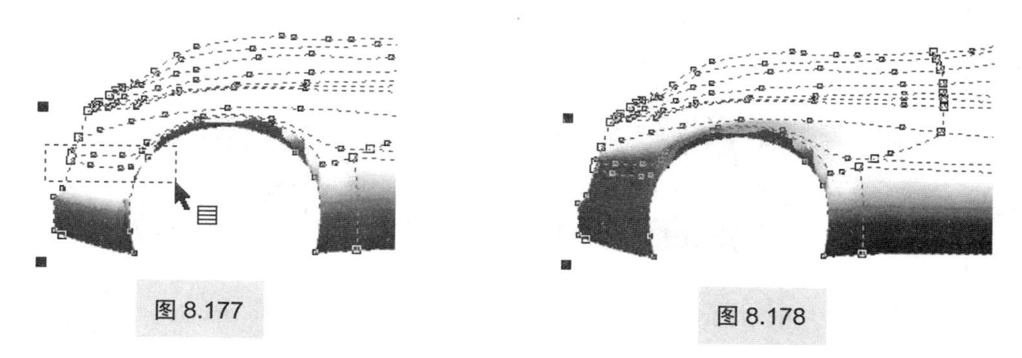

图 8.177　　图 8.178

（160）框选如图 8.179 所示的节点，在窗口的浮动调色板中单击新添加的第 4 个颜色，效果如图 8.180 所示。

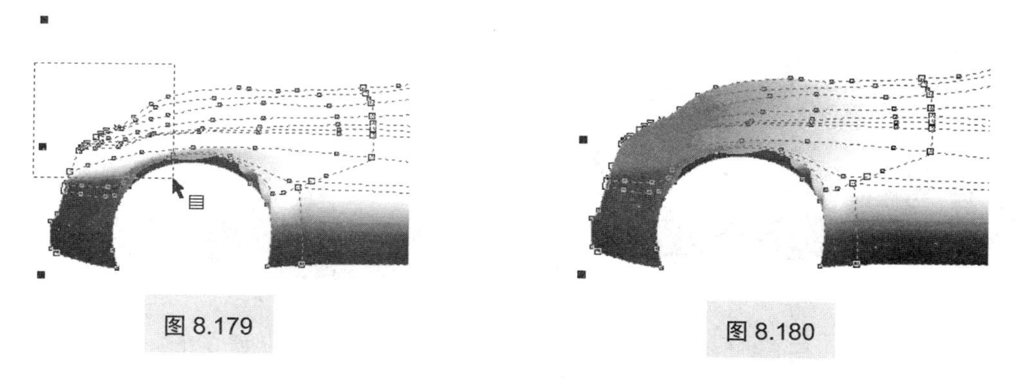

图 8.179　　图 8.180

（161）框选如图 8.181 所示的节点，在窗口的浮动调色板中单击新添加的第 4 个颜色，效果如图 8.182 所示。

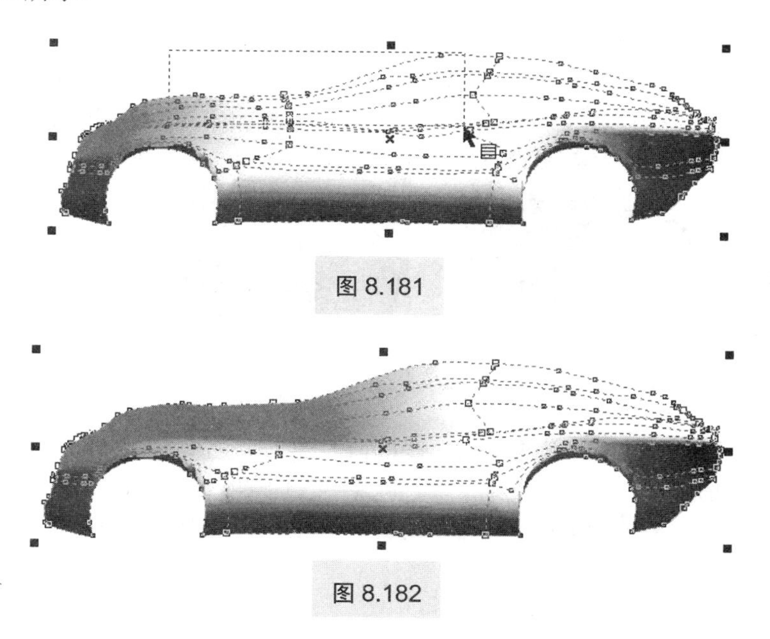

图 8.181

图 8.182

（162）框选如图 8.183 所示的节点，在窗口的浮动调色板中单击新添加的第 3 个颜色，效果如图 8.184 所示。

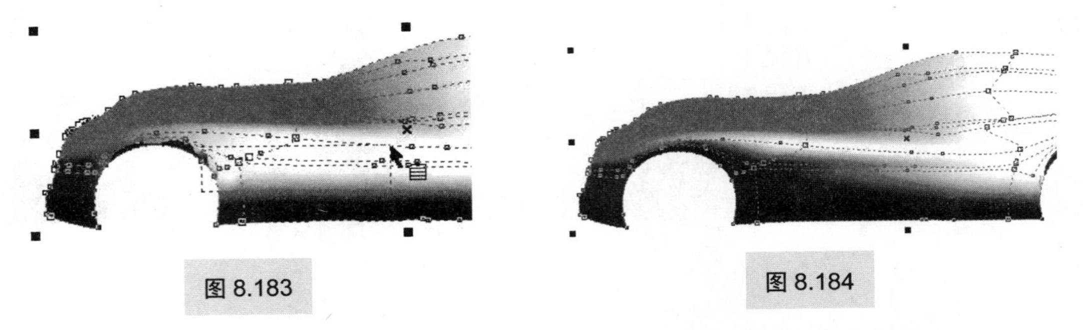

图 8.183　　图 8.184

（163）框选如图 8.185 所示的节点，在窗口的浮动调色板中单击新添加的第 3 个颜色，效果如图 8.186 所示。

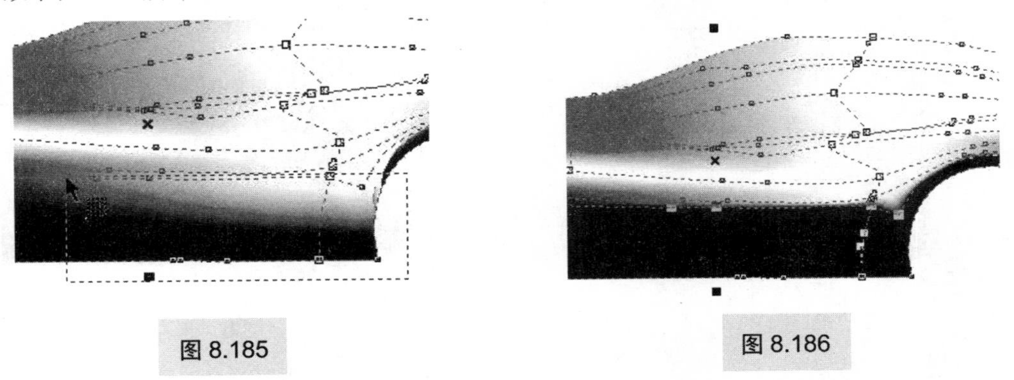

图 8.185　　图 8.186

（164）框选如图 8.187 所示的节点，在窗口的浮动调色板中单击新添加的第 4 个颜色，效如图 8.188 所示。

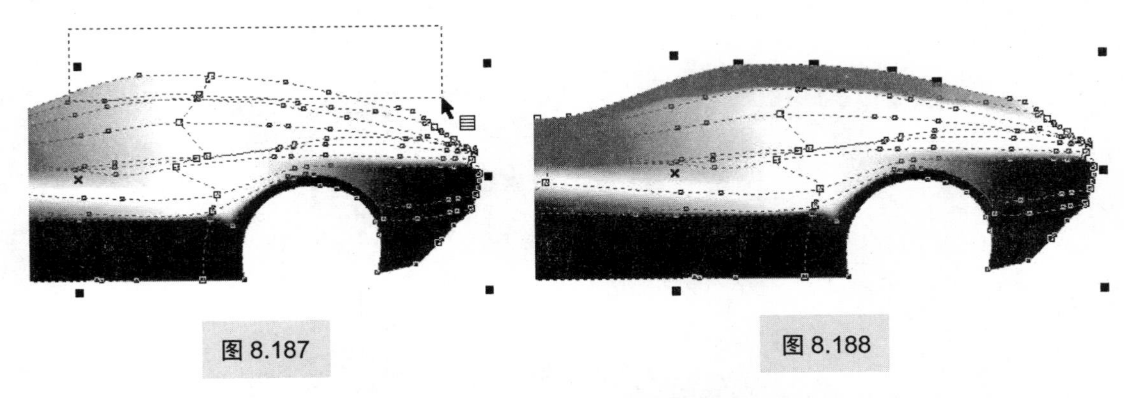

图 8.187　　图 8.188

（165）框选如图 8.189 所示的节点，在窗口的浮动调色板中单击新添加的第 4 个颜色，效果如图 8.190 所示。

（166）框选如图 8.191 所示的节点，在窗口的浮动调色板中单击新添加的第 4 个颜色，效果如图 8.192 所示。

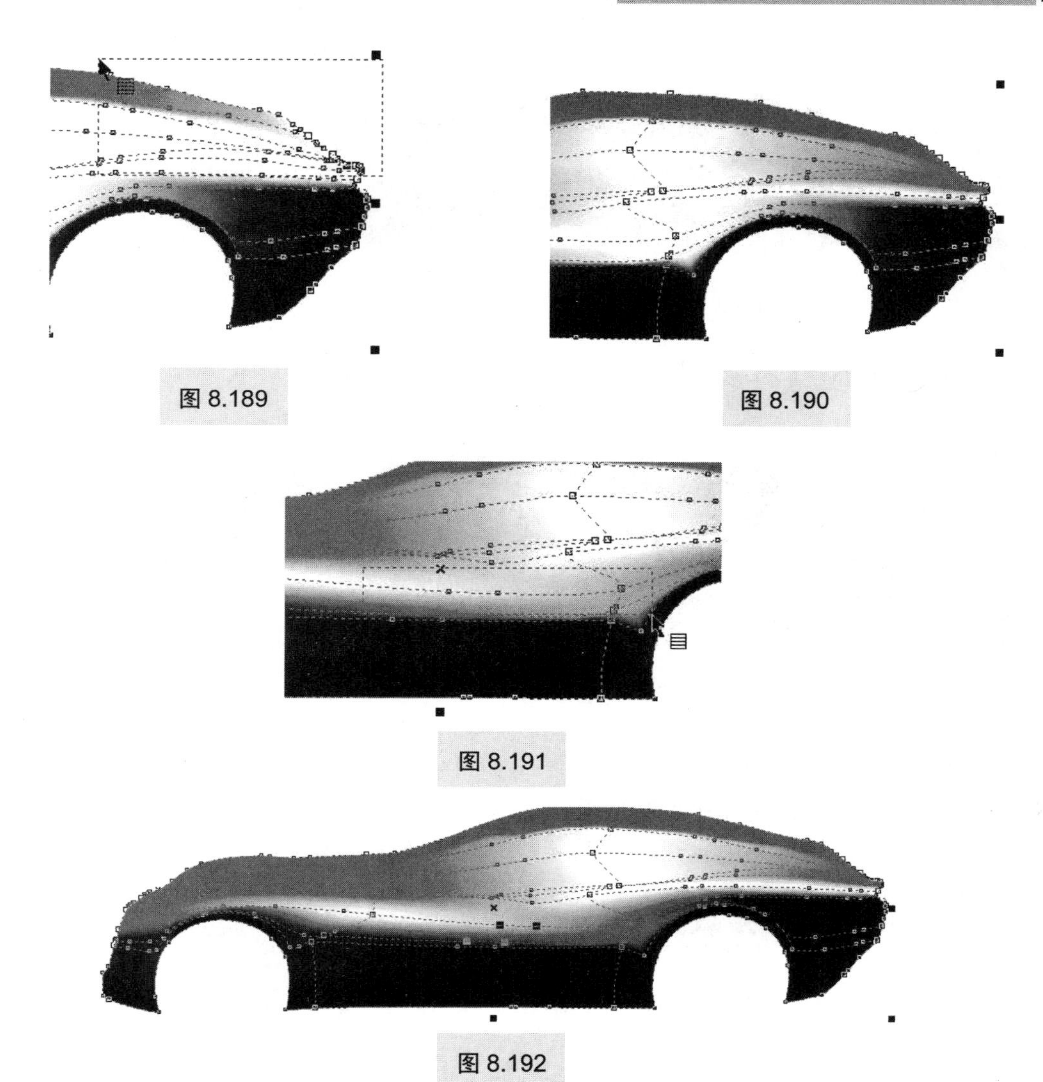

图 8.189

图 8.190

图 8.191

图 8.192

（167）框选如图 8.193 所示的节点，在窗口的浮动调色板中单击新添加的第 6 个颜色，效果如图 8.194 所示。

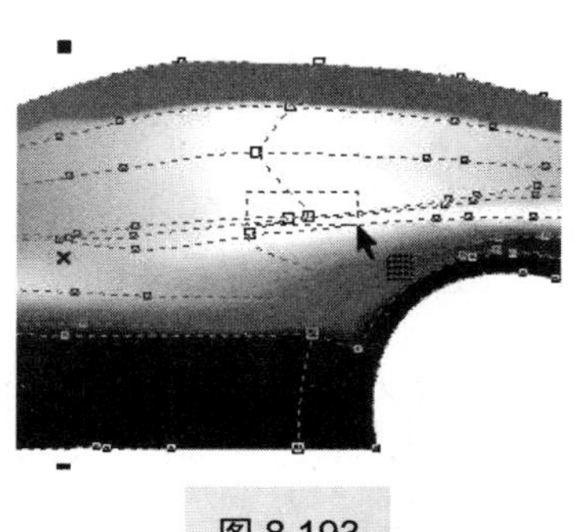

图 8.193

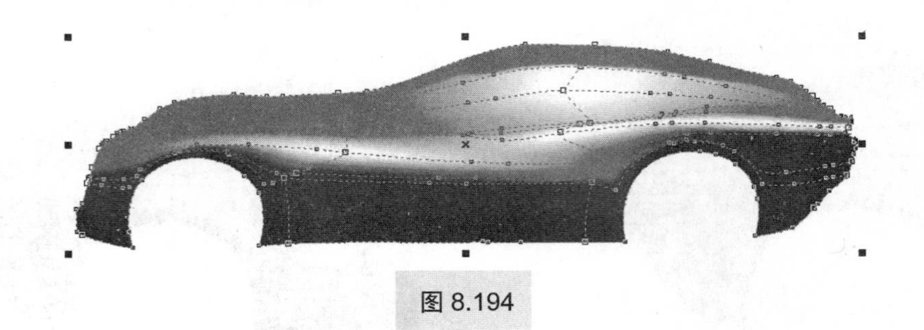

图 8.194

此时把暂时隐藏的车窗等图形显示出来，观察一下目前的效果，如图 8.195 所示。

图 8.195

横向的网格线数目足够，下面逐步添加纵向的网格线数目，并调整好位置，填充颜色。

（168）继续使用【网状填充】工具，在如图 8.196 所示的“1～9”的网格线上依次双击，添加如图所示的 9 条纵向网格线。

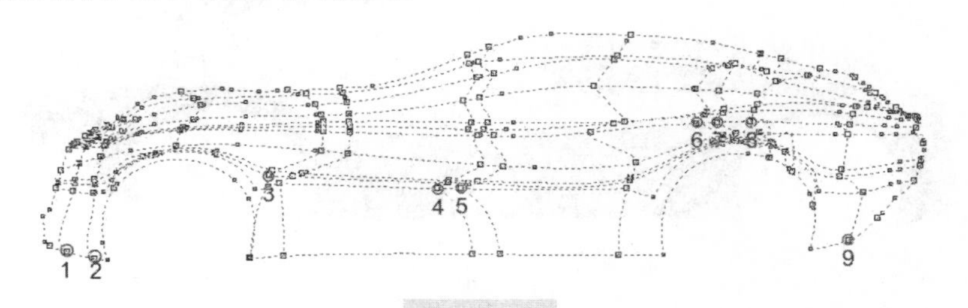

图 8.196

相关说明

（1）此次添加的纵向网格数目比较多，读者所添加的网格线位置与图中相似就好，不必完全一样。

（2）节点的选中方法，建议用框选的方式选中节点，即使是一个节点的情况下，也建议用框选。因为框选的选择方式可以使添加的颜色更加均匀的过渡。

下面的网格填充方法与上述的填充方法是一样的，只不过下面的填充涉及更多的亮部和细节，这些节点在图中无法明确的指示清楚，词语表达也无法阐述得很直白。书中简短的叙述了车前保险杠的填充，请读者按照此方式，参考图 8.203 所示的最终网格填充效果自行填充。

（169）框选如图 8.197 所示的节点，在窗口的浮动调色板中单击新添加的第 5 个颜色，效果如图 8.198 所示。

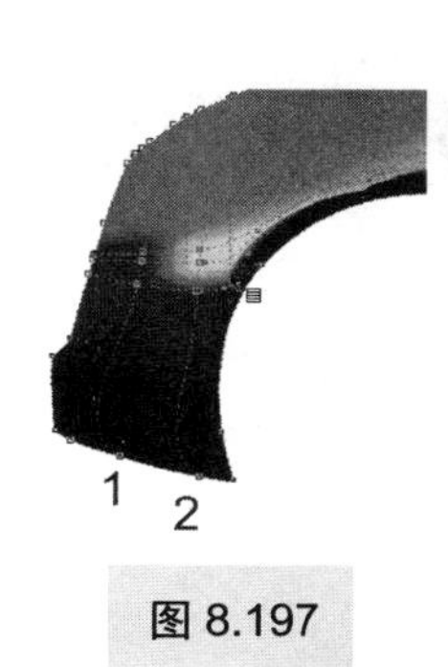

图 8.197

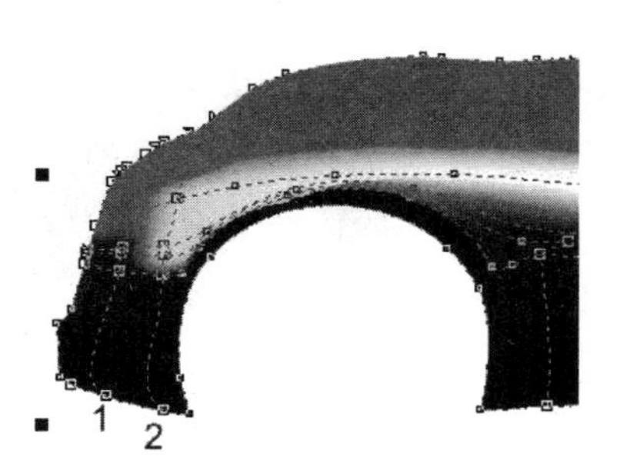

图 8.198

（170）框选如图 8.199 所示的节点，在窗口的浮动调色板中单击新添加的第 7 个颜色，效果如图 8.200 所示。

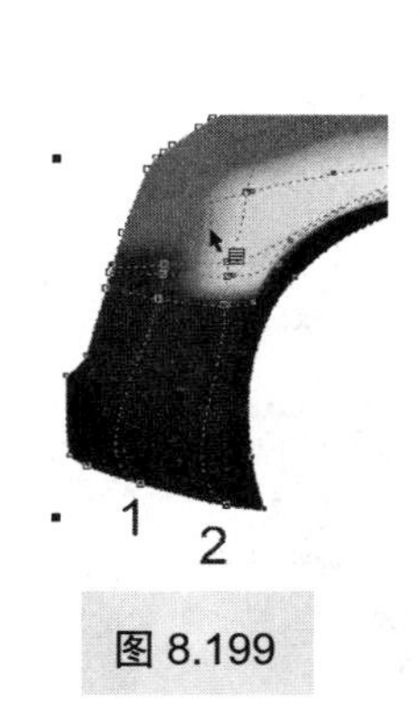

图 8.199

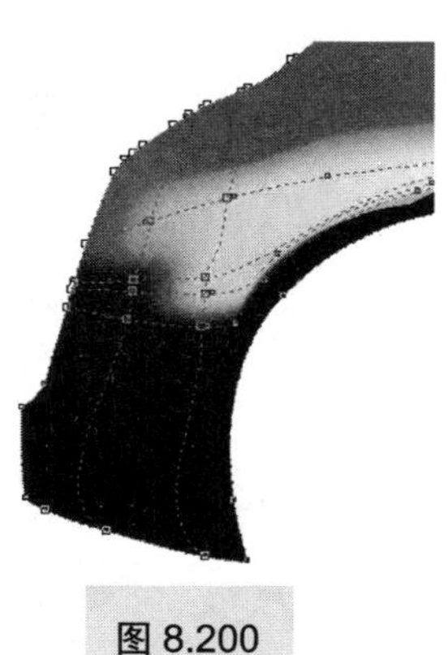

图 8.200

（171）框选如图 8.201 所示的节点，在窗口的浮动调色板中单击新添加的第 4 个颜色，效果如图 8.202 所示。

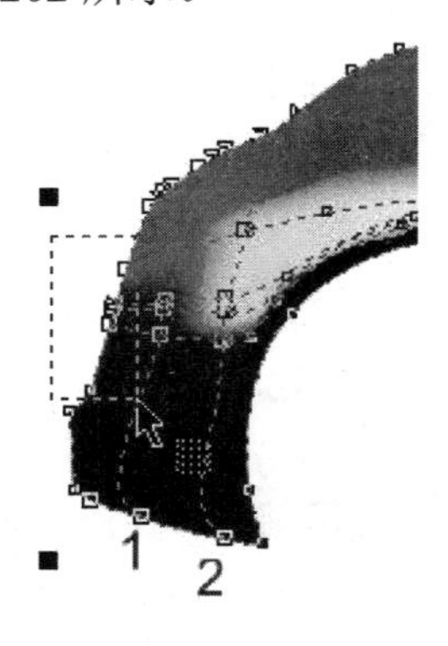

图 8.201

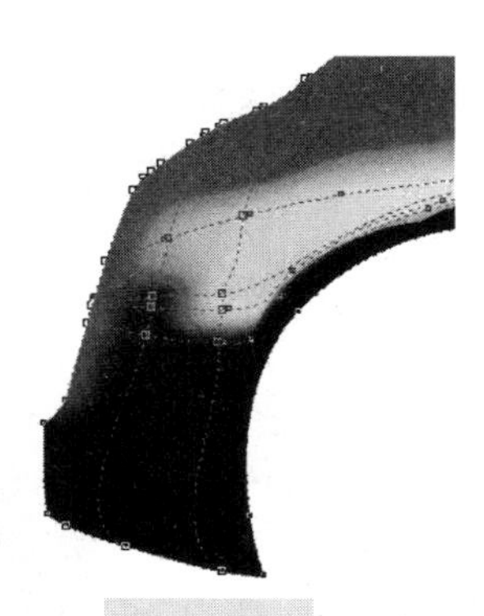

图 8.202

请读者按照上述的方法，参考图 8.203 所示的效果填充余下的网格上的节点颜色。

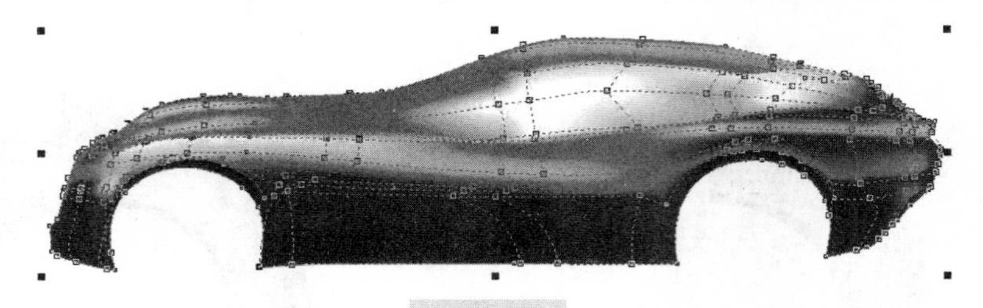

图 8.203

图 8.204 为隐藏网格线之后的壳体效果。

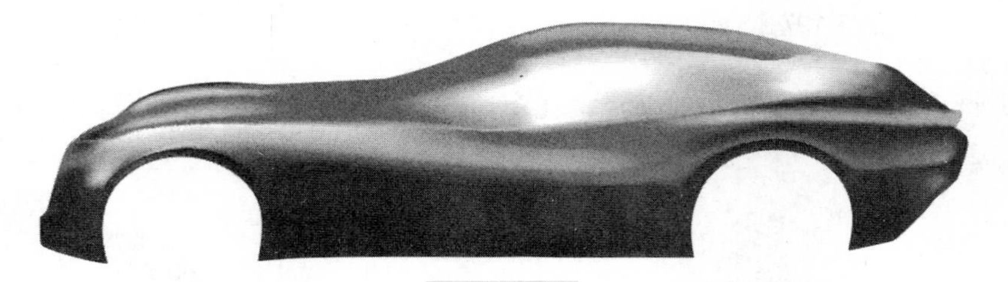

图 8.204

图 8.205 中把车窗等图形显示出来。

图 8.205

（172）图 8.205 中，车壳体表面的分隔槽都是黑色曲线，依次快速移动复制，注意复制的曲线与原线紧挨着。

（173）填充复制的曲线轮廓色为第 6 个颜色，效果如图 8.206 所示，使分隔槽看起来更加真实。

图 8.206

（174）利用修剪的方法制作前风挡和后风挡下部的月牙形白色高光，并使用【透明度】工具制作月牙的虚实效果，如图 8.207 所示。

图 8.207

（175）单击工具箱中的【挑选】工具，把绘制的车轮添加进来，并快速移动复制一个车轮，效果如图 8.208 所示。

图 8.208

（176）由于车是俯视角度，有透视在，所以车轮不是正圆形的。按住【Shift】键，单击选中两个车轮，在下面中间的控制点处用鼠标向上拖动一点距离，使车轮垂直尺寸扁一些，效果如图 8.209 所示。

图 8.209

（177）确定两个车轮被选中，按快捷键【Shift】+【Page Down】组合键，使车轮位于所有图层下面。

（178）框选图中所有对象，单击属性栏中的【群组】按钮。

（179）单击选中群组后的图形，在上面中间的控制点上按住鼠标左键，再按住【Ctrl】键，向下垂直镜像复制一个车体，效果如图 8.210 所示。

（180）单击选中镜像复制后的图形，执行【菜单栏】|【位图】|【Convert To Bitmap（转换为位图）】命令，在打开的对话框中设置如图 8.211 所示，设置完毕单击【OK】按钮。

图 8.210

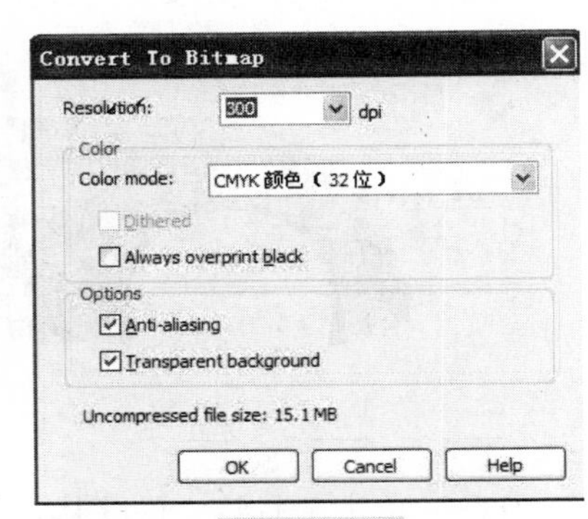

图 8.211

（181）确定复制后的图形被选中，单击工具箱中的【透明度】工具按钮，指针拖动处的方块如图 8.212 所示，效果如图 8.213 所示。

图 8.212

图 8.213

（182）单击选中群组的车整体图形，再单击工具箱中的【交互式阴影】工具按钮，

拖曳效果如图 8.214 所示，属性栏的设置如图 8.215 所示。

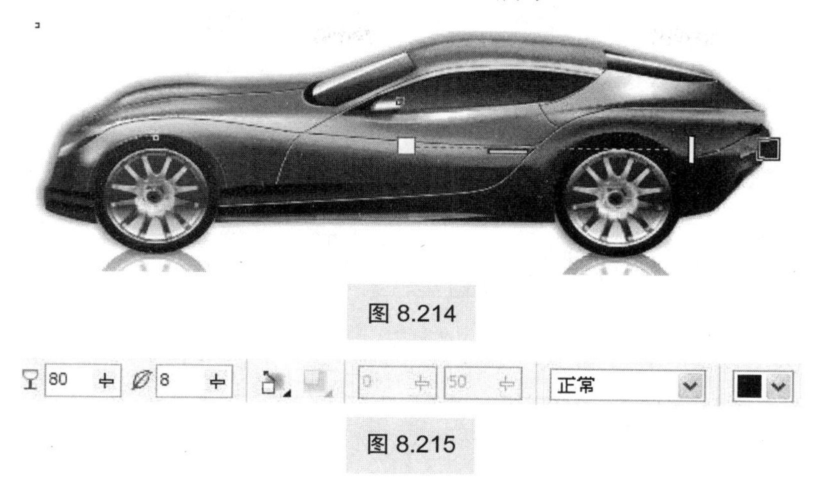

图 8.214

图 8.215

（183）执行【菜单栏】|【排列】|【拆分】命令，此命令的快捷键是【Ctrl】+【K】组合键。

（184）单击工具箱中的【挑选】工具按钮，在页面空白处单击，取消对图形的选择。

（185）单击选中阴影，在上面中间的控制点处按住鼠标左键向下拖动，缩短阴影的垂直高度，效果如图 8.216 所示。

图 8.216

（186）双击工具箱中的【矩形】工具按钮，绘制一个与页面尺寸相同的矩形。

（187）单击工具箱中的【渐变填充】工具按钮，或按快捷键【F11】，打开【渐变填充】对话框，设置如图 8.217 所示。其中渐变条上的控制点位置及对应的颜色参数 C、M、Y、K 设置如下：

位置 0：0、0、0、100；

位置 36：2、2、1、94；

位置 100：35、29、18、0。

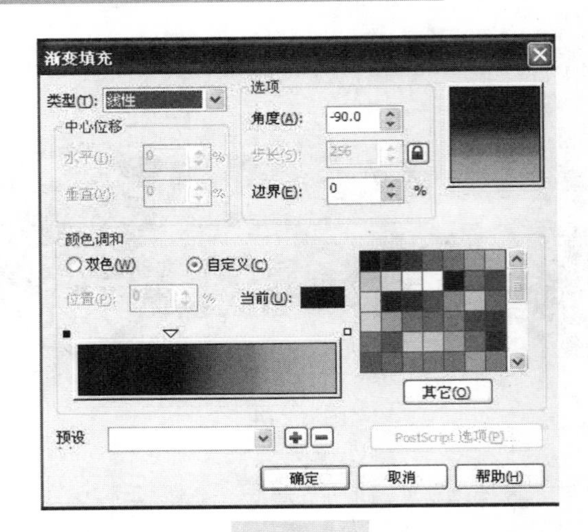

图 8.217

（188）确定此矩形被选中，按快捷键【Shift】+【Page Down】组合键，使其位于所有图层下面，效果如图 8.218 所示。

图 8.218

至此本案例制作完毕，最终效果如图 8.218 所示。

8.3 上机实战

8.3.1 上机实战一

利用本章及以前所学的知识，按照本章的操作方法，自行绘制一款汽车。

操作提示

（1）可以在网上搜索一款汽车的图片参照绘制。

（2）汽车的角度最好是选择案例中汽车的角度（正侧面），这样可以参照案例的步骤进行制作。

实战一的目的是让读者熟练使用【渐变填充】工具、【透明度】工具及【网状填充】工具，并巩固本案例的操作方法。

8.3.2 上机实战二

利用本章及以前所学的知识，制作如图 8.219 所示的鼠标。

图 8.219

（1）与绘制汽车的方法基本相同，但是比绘制汽车的难度要低，先绘制轮廓，然后依次从滚轮、滚轮周围的椭圆形结构、壳体的填充、U 形分隔槽的顺序制作。

（2）其中，滚轮、滚轮周围的椭圆形结构用【渐变填充】工具填充颜色，壳体用【交互式网格】工具添加颜色。

（3）制作完毕的鼠标需要转换为位图，在顶头电线的位置做交互式透明效果，鼠标整体做阴影效果。

（4）添加具有科技效果的背景图片。

北京大学出版社教材书目

✧ 欢迎访问教学服务网站www.pup6.com，免费查阅已出版教材的电子书(PDF版)、电子课件和相关教学资源。

✧ 欢迎征订投稿。联系方式：010-62750667，童编辑，13426433315@163.com，pup_6@163.com，欢迎联系。

序号	书　　名	标准书号	主　　编	定价	出版日期
1	机械设计	978-7-5038-4448-5	郑　江，许　瑛	33	2007.8
2	机械设计	978-7-301-15699-5	吕　宏	32	2009.9
3	机械设计	978-7-301-17599-6	门艳忠	40	2010.8
4	机械设计	978-7-301-21139-7	王贤民，霍仕武	49	2012.8
5	机械设计	978-7-301-21742-9	师素娟，张秀花	48	2012.12
6	机械原理	978-7-301-11488-9	常治斌，张京辉	29	2008.6
7	机械原理	978-7-301-15425-0	王跃进	26	2010.7
8	机械原理	978-7-301-19088-3	郭宏亮，孙志宏	36	2011.6
9	机械原理	978-7-301-19429-4	杨松华	34	2011.8
10	机械设计基础	978-7-5038-4444-2	曲玉峰，关晓平	27	2008.1
11	机械设计课程设计	978-7-301-12357-7	许　瑛	35	2012.7
12	机械设计课程设计	978-7-301-18894-1	王　慧，吕　宏	30	2011.5
13	机电一体化课程设计指导书	978-7-301-19736-3	王金娥　罗生梅	35	2012.1
14	机械工程专业毕业设计指导书	978-7-301-18805-7	张黎骅，吕小荣	22	2012.5
15	机械创新设计	978-7-301-12403-1	丛晓霞	32	2010.7
16	机械系统设计	978-7-301-20847-2	孙月华	32	2012.7
17	机械设计基础实验及机构创新设计	978-7-301-20653-9	邹旻	28	2012.6
18	TRIZ 理论机械创新设计工程训练教程	978-7-301-18945-0	蒯苏苏，马履中	45	2011.6
19	TRIZ 理论及应用	978-7-301-19390-7	刘训涛，曹　贺 陈国晶	35	2011.8
20	创新的方法——TRIZ 理论概述	978-7-301-19453-9	沈萌红	28	2011.9
21	机械 CAD 基础	978-7-301-20023-0	徐云杰	34	2012.2
22	AutoCAD 工程制图	978-7-5038-4446-9	杨巧绒，张克义	20	2011.4
23	工程制图	978-7-5038-4442-6	戴立玲，杨世平	27	2012.2
24	工程制图	978-7-301-19428-7	孙晓娟，徐丽娟	30	2012.5
25	工程制图习题集	978-7-5038-4443-4	杨世平，戴立玲	20	2008.1
26	机械制图(机类)	978-7-301-12171-9	张绍群，孙晓娟	32	2009.1
27	机械制图习题集(机类)	978-7-301-12172-6	张绍群，王慧敏	29	2007.8
28	机械制图(第 2 版)	978-7-301-19332-7	孙晓娟，王慧敏	38	2011.8
29	机械制图	978-7-301-21480-0	李凤云，张　凯等	36	2013.1
30	机械制图习题集(第 2 版)	978-7-301-19370-7	孙晓娟，王慧敏	22	2011.8
31	机械制图	978-7-301-21138-0	张　艳，杨晨升	37	2012.8
32	机械制图习题集	978-7-301-21339-1	张　艳，杨晨升	24	2012.10
33	机械制图与 AutoCAD 基础教程	978-7-301-13122-0	张爱梅	35	2011.7
34	机械制图与 AutoCAD 基础教程习题集	978-7-301-13120-6	鲁　杰，张爱梅	22	2010.9
35	AutoCAD 2008 工程绘图	978-7-301-14478-7	赵润平，宗荣珍	35	2009.1
36	AutoCAD 实例绘图教程	978-7-301-20764-2	李庆华，刘晓杰	32	2012.6
37	工程制图案例教程	978-7-301-15369-7	宗荣珍	28	2009.6
38	工程制图案例教程习题集	978-7-301-15285-0	宗荣珍	24	2009.6
39	理论力学	978-7-301-12170-2	盛冬发，闫小青	29	2012.5
40	材料力学	978-7-301-14462-6	陈忠安，王　静	30	2011.1
41	工程力学(上册)	978-7-301-11487-2	毕勤胜，李纪刚	29	2008.6
42	工程力学(下册)	978-7-301-11565-7	毕勤胜，李纪刚	28	2008.6
43	液压传动	978-7-5038-4441-8	王守城，容一鸣	27	2009.4
44	液压与气压传动	978-7-301-13179-4	王守城，容一鸣	32	2012.10

45	液压与液力传动	978-7-301-17579-8	周长城等	34	2010.8
46	液压传动与控制实用技术	978-7-301-15647-6	刘　忠	36	2009.8
47	金工实习指导教程	978-7-301-21885-3	周哲波	30	2013.1
48	金工实习(第2版)	978-7-301-16558-4	郭永环，姜银方	30	2012.5
49	机械制造基础实习教程	978-7-301-15848-7	邱　兵，杨明金	34	2010.2
50	公差与测量技术	978-7-301-15455-7	孔晓玲	25	2011.8
51	互换性与测量技术基础(第2版)	978-7-301-17567-5	王长春	28	2010.8
52	互换性与技术测量	978-7-301-20848-9	周哲波	35	2012.6
53	机械制造技术基础	978-7-301-14474-9	张　鹏，孙有亮	28	2011.6
54	机械制造技术基础	978-7-301-16284-2	侯书林　张建国	32	2012.8
55	先进制造技术基础	978-7-301-15499-1	冯宪章	30	2011.11
56	先进制造技术	978-7-301-20914-1	刘　璇，冯　凭	28	2012.8
57	机械精度设计与测量技术	978-7-301-13580-8	于　峰	25	2008.8
58	机械制造工艺学	978-7-301-13758-1	郭艳玲，李彦蓉	30	2008.8
59	机械制造工艺学	978-7-301-17403-6	陈红霞	38	2010.7
60	机械制造工艺学	978-7-301-19903-9	周哲波，姜志明	49	2012.1
61	机械制造基础(上)——工程材料及热加工工艺基础(第2版)	978-7-301-18474-5	侯书林，朱　海	40	2011.1
62	机械制造基础(下)——机械加工工艺基础(第2版)	978-7-301-18638-1	侯书林，朱　海	32	2012.5
63	金属材料及工艺	978-7-301-19522-2	于文强	44	2011.9
64	金属工艺学	978-7-301-21082-6	侯书林，于文强	32	2012.8
65	工程材料及其成形技术基础	978-7-301-13916-5	申荣华，丁　旭	45	2010.7
66	工程材料及其成形技术基础学习指导与习题详解	978-7-301-14972-0	申荣华	20	2009.3
67	机械工程材料及成形基础	978-7-301-15433-5	侯俊英，王兴源	30	2012.5
68	机械工程材料	978-7-5038-4452-3	戈晓岚，洪　琢	29	2011.6
69	机械工程材料	978-7-301-18522-3	张铁军	36	2012.5
70	工程材料与机械制造基础	978-7-301-15899-9	苏子林	32	2009.9
71	控制工程基础	978-7-301-12169-6	杨振中，韩致信	29	2007.8
72	机械工程控制基础	978-7-301-12354-6	韩致信	25	2008.1
73	机电工程专业英语(第2版)	978-7-301-16518-8	朱　林	24	2012.10
74	机械制造专业英语	978-7-301-21319-3	王中任	28	2012.10
75	机床电气控制技术	978-7-5038-4433-7	张万奎	26	2007.9
76	机床数控技术(第2版)	978-7-301-16519-5	杜国臣，王士军	35	2011.6
77	自动化制造系统	978-7-301-21026-0	辛宗生，魏国丰	37	2012.8
78	数控机床与编程	978-7-301-15900-2	张洪江，侯书林	25	2012.10
79	数控铣床编程与操作	978-7-301-21347-6	王志斌	35	2012.10
80	数控技术	978-7-301-21144-1	吴瑞明	28	2012.9
81	数控加工技术	978-7-5038-4450-7	王　彪，张　兰	29	2011.7
82	数控加工与编程技术	978-7-301-18475-2	李体仁	34	2012.5
83	数控编程与加工实习教程	978-7-301-17387-9	张春雨，于　雷	37	2011.9
84	数控加工技术及实训	978-7-301-19508-6	姜永成，夏广岚	33	2011.9
85	数控编程与操作	978-7-301-20903-5	李英平	26	2012.8
86	现代数控机床调试及维护	978-7-301-18033-4	邓三鹏等	32	2010.11
87	金属切削原理与刀具	978-7-5038-4447-7	陈锡渠，彭晓南	29	2012.5
88	金属切削机床	978-7-301-13180-0	夏广岚，冯　凭	28	2012.7
89	典型零件工艺设计	978-7-301-21013-0	白海清	34	2012.8
90	工程机械检测与维修	978-7-301-21185-4	卢彦群	45	2012.9
91	特种加工	978-7-301-21447-3	刘志东	50	2013.1
92	精密与特种加工技术	978-7-301-12167-2	袁根福，祝锡晶	29	2011.12
93	逆向建模技术与产品创新设计	978-7-301-15670-4	张学昌	28	2009.9
94	CAD/CAM 技术基础	978-7-301-17742-6	刘　军	28	2012.5
95	CAD/CAM 技术案例教程	978-7-301-17732-7	汤修映	42	2010.9
96	Pro/ENGINEER Wildfire 2.0 实用教程	978-7-5038-4437-X	黄卫东，任国栋	32	2007.7

97	Pro/ENGINEER Wildfire 3.0 实例教程	978-7-301-12359-1	张选民	45	2008.2
98	Pro/ENGINEER Wildfire 3.0 曲面设计实例教程	978-7-301-13182-4	张选民	45	2008.2
99	Pro/ENGINEER Wildfire 5.0 实用教程	978-7-301-16841-7	黄卫东，郝用兴	43	2011.10
100	Pro/ENGINEER Wildfire 5.0 实例教程	978-7-301-20133-6	张选民，徐超辉	52	2012.2
101	SolidWorks 三维建模及实例教程	978-7-301-15149-5	上官林建	30	2009.5
102	UG NX6.0 计算机辅助设计与制造实用教程	978-7-301-14449-7	张黎骅，吕小荣	26	2011.11
103	Cimatron E9.0 产品设计与数控自动编程技术	978-7-301-17802-7	孙树峰	36	2010.9
104	Mastercam 数控加工案例教程	978-7-301-19315-0	刘　文，姜永梅	45	2011.8
105	应用创造学	978-7-301-17533-0	王成军，沈豫浙	26	2012.5
106	机电产品学	978-7-301-15579-0	张亮峰等	24	2009.8
107	品质工程学基础	978-7-301-16745-8	丁　燕	30	2011.5
108	设计心理学	978-7-301-11567-1	张成忠	48	2011.6
109	计算机辅助设计与制造	978-7-5038-4439-6	仲梁维，张国全	29	2007.9
110	产品造型计算机辅助设计	978-7-5038-4474-4	张慧姝，刘永翔	27	2006.8
111	产品设计原理	978-7-301-12355-3	刘美华	30	2008.2
112	产品设计表现技法	978-7-301-15434-2	张慧姝	42	2012.5
113	CorelDRAW X5 经典案例教程解析	978-7-301-21950-8	杜秋磊	40	2013.1
114	产品创意设计	978-7-301-17977-2	虞世鸣	38	2012.5
115	工业产品造型设计	978-7-301-18313-7	袁涛	39	2011.1
116	化工工艺学	978-7-301-15283-6	邓建强	42	2009.6
117	构成设计	978-7-301-21466-4	袁涛	58	2013.1
118	过程装备机械基础	978-7-301-15651-3	于新奇	38	2009.8
119	过程装备测试技术	978-7-301-17290-2	王毅	45	2010.6
120	过程控制装置及系统设计	978-7-301-17635-1	张早校	30	2010.8
121	质量管理与工程	978-7-301-15643-8	陈宝江	34	2009.8
122	质量管理统计技术	978-7-301-16465-5	周友苏，杨　飒	30	2010.1
123	人因工程	978-7-301-19291-7	马如宏	39	2011.8
124	工程系统概论——系统论在工程技术中的应用	978-7-301-17142-4	黄志坚	32	2010.6
125	测试技术基础(第 2 版)	978-7-301-16530-0	江征风	30	2010.1
126	测试技术实验教程	978-7-301-13489-4	封士彩	22	2008.8
127	测试技术学习指导与习题详解	978-7-301-14457-2	封士彩	34	2009.3
128	可编程控制器原理与应用(第 2 版)	978-7-301-16922-3	赵　燕，周新建	33	2010.3
129	工程光学	978-7-301-15629-2	王红敏	28	2012.5
130	精密机械设计	978-7-301-16947-6	田　明，冯进良等	38	2011.9
131	传感器原理及应用	978-7-301-16503-4	赵　燕	35	2010.2
132	测控技术与仪器专业导论	978-7-301-17200-1	陈毅静	29	2012.5
133	现代测试技术	978-7-301-19316-7	陈科山，王燕	43	2011.8
134	风力发电原理	978-7-301-19631-1	吴双群，赵丹平	33	2011.10
135	风力机空气动力学	978-7-301-19555-0	吴双群	32	2011.10
136	风力机设计理论及方法	978-7-301-20006-3	赵丹平	32	2012.1